叢書・ウニベルシタス　1084

性そのもの

ヒトゲノムの中の男性と女性の探求

サラ・S・リチャードソン
渡部麻衣子 訳

法政大学出版局

SEX ITSELF: The Search for Male and Female in The Human Genome
by Sarah S. Richardson

Japanese translation licensed by The University of Chicago Press, Chicago, Illinois, U.S.A.
through Japan UNI Agency, Inc., Tokyo.

性そのもの——ヒトゲノムの中の男性と女性の探求　目次

凡例

一、本書は Sarah S. Richardson, *Sex Itself: The Search for Male and Female in the Human Genome*, The University of Chicago Press, 2013 の全訳である。ただし、著作権者と原著者の了解を得て、いくつかの図版を割愛した。

二、「日本語版への序文」は本訳書のために原著者が書き下ろしたものである。

三、原文でイタリックとなっている箇所は傍点や「 」などで強調する。書名の場合は『 』とする。

四、原文の“ ”は「 」とする。原文の( )、[ ] は本訳書でもそのままにした。また、〔 〕は訳者が読者の便宜を考慮して新たに挿入したものであるが、原語を補う場合は( )とする。

五、既訳があるものはそれを参考にしつつも、訳者が原著者の原文に基づきあらためて訳し直した場合もある。

日本語版への序文

本書『性そのもの』(*Sex Itself*)を英語で出版して五年、渡部麻衣子さんによって本書を日本語に翻訳されることを光栄に思います。『性そのもの』における私の目的は四つあります。第一に、ジェンダー化された科学知の対象としてのXとY染色体の歴史を掘り起こすことです。ここでの私の関心は、まず、研究者の心の中で、XとYがいかにしてジェンダー的性質を帯び、女性と男性に特異的な性質を有することが期待されるようになったのか、そしてこの考えが時代と共にどのように変化してきたのかにあります。二番目の目的は、ゲノム学の物質、言説、技術を用いたヒトの性差をめぐる主張の生成を分析することです。どのようにして、ゲノム学のはじまりは、特に、性差についての古い理念を書き直したのだろうか?と、私は問いました。三番目は、フェミニストの理論的枠組みを、科学の認知作業におけるジェンダーの作用を分析することへと拡大することです。古典的なバイアス問題を含む、しかしそれに限らない、科学的実践と論理におけるジェンダーの働きの多面性を分析することを可能にする理論的アプローチを作り出したいと思ったのです。私はこのアプローチを「科学におけるジェンダーのモデル化」と呼びました。四番目は「性」を理論化することです。XとYを人間の性、ジェンダー、生殖、そしてセクシュアリティに関連づけようとする試みの歴史を問うことを通して、私は、ジェンダー論における概念的議論、生物学の哲学、そして「性そのもの」という概念についての生物学そのものに貢献することを目指しました。

ここでは、この最後の、未完の仕事について簡単にコメントをしようと思います。多くの人は、ヒトのＸとＹ染色体よりも強く性の二項型を表す標はないと信じています。全ての細胞に、あらゆる性差に先立って、全ての元として存在しているのが、二つの全く異なる、男性と女性に特化した染色体です。古典的なフェミニストの理論的テキストにおいてさえ、「ジェンダー」と比較して「性」を定義する時には、性の概念を染色体と共に描写しました。

核となる性差のＸとＹ染色体上の座位は、性差を徹底して生物学的に説明するための始点として頻繁に用いられてきました。本書『性そのもの』は、この強い信仰によって、全ゲノム及びその人体における機能という文脈の中で、発生学の歴史においてこれらの染色体の役割がいかに歪められてきたかを示すものです。現行の性染色体科学はこの結論をただ発展させています。発生学的には、性差を作るのに性染色体は必要ではありません。性染色体は自然において性を決定するメカニズムの一つに過ぎないのです。雄と雌が共にＸを一つしか持たない種である、アマミトゲネズミに関する最近の日本の研究が証明したように、哺乳類においてさえ、これは真実です。アマミネズミはＹ染色体もＳＲＹ遺伝子も持っていませんが、この種においては、その他の染色体が雄性の解剖学的発達を守るように適応しています。[1]

ＸとＹは大きく分岐してはいません。機能的には、ＸＸとＸＹの遺伝子補体は、ほとんど同じ遺伝子を持っています。Ｙ染色体はＸから生じたものなので、Ｙ染色体に残っている遺伝子のほとんどは、Ｘ上のそれらの遺伝子の相同体です。ヒトゲノムにおける重要な制御的プロセスの中で、Ｙ染色体上に登場した十二の活性遺伝子を調べた、二〇一四年の『ネイチャー』誌の二本の論文は、このことをよく描き出しています。[2] メディアの見出しは、この十二の遺伝子を「男性と女性の違いにおいて大きな役割を演じる」「特別な」「遺伝子」として、予測的に描こうとしています。しかし、これらの研究は、そうではなくて、性染色体生物学において中心的な次の事実を強調しているに過ぎません。すなわち補完と収束の法です。女性はそれぞれのX染色体にこれら十二の遺伝子を持っています。男性はX染色体を一つしか持っていないので、男性と女性で必須の制御因子が同じくらいになるように、これらの遺伝子を注意深く維持しているのです。[3]

　XとY染色体は、性決定や、私たちが「性」と呼ぶ性質や種類の構成において最も重要な役割を果たしているわけではありません。性－決定経路には、男性と女性の性線発生に欠かすことのできない、いくつもの重要な遺伝子が関わっています。たとえば一番染色体WNT４遺伝子のように、その多くは、常染色体上に存在します。反対に、XとY染色体の遺伝子の多くは、目の色といった種にまたがる基本的な身体的性質の発生プロセスに関わっています。

　ゲノム解析のはじまりと共に、何百もの研究が身体のあらゆる細胞における遺伝子発現の性差を記録

（1） Arata Honda et al., "Flexible Adaptation of Male Germ Cells from Female Ipscs of Endangered Tokudaia Osimensis," *Science Advances* 3, no. 5 (2017).

（2） Diego Cortez et al., "Origins and Functional Evolution of Y Chromosomes across Mammals," *Nature* 508 (2014); Daniel W. Bellott et al., "Mammalian Y Chromosomes Retain Widely Expressed Dosage-Sensitive Regulators," ibid.

（3） Sarah S. Richardson, "Y All the Hype? A Study About Sexual Similarity Gets Framed as a Major New Finding of Sex Difference," *Slate*, no. May (2014).

しようとしてきました。中身の遺伝子と染色体の構造がほとんど同じであるにも関わらず、両性間で遺伝子発現の違いを導くホルモン環境が多くの男性と女性で違うことを踏まえれば、男性と女性では、重要な生物学的プロセスの制御のための遺伝子の「設計図」が根本的に異なっているはずだという仮説を、科学者たちは立ててました。しかし、この仮説のための証拠は不十分なままです。血液細胞を使った最近の研究の一つは、高度で複雑な人間の性質のための「同じ遺伝子制御を、男性と女性は共有している」ことを示しました。男性と女性で、同じ遺伝子座が、同じ性質を制御しているのです[4]。四五の細胞における遺伝子発現の性差を観察したもう一つの研究では、生殖に関連する細胞に集中して重要な性差を発見しました。性差は乳腺と精巣で最も大きく、これは人体における遺伝子発現の性差のほとんど全てを説明するものです[5]。

本書『性そのもの』が出版されて以降の発見は、その中心的主張を広げるものです。すなわち、XとYは、性が一つの二項的プロセスやメカニズムや物質に根ざしているのではなく、二項的ではない、動的で相互作用的な生物学的プロセスの結果であるという事実を示すものなのです。最も自然な「性そのもの」であると考えられたこれらの物質は、調べてみれば、正確には、性の不安定な標なのです。XとY染色体と性の関係についての多くの継続的な誤解は、性に対する私たちの還元主義的なアプローチについて多くを教えてくれます。

ここ数年の間、性差のゲノム学への関心は高まるばかりです。女性の健康、性に基づく生物学、そしてジェンダー医療の分野において、それぞれの細胞にXXまたはXY染色体の補体が存在することに基づく、「全ての細胞は性を持つ」というマントラが、全てのレベルの生物学的分析において性差の研究と記録を求める声の劇的拡大を導いてきました。米国国立衛生研究所（ＮＩＨ）では、細胞、組織、そして動物の臨床前研究において性差を研究することを義務付けており、今日までに十二のその他の国際的助成機関で同じような政策が作られました。(6) 性染色体の存在に基づいて、生物学的組織の全てのレベルに性が存在しているとするこの考えは、未だに、「性そのもの」としてのXとYという二項の標の周囲に構築されています。

　けれど、私やその他の人たちがこうした政策を批判して主張してきたように、全ての生物学的組織に存在するものとして、また身体の全てで一般化可能なものとして性を取り扱おうとすることは、「性そのもの」というあらゆる考え方の不安定性と非一貫性を明らかにするだけです。ペトリ皿の上で培養された、妊娠ホルモンを含む牛の胎児や、檻の中の卵巣摘出されたXXやXYのマウスのXXとXY細胞の違いから、人体における「性」の違いを予測することはできません。性は、文脈に強く依存する軌跡、あるいは歴史を残す可変的な要素あるいはプロセスです。科学研究におけるその意味は、それぞれの研究プログラムが「性」をどのように実践的に捉えるかにかかっています。私たちの性の理解は、研究の実践と技術と共に、研究対象である特定の生物学的物質の生態を反映します。(7)

---

(4)　Irfahan Kassam et al., "Autosomal Genetic Control of Human Gene Expression Does Not Differ across the Sexes," *Genome Biology* 17, no. 1 (2016).

(5)　Moran Gershoni and Shmuel Pietrokovski, "The Landscape of Sex-Differential Transcriptome and Its Consequent Selection in Human Adults," *BMC Biology* 15, no. 1 (2017).

(6)　J. A. Clayton and F. S. Collins, "Policy: Nih to Balance Sex in Cell and Animal Studies," *Nature* 509, no. 7500 (2014).

(7)　Lise Eliot and Sarah S. Richardson, "Sex in Context: Limitations of Animal Studies for Addressing Human Sex/Gender Neurobehavioral Health Disparities," *The Journal of Neuroscience* 36, no. 47 (2016); Sarah S. Richardson et al., "Opinion: Focus on Preclinical Sex Differences Will Not Address Women's and Men's Health Disparities," *Proceedings of the National Academy of Sciences* 112, no. 44 (2015).

私たちは、拡大する性とジェンダーに関するグローバルな医科学研究の分野の中に、フェミニスト批評的な声を緊急に必要としています。科学史、科学哲学、そして科学の社会科学の方法と、科学そのものの技術性についての洞察的理解を備えたフェミニスト科学論の研究者は、異なる研究プログラムにおける性の多様な捉えられ方を調べ、「性」の異なる構築が研究の目的に持つ利害を広く分析する上で、良い位置にいます。同時に、ヒトの健康と医療の世界において、ジェンダーはヒトの性差を分析する際の不可欠の変数としては十分に認められていないままであり、多くの科学者は性とジェンダーの分析的区別を重視できずにいます。ジェンダー化された社会的文脈が、身体化された文脈の中のヒトの多様性とどのように相互作用するかについて問うことなく性差を探求することは、健康格差を説明するための研究モデルを乏しいものにします。ヒトの健康における性/ジェンダーの研究のためのフェミニストの実証的および理論的方法は、性至上主義的アプローチに代わる重要なアプローチを提供します。

歴史的にフェミニスト科学論は、三つの問いの流れに分けられます。一つ目は、生殖する身体と、女性とジェンダーの異なる個人にとっての生殖技術の意味をめぐる研究です。二つ目は、ジェンダー、特に科学の機関からの女性の排除についての分析です。私が知る限り、前者の二つの領域は、日本のフェミニスト科学論の中によく根付いています。しかし、これらの分析的プロジェクトと密接に絡み合っているのは、ジェンダー化された科学知の社会的側面の理解です。生物学と生物医学については、ここでは、ジェンダー概念がどのように生物学の問いそのものに入り込んだのかの探索と、私たちの身体が性とジェンダーを表出する、社会的に媒介されたプロセスの分析を含みます。私は、日本語での『性そのもの』の出版が、この研究の流れに貢献し、新しい科学知におけるジェンダー分析を生み出し、フェミニスト科学論の研究者たちによる理論と方法に関する国を超えた議論を強固にすることを、謹んで願っています。

米国マサチューセッツ州ケンブリッジ

サラ・S・リチャードソン

参考文献

Bellott, Daniel W., Jennifer F. Hughes, Helen Skaletsky, Laura G. Brown, Tatyana Pyntikova, Ting-Jan Cho, Natalia Koutseva, *et al.* "Mammalian Y Chromosomes Retain Widely Expressed Dosage-Sensitive Regulators." *Nature* 508 (04/23/online 2014): 494.

Clayton, J. A., and F. S. Collins. "Policy: Nih to Balance Sex in Cell and Animal Studies." [In eng]. *Nature* 509, no. 7500 (May 15 2014): 282–3.

Cortez, Diego, Ray Marin, Deborah Toledo-Flores, Laure Froidevaux, Angélica Liechti, Paul D. Waters, Frank Grützner, and Henrik Kaessmann. "Origins and Functional Evolution of Y Chromosomes across Mammals." *Nature* 508 (04/23/online 2014): 488.

Eliot, Lise, and Sarah S. Richardson. "Sex in Context: Limitations of Animal Studies for Addressing Human Sex/Gender Neurobehavioral Health Disparities." *The Journal of Neuroscience* 36, no. 47 (2016): 11823–30.

Gershoni, Moran, and Shmuel Pietrokovski. "The Landscape of Sex-Differential Transcriptome and Its Consequent Selection in Human Adults." *BMC Biology* 15, no. 1 (2017/02/07 2017): 7.

Honda, Arata, Narantsog Choijookhuu, Haruna Izu, Yoshihiro Kawano, Mizuho Inokuchi, Kimiko Honsho, Ah-Reum Lee, *et al.* "Flexible Adaptation of Male Germ Cells from Female Ipscs of Endangered Tokudaia Osimensis." *Science Advances* 3, no. 5 (2017).

Kassam, Irfahan, Luke Lloyd-Jones, Alexander Holloway, Kerrin S. Small, Biao Zeng, Andrew Bakshi, Andres Metspalu, *et al.* "Autosomal Genetic Control of Human Gene Expression Does Not Differ across the Sexes." *Genome Biology* 17, no. 1 (2016/12/01 2016): 248.

Richardson, Sarah S. "Y All the Hype? A Study About Sexual Similarity Gets Framed as a Major New Finding of Sex Difference." *Slate*, no. May (2014).

Richardson, Sarah S., Meredith Reiches, Heather Shattuck-Heidorn, Michelle Lynne LaBonte, and Theresa Consoli. "Opinion: Focus on Preclinical Sex Differences Will Not Address Women's and Men's Health Disparities." *Proceedings of the National Academy of Sciences* 112, no. 44 (November 3, 2015 2015): 13419–20.

リッチに

第一章　性そのもの

ヒトのゲノムは、九九・九パーセントで共通しているが、一つの重要な例外がある。男性の場合には、二本のX染色体が対になる代わりに、X染色体一本とYと呼ばれる小さな染色体を一本持っているのだ。今日、ヒトのXY染色体のゲノム配列を手にした遺伝学者たちは、男性らしさや女性らしさの新たな要素――著名なアメリカのハエ遺伝学者トーマス・ハント・モーガン（Thomas Hunt Mogan）が、一九一六年に「性そのもの[1]（sex itself）」と呼んだもの――を探索している。遺伝子が性差を生み出しているという知識に基づいて、研究者たちは、性に特異的な疾患についての医学的な理解を助け、認知、知能、及び行動における男性と女性の違いの基礎を明らかにしたいと願っている。ついには、男性とは、あるいは女性とは何かが解明されるだろうと言う人もいる。あるいは、ゲノム研究は、男性と女性の違いを定量的且つ正確に測るのを助けるだろうと言う人もいる。ヒトのX染色体の配列の完全解読を報じた二〇〇五年三月の『ネイチャー』誌での解説によれば、男女の差は、かつて考えられたよりもずっと大きいことが証明されるだろう。[2]

本書は、X染色体とY染色体という、不変で単純且つ、視覚的に強力な二つの要素によって表される性についての新しく独特な考え方が出現してきた過程を追いながら、二〇世紀初頭からポストゲノム時代である現代までの、文化的なジェンダー規範と性についての遺伝学的理論の関係性を考察する。二〇世紀、性についての生物学的モデルは大きな変化を遂げた。二〇世紀のはじめには代謝理論が主役だった。生物学者は、代謝率が男らしさと女らしさを調節し、受精卵が男性になるか女性になるかを決定すると信じていた。(3) ホルモンモデルは一九二〇年代に登場し、世紀の中頃には最も有力となった。性ホルモンは、性行動や二次性徴に働く、薬学的に強力で、定量的で、順応性のある物質で、二〇世紀の性についての科学的な思考の歴史の中で圧倒的な注目を集めてきた。(4) 遺伝学的な性の説明は、殆ど注目されなかった。

X染色体とY染色体という二つの遺伝的要素は、二〇世紀初頭に発見され、一九五〇年代にX色体を余分に持つ男性（XXY）とXを一本しか持たない女性（XO）の事例が明らかになったことで、ヒトの生物医学に含まれることになった。今日では、ヒトゲノムプロジェクトの終了によって、遺伝子と染色体は性に関する生物学の中心になりつつある。そして、この本が示すように、X染色体とY染色体は、侵すことのできない性の二形態性の小さなシンボルとして、性を生物学的に固定された不変の二元とする概念を支えることとなった。この概念こそ、モーガンが「性そのもの」という言葉で予言したものだ。

染色体による性決定についての最初の理論から、二〇世紀半ばの攻撃性のXYY超雄仮説、Xを「女性の染色体」であるとする長い間信じられてきた説、そして男性と女性は「異なるゲノム」を持つとする最近の主張まで、文化的なジェンダーの概念は性染色体遺伝学の方向性に影響を及ぼしてきた。ジェンダーは、性染色体研究の分野で提起される諸問題、提示される理論とモデル、採用される調査方法、そして説明に用いられる言葉の形成を助けてきた。ヒトの性染色体の歴史を、ジェンダー化された科学

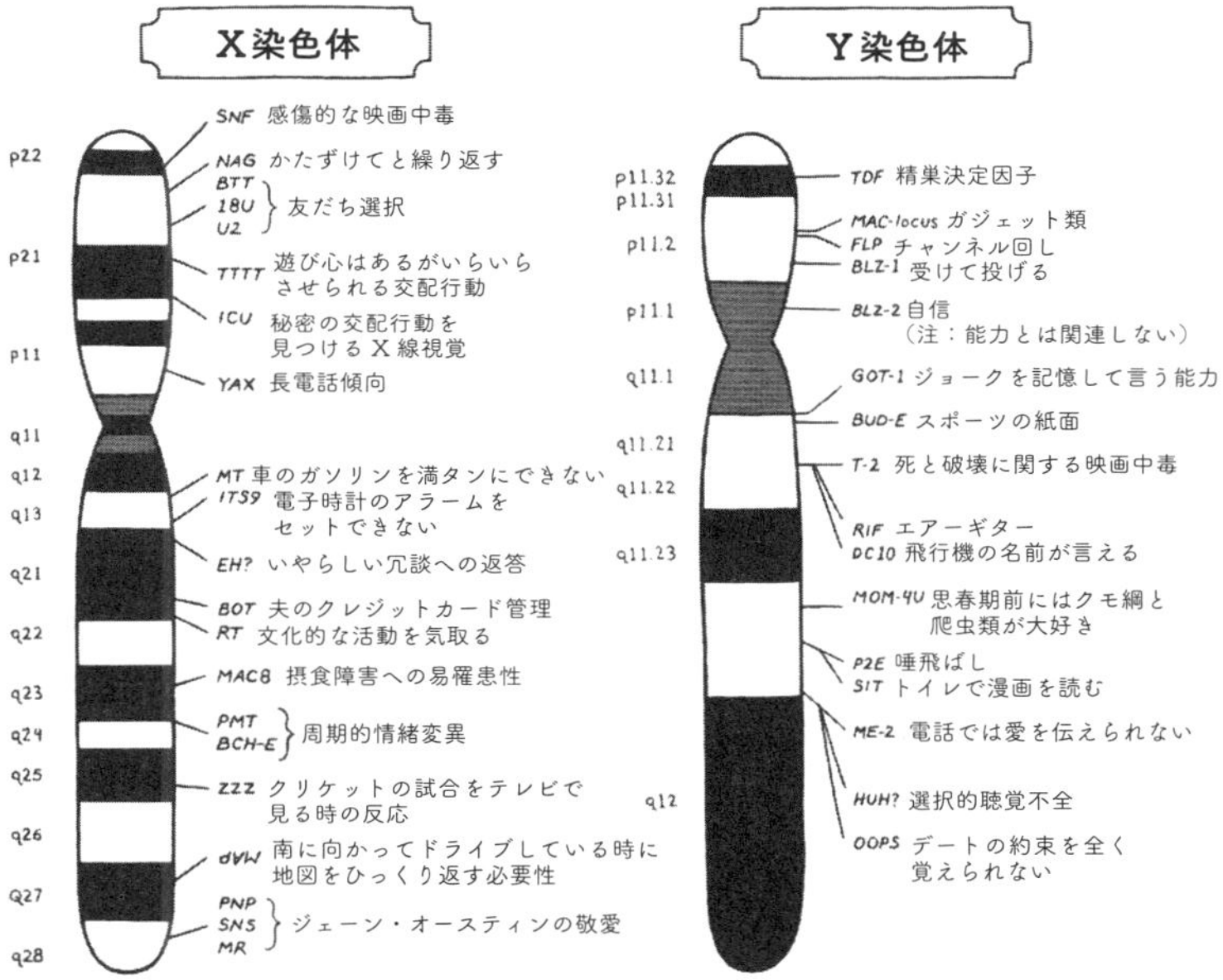

図 1.1. X と Y 染色体の特性をユーモラスに示した図。作者らの許可を得て Kendal Tull Esterbrook により再現された。X 染色体の原案は Jennifer A. Graves 博士、Y 染色体原案は Jane Gitschier 博士。

的知識の対象として分析することで、本書は、ヒト遺伝学の知的な歴史にジェンダーを加え、性とジェンダーの科学的な理論の歴史に遺伝学を加える。

今日、性染色体についての科学的および一般的な文献には、XとYをジェンダー化する事例が豊富に存在する。X染色体とY染色体のユーモラスな図——研究室の壁に貼られると、ドライな科学的な会話にいつも笑いを提供する——は、「ジェーン・オースティン座位」や「チャンネル回し座位」など、女性と男性のステレオタイプ的性質をXとYに当てはめている（図1・1参照）。Xは「女性染色体」と名付けられ、女性の代名詞である「彼女（she）」で表され、「彼女に見捨てられた兄弟、

Y」の「姉」で「セクシー」な染色体と表現されてきた。[5]「彼女はミステリアスに動く（She Moves in Mysterious Ways）」と題され、「ヒトのX染色体の研究は矛盾だらけだ[6]」ではじまる、二〇〇五年の『サイエンス』誌の記事にあるように、X染色体は、頻繁に、女性の神秘性や移り気と関連付けられてきた。Xはまた、二つの性染色体のうち、より「社交的」、「仕切り屋」、「保守的」、「単調」、且つ「母親的」な方とする、伝統的なジェンダーの言葉で表現されてきた。[7]同様に、Yは「彼」であり、「マッチョ」、「行動的」、「賢い」、「狡猾」、「支配的」、そしてまた「堕落的」、「怠惰」、そして「多動的」といった伝統的な男らしさの性質が当てはめられてきた。[8]

一般向けの性染色体についての科学的な読み物には、三つの共通するジェンダー化された比喩がみられる。一番目は、XとYを伝統的にジェンダー化するもので、相反するか補完する役割や行動をする異性愛的なカップルとして描くものだ。たとえば、マサチューセッツ工科大学（MIT）の遺伝学者、デイヴィッド・ペイジ（David Page）曰く、「Yは結婚で得をし、Xは結婚で損をする（…）Yは自活したいが、どうすればいいか彼にはわからない。自分で診療の予約を取れないか、妻がするまでは家やアパートを掃除できない男のように、彼はぼろぼろだ[9]」。生物学者でサイエンス・ライターのデイヴィッド・ベインブリッジ（David Bainbridge）はXとYの進化の歴史を、「カップルはまず踊るのをやめ、やがて付き合いをほとんど断ってしまう」ことになる、「悲しい別れ」として語る。[10] Yにとって Xは今や、複雑な技を使わなければならない、「疎遠になった」パートナーだと彼は書く。

オックスフォード大学の遺伝学者、ブライアン・サイクス（Bryan Sykes）は同様に、XとYを、「かつては幸せな結婚」をし「親密な関係」だったのに、今はたまに「頬へのキス」をするばかり、と表現する。[11] ペンシルベニア州立大学の遺伝学者、ローラ・キャレル（Laura Carrel）による二〇〇六年の『サイエンス』誌での女性のX－X対についての記事は、「X指定〔訳注：映画のレイティングシステムからの比喩〕の染色体の逢い引き（X-rated Chromosomal Rendezvous）」と題された。[12]

第二に、性染色体の生物学は、しばしば二つの性の戦いとして概念化される。一九九九年に出版されたマット・リドレー（Matt Ridley）の『ゲノムが語る二三の物語（*Gnome: The Autobiography of a Species in 23 Chapters*）』では、X染色体とY染色体の章は「対立（Conflict）」と題されている。ここでは、対立の中に閉じ込められ、お互いに決して理解し得ない二つの染色体の物語を、『ベスト・パートナーになるために――男と女が知っておくべき「分かち愛」のルール――男は火星から、女は金星からやってきた（*Men Are From Mars, Women Are From Venus*）』（一九九二）に直接に関連させている。[13] 二〇〇七年の『サイエンスナウ・デイリーニュース』の記事も同様に、雄の鳥にZ染色体（ヒトのX染色体と同等）を発見したことについて、「二つの性の遺伝子的な戦い」を示すものとして表現することに拘り、一方ベインブリッジは、男性に二番目のXが欠けていることを、「男の子と女の子をちがうものにするしくみ」であり、想定されている二つの性の戦いの遺伝子的基礎であると表現した。[14]

三番目に、性染色体の研究者たちはXとYを、個々人がそこに自己を同一化させることが期待され、且つそれに誇りを持つ、男性性と女性性のシンボルとして宣伝した。サイクスは、彼の二〇〇三年の著作『アダムの呪い――男性のいない未来（*Adam's Curse*）』の中で、男性に彼らに特有のY染色体を祝福することを促し、Y染色体を絶滅から救うために集うことを求めて、Y染色体を、男性の結束のためのトーテムとして提示した。女性もまた、二本のXとの同一化を求められた。ナタリー・アンジェ（Natalie Angier）は、女性は「［彼女たちの］X染色体に誇りを持つべきだ（…）それらは女性であることを決定する」[15]と力説した。「XXファクター」は、「女性が本当に考えていること」というスローガンで女性の仕事と人生についての問題を取り上げる『スレート（*Slate*）』誌〔訳注：政治、経済、技術とアートを論じる雑誌〕のコラム名であり、また、女性のビデオゲームプレイヤーの年次大会の名称でもある[16]。男性と女性が実際どれ程異なっているかについて視聴者を納得させるるために作られた、米国女性健康研究学会（US Society for Women's Health Research）の宣伝映像は、『なんという違いをXはもたらすのか！（*What a Difference an X Maes!*）』と題されている[17]。

過去十年の間には、ゲノム解読プロジェクトがヒトの差異についての危険な考えを復活させる可能性について批判的な研究の流れが存在してきた。しかし、それらの焦点はジェンダーよりも人種に当てられてきた[18]。公的助成を受けたゲノムプロジェクトは、――人種の科学の痛みを伴う歴史を背景として、――新しいゲノム科学が、周辺化され、弱い立場にある、または代表者の数の少ない集団に及ぼす影響について調べるための、歴史学者、哲学者、生命倫理学者たちによる研究を支援してきた。性科学――高教育が女性の子宮を害すると戒めたり、女性は知性ではなく感情に支配されていると表明したり、女性は男性と子どもの中間にあり、発達の遅れた男性だと主張したりしたことでよく知られる企て――は、無批判な性差についての科学的構築物にある危険性について同様の危険を持っている[19]。しかし、研究者たちが人種やエスニシティーについての遺伝学的研究の事例において非常に慎重且つ緊急に取り組んできた諸問題は、性とジェンダーについての遺伝学的研究では問われていない。本書が、ゲノムの時代における性差研究の方法とモデルについての議論のはじまりとなることを願う。

性染色体

私たちの細胞一つ一つの核に収められている染色体は、ＤＮＡの箱である（図1・2参照）。ヒトは二三

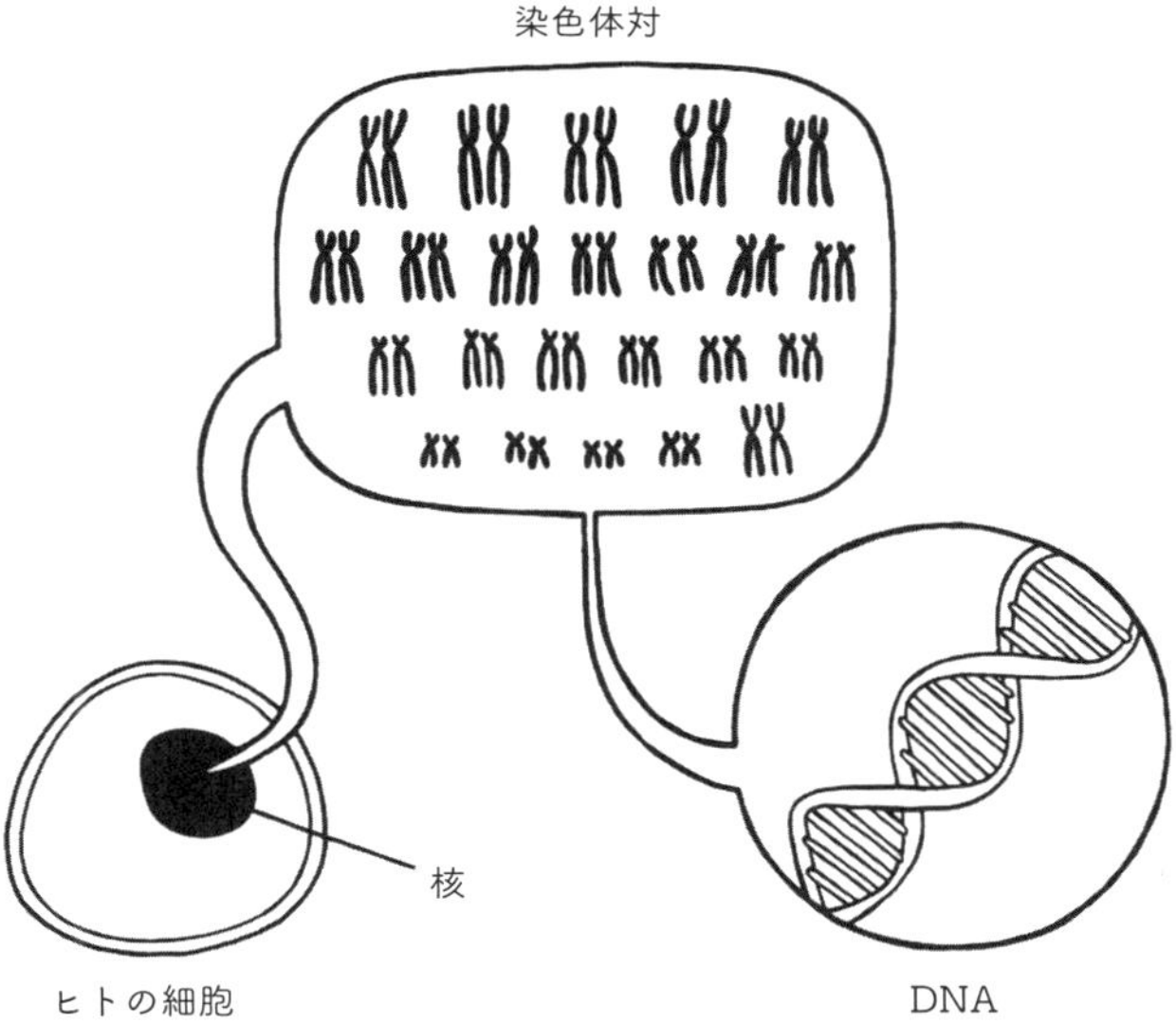

図 1.2. 染色体は細胞の核の中に収められた DNA の束。
作図：Kendal Tull-Esterbrook; © Sarah S. Richardson.

対の染色体を持っている。それぞれの対は、卵子と精子から得た染色体で形成されている。染色体は、それぞれの染色体で特有の、きつく巻かれたＤＮＡの鎖を含んでいる。二二対は相同体で、両親から受け継いだ遺伝子の多様体にある小さな違い以外は、対の二本の染色体は同じだ。二三番目の対は違う。男性の場合、Ｘ染色体とそれよりもずっと小さなＹ染色体で成っている。男性はしたがって「ＸＹ」と呼ばれる。女性は二本のＸを持ち、したがって「ＸＸ」と呼ばれる。

性染色体は、広く知られた遺伝科学のシンボルだ。医師たちは、胎児の性を示すためにそれらを用い、学校の科学の教科書には、Ｘを一本余分の持つＸＸＹのクラインフェルター症候群の男性や、Ｘを二本ではなく一本しか持たないＸＯターナー症候群の女性といった、記憶に残る臨床的異常を掲載している。古典的には、ヒトにおける生殖可能な性の表現型は三段階のプロセスを踏むと見られてきた。すなわち、染色体と遺伝子による性腺（卵巣と精巣）発生（determination）の開始、続く正しい割合での性ステロイド（アンドロゲンとエストロゲン）の生成、そして生殖器と二次性徴の発生と分化である（図1・3参照）。これには、Ｙ染色体上のＳＲＹ遺伝子と、染色体十七番上のＳＯＸ９遺伝子を必要とする遺伝子経路が関連する。六章で論じるように、女性の卵巣発生の遺伝学は精巣発生に比べて研究されてこなかったが、これにもシグナルとなる遺伝子配列が必要である。染色体一番のＷＮＴ４遺伝子は、卵巣発生のための重要な遺伝子的因子とされつつある。[20]

「女性」あるいは「男性」染色体と表現されることが多いが、女性性や男性性にＸ染色体やＹ染色体は必須では全くない。染色体は、自然界における性決定メカニズムの一つの形でしかない。鳥は性染色体を持っているが、システムは哺乳類の反対だ。鳥類では、雄が大きな染色体を二本（ＺＺと呼ばれる）持ち、雌が、大きな染色体と小さな染色体で成るヘテロ（異型）接合体（ＺＷ）を持つ。ショウジョウバエでは、性は、哺乳類のようなＹ染色体の有無ではなく、常染色体に対するＸ染色体の割合で決まる。亀やその他の多くの爬虫類では、性は性染色体ではなく、発生初期の環境の気温で決まる。いくつかの種には性は一つしかなく、いくつかには三つかそれ以上があり、そしていくつかは生きている間に性を変える――そしてこれは純粋に性染色体の配置に依ることもあれば、完全に環境因子への曝露に依ることもあり、あるいはこれら二つの組み合わせの場合もある。

Ｘ、Ｙ、そして性の曖昧で定義されない関係性が、本書の物語の大部分だ。原則的には、どんな染色体も性差と関係する遺伝子を含んでいる。ヒトゲノムには、どちらの親に由来するかによって遺伝子の変異が活性化したり不活化したりするプロセスである、母親由来および父親由来の遺伝子インプリンテ

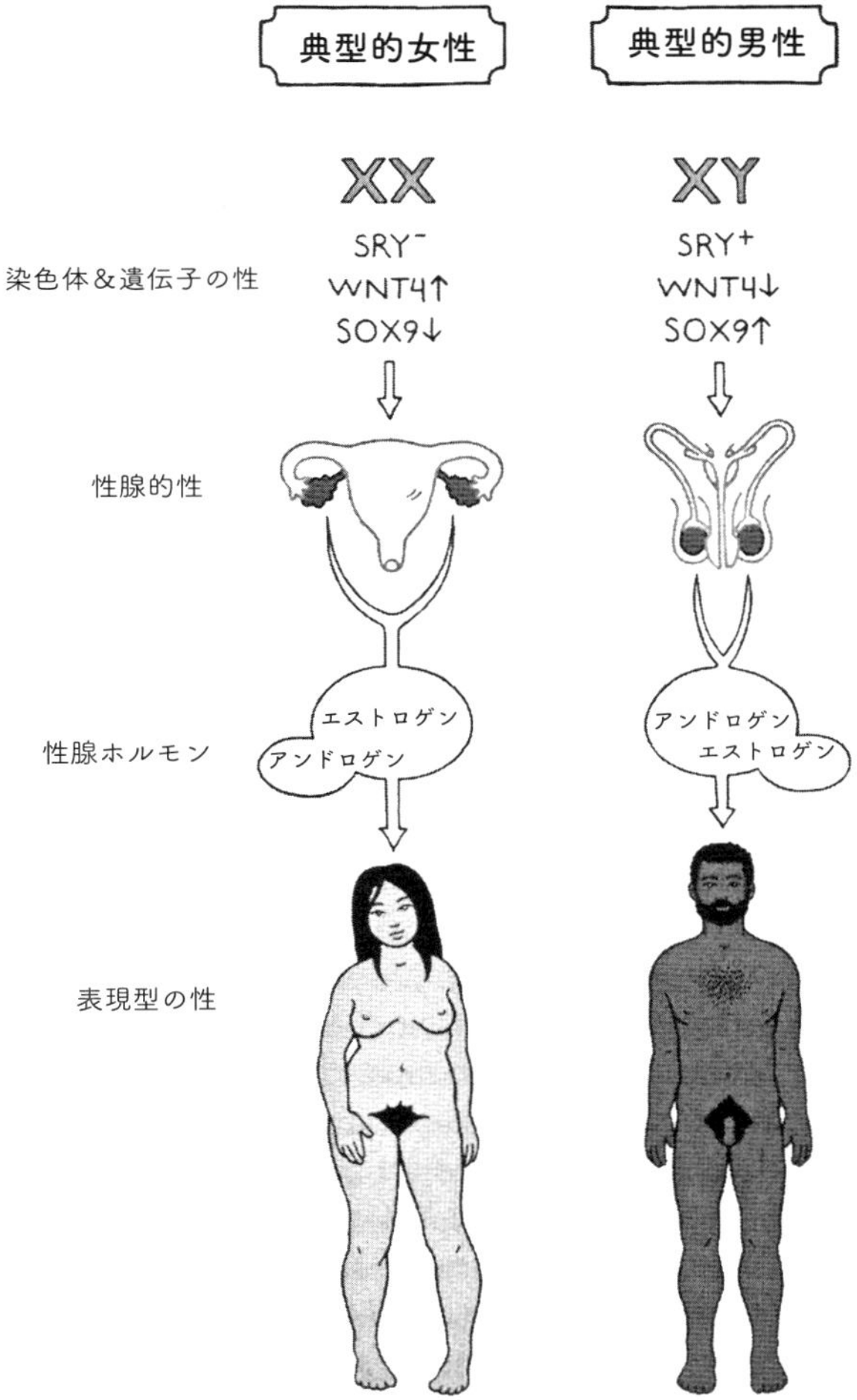

図 1.3. 性染色体と性的表現型の関係。
作図：Kendal Tull-Esterbrook; © Sarah S. Richardson.

ィングのように、その他の性化されたプロセスが存在する。しかし、前世紀には、性染色体は遺伝学的性研究の主要な対象であり、今日でもそれらは、性とジェンダーについてのゲノム学的理解の領野を支配している。

性そのもの

一九一六年、モーガンはXとYを「性そのもの」とする考えに激しく警告した。彼は、ヒトゲノムの中で目立つXとYの二形態性が、生物学者の目に特別な重要性を持って見えるようになること見越していた。「ものそのもの」を知るための、あるいは「最初の原因」にたどり着くための探求は、二〇世紀の分子科学における中心的なテーマとなった。この新しい世界観の中では、性の解剖学的マーカー、ジェンダー・アイデンティティの最終的な表現は、それ自体が「性そのもの」なのではなく、単なる印、軌跡であり、それら全ての基礎にある遺伝子の二形態性が作り上げたものとされる。

生物学者たちが、遺伝子と染色体が、性の生物学の全てだという幻想を見ていたことは、一度もなかった。モーガンの時代のように、今日も、研究者たちはヒトの生物学的「性」は、どんな一つの要素によっても定義することはできず、それは遺伝子、ホルモン、性腺、生殖器、そして二次的な性的性質に与えられた「振り付け」の結果だと認識している。今日、学術的な性研究者は、特に染色体的な性と性腺的性、ホルモン的性、生殖器的性、そして性的アイデンティティを区別する。これに、性的パフォーマンス、ジェンダー・アイデンティティ、形態学的性、生殖、そして脳の性を加える研究者もいる。

この重層的な性の概念は臨床的実践から生じた。その源は、性分化と性的アイデンティティの診断と治療にある。[21] アンドロゲン不応症（ＡＩＳ）というインターセックスの症状のある人について考えてみよう。彼女には「男性」の染色体的性（ＸＹ）、「男性」の性腺的性（停留精巣）、そして「男性」のホルモン的性（高レベルのアンドロゲン）があるが、「女性」の臓器（乳房と膣）と「女性」のアイデンティティを持つ。同様に、ホルモン療法と外科的治療を受けた、男性から女性へ（male-to-female）のトランスジェンダーの人は、「男性」の染色体的性（ＸＹ）を持つが、「女性」のホルモン、性器、風貌、二次的性的性質とアイデンティティを持つ。こうした臨床的な事象の前では、性の一面的な概念は崩れ去る。そのため、研究者と臨床家たちは、社会的生物学的側面の全てにおいて、性、ジェンダー、セクシュアリティを説明するための概念的道具を新たに創った。[22]

一九七〇年代、ゲイル・ルビン（Gayle Rubin）のようなフェミニストの理論家たちは、この重層的で概念的な性の理解を固める手助けをした。[23] ルビンは、生物学的分類としての「性」（典型的には男性と女性）と、社会的役割と期待としての「ジェンダー」（たとえば異性愛的男らしさと女らしさ）を区別した。性／ジェンダーの区別は、男性と女性の解剖学及び生理学（性）と、男らしさと女らしさの理想と関係する行動的文化的な期待（ジェンダー）を、分析的に区別した。この区別は、性が固定された所与のものである一方で、ジェンダーは流動的で可変的であるという考えを強調するように設計された。

しかし、皮肉なことに、性／ジェンダーの区別は、ＸとＹが「性そのもの」であるとする考え方をより強めた。[24] 二〇世紀終わり、西洋社会は、女性の公的生活への広い参入に象徴されるジェンダー役割の革命を経験した。レズビアン、ゲイ、バイセクシャル、トランスジェンダー、そしてインターセックスの人が政治的アイデンティティを主張し、社会的により視覚化された。ホルモン療法と性転換手術（reconstructive surgery）は、医師が身体の化学的解剖学的成り立ち、そして男性と女性のジェンダー化された見かけを変化させることができる程までに発達した。[25] こうした発展によって、形態学的、生殖器的、性腺的、ホルモン的身体はより流動的になったが、染色体的性は、生物学的な性の概念の核心としてそのまま残った。XとYは、生まれ来る存在に自然が定めた性的運命を象徴する、ジェンダー流動性に必要なアルター・エゴを代表するようになった。[26] ハエの遺伝学について書いたシンシア・クラウス(Cynthia Kraus)は、この遺伝学的性の考え方を、「裸の性」あるいは「ジェンダーの顕微鏡を拒否する性の部分」と呼んだ。[27]

XとYは、この「硬い層」から「柔らかい層」へと移動する、性とジェンダーの概念的位層のヒエラルキーの基礎にある、私たちの性とジェンダーの複雑な概念についての二〇世紀的企図から生まれた。染色体あるいは遺伝子型の性、それからホルモン的、性腺的、そして形態的な性、最後にジェンダーの表現、性的指向へと向かう企図だ。一般的な語法の中では、「性染色体」の蒸留物は、「生物学的性」の概念を置換するほどになりつつある。発生的にはホルモンと文化に先立つと見なされるX染色体とY染色体は、私たちにとって「性そのもの」に最も近い。

XXとXYという二つの型による視覚的表象は、不変で最も根本的と考えられている性の部分を象徴する。染色体のレベルでは、ジェンダーの虹は崩れ去る。二つの型は絶対的だ。XXは女性でありXYは男性なのだ。「性」の概念の全てにおいて、染色体的性は、最も基本的で究極的な一つの「真実の」性の定義として考えられている。生物科学及び一般的な空想の中で、XとYは規律と明確さの源とみなされている。つまりジェンダーの混沌のただ中で、男性性と女性性の本質、究極の自然、したがって二つの性の持つ異なる役割、関心、能力の周囲に配備された社会的慣習や実践を表現するもと捉えられている。ホルモンと文化は、ジェンダーを形作る助けになるが、遺伝子だけが「性そのもの」を明らかにすると考えられているのだ。

遺伝子とジェンダー

フェミニスト科学論の研究者たちは、性差についての歴史的な及び現代的な科学の理論について強力な分析を発展させてきた。しかし、彼らは性染色体と性差についての遺伝学的理論にあるジェンダーの側面には実質的に触れずにきた。この主題に風穴が明けられたのは最近のことだ。[28] おそらく、この関心の遅れは、部分的にはXとYが単純な二つの型に固定されているという、フェミニスト研究者たち自身がしばしば共有する支配的な考え方のためだろう。ヒトの性とジェンダーについての慣習的な考え方に挑戦し複雑にする学問を創出しようとする視座からは、研究者たちは、XとYを性ホルモンや生殖器や性腺組織ほど面白くない、あるいは生産性のない対象と考えてきたのだろう。[29] さらに、性染色体は、ホルモンや臓器とは違って、一世紀に渡る製薬のための投資や、広く知られた性器や性腺の手術の輝かしい対象ではない。また、ゲノム学がヒトの生物医科学研究のための広く共有された枠組み且つ研究基盤として、現在の卓越した地位へと上り詰めたのはここ数十年のことだ。[30]

フェミニストの研究者たちは、ジェンダーと遺伝学の関係性にアプローチするための重要な資源を提供してくれる。フェミニストは、能力、嗜好、あるいは行動における男女の差異は遺伝子的に定められているという主張のイデオロギー的な意味に注目してきた。生物学的決定論へのフェミニスト批評の伝統は、米国においては、アントワネット・ブラウン・ブラックウェル（Antoinette Brown Blackwell）、エリザ・バート・ギャンブル（Eliza Burt Gamble）、シャーロット・パーキンズ・ギルマン（Charlotte Perkins Gilman）

といった十九世紀および二〇世紀初頭のフェミニスト運動家と科学批評家、そしてヘレン・トンプソン・ウーリー（Helen Thompson Woolley）、ルス・ハーシュバーガー（Ruth Herschberger）といった、初期のフェミニスト学者にまでさかのぼる。[31] 一九七〇年代と一九八〇年代の、第二波のフェミニスト科学論者は、人の社会的行動への生物学的決定論のアプローチを復活させた社会生物学を問題とした。一九七〇年代の社会生物学の主張は、男性の優位性、男らしいあるいは女らしい典型的な行動、そして男性と女性のジェンダー役割の生物学的基礎を公言し、一九七三年のスティーブン・ゴールドバーグ（Steven Goldberg）による『家父長制の不可避性――なぜ男性と女性の生物学的差異が常に男性の優位性を生み出すのか[32]（*The Inevitability of Patriarchy: why the Biological Differences between Men and Women Always Produce Male Domination*）』のような、ミソジニー〔女性嫌い〕の大衆的科学本を登場させた。

これらの新しい主張について研究し応答するために、一九七七年、ニューヨーク市のフェミニストの生物学者たちのグループが結成された。米国自然史博物館、動物行動学部のエセル・トバック（Ethel Tobach）とスターン女子大学生物学科のベッティー・ロソフ（Betty Rosoff）は、最初の「遺伝子とジェンダー」についてのイベントを開催した。ニューヨーク科学アカデミーの科学研究における女性委員会、科学における女性協会ニューヨーク部会、米国心理学会地域女性委員会の共催で、一九七七年一月二九日に、ニューヨーク市のセントラルパークにある米国自然史博物館でシンポジウムは行われた。シンポジウムの抄録に含まれていた「なぜ遺伝子とジェンダーか？」と題された短い声明の中で、主催者は次のように記した。

わたしたちの社会では、ジェンダー役割を基礎付けるプロセスについての理解が発展したにも関わらず、「遺伝子が運命を決定する」という考えがいまだに続いている。女性の社会的役割が「生物学的」あるいは「遺伝学的」に決定されていると伝える多くの最近の出版物の核には、性差別主義がある。性に関連すると考えられる行動が頻繁に分析され、女性を不利な立場に追いやっている。このシンポジウムは、遺伝学的なプロセス、それらのホルモンシステムと行動における表現、そしてこれらの現象と男性と女性の関係に影響する「差異」に関する多くの資料を提示する。[33]

現在、ラドクリフ高等研究所（Radcliffe Institute for Advanced Study）のシュレシンガー図書館（Schlesinger Library）に保管されている一九七七年の講演会のための登録用紙には、生物学者、心理学者、医師、運動家の混合でなる登録者が主催者に当てた鉛筆書きのメモが記録されている。それらの一つには「遺伝子とジェンダーは面白そう。チケットを二枚ください」とある。また別のものには、「私には難しすぎなければいいのだけど。遺伝学は重い主題ですから！」とある。[34] シンポジウムは成功し約二五〇名の参加があった。続く二〇年以上に渡り、「遺伝子とジェンダー集会」として知られるようになる活発なシンポジウムが定期的に開催され、『遺伝子とジェンダー――遺伝主義と女性シリーズ（*Genes and Gender: A Series on Hereditarianism and Women*）』が七巻作られた。[35] 一九七八年に、リリアン・ヘルマン（Lillian Hellman）やスーザン・ソンタグ（Susan Sontag）、ジェーン・フォンダ（Jane Fonda）、グロリア・スティネム（Gloria Steinem）といったフェミニストの著名人に向けてトバックが書いた、シリーズ一巻目を宣伝するための手紙には、「本書（…）の関心は、最近の社会生物学の中で喧伝されている、女性は『劣っている』、あるいは、生物学的成り立ちによって彼女たちが社会における第二階層の役割を担うよう運命付けられている、という神話を検討することにあります」とある。[36]

遺伝子とジェンダーシリーズには先端科学者が協力した。彼らは、人種、階層、そして性のヒエラルキーが生物学的に不可避であるという、イデオロギー的と彼らが見なす主張を問題とした。彼らの生物学的決定主義とその女性への意味に対する批判は、ルス・ブレイヤー（Ruth Bleier）の『科学とジェンダー――女性についての生物学とその理論の批判（*Science and Gender: A Critique of Biology and Its Theories on Women*）』や、リチャード・レウォンティン（Richard Lewontin）、スティーブン・ローズ（Steven Rose）、及びレオン・カミン（Leon Kamin）の『私たちの遺伝子にはない――生物学、イデオロギー、そして人間性（*Not In Our Genes: Biology, Ideology, and Human Nature*）』といった、この時期の古典的な生物学者による書物と共に、性染色体遺伝学の歴史に対する私のアプローチを動機づける助けとなり情報源ともなった。しかし、これらの書物は、女性の行動のホルモン理論や、レイプについての進化論といったトピックに注目しており、性についての基礎遺伝科学は全く問題としていなかった。遺伝科学そのものの実証的な主張、理論、そして実践におけるジェンダー概念の役割を考察することが本書の問題関心である。

遺伝科学によって可能になった新しい生殖技術の意味についても、多くのフェミニスト研究および運動が存在する。フェミニスト生命倫理学者、科学論研究者、そして医療評論家たちは、ヒトの遺伝子エンハンスメントや遺伝工学、ヒトクローン、遺伝学に基づく不妊治療、ヒト胚選択、そして出生前遺伝子検査、また、幹細胞研究におけるヒト胚培養といった研究手法などの、「生殖遺伝学」技術の社会的倫理的側面を詳しく考察してきた。(37) この分野におけるフェミニストの研究は、臨床的実践と公衆衛生に関する政策と言説におけるジェンダーと遺伝学に注目する。これらの研究は、新しい遺伝学的技術が、ヒトの価値に挑戦する形でヒトの生殖を変容させていると主張する。したがって、女性の健康と生殖における自律を守るためには慎重な精査が必要だ。本書は、遺伝子とジェンダーに関する課題にある無数の側面が臨床に限らないことを示すことで、こうした研究に参加する。臨床を超えて、性についての基礎遺伝学と生物学についての研究の領域で、科学者たちは「性そのもの」について研究している。彼らは、ヒトの生物学的性差の概念的な領野を改変している。「ゲノム学的」性という、まだ触れられていない——そして触れることができないように見える——概念は、ポストヒトゲノムの時代に対峙する私たちを理論的な真空に取り残している。[38]

ジェンダーと科学

『性そのもの』〔本書〕は、伝統的および新しいジェンダー・イデオロギーが、二〇世紀のヒト性染色体研究のモデル、実践、そして言葉にどのように作用しているかを、歴史的文脈に注意を払いながら分析する。ジェンダー・イデオロギーは、広く用いられる社会的に書き込まれた性とジェンダーの差異に関する信念と定義される。これらには、男性性と女性性、男らしさと女らしさ、性とジェンダー役割、そして、それぞれの性の関係性の性質についての概念が含まれる。伝統的なジェンダー・イデオロギーには、優位な文化と制度的な環境を反映し且つ支えるジェンダーの差異についてのステレオタイプが含まれている。社会学者のマイケル・キンメル（Michael Kimmel）は、男女の関係に助言するよく知られた著作、『男は火星から、女は金星からやってきた』に言及し、現代の西洋におけるジェンダー・イデオロギーを「完全で普遍的なジェンダーの差異についての『惑星間』の理論」と表現する。[39] このジェンダーの見方には、三つの原則的な内容がある。第一に、男性と女性、そして男らしさと女らしさは、相互補完的で二元的であるというものだ。「公的領域と私的領域」、「能動的と受動的」、そして「合理的と感情的」というジェンダー化された二つの分類は、このジェンダーの差異の概念を代表する。第二に、矛盾と対立が男性と女性及び男らしさと女らしさの関係を特徴付ける。差異は対立の源として概念化される。「二つの性の戦い」という、男性と女性についての大衆的な読み物に散見される比喩がその例だ。三番目に、ここでは、生物学的な地位としての性と社会的分類としてのジェンダーは完全に省略されている。男性と女性の間にある差異は、個人に依拠しており、生物学的に決定され、普遍的で自然だとみなされる。男性は男らしさと、女性は女らしさと同一とされる。

ジェンダーは、科学の知識、実践、そして制度的構造を形作る。この領域への最も感度の高い導き手は、科学史家で科学哲学者のエヴリン・フォックス・ケラー（Evelyn Fox Keller）だ。[40]彼女の、科学におけるジェンダー化された言葉、比喩、そして言説についての研究は、いかにジェンダーが世界の理解しモデル化する科学的な実践を深いところで紡いでいるかを明らかにする。ジェンダー規範は、「私たちがそこに住むと同時に作り上げてもいる社会的そして自然的な世界についての心的ないし言語的な地図」とケラーは書く。[41]「男らしさ」と「女らしさ」は、男性と女性を分類するだけでなく、理性や感情、心や身体といった抽象的な概念を体系化する。このようにして、科学へのフェミニストのアプローチは、「互いに認め合い、支え合い意味を明確にし合う二元的な対象に沿って人々の生活と思考の構造を二つに裂いてしまうジェンダーのカテゴリーを巧みに用いる世界観を、根底的な批判の下にさらす」と、ケラーは続ける。[42]このことは、人の知識形態の体系化と評価、異なる形で統合された探求者（knowers）、科学の実践、そして自然についての科学的説明の構造に影響を及ぼす。[43]

本書で私がとるアプローチは、ジェンダー概念はいかにして世界的な理論、作動モデル、そして生物科学における日常的な解釈の実践となってきたのかを、歴史学的哲学的に木目の細かい事例研究を通して描いたフェミニスト科学論に最も深く触発されている。フェミニスト生物学者で科学論研究者であるアン・ファウスト゠スターリング（Anne Fausto-Sterling）による『身体の性化（*Sexing the Body*）』（二〇〇〇）が典型例だ。セクシュアリティ、性差、そしてジェンダー・アイデンティティについての二〇世紀の科学におけるエピソードを考察し、ファウスト゠スターリングは、いかに研究者たちが、二型性の性という規範を強調する実践と枠組みに、それらが事実に合わないときにさえも、繰り返し依拠したかを示す。「脳の性化——いかに生物学者が差異を作るか（*Sexing the Brain: How Biologists Make a Difference*）」と題された一つの章で、ファウスト゠スターリングは、脳梁という重要な脳の構造に性差が存在すると確信する科学者たちが、性差の証拠が明示されない度に測定技術や条件を改定し、いかにしつこく性差を発見しようとしたかを鮮やかに示している。(44)

ファウスト゠スターリングによって道が切り開かれたことで、過去十年の間には、いかにジェンダー・イデオロギーが私たちの性についての生物学的図式を歪めたのかについての影響力の大きな研究が花開いた。エリザベス・ロイド（Elizabeth Lloyd）の『女性のオーガズムについて——進化科学におけるバイアス（*The Case of the Female Orgasm: Bias in the Science of Evolution*）』（二〇〇五）は、女性のセクシュアリティについての進化論の説明にある欠陥についての鋭いフェミニスト批判だ。(45) ジョアン・ラフガーデン（Joan Roughgarden）の『進化の虹——自然と人の多様性、ジェンダー、そしてセクシュアリティ（*Evolution's Rainbow: Diversity, Gender, and Sexuality in Nature and People*）』（二〇〇四）と、最近の『優しい遺伝子——ダーウィニズムの利己性を脱構築する（*The Genial Gene: Deconstructing Darwinian Selfishness*）』（二〇〇九）は、科学へのフェミニストのアプローチに依拠して、セクシュアリティと性選択理論について支配的な進化論の概念を徹底的に批判し再構築する。(46) 最近では、コーデリア・ファイン（Cordelia Fine）の『ジェンダーの妄想——いかに私たちの心、社会、そして脳性差主義が差異を創り出すか（*Delusion of Gender: How Our Mind, Society, and Neurosex-*

ism Create Difference』(二〇一〇)とレベッカ・ジョーダン＝ヤング(Rebecca Jordan-Young)の『脳の嵐――性差の科学の欠陥(*Brain Storm: The Flaws in the Science of Sex Differences*)』(二〇一〇)は、脳の性差についての科学的理論に対する徹底的なフェミニスト批判を展開した。[47]

科学的知識の中のジェンダーをめぐる議論は主流となりはじめた。この発展のための文脈の一部には、科学的な専門における女性の地位向上が緊急の課題となってきたことがある。過去十年の間、米国、英国、そして欧州における助成機関は、科学への女性と少女たちの参加を促進するためのプログラムと社会科学的研究に大きな投資をしてきた。[48]これらの投資は、科学における既に劇的な人口動態の変化の上になされている。科学はかつて、フェミニズムを科学的関心の完全に外にあって、科学への脅威であると見なす、大きくは同じ階層と文化的背景を持った男性のクラブのような領域だった。しかし、いまや伝統的なジェンダーの概念についての批判的な視座を受け入れる世代の男女が、多くの科学的領域のシニアの職に就き始めている。[49]この新しい世代の科学者たちは、完全に共学の環境で訓練され、専門職に就く母親に育てられたかもしれず、学部の授業でジェンダー論と出会ってもいるだろう。私の経験では、これらの科学者たちにとって、ジェンダーについての信念がいかに科学に影響しているかという問いは脅威ではなく、個人的に納得出来る疑問であり知的好奇心をそそられる事柄だ。

科学の社会的な側面

その核心において、本書は科学についての最も魅力的で重要な問いに関わっている。すなわち、科学の社会的政治的文脈は、いかに認知的内容に影響するのか、という問いだ。科学哲学者たちは、かつて、この問いから目を逸らした。彼らは、科学をその他の人の行動から隔離し、イデオロギーから自由な知識の理想的形態として示した。科学を政治的に「悪用」することはできるが、正しく行い、倫理的用いれば、科学は人の政治から自由だと彼らは主張した。彼らは、科学と社会的価値の問題に穴を開ける人たちを「反科学」として特徴付け、もしも科学が完全に社会的および政治的な仮説なのであれば、なぜワクチンは作用し、橋は架けられるのかを説明せよと挑発した。

科学的実在論と合理性に賛同するのを諦めなければならないとか、科学には何か特別なものがあると考えるのを諦めて、新しい科学的知識が生み出されるしばしば偶発的な道筋にある社会的文脈も認識しなければならないという考えを持つ人は未だに少ない。社会的文脈と社会的価値は、悪い科学の一部であるのと同じくらい良い科学の一部でもある。科学がどのように作動するかを理解するには、私たちはその社会的側面を知らなければならない。今日、科学的知識の社会的側面は、豊かで生き生きとした研究分野であり、科学的理論と実践についての新しい洞察を生み出している。

私は科学を歴史的、社会的、また知識生産的で認知的な実践の集合であると考える。科学的実践についてのこの考え方は、二〇世紀中頃に、まずルドウィグ・フレック（Ludwig Fleck）とトマス・クーン（Thomas Kuhn）によって鮮明に照らし出された。(50) 彼らの科学の理解によると、科学者、あるいは科学者のコミュニティーは、彼らの調査対象についての科学的仮説、モデル、そして理論を発展させる。それらの仮説は、信頼性に幅のある複雑な事実によって支えられている。すなわち、確実さに幅のある因果論的および機械論的主張、透明性と視覚可能性に幅のある社会的な力、制度、そして信念だ。科学的仮説の支持者たちは、その時に最良の技術と、主張のための弁論と論証の技能を用いる。論争の中では、科学者たちは、実用的且つ説明的で道徳的な徳に訴える。すなわち、節約性、頑健性、統一性、還元性、新規性、単純性、効率性、そして美しさや倫理にまで。まとめれば、科学的仮説は、単なる事実とデータの集合ではない。それらには、経験的、理論的、そして実践的な側面もある。社会的文脈、信念、そして価値――ジェンダー概念を含む――はこれらの側面と関係している。

ヘレン・ロンジーノ（Helen Longino）が傑出して発展させた、科学の中の社会的価値の役割を視覚化する方法に沿って、私は、異なるモデルや科学的な理論が、不完全な経験的証拠を条件とする中で受け入れられようと競い合う、ヒトの染色体研究の歴史の事例に照準を当てる。私の書く性染色体科学の歴史は、より完全で正確な事実が積み重ねられていく経過ではない。それは、単純化するならば、論争の歴史だ。生物科学における活発な研究モデルは、大抵、オープンに議論されている。競い合う仮説が、二つ以上の科学者のグループによって提出される。Y染色体は退化しているのか、あるいは待機状態にあるのか？　SRY遺伝子は男性の性決定を制御しているのか、あるいは性決定の経路の集合に関与する遺伝子ネットワークの一つとみなされるべきなのか？　男性と女性は、ヒトとチンパンジーのように、異なるゲノムを持っているのか？　これらの論争は、そのうち実証的証拠によって明確に解決されることもあるだろう。しかしより多くの場合では、論争は実証的証拠についてではなく、むしろ、より広い知的領域の中で示唆的な発見をどのように解釈するかについて行われている。これらの事例では、私たちは、グローバルなモデルや科学的仮説が、文化的なジェンダーの概念に依拠して研究プログラムを形作り動機づける際に果たす役割を特に明瞭に見ることができる。

科学におけるジェンダーのモデル化

本書で分析するエピソードは、科学的理論の発展において、どのようにジェンダーの概念が認知的資源に入り込み役割を果たすかを示す。この性染色体科学の歴史への私の理論的アプローチを、「科学におけるジェンダーのモデル化」と呼ぶ。性染色体科学の中のアイデアの発達を、その時代において、それらのアイデアがいかに合理的で妥当で真実としてさえ受け入れられたかに着目して細かく読むと、この分野においていかにジェンダーについての信念が科学的知識を形作ったかが明らかになる。ジェンダーについての信念は、単に性染色体研究の周辺に付随したのではない。それらは、性染色体科学の仮説、研究プログラム、そして理論の中で、創造的にも認知的にも不可欠だったのだ。

かつては、科学におけるジェンダーを分析する研究者たちは、科学におけるジェンダー・バイアスにより注目していた。すなわち、偏狭でイデオロギー的なジェンダーについての考えを無批判に取り込むことで科学的知識の発展が害されてきた、ということだ。そうした事例には私も関心を持っており、本書でも非常に詳細に記してはいるが、私は、より広く柔軟でより有益と考える科学のジェンダー分析の枠組みを採用する。[51]「科学におけるジェンダーのモデル化」は、中心的な動機としてのバイアスを問題関心の中心から外し、バイアスが科学にとって良いか悪いかという点において、より中立的に科学におけるジェンダーを歴史的、哲学的、社会学的に分析する方法論的なアプローチだ。ジェンダーについての考え方が科学を害するバイアスをいかに導いたかに注目するのではなく、このアプローチは次の問いからはじめる。すなわち、この事例ではジェンダーはどのような役割を果たしているのか、だ。

本書における事例研究を分析し、フェミニストの科学哲学から中心的関心を広げて、私は、科学におけるジェンダーのモデル化への包括的な分析的アプローチが、科学における「ジェンダー・バイアス」の問題よりも先に進み、科学における知的活動の中でのジェンダー概念の建設的な役割を考慮する必要のあることを主張する。ヒトの性染色体科学の歴史における様々な事例を通して、私は、ジェンダーについての考え方がどのように科学的理論に入り込んで影響し、どのような文脈でこれらのアイデアが望ましくないバイアスを持っているのかを理解したい。私は、ジェンダー概念が、生産的な部分性をもたらす形で、視覚的で再帰的に作用している事例に言及するために、「ジェンダー的価値付け（*gender valence*）」という概念を提唱する。これらの事例では、ジェンダーについての信念は、科学の中で必ずしも有害なバイアスを含まない役割を果たす。

私は、このアプローチは、科学とジェンダー・イデオロギーの相互関係について、科学におけるジェンダー・バイアスの問題によって切り取られたものよりも、感度の高いより広範囲の分析を生み出すと信じる。このアプローチは、特に、科学の実践におけるジェンダーについての信念をめぐる変革的で超領域的な対話に科学者の参加を促すのにより適している。科学的研究の実践に、ジェンダーと科学についての歴史的哲学的、社会学的な研究の洞察を含めるのを助ける活発な再帰的実践を表すために、私はジェンダー批判という概念を提起する。私は、ジェンダー批判を、知識におけるジェンダー概念の作動を視覚化する実践と定義する。本書では、性染色体科学の歴史におけるジェンダー批判の事例を描写し分析する。私はまた、遺伝子と性についての科学的研究の歴史の中の特定のエピソードの中でなされている科学的主張の分析を通して、ジェンダー批判を実践する。科学におけるジェンダー・バイアス、ジェンダー的価値付け、そしてジェンダー批判のモデル化に注目する歴史的分析的方法の成果は、続く章の中で、時代を通して変化するジェンダー概念とのダイナミックな関係性の中のヒトの性染色体科学の歴史を辿るうちに、明らかになっていくだろう。

本書の構成

『性そのもの』〔本書〕は十章から成る。二章、三章、四章での私の最初の仕事は、性染色体概念の源を発掘し、性染色体を二〇世紀の遺伝学と性科学の文脈の中に位置付けることだ。「性のための染色体」という初期の概念を形成した理論的論争は、染色体的性決定仮説の大胆で論争的な特性を明らかにし、性染色体がいかに強く二〇世紀の遺伝学とゲノム学の論理に編み込まれているかを示す。性染色体の発見と検証は、遺伝の染色体理論の発展を加速し、メンデル遺伝学の物理的基礎を確立し、遺伝子変異、関連、そしてゲノムの構成に関する事例を体系的に研究するための扉を開いた。(52)

今日、私たちは「性染色体」を単純に説明的な概念と考えている。しかし実際には、二〇世紀の最初の数十年のうちに起こった偶然性の高い出来事の連なりの最終結果である。科学者は二〇世紀に入る頃にXとYを発見したが、「性染色体」がこの奇妙な染色体のための用語として選択され定着するには、少なくとも二〇年を要した。XとYをなんと呼ぶかについての用語をめぐる議論を考察し、私は、これらの奇妙な染色体を性染色体と理解することがもたらす歪曲的な効果について、遺伝学者たちが持っていた初期の懸念を明るみにする。そして、一九一〇年代から一九二〇年代にかけての、新しい染色体理論を広めようとする取り組みと新しい性ホルモンの科学の中で「性染色体」が取り上げられるにつれて、いかにこれらの懸念が押し流されて行ったかを示す。

性染色体は、一九五〇年代と一九六〇年代に、XとYが人類遺伝学に登場した時、性ホルモンの影から現れ出た。この時代に生物医科学への巨額の公的投資が開始された。DNAの構造の解明とヒトの遺伝物質を研究するための新しい技術は、ヒト染色体研究に数々の革新をもたらした。(53) 時にはセンセーシヨナルに広く伝えられたヒトの性染色体異常についての科学的発見を通して、XとYはヒトの性の二つの型の中心へと躍り出た。科学的知識の対象としてのXとYのジェンダー化の物語はここにはじまる。

五章と六章では、私はYを男性性とXを女性性と同一視する、しつこく持続的な視座の知的源を探索する。ここで私は二つの事例に注目する。有名な「XYY超雄症候群」と女性の生物学的性質と疾患のX染色体モザイク理論だ。一九六〇年代と一九七〇年代に花開いたXYYについての研究が、五章の主題である。XYYの男性は、Yを余分に持っているために暴力的傾向を持つ「超雄」であるという考えは、一九七〇年代終わりの大規模研究がY染色体と攻撃性の間の関連性を否定するまでの十年の間流行した。[54] 私は、この古典的な科学的誤りの事例についての既存の理解に挑戦し、一番の犯人は、騒いだメディアではなく、ジェンダー概念だと主張する。六章の主題である、女性の生物学的性質と疾患のXモザイク理論は、これと並行する事例を提示する。女らしさについての伝統的な考えと共鳴する、キメラ的性質、混在性、そして二面性に強く依拠して、ヒトのXモザイク理論は、ミステリアスな「女性の病気」と女性の行動の源を、Xが二本あるということに求めた。女性の生物学的性質と行動のXモザイク理論と、女性における自己免疫疾患の発症率の高さについてのX染色体理論を分析することで、私は、いかにX染色体についてのジェンダー化された前提が、女性の健康研究の中でも優先順位の高い分野において、実証的利益の疑わしい仮説の一貫性を維持するのに作用してきたかを示す。[55]

一九七〇年代の第二波のフェミニズムのはじまりは、性の遺伝学理論の歴史と科学の中でジェンダー概念がいかに作動しているかについての私たちの理解にとって興味深い層を付け加える。一九七〇年代、フェミニストの科学者と科学論の研究者たちは、性差の生物学理論を分析し批判しはじめていた。今日、科学史家と科学哲学者たちは、この数十年を振り返ることで、フェミニストの理念と科学の理論の素晴らしい相互作用を分析することができる。科学知へのフェミニズムの影響の問題を最初に提示したのは、ダナ・ハラウェイ（Donna Haraway）による一九七〇年代のフェミニスト霊長類学の先駆的な研究だ。[56] ロンダ・シービンガー（Londa Schiebinger）の一九九九年の簡潔な著作、『フェミニズムは科学を変えたか？（*Has Feminism Changed Science?*）』は、この問いについての三〇年に渡る仕事を要約している。[57] 今では、非常に多くの研究者が、フェミニストによる批判が知識の欠陥を明らかにし、無防備な前提を特定し、代わりとなる仮説を生み出すことで、科学の向上を導いたということを研究している。七章と八章では、私は、性の科学的理論の批判及び社会運動としてのフェミニズムは、性染色体科学を変えたのだろうかと問う。

性の遺伝学についての一九八〇年代以降の科学的大衆的文献を考察すると、フェミニストの科学批評と移り変わるジェンダー規範の文脈が顕著に現れる。私は、フェミニズムと性染色体研究の内容の間の相互作用の、異なる形で歪曲された二つのこの時代の事例を提示する。七章で論じる最初の事例は、性決定遺伝学の事例だ。これは、フェミニストの理論と科学批評が科学の発展に貢献した素晴らしい例だ。Xを女性特異的、Yを男性特異的と考えることに慣れた一九八〇年代と一九九〇年代の研究者たちは、男性の生殖に関わる遺伝子を同定するためにY染色体に着目した。研究者たちは、男性の胎児における精巣発生のはじまりが性決定にとって重要な出来事であり、したがって性決定遺伝子はY染色体に位置するだろうと考えた。[58] これが一九八〇年代、ヒトのY染色体上の性決定座位を同定するための競争に帰結した。一九九〇年、Y染色体上に性決定遺伝子と思われるSRY遺伝子が同定された。[59] しかしこの遺伝子は期待通りには動かなかった。それは、経路を制御したり活性化したりせず、ヒトの精巣ではこの遺伝子を観察することもできない代わりに、X染色体上の重要な遺伝子集団と密接に関係していた――そしてこのことを不快に感じた観察者もいた。[60] 一九九〇年代、フェミニスト批評とジェンダー理論が、新しい性決定モデルの発達に貢献した。SRY遺伝子は、哺乳類の性発生における多くの性決定因子の一つとして再認識され、研究者たちは、ようやく精巣発生と共に卵巣発生の遺伝学を研究しはじめた。このエピソードから得られる様々な一次資料とエスノグラフィー的資料の精査を通して、私は、いかにフェミニストのジェンダー批判的視座が、この一九九〇年代の性決定のモデルの変容において役割を果たしたかを示す。

八章では、最近のフェミニズムと性染色体科学の異なる種類の相互作用である、Y染色体退化理論を見ていく。文化的なジェンダー役割と期待に急速な変化をもたらしたフェミニスト運動は、ジェンダーについての慣習的な考え方の背景も変化させた。たとえば、伝統的な男性の領域に女性が移動したことにより、男らしさについての伝統的な概念が再形成されることになった。この文化的変化は、現在、性染色体遺伝学の中に登場しつつある議論に現れている。ヒトのY染色体が「退化」しているという仮説は、この現象についての素晴らしい事例を提供する。一九九〇年代と二〇〇〇年代初頭の遺伝学者たちは、ヒトのY染色体をマッピングし、解読し、Y染色体にある男性特異的領域にある僅かな遺伝子を明らかにした。このことから、Y染色体は遺伝子を失い、最終的には消滅に至る過程にあるのだと指摘する科学者もいた。この仮説は、ヒト染色体の構造、機能、進化についての、顕著にジェンダー化された側面を持つ分極的な議論を活発化させた。[61] 科学的及び大衆的な文献の中では、Y染色体が「退化している」かについての議論は、ポストフェミニストの時代における男性の衰退への不安と絡み合っている。[62]

最後に私は、二〇〇一年のヒトゲノムの完全な解読が発表されて以降の時代、ゲノム時代に到達する。私は、性とジェンダーの理解のための古く問題のある枠組みがよく振り返られないままに、新しく権威的なゲノム学の言葉の中に今また刻み込まれているのではないかと危惧している。九章と十章で、私はこの新しい研究についての批判的議論を動機づけ、その意味と落とし穴の危険について考えるための分析的な道具と枠組みを提供する前章での歴史的議論をまとめる。私たちは、性差を二つの型に当てはめる考え方をヒトゲノム科学に刻み込もうとする今日の圧力に抵抗しなければならない。

私の最も深い懸念は、新しい研究の時代に入るに当たって、ゲノム学の中での性差の概念を私たちがどのように選択するかにある。九章では、男性と女性は「二パーセント」遺伝子的に異なっており、これは「ヒトとチンパンジーよりも大きく」、したがって男性と女性は「異なるゲノム」を持っていると考えられるべきだという、広く知られた二〇〇五年の主張を分析する。私は、なぜこの主張が論理的でないのかを示す。しかしさらに興味深いのは、これらの主張が今日の分子遺伝学的生命科学の中で未だに一般的な、性についての単純な概念的考え方について明らかにするということだ。二つの性は種とは似ておらず、両者の間の差異は種の間の差異のようにはゲノム学的に概念化することはできない。「女性のゲノム」と「男性のゲノム」は存在しないのだ。ヒトゲノムの中で性差を二つの型に当てはめる、この歪曲的で有害なモデルに対して、ゲノム学的な性差を、生物学的な存在論の中の概念的にユニークな存在とするモデルを提示する。すなわち、性を動的対分類とする。「男性」と「女性」は、種の中で、二元的で動的な関係にある。性についての概念的図式を切り出すことで、ヒトゲノムの中の性差についての経験的により適切な図式を生み出し、性の生物学的性質についての最善の理解を反映させることができる。

性差研究とポストゲノム時代の生物科学の最近の動向として、過去十年の間の分子学的性差研究の急速な増加がある。[63] 十章で示すように、新しい講演会やジャーナル、私的公的助成金と共に、「性に基づく生物学」が独自の分野として登場している。カリフォルニア大学ロサンゼルス校の遺伝学者、アーサー・アーノルド（Arthur Arnold）は、最近、ゲノムにおける性差についての包括的探索のための統合的視点を表現するために、「セクソーム」という言葉を提示した。[64] 性に基づく生物学とそれを超える分野の両方において、性とジェンダーについてのゲノム学研究は驚くべきスピードで増殖している。この章で私は、性差研究の共通する方法論的落とし穴と潜在的な危険のいくつかを概観し、ゲノム学の時代に入るに際して、性についての現代のゲノム学研究の実践について現在進行中の超領域的対話は必要だと主張する。私の希望、そして本書の活力である目標は、X染色体とY染色体に「性そのもの」を求めた科学者の歴史が、よりジェンダー批判的なゲノム科学の実践を構築する一助となることだ。

◇

新しい科学は常に空白の石板ではなく、古いアイデア、データ、科学的枠組みと新しいものとがうさく響き渡るホールを進んでいく。『性そのもの』で示すように、過去の性科学は、潜在的顕在的な方法で、今日の性とジェンダーの遺伝学についての研究の中に共鳴し続けている。不変的且つ不連続な、生物学的性質に定められた性差の概念へと論理づけるのと同じ道筋と、社会におけるジェンダー役割への生物学的――この場合はゲノム――意味を導き出したいという揺るぎない情熱を見つけるために、新しい性についてのゲノム学研究の中をわざわざ遠くまで探しに行く必要はない。ジェンダーと科学の歴史の視座からは、二〇世紀と二一世紀の性の遺伝学研究の分析は、一度は暴かれた古い性差の理論が、数十年後に、分子遺伝学者の言葉に蘇る様を見るスリルを歴史家に与えてくれる。ポストフェミニストの時代においてさえ、大衆的、科学的な性とジェンダーの理論と、それらを育てた態度、傾向、そして直感は、驚くほど力がある。それらは、生物学における性差をめぐる論理の知的網目の一部だ。

ヒトゲノムの解読とゲノム時代の幕開けと共に、X染色体とY染色体、そしてゲノム全体は、ヒトの性差についての長い間の問いを解決する取り組みの中で、集中的な探索の対象となってきた。[65]中には、性染色体の遺伝学的分析は、ついに生物学的な性差の範囲と性質を明らかにし、ホルモン的、形態的、あるいはそれ以外の軸が今まで生み出すことのできなかった、明確で客観的なヒトの性差の軸を提供すると強く主張する人もいる。全ゲノム技術が生物学研究で広く用いられる技術となる時代に入るにあたって、私は、本書がヒトの性とジェンダーの差異についての私たちの総合的な理解における遺伝学の位置を明確にする助けとなり、ゲノム学の時代に、よりジェンダー批判的な遺伝学の実践を構築するのに貢献することを願っている。

第二章　奇妙な染色体

一九〇六年、エドモンド・ウィルソン（Edmund Wilson）が「性染色体」という用語をはじめて用いた。ウィルソンは、XとYは「性染色体（sex-chromosomes）または性腺染色体（gonochromosomes）」と呼ぶのが「便利」だろうと記した。[1] しかし、ウィルソンの用語は一九二〇年代まで広く使われることはなかった。優勢だったのは別の用語だった。さらには、性別のマーカーとしての、あるいは性に関連した形質を運ぶものとしての、性分化におけるXとYの役割に光を当てて提案された用語は、「性染色体（sex-chromosome）と、性腺を意味するgonadに由来する性腺染色体（gonochromosomes）」のみだった。

はじめは「奇妙な染色体」と呼ばれたX染色体とY染色体は、一八九〇年と一九〇五年に発見された。それらの発見は、主に米国人の物語だ。萌芽期にあった米国の実験生物学の最先端にいた五人の科学者が、私たちの案内役となってくれるだろう。クレランス・マクラング（Clerence McClung）、トーマス・モンゴメリー（Thomas Montgomery）、トーマス・ハント・モーガン（Thomas Hunt Morgan）、ネッティ・スティーブンズ（Nettie Stevens）、そしてエドモンド・ウィルソン（Edmund Wilson）だ。十九世紀後半には、ドイツ、フランス、イギリスの研究機関が染色体科学の中心だったが、南北戦争後の米国の富に資金を得て盤石となった米国の大学が、二〇世紀の初頭には米国における実験生命科学を花開かせることになった。[2] これらの発生学者、動物学者、および細胞生物学者たちは、ボルチモアのジョンズ・ホプキンズ大学、フィラデルフィアのペンシルベニア大学とブリンマー・カレッジ、ニューヨーク市のコロンビア大学、そしてマサチューセッツ州ウッドホールの海洋生物学研究室の夏季講習など、東海岸にある米国の生物学の主な研究施設を通じて交流し、若手科学者のネットワークを形成していた。一九〇〇年代から一九一〇年代にかけて、これらの米国の科学者たちは、性分化の染色体理論のための実証的な基盤を作り上げた。

おそらく期待に反して、性とX染色体およびY染色体の関連の発見は、少なくともはじめは、性の決定についての全く新しい生物学的理解をもたらしたわけではなかった。科学者たちは、これら「奇妙な染色体」の性への重要性を理解しようとつとめた。彼らは、新しく発見された染色体を、すでにあった性分化の理論にあてはめようとした。ここで見ていくように、彼らは、「女性らしさ」や「男性らしさ」が、XおよびY染色体で表される個別の遺伝学的な形質だとするいかなる考えにも反対していた。

二〇世紀初頭の性の科学

今日、ヴィクトリア時代といえば、ハイネックの黒いロングドレスのヴィクトリア時代の女性の性的潔癖さに体現される、私的領域と公的領域を明確に分ける思想における強固な性役割が思い出される。しかしこのイメージとは全く対照的に、十九世紀後半の細胞生物学者および発生学者たちは、性を複雑で連続的で、極めて変化しやすい現象であると考えていた。彼らは自然界にみられる性の二形態性とインターセクシュアリティ〔間性現象〕の多様な形態に魅せられていた。雌雄同体〔男女両方の生殖器を有している）や、「フリーマーチン」（雌雄の双胎で雌の側が子宮内で雄性化している）、そして雌雄モザイク（しばしば昆虫類でみられる変異体で、両性の形態学的特徴を示す）は、科学的な文献に頻繁に登場し、性の生物学を明らかにする鍵を持つものとして提示された（図2・1参照）。十九世紀後期にはまた、性についての科学的問題も大まかに定義された。「性」は、性別の決定から、性的二形態性、受精における配偶子の役割、医療と農業における性の管理と予測、種ごとの性の割合の違いの説明、そして今日「両性具有」と呼ばれる存在に至るまで、幅広い現象を包括していた。[3] 研究者たちは、性の決定（性の一次的原因）の過程と性の発達（生物のライフコースに渡る性発生の過程と仕組み）との間にまだ明確な線引きをしておらず、性を非連続な性質（二元的）ではなく、連続的な性質（スペクトラム）と考えていた。[4]

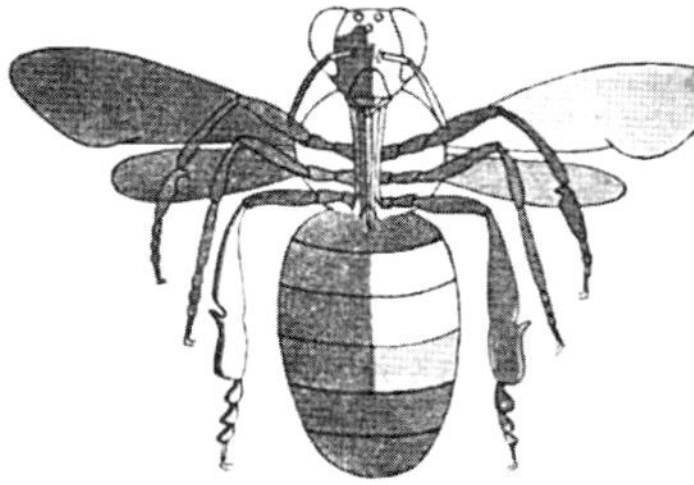

図 2.1. 雌雄モザイク。
Elsa Mehling, *Über Die Gynandromorphen Bienen Des Eugsterschen Stockes* (Würzberg: C. Kabitzsch, 1915) からの再掲。

発生学的外的因子論に立つ性の理論が君臨した。[5] 発生学者たちは、胚は可塑性が高く、外的因子はその発生を変化させ得ると主張していた。性のような性質が受精のときに確定されるとは考えられていなかったのだ。むしろ、性は柔軟で、環境の中の外的なきっかけの影響に対して開かれているとみられていた。それらの環境因子には、栄養、温度、受精の時間、卵子に入り込む精子の数、親の年齢あるいは活力、卵子の成熟度、そして卵巣が右か左かといったことが含まれた。[6] 畜産家たちもこれらに賛同した。一九〇〇年代初頭、英国と米国の畜産家および統計学者たちは、妊娠期の性分化における環境因子の役割を支持すると思われる、種特有の性比の変動に関する研究を数多く発表した。[7]

同時期、イギリスの生理学者たちは、性腺分泌（性ホルモンと今日呼ばれているもの）の研究で画期的な成果をあげていた。鳥類と齧歯類を用いた彼らの初期の研究で、ホルモンの単純な変化によって、雄の体をした動物を雌のように、あるいはその逆にふるまわせることが可能であることが示された。これらの実験は、性が極めて可塑的で、受精のずっと後でも改変させられるという既存の見解を追認した。一九〇五年、イギリスの生理学者、アーネスト・スターリング（Ernest Starling）は、内分泌腺の血液から生じる「内分泌物」を「ホルモン」と名付けた。性転換され去勢された鶏と卵巣移植されたモルモットを使って続けられた研究は、すぐにイギリスとドイツの研究者たちを「性ホルモン」と性の発生及び分化に関する魅力的な新しいモデルへと導くこととなる。これについては四章で再訪する。

まとめれば、一九九〇年代初期に主流だった性分化の理論では、生物の最終的な性的運命を決定する卵子の外部と内部両方の環境が重視された。彼らはまた、性の発生を、ホルモンのような時間依存的で偶発的な生理学的事象や暴露にかなり柔軟に反応するものとみなす考え方を受け入れた。染色体を観察していた細胞生物学者たちもこの合意に加わった。彼らは、母体及びより広い環境からのきっかけが発達に向かわせるメカニズムは卵子の細胞質にあるとして、配偶子の性の運命に及ぼす細胞質の影響を強調した。十九世紀後半まで、この性分化の図式は、イギリスの生物学者パトリック・ゲデス（Patrick Geddes）とJ・アーサー・トムソン（J. Arthus Thomson）によって、彼らが一八八九年出版した影響力のある著書、『性の進化（*The Evolution of Sex*）』の中で詳細に論じられ、「性の代謝理論」へとまとめられた。

性の代謝理論

現代の性科学者が性分化の問題を扱った最初の著作である、ゲデスとトムソンによる『性の進化』は、「性を科学の研究課題とした」[8]。「単なる仮説や、不十分な統計に基づく理論から離れて」、著者たちは、「実証的証拠から導かれたもの」のみに基づく性分化の理論を約束した[9]。著書では、性に関する一般的な理論を詳細に批判し、性の問題を実証的生物学と生理学の機械論的法則の下へ持ち込むことが力強く主張された。

ゲデスとトムソンの理論の中心には「異形配偶（*anisogamy*）」、すなわち、雌の配偶子（卵子）は大きく雄の配偶子（精子）は小さい、という観察があった。異形配偶は今日も私たちの生物学的な性の定義の中心に残っている。より大きな配偶子を生む亜種は、染色体補体物や交配、生殖行動に関わらず、常に雌とみなされる。十九世紀後期、ゲデスとトムソンは、雄性や雌性が代謝的必要性の違いの結果であると主張するために異形配偶について詳細に論じた。彼らは、雌の「生殖におけるより重大な犠牲」のために「卵巣には精巣よりもずっと多くの血流」が必要なのだと強く主張した。「より小さく、より活動的で、高温で短命」な雄の配偶子では、代謝的な必要性はより低い[10]。ゲデスとトムソンは、細胞質の中の環境を媒介する物質を通して発生初期に確立する代謝の程度が、性の運命を決定すると考えた。この説明によると、性の決定は、環境の影響を受けて細胞質に媒介される、発生の初期における雌あるいは雄の代謝経路の構築の問題だった。

彼らの性のモデルの証拠として、ゲデスとトムソンは、精子は数が多く活動的で幅広い多様性を示すのに対して、卵子は数が少なく、受動的で、同質的であるとする観察を示した。彼らはまた、雄は「逆境」で繁栄し、雌は栄養の豊富な良い環境のもとで繁栄するらしいことを示す、性比についての研究に言及した。彼らは、悪条件が小さな精子と丈夫な代謝機構を持つ雄の産出を引き起こすという仮説を立てた。良い環境、たとえば豊富な栄養は、大きな卵子と過酷な生殖システムを持つ雌につながった。広範囲に渡るかに見える実証的証拠の詳細な記述、発生生物学における厳密な理論的基盤、もっともらしい生理学的機構、そして性分化に及ぼす環境および細胞質からの影響を示す道筋によって、ゲデスとトムソンの性分化の代謝モデルは十九世紀の研究の頂点を示した。世紀の変わり目において、ゲデスとトムソンのモデルは、最も優れ、洗練された、そして機能的にもっともらしい性の理論だった。ゲデスとトムソンのモデルは、一八九〇年代から一九二〇年代にかけて、性分化研究に中心的な理論的枠組みを提供した。実際、この性の代謝理論は、性分化についての新しい染色体的説明の底本となる。

細胞、染色体、そして遺伝

染色体研究は細胞学の領域ではじまった。細胞学は、十六世紀後半に顕微鏡を通して植物の繊維や昆虫の手足、そして微生物がはじめて観察された後、一六〇〇年代にはじまった。一八〇〇年代はじめに細胞学者たちは、特有の細胞の構造が様々な組織を特徴付けることを明らかにした。しかし、現代の細胞学は、ルドルフ・フィルヒョウ（Rudolf Virchow）が全ての組織はひとつの細胞から生じると主張した一八五〇年代にはじまった。[11]「細胞説」は細胞を生命の基礎に位置付けた。これはすぐ後にチャールズ・ダーウィン（Charles Darwin）の『種の起原（*On the Origin of Species*）』と、それに続く遺伝についての活発な生物学的研究によって補完された。[12]

十九世紀後半には、細胞学者たちは細胞内の遺伝に関わる部位を特定しようと競った。哺乳類を含む、性を持つ種では、遺伝とは、形質が性的な生殖を通して伝わり再形成される仕組みを意味する。したがって、生殖生物学がすぐにこうした問題を研究する現場になった。特に重要だったのは配偶子――特に数が多く入手が簡単な精子――の研究だった。

十九世紀後半には、顕微鏡レンズの質の向上と細胞染色技術によって、研究者たちは細胞内の核小体をみることができるようになった。科学者たちは今では、細胞分化のプロセスを体細胞（有糸分裂）と生殖細胞（減数分裂）で観察することができる。ドイツの細胞学者、ヴァルター・フレミング（Walther Flemming）が一八七八年に有糸分裂のプロセスを説明し、名前を付けた。フレミングは、細胞分裂の際に、核の中で「糸」が分裂し複製される様子を観察し慎重に記録した。[13] 一八八八年、ドイツの解剖学者、ヘインリッヒ・ヴァルデイヤー（Heinrich Waldeyer）が、「染色し易く、そのために顕微鏡下の細胞核内で目立ちやすい」ということから、この糸を「染色体」と名付けた。[14]

一八八〇年代の実証研究により、遺伝物質が細胞核にあることが確認された。一八九〇年代には、ドイツの生理学者アウグスト・ヴァイスマン（August Weismann）が十九世紀の細胞学とダーウィンの進化論を組み合わせ、統一した遺伝の理論を作り上げた。ヴァイスマンは、配偶子（彼は生殖質（germ plasm）と呼んだ）は体細胞（体細胞原形質（somatoplasm））とは異なっており、そのために獲得された形質が子孫に伝わらないのだと主張した。[15] 次に染色質が再構成される減数分裂では、自然の選択による進化を促進する多様性が生み出されるのだ。理論枠組みは整った。あと必要なのは、細胞の中のこのプロセスの物理的な基盤を見つけることだけだ。かのダーウィンさえも手こずった難問だ。[16] 種ごとに、大きさ、形、そして数が驚くほど一定で、ダーウィンが予想した通りの仕方で伝わる染色体は、遺伝の物理的な基盤の有力な候補だった。二〇世紀に入る頃には、この「染色体」が実際に遺伝をつかさどっているのかが、生命科学の最も重要な問いとなった。[17]

X－因子

一八九一年、ドイツの細胞学者、ヘルマン・ヘンキング（Hermann Henking）がピロコリス・アプテルス、つまりカメムシの精子に奇妙な物質を見つけた。ヘンキングは、減数分裂の際に生じた二つの細胞のうちの一つにのみ入り込んだ、この余分な染色体と思われるものを観察した。彼はその物体に、それが染色体かどうか不確かなまま「奇妙な染色質要素」あるいは「X因子」と名付けた。[18] ヘンキングの一八九一年の報告の後、「奇妙な」物質の起源や機能に関する様々な理論が登場した。ペンシルベニア大学動物学科の学科長教授で、優れた若手細胞学者だったトーマス・H・モンゴメリーは、Xを「捨てられた」染色体として退けた。[19] 彼は、そのような染色体は「退化」しており「もはや元の染色体と全く同じことを伝えたりはしない」と推論した。より小さく、より濃く染まり「代謝的に異なっている」ことは、それらが「消え去る直前の段階」であることを表している。[20] 以後、一八九九年に、もう一人の若い細胞学者、カンザス大学で博士号を目指していたクレランス・E・マクラングが、『動物学誌（*Zoological Bulletin*）』においてバッタの精子の中の「奇妙な核の成分物質」について報告するまで、Xに関心が寄せられることはなかった。マクラングは発見した物質を「修飾染色体」と名付けた。[21] ヘンキングの不思議なX体との類似に言及しつつ、マクラングはXの構造と挙動の「驚くべき性質」に注意を向けた。

一九〇二年、マクラングはさらに、彼の「核の成分物質」は確かに染色体であると主張し、この修飾染色体と性との関係を提示した。彼は「二種類の精子——すなわち修飾染色体があるものとないもの」を報告した。[22] この発見は、有性種において二種類の個体が生じることと対応していた。彼は次のように記した。「慎重な考察は、性の性質こそが種の成員を明確に二つに分けていることを示唆しており、論理的には、この奇妙な染色体が、この性の成り立ちに多少なりとも影響していると結論せざるを得ない」(23)。

単純で魅力的――染色体の二形態性は性の二形態性に対応している。しかし当時は、性のように深遠で顕著な性質と染色体をつなげることは過激な主張とみなされた。マクラングはそのことを知っていた。マクラングは、「望むべき地平の先」へ進むことに「かなり躊躇している」としつつ、X染色体は「雄の生物に付属する性質の運搬役である」とする仮説を示した(24)。

性染色体への競争

一九〇二年、ブリンマー・カレッジ〔訳注：Bryn Mawr College. 米国の名門私立女子大学の一つ（一八八五年創立、大学院は共学）。津田梅子が再渡米して、本章でも言及されている発生学者T・H・モーガンの下で三年間（一八八九―一八九二）生物学を学んだ大学でもある。津田は「カエルの発生」について研究し、モーガンとの共著論文がある。〕の細胞学者、ネッティ・M・スティーブンズ（Nettie M. Stevens）とコロンビア大学のエドモンド・B・ウィルソン（Edmund B. Wilson）は、それぞれ別々に、当時「修飾染色体」と呼ばれたX染色体についての集中的な研究をはじめた。彼らはバッタ、トコジラミ、ゴキブリなどの半翅目の昆虫の精子を用いた。スティーブンズとウィルソンは、性に関する染色体研究に全力を注ぎ、数年のうちに性の染色体の基礎に関する目覚ましい証拠を生み出した。

マクラングは、修飾染色体を研究している間に、コロンビアのウィルソンの研究室で客員の博士課程生となっていた。そして彼が、ウィルソンのこの問題への関心を刺激したのだろう。米国の医学および生命科学を牽引する研究機関であるジョンズ・ホプキンズ大学で発生学を学んだウィルソンは、ブリンマー・カレッジでキャリアを開始した。彼は一八九一年にコロンビア大学に採用され、そこで大きな細胞学研究室を作った。同僚のモーガンと共に、彼はすぐに生物学における米国の新しい有力者を代表することとなる。一八九六年にはウィルソンの記念碑的著作、『発達と遺伝における細胞(*The Cell in Development and Inheritance*)』がちょうど出版された。これはその後、改訂、再出版され、一九三〇年代に広く用い続けられ、当時の先端生物学の代表的な教科書となり、米国の細胞生物学および遺伝学の数十年に渡る力強い発展の記録となった。[25]

スティーブンズは、世紀の変わり目に増えつつあった、数少ない高学歴の女性たちの一人で、ウィルソンとは非常に異なる経歴を持つ。ここで彼女(図2・2参照)の物語に触れておくことには意味があるだろう。スティーブンズは、カリフォルニアのスタンフォード大学で一九〇〇年に学士号と修士号を得て、それからブリンマーに移り、そこで一九〇三年にモーガンの下で博士研究を終えると、カーネギー財団からの助成金を得て、ブリンマーでポスドク研究者となった。彼女はその後、そこで助教、講師となったが、専任の教員職を与えられることはなかった。女性に与えられた限られた機会を前にして、彼女の業績、彼女の粘り強さは並外れている。特に胸を打つのは、一九〇三年にカーネギー財団に出した手紙だ。この中でスティーブンズは、「今年は生物学における女性のための大学の職は大変少ないようです」と書き、教えるよりも研究する方を好むと述べながら、「けれど、私の生活は私自身の努力にかかっています」と記している。[26] この手紙の中で、彼女は自身の夢は「給料を得て研究のために時間を注ぐことになる学部」の一員になること、「これが私の確かな望みです」と書いた。[27] カーネギーへの応募のために、彼女はモーガンやウィルソン等から素晴らしい紹介状を集めた。彼女の優れた才能——女性としては——に言及しなかったものはなかった。そのうちの一つ、ブリンマーの総長であるM・ケリー・トマス（M. Carey Thomas）からの紹介状には「スティーブンズ女史は、極めて独創的能力があると思える私の知る数少ない女性の一人である」とあった。[28]

スティーブンズは、性の染色体理論に三つの重要な貢献をした。第一に、彼女はマクラングの最初の推測に議論の余地のない実証的な確証をもたらした。一九〇三年から一九〇五年の間に行われた広い種類の昆虫を用いた一連の詳細なX染色体研究で、彼女は修飾染色体の存在が性と関連していることを示した。一九〇五年、カーネギー・モノグラフ・シリーズ（Carnegie Monograph Series）の中で発表されたスティーブンズの「精子発生の研究」は、マクラングの案を実証する確実なデータを提供した。しかし彼女の発見は、余分なX染色体が雄性を決定するとするマクラングの仮説を覆すものだった。スティーブンズは、次のように結論してX染色体が雌性と関係することを自信を持って示した。「ここで（…）より大きな異形染色体を持つ精子（…）によって受精された卵は雌へと発生することが完全に明確になった」[29]。

図 2.2. ネッティ・マリア・スティーブンズ。
ニューヨーク市コロンビア大学アーカイブス提供。

この研究の中で、スティーブンズは、雄の中のX染色体と対になる小さな染色体という、驚くべきものを発表した。彼女はY染色体を発見したのだ。これが二つ目の大きな貢献である。昆虫を用いた彼女の初期の仕事ではYは見つからなかったが、テネブリオ・モニタ、すなわち一般的なミールワームを用いると、雄に小さな染色体を認めることができるようになった。テネブリオには二種類の精子の型があって、一つには十の大きな染色体があり、もう一つには九の大きな染色体と一つの小さな染色体があった。体細胞では、雌は二〇の大きな染色体を持ち、雄は十九の染色体と一つの小さな染色体を持っていた。ここから、スティーブンズは、この昆虫種の雌がXXで雄がXYだと推測することができた。テネブリオについて彼女は次のように書いた。「同じ大きさの十の染色体を持つ性母細胞は雌性を決定するのに対し、小さな染色体を持つ性母細胞の染色体対の要素の性質にある明らかな違いが雄性を決定しているということは、性分化の明確な事例のように思われる」[30]。スティーブンズは直ぐに、雄のミバエやその他の生物でもYの存在を確認した。

ウィルソンも同じ時期に性染色体の研究を発展させていた。一九〇五年、彼は半翅目の二つの異なる大きさの染色体――彼が特殊染色体（idiochromosome）と名付けたもの――についての発見を発表した。彼は、雌が一種類の卵子しか作らないのに対し、雄は、一つは大きな、もう一つは小さな個染色体を含む二種類の精子を作ることを発見した。歴史家のスティーブン・ブラシュ（Stephen Brush）は、カーネギー研究所のアーカイブの書簡とウィルソンの論文の初期の草稿に基づいて、「ウィルソンは多分、スティーブンズの結果を見るまでは、性分化についての自身の結論にたどり着いてはいなかったのだろう」と主張した[31]。一九〇五年に論文で、今度はスティーブンズの裏付けとなる「重要な直接的証拠」を引用して、ウィルソンはマクラングの仮説を批判し、X染色体は雌性の性決定因子であるとするスティーブンズの考えに賛同した[32]。一九〇六年、ウィルソンはスティーブンズと同様に、一つの余分なX染色体の存在は雌性を決定し、それがないことは雄性につながると結論した。

両方の形態の精子が機能を持つことを疑う余地はない。全ての卵子は同じ数の染色体を持っており、全てが、男性の修飾（…）染色体の相同体あるいは母親由来の片方を含む。したがって、この染色体を持つ精子が受精した場合は雌が、これを持たない精子が受精した場合は雄が生まれる。[33]

ウィルソンとスティーブンズは共に、遺伝理論にとって奇妙な染色体が重要であると主張したが、染色体による性分化をメンデルの遺伝法則の中に持ち込めるか、については意見を異にした。ウィルソンはメンデルの法則に懐疑的だった。その新しい遺伝の理論では、遺伝的形質は、顕性〔優性〕または潜性〔劣性〕の性質を持つ、各親からそれぞれに受け継いだ異なる二つの性質の集合が一対となって伝わる。[34]ウィルソンは性が量的に決定されると信じていた。性は全染色体的効果だ。一つのXは雄性に関わる事象へと傾かせ、二本のXは雌性へと傾かせる。この後すぐに見るように、ウィルソンの考えは当時は最も好意的に受け止められた。一方、スティーブンズは、性は単位形質によって、すなわち全染色体によるのではなくて染色体上の一つまたは複数の因子によって決定されると考える、忠実なメンデル支持者だった。一九〇六年の論文で、スティーブンズは、染色体理論は「性分化問題を、修正されたメンデルの法則の下に置き、近い将来に性分化の一般理論をまとめることができるだろうとの希望を抱かせる」と書いた。[35]

一九〇六年から一九一二年の早すぎる死までの間、性のXX／XYモデルとメンデルの遺伝理論との一貫性を実証することがスティーブンズの中心的な関心事となった。これが、発展途上の性染色体理論へのスティーブンズの三つ目の貢献であると考えられる。一九〇六年、スティーブンズは自信を持って次のように記した。「雄性と雌性の生殖細胞の発生における違いを、染色体の活性または不活性と関係付けようとするウィルソンの企てを基礎付けるものがあるとは思えない」[36]。二〇世紀のはじめの十年間に、郊外の女子大学の研究助手という恵まれない環境にもかかわらず、性分化のメカニズムに関する理論的論争における勇気ある挑戦者としてスティーブンズが果たした役割は、私の考えでは性の染色体理論に彼女が果たした貢献の中でも特に見過ごされてきた、印象深い側面だろう。

スティーブンズの性染色体への貢献が認められるようになったのはつい最近のことだ。[37] しかし、この評価は一定ではなく、しばしば、科学の教科書の中の歴史の話に女性を含めようとするためというような表面的な事柄で覆われてきた。遺伝学の歴史を専門とするガーランド・アレン（Garland Allen）は、「修飾染色体についてのE・B・ウィルソンとネッティ・M・スティーブンズの独立した研究」に中立的に言及しているが、その他はそれほど寛容ではない。[38] 歴史家のピーター・ボウラー（Peter Bowler）は、著書『メンデルの革命（*Mendelian Revolution*）』の中で、ウィルソンと性分化の染色体理論の創案者として描き、スティーブンズは追加データをもたらした人物として――描いた。ボウラーは次のように記す。「［ウィルソンは、］少なくとも昆虫では、雄の精子生産細胞の中で発見されていた修飾染色体によって性は決定されると主張しはじめた。この主張を支持する重要な研究は、一九〇五年にネッティ・M・スティーブンズによってなされた（…）ウィルソンは今や、染色体が遺伝形質を運ぶ役割を担うという考え方を代表する存在となった」。[39] 同様に、歴史学者のエロフ・カールソン（Elof Carlson）の『メンデルの遺産――古典遺伝学の起源（*Mendel's Legacy: the Origins of Classical Genetics*）』は、XX／XY理論を「ウィルソンの解」と呼んでいる。[40] カールソンは、この理解し難く不可解にバランスを欠いた性染色体発見の説明の中で、ウィルソンについて「素晴らしい論文」で性の染色体理論を発展させたと記述する一方で、スティーブンズは「混乱していた」と書く。彼は、スティーブンズを失敗ばかりしている細胞学者として描き、ウィルソンの理論的に洗練された成果に比べ、彼女の貢献は余計でとるに取らないものだったと書いた。[41] 最もひどいのは、歴史家ジョン・ファーレイ（John Farley）による、性の現代生物学理論の歴史についての試金石的な著作『配偶子と胞子（*Gametes and Spores*）』の中でのスティーブンズへの言及だ。ファーレイは、性をメンデル理論で理解するにはXとYが重要であることをはじめて見抜いたのはスティーブンズだという証拠を退け、スティーブンズの仮説は、ウィルソンのそれよりもただ大胆だっただけで、自信過剰な幸運な推測であって、科学的な洞察というよりも単なる経験不足の結果だとしようとした。「一方言うまでもなく、ウィルソンは、メンデルの構想に固有の難しさをよりわかっていた」と、ファーレイは書いている[42]。

一九〇六年までに、スティーブンズとウィルソンは性の染色体理論の基礎を構築し、一九〇六年と一九一二年の間に、彼らはそれぞれ染色体的性分化の仮説を広範囲の種に広げて確認していた。この時期、スティーブンズはウィルソンの仮説に対抗する証拠を示す論文を十本以上発表し、性は単位形質によって決定されるのであって、全染色体によるのではないと強く主張した。振り返れば、性分化の明確なメカニズムについてのウィルソンの立場もスティーブンズの立場も、科学的に立証はされなかった。しかし両者が共に貴重な知的貢献をしたことには議論の余地がない。私たちは、奇妙な染色体と性の関係を実証的に基礎づけた詳細な観察と、初期の性分化の染色体理論を研磨した理論的な論争の功績を、スティーブンズとウィルソンの両方に帰してもよいだろう。

蝶とその他の疑問

ウィルソンとスティーブンズによる昆虫とミミズを用いた研究で得られた説得力のあるデータにも関

わらず、二〇世紀初頭の染色体科学は明白な一貫して再現性のある結果を生み出すことができずにいた。今日の私たちの視点からすれば、染色体的な性分化の理論がその初期に基づいていた証拠は驚くほど限られており、斑があり矛盾していた。[43] 特に二つの問題が性染色体と性分化の因果関係の立証を阻んだ。一つ目は、染色体の特徴を正確且つ明確に描く技術と方法が発展途上にあったこと。二つ目は異なる種で結果が矛盾することだった。そのため、モーガンが一九一二年に『ネイチャー』誌に寄せたスティーブンズへの追悼文の中で記したように、「多くの細胞学者が、新しい発見に対して何年ものあいだ懐疑的あるいは反対の態度をとった[44]」。

一九〇〇年代初頭、新しい分野だった染色体細胞学の分野における技術的不安定さが、XとYをめぐる定説を築くことを困難にし、「奇妙な染色体」について報告される事例の信憑性に疑問を抱かせるのを助けた。研究者たちは、おそらくは正しく、多くの奇妙な染色体についての観察結果を偽物だろうと疑った。XまたはY染色体を常染色体と区別するのは決して簡単なことではなかった。それには新鮮な材料を用い、細胞分裂の間に正しく染色体を固定させ、正確に染色して数える必要があった。特有の構造と動態を示す染色体を捉えようと競って、多くの研究者が、彼らのサンプルに余分のあるいは「奇妙な」染色体を見つけたと主張した。そのことがあまりにもデータの混乱を招いたために、ウィルソンは一九一三年に「染色体を、近くにあるいはその中にある、紡錘体極の中にみられる濃く染まる小さな物質——押し出された核小体（nucleoli）や仁（nucleolar）の断片、類染色体、「アクロソーム」、卵黄顆粒など——と、混同する危険」についての警告を発表することとなった。長く続いたこれらの問題は、染色体研究及び性の染色体理論の信頼性を脅かした。ウィルソンは次のように続けた。「文献に存在する矛盾のいくつかは、こうした源から生じているのではないかと疑わずにはいられない。（…）これらの類似物はとても混同しやすいので、どの観察者も注意して調べなければ、問題の物体がいずれの場合でも修飾［X］染色体だと容易に結論することになるだろう」[45]。

技術的な問題に加えて、徹底して異なる結果がもたらされた。多くが本当の「性染色体」が性分化を一般化する鍵になると期待したが、異なる生物での奇妙な染色体の探索は、それらが常に性と関係しているわけではないことを明らかにした。奇妙な染色体は種をまたいで一定の法則に従っているのでもなければ、多くの種で性分化を説明するのに相応しいものでなかった。このことがXと性の関係についての仮説を混乱させ不安定にした。

昆虫の染色体は種の間でかなり異なっている。奇妙な染色体を研究していた科学者たちは、それらを特定の虫の細胞にある「正常な」染色体と常にはっきりと見分けられたわけではなかった。加えて、奇妙な染色体を持つ種では、いくつかの種の雄が大きな一つのXを持ち――「XO」と記された――、他では一つのXと一つのYとを持っていた――つまり「XY」。これらのシステムが関連しているかは、明らかではなかった（ただし、ウィルソンは関係していると強く主張し、最終的に彼は正しかった）。精子に奇数ではなく――偶数の染色体を生産する種は、さらに混乱を招いた[46]。ウィルソンは次にように書いた「この問題は、精子由来の染色体の数を間違えることによって、最も残念な形で複雑にされてきた（…）。修飾あるいは異形の［X］染色体を持つ形態に関して（…）今ある説明は、時に奇数を示し、時に偶数を示すところで矛盾している[47]」。

おかしな生物も理論を破壊することが分かった。「単為生殖」とは、性を持つ種に時々現れる無性生殖だ。アブラムシは単為生殖と有性生殖を行き来する。スティーブンズ、モーガン、そしてウィルソンは、この現象に対して性染色体理論を確かめるために数多くの試料を費やした。大多数は、環境因子がアブラムシが有性生殖あるいは単為生殖を再生するかどうかを決定すると信じた。長年の努力の後に、スティーブンズは最終的にアブラムシの雄の中に対を成さない奇妙な染色体を見つけた。しかしながらアブラムシが正確に生殖形態システムを変えるのかという問いは未解決のままだった。[48]

奇妙な染色体を持つその他の種では、混乱させる逆のパターン、今日では「雌性異型接合性」として知られるものがみられた。初期の昆虫のX－Y研究では、雌はXXで雄はXYまたはXOであることが分かった。後になって、いくつかの種では、雌が異型接合のXYであり雄がXXであることが発見された。一九一〇年に、ウニ、鳥、蛾、そして蝶では、雄ではなく雌の方が異型接合であることが発見された。しかしこれらの種の雌は精子ではなく卵を産んだ。一九一四年にウィルソンが書いたように、「チョウ目の蛾、そして鳥の遺伝学的実験の結果は、精子ではなくてに卵子が二種類あるような、異なる細胞型を持つ存在を期待させる。しかし細胞学的事実はなんらかの確かな結論を請け負うほど十分に明確にはなっていない。鳥の場合は、確かに、細胞学的結果と遺伝学的結果の間にははっきりとした矛盾がある」[49]。XYが雌の種は、XとY染色体は実際には性特異性のない偽の染色要素である、という批判的見方を正当化し、性分化の染色体理論を論破するものだったのだろうか？　あるいは、単に染色体的な性決定の異なる適応にすぎなかったのだろうか？

こうした発見は、奇妙な染色体はよくても自然界における性分化の一部分を説明するにすぎないという認識につながった。多数の生物門での性分化システムの研究は、直ちに、性——あるいは性に関連した染色体についての——単一の統一された理論を期待すべきではないということを示した。モーガンが記したように、「この法則が種ごとに異なること、そして、したがって分離した性を持つ全ての種に共通する性分化の原則を探索することが無駄であることは、本当らしくないことでもなさそうだ」[50]。

染色体的性分化の代謝モデル

重大な問いは、もちろん、どのようなメカニズムによって、奇妙な染色体が性を決定するのかということだ。細胞学者が性分化における染色体の役割のモデルを作り上げたように、性の環境や代謝の理論も知的な枠組みを提供した。細胞学者たちは、雄性や雌性での奇妙な染色体の役割についての生理学的役割のモデル化に取り組みながら、特にゲデスとトムソンの性の理論に注目した。

一九〇二年にマクラングのまとめた、染色体と性の関連についての最初の仮説は典型的だ。マクラングは染色体による性分化の代謝メカニズムを提唱した。『性の進化』に言及しながら、マクラングは「余分」な奇妙な染色体は、代謝を加速することで性を決定するとした。興味深いことに、彼はゲデスとトムソンの理論を、雄が発達するには何か「余分なもの」が必要であることを示唆するものとして解釈した。したがって、彼は、余分な奇妙な染色体は雄性の決定因子だと論じた。彼は次のように記した。「決定因子には、子宮の生成を超えた変化を精子にもたらす目的のためにあるとみるのが最も自然だろう」[51]。特に、当時支配的だった理論と同様に、この初期のX染色体による性分化のモデルは、環境因子と細胞学的因子を受け入れていた。マクラングは、X染色体が、受精卵の性を最終的に決定する選択的メカニズムとして「環境的な必要に応じて」ふるまうと信じていた。これが受精卵に「種にとって最も必要な性」を作り出す柔軟性を与える。彼は、X染色体は雄を生産する精子と雌を生産する精子を卵子が区別するのを助け、「修飾染色体を持つ精子か持たない精子を」選ぶ働きをするという仮説を立てた[52]。

一九〇六年までに、スティーブンズとウィルソンがマクラングの理論を覆した。「余分な」Xを持っているのは雌で、雄ではなかった。研究者たちは、今度はXが雌性の決定因子だと結論した。性の代謝モデルの詳細がさらに埋まった。ゲデスとトムソンによる体質的雌性の「より大きな配偶子」理論に言及して、ウィルソンは、より大きな配偶子はより多くの染色体の材料、つまりXの雌性分化因子を必要とするのだと主張した。ウィルソンは、Xを、性を媒介する発生因子または刺激物質とする説を唱えた。代謝は、ウィルソンの唱えるX染色体とY染色体が性を決定する作用のためのメカニズムだった。「生殖細胞の分化の第一の因子は、したがって、代謝の問題、おそらく発生に関わるものだろう」と彼は書いた。Xは代謝の「度合いあるいは強度」を制御する。より多くのXあるいはより強度の高いXが雌性を導く。[53] ウィルソンはこれを染色体による性分化の「量的」モデルと呼んだ。彼が示したように、これは「他の雌雄の遺伝子を想定しない「性‐染色体」の量的な関係に基づいた」遺伝学的な性分化モデルだった。[54]

マクラングのモデルのように、ウィルソンの奇妙な染色体の生理学的動態についての量的代謝による説明は、細胞質因子と環境因子の役割を考慮に入れた。X染色体とY染色体が発見される前、ウィルソンは性の外的因子説を最も強く支持する論者の一人だった。一八九六年に出版された彼の教科書『発達と遺伝における細胞（*The Cell in Development and Heredity*）』の初版の中で、ウィルソンは「性それ自体が遺伝しないことは明らか」であり、性は「遺伝によってではなく、外的条件の共同効果の集りによって」作られるのだと主張した。[55] 彼は、性染色体理論を発展させる初期の頃には「私は、ある場合には受精卵の染色体群の中で性が事前に決定されることが、核外の条件によるその他の性生成の制御と矛盾しないことを認識する性生成の仮説を示そうと思った」と記した。

X染色体因子の均衡によって性をどちらかに傾かせる、性の遺伝学的説明は、性への外的因子の影響のためにあり得るメカニズムを提供したとウィルソンは信じていた。彼が書いたように、「ある場合には、授精の際に確立された染色体の組み合わせは、核への外的条件によって改変することができる、均衡状態のようなものかもしれない[56]」。

この理論はまた、性が連続的で多様な多元的な形質である、という一般的な理解を保持していた。多くの同時代の研究者たちと同じように、ウィルソンはインターセックスの生物と雌雄モザイクと呼ばれる昆虫の観察によって、雄性や雌性は途切れのない連続分布上にあると確信していた。彼の量的代謝的モデルでは「雄を生み出すのと同じ作用が強化されたり増大されたりすると雌が生み出される。(…)そうした事例での決定的な因子は、単に二つの性の間にあるクロマチンの量の違いにすぎない」と言うことができた。染色体の作用の量的代謝モデルは、たとえば「雄に雌の性質が潜在していること、そしてそうした二次的な雌の性質が発達することは、雄の中で対応する性質が拡大されたり強化されたりしたものと見なすことができるだろう[57]」と説明する。

ウィルソンは、二〇世紀の最初の十年の間に性の染色体説を発展させるにあたって、ゲデスとトムソンの理論の影響を受けた[58]。ゲデスとトムソンの性の理論のはじまりは、精子に比べてずっと大きな卵子だったが、ウィルソンの染色体モデルでもそうだった。ウィルソンは「この卵母細胞の発達は、精子の容積の数千倍にも及ぶ大量の原形質が生産されることを伴う[59]」と、書き出した。「この示唆は、ゲデスとトムソンが有名な『性の進化』についての論文の中で書いた『雌性は相対的に優勢な同化の結果と表現であり、雄性は相対的に優勢な異化の結果と表現である』という理論を思い出させる[60]」と記している。彼は次のように続ける。

これらの染色体の卵母細胞におけるより大きな働きと、それらの細胞での圧倒的な構築的活動の間には、明確な因果関係があると考えざるを得ない。そして、この二つが同時に発生することからは、二つの性の染色体群の間（…）にみられる重要な生理学的違いのひとつは、この構築的活動のひとつであろうとの推察が導かれる。おそらくここには直接的な因果関係が存在する。(61)

ゲデスとトムソンによる、より「保守的」で同化的な雌の「構築的活動」を、異化的な雄の相対的に「破壊的」活動の区別を取り込み、同じく彼らの「［性の］最終的な生理学的説明は、原形質の代謝によってなされるべきだ」とする主張を援用して、ウィルソンは、代謝理論に基づく性分化を描像するパズルの最後のピースとして奇妙な染色体を提示した。(62)

ウィルソンが唯一の提唱者ではなかった。研究者たちは単に、性の発生を外的要因に求める既存の説を捨てて、要因を純粋に染色体に求める説を採用する準備ができていなかっただけだ。二〇世紀の最初の十年の間、マクラング、ウィルソンからトーマス・ハント・モーガンやアーサー・ダービシャー（Arthur Darbishire）、ジョセフ・カニングハム（Joseph Cunnigham）、そして一九二七年のF・A・E・クルー（F. A. E. Crew）に至るまで、性の数量的、代謝的理解は、染色体による性分化のメカニズムに関する権威ある説の全てを支持した。これら二〇世紀初頭の性分化理論の知的建築家たちは、性分化における奇妙な染色体の役割を概念化するための枠組みとして、ゲデスとトムソンの代謝理論に好意的に言及し論じた。一九一四年に、ゲデスとトムソンが『性（*Sex*）』の中で性の代謝理論を更新し再度議論した時にも、奇妙な染色体が途中に発見されたことで、彼らが一八八九年に発表した最初の代謝理論を変更する必要は生じなかった。X染色体とY染色体は端書きとして登場するにすぎない。ゲデスとトムソンは、今度はウィルソンに言及して、奇妙な染色体は「生理学的な解釈と相容れないわけではない。このミステリアスな性分化因子が、代謝の促進物あるいは阻害物として働くのだろうから」と記した。[63] まとめると、環境に応答する複雑な形質としての性、という二〇世紀前半に広まった認識は、研究者たちに、染色体が性の決定因子であると仮定することを警戒させた。さらに、奇妙な染色体の性への役割は多くの理論的な考察の対象ではあったが、当時の科学では、性分化における染色体の詳細な機械的役割を確認することができなかった。初期の先端の理論は、性分化モデルを、不安定で影響を受けやすく決定的ではないものと仮定した。研究者たちは性徴の発生についての既存の説明に、奇妙な染色体をあてはめようとした。

◇

一九一一年、シンシナティ大学の細胞学者マイケル・ガイヤー（Michael Guyer）は、「性と関連してX因子が実際に意味することとしては、少なくとも四つの可能性がある」と書いた。

1. 実際の質的な性分化因子である
2. 性はクロマチンの純粋に量的な条件によって決定される
3. X－因子は、単に性に付随するものであって、性を作り出すものではない
4. 性は、いくつかの不可欠な因子の結果であって、それらが全て一緒に作用しなければ確立されず、X－因子は最終的な因子である。

X、Yと性の間の関連が発見されて十年を経ても、性の染色体理論は非常に不安定なままだった。性分化におけるXとYの明確な役割は、一九五〇年代から一九六〇年代そしてその後まで、曖昧なままだった。けれども、これから見るように、ガイヤーの分析の数十年後には、XとYは「性染色体」となり、そのすぐ後には「女性」と「男性」の染色体として固められていった。

第三章　XとYはいかにして性染色体になったか

一九六〇年、ヒト染色体を命名し、分類するシステムについて合意するために、国際的な遺伝学者たちがコロラド州デンバーに集まった。XとYが争点となり、概念についての見解の相違を示した。概念に不協和音をもたらし論争の対象となった。世紀のはじめの数十年に考案され、受け継がれてきた分類システムは、二種類の染色体の存在を前提としていた。「性」の染色体と「普通の」染色体、または常染色体だ。科学者は次のように問うた。性染色体とその他の染色体を分け続ける正当な理由はあるだろうか？　それとも、XとYは、常染色体と同様に、単純に大きさと形で分類されるべきだろうか？　それにしてもなぜ、XとYは「性染色体」と呼ばれるのだろうか？[1]

「普通の」染色体と「その他」の染色体の区別は、二〇世紀初頭に明確になった。細胞学的命名法に関する論争が、科学誌の誌面を騒がした。「性のための染色体」の問題はその中心にあった。一九一〇年までに、XとYは「様々な名前を付けられていた」と、トーマス・モンゴメリーは記している。[2]初期の文献の中で最初に辿ることのできる、X染色体とY染色体の最も一般的な名称には、「奇妙な染色体（odd chromosome）」（一八九〇年代）、「修飾染色体（accessory chromosomes）」（一八九九年）、「異形染色体（heterochromosomes)」（一九〇四年）、「特殊染色体（idiochromosomes)」（一九〇五年）、「異傾向染色体（heterotrophic chromosomes)」（一九〇五年）、「単体／双体（monosomes/diplosomes)」（一九〇六年）、「生殖染色体（gonochromosomes)」（一九〇六年）、「性染色体（sex chromosomes)」（一九〇六年）、そして「過数性染色体（supernumerary chromosome)」（一九〇八年）がある。[3] Xと性との関連についての最初の仮説から、一九二〇年代に「性染色体」が一般的に用いられるようになり始めるまでの間、XとYに関する文献では、「修飾染色体」、「異形染色体」、そして「特殊染色体」の三つが優勢だった。[4]

XとYがどのようにして最終的に「性染色体」となったのかの物語は、文脈的、偶発的な要素が、いかにして、その初期から性の全ゲノム的な概念の領域を形成したのかを見るための窓を与えてくれる。「性染色体」は、XとYのための最初の名称でもなければ、最も好まれた名称でもなかった。XとYには、性との関連が示されていない、いくつかの他の名称が一九二〇年代までに盛んに用いられた。多くの著名な生物学者たちが、「性染色体」の概念を公然と否定した。強烈だったのは、遺伝学者トーマス・ハント・モーガン（Thomas Hunt Morgan）による、性染色体を「こじつけ」と呼んだ主張だ。このような強い反対にもかかわらず、「性染色体」がなぜ勝利したのかを理解するには、性染色体概念が、二〇世紀のはじめの四半世紀の間に生物学が二つの大きな成果を達成するのに果たした、機に乗じた役割に目を向けなければならない。遺伝の染色体理論（本章）とその後の「性ホルモン」の発見を前触れとする新しい性の生物学（四章）は、「性染色体」の発見によって躍進した。

奇妙な染色体を指す名称

X染色体やY染色体を指すよく知られた名称の候補——「修飾染色体」、「異形染色体」、「特殊染色体」、そして「性染色体」——は、それぞれにXとYの異なる特徴をとらえており、これらの異常な染色体にある実証的且つ理論的な重要性についての異なる見解を反映していた。

一八九九年にクレランス・マクラングによって提唱された、「修飾染色体」は、半分の精子に余分な、あるいは修飾的な染色体を認める「XO」型の昆虫種の観察に由来する。この名称は最初、X染色体に適用された。そしてこれが後に、「修飾的因子」の中のXとYに言及する際に、一般的に用いられることとなった。(5) 「修飾染色体」は「性染色体」よりもずっと広く使われ、一九二〇年代までは一般的だった。マクラングは、「修飾染色体」が「不適切な付随のある競合する名称」よりも優れていると強く主張した。(6) その他の名称に比べ、「修飾染色体」という名称は、一つの性において「余分の」染色体があるということを特に強調する。

一九〇四年、モンゴメリーの「異形染色体」が目録に加わった。当初、モンゴメリーは、接頭辞の「異形（*hetero-*）」で、非自律的で「再編された」染色体だと考えていたXを、形を維持する自律的な細胞体の「自律した（*auto-*）」染色体である普通の常染色体（autosomes）と区別することを意図した。しかし「異形染色体」は、他の理由のために、すぐにXとYの名称として好まれるようになった。この名称はXとYが異なる形を持つ対であることを明確に描写すると思われたのだ。モンゴメリーは、染色体の命名においては、染色体の数ではなくて、染色体が対を成す振る舞いを中心に据えるべきだと主張した。そして「一貫性に欠ける」「染色体の数」に対して、「分類形質としての染色体の関係性の価値」を力説した。(7) 彼は、Xが「余分の」あるいは修飾的な染色体であることは、それが対を成さない、あるいは形の異なる組み合わせを成す染色体であることに比べて、中心的なことではないと論じた。

ネッティ・スティーブンズは、XX／XY型を呼ぶのに「異形染色体」を好んだ。「異形染色体」という呼び名には、XとYの間に一般的に観察される大きさの違いを目立たせるという、「修飾染色体」にはない強みがあった。彼女は一九〇五年にXY（異形染色体）型の性決定をXO（修飾染色体）型の性決定と区別するために、はじめてこの名称を使った。

彼女は、虫のテネブリオに発見した二種類の大きさの染色体を描写して、「これは、性決定が修飾染色体によってではなくて、一対の染色体の要素の性質にある明らかな違いによることを明確に示す事例だろう」[8]と書いた。スティーブンズは、テネブリオが、修飾染色体よりはむしろ、「より小さい」あるいは「より大きい」異形染色体を持っていると記した。[9]

一九〇五年にはウィルソンが、異なる大きさの二つの染色体が対となる場合を描写するために、異なる名称として「特殊染色体」を提案した。彼はXを「異傾向染色体」と呼び、Xを現在または祖先で対を成す、性決定染色体のうちの一本と見なした。ウィルソンは特に「修飾染色体」という名称を好まなかった。彼は、自身の名称を擁護して、次のように主張している。

「修飾染色体」が、いかなる意味でも、その他にとって修飾的だと考える理由はないのだから、マクラングの名称は捨てて、より妥協的でないものが選ばれるのがいいように私には思われる。私は、その生理学的な重要性が実証的に明らかにされるまで、このタイプの染色体を両方の分裂において両方の極に移動する、両傾向染色体（*amphitropic* choromosomes）に対して、暫定的に異傾向染色体（これらが成熟分裂の一つにおいて、紡錘体の一つの極にしか移動しない事実に言及するために）と呼ぶことを提案する」。[10]

ウィルソンの命名法は、細胞分裂の際の染色体の対となる動態を重視した。雄は大きいものと小さいもの（XY）という一対の特殊染色体を持ち、雌は一個の異傾向染色体（XO）を持つ。「特殊染色体」は、モンゴメリーの命名のように、X染色体とY染色体の面白い非相同性の特徴を強調し、XとYが「不平等な」染色体の対であるという事実に照準を合わせる。ウィルソンが定義したように、特殊染色体は「同じ大きさの仲間を失ったもの」[11]である。「純粋に描写的な『特殊染色体』（奇妙なあるいは独特な染色体）という名称」は、「通常大きさが不揃いで、非常に遅れて結合され、精子細胞核に不均衡に分配される、二本の染色体に適用される」とウィルソンは書いた。[12]この名称の意味は、XとYが性と関連していることではなくて、独特で、特殊な、対としての動きにあった。ウィルソンは、「最初の有糸分裂の最後までに結合して二価体を構成できないということ以外に、この場合、これらの染色体を特別な名称で呼ぶ理由は何もない」と書いた。[13]

一九〇六年、『サイエンス』誌の「異常な染色体の名称」と題された節への寄稿において、「普通の染色体」に「常染色体」という名称を提案したばかりだったモンゴメリーは、XとYに対する命名法の拡大を批判して、「簡潔でより統一した名称の必要が高まっている」と訴えた。モンゴメリーは、「私は仲間の研究者たちに、以前の名称を捨てるように呼びかける」と付け足した。[14]「常染色体」が、相同染色体のための名称となったのに対して、XとYをどう呼ぶかという問題は解決しないままだった。一九一三年の『サイエンス』誌の論説で、名称にこだわるマクラング——ペンシルベニア大学の動物学科長となっていた——は、細胞学の名称法は「嘆かわしい混乱に陥っている」と断じた。そして、これは奇妙な染色体を、X、Yも含め、物質の性質を正確に指し示すのではなく、機能や性質によって散漫に命名しているためだと論じた[15]。

「性染色体」という名称は、確かに、染色体研究で支配的だった描写の実践とは相入れなかった。捉え難い位相の対象を扱う、高い視覚技能を必要とする染色体科学は、その初期においては正確で豊かな描写の技法を必要とした。染色体は、減数分裂の間の対形成、大きさ、形、そして構造によって、厳密に命名され、同定され、且つ分類された。「性染色体」という名称はこの分類法に反していた。代わりにこれは、染色体をそれと関連すると推定される形質によって特定するものだった。そのため研究者たちは、性染色体の概念が染色体と形質の間の関係についての推論に歪みをもたらすことを懸念した。具体的には、「性染色体」という名称は、染色体と性の間にある関係について、混乱した、断定的すぎる推論をしているのではないかとの疑念を生んだ。この名称の生みの親であり結果的には勝者となったウィルソンでさえ、このことには敏感で、「性染色体」は「回りくどさを防ぐために望ましい場合に」使われる名称であり、単純化したものにすぎないと警告した[16]。

メンデル遺伝学の照準の中で

性染色体の名称に関する論争の表面下では、世紀の変わり目の生物学において、深い哲学的な亀裂が生じていた。性染色体は、丁度、メンデルの新しい遺伝学が生物学の世界を変え分裂させつつある時に登場した。そしてそれはこれらの論争の火種となった。

一九〇〇年、三人の研究者たちが、一八六六年に植物交配実験がはじめて発表されて以来忘れ去られていたメンデルの法則を再発見した[17]。メンデルは、有名な丸いエンドウ豆とシワの寄ったエンドウ豆のような、異なる形質を持つ植物を交配した。これらの実験は形質が遺伝する頻度についての膨大なデータを生み出した。このデータは、形質が、今日私たちが遺伝子変異体またはアレル〔対立遺伝子〕と呼ぶ一対の要素によって決定されなければならないこと、そして、それらの要素が優性か劣性かによって異なる形で表現型に影響することを示した。メンデルの発見では、これらの遺伝子の対が、配偶子を形成する間に独立に分離し、遺伝的多様性を生み出すようにランダムに再結合するということも予言されていた。これらは、「分離」と「独立」のメンデルの法則として知られている(図3・1)。

一九〇三年までに、イギリスの遺伝学者、ウィリアム・ベイトソン(William Bateson)がメンデル遺伝の法則及び顕性形質と潜性形質、そして組み替えの考え方を確認した。メンデルの遺伝学は単純な抽象的量的原則に基づいて作動した。研究計画は、自然、場所、あるいは遺伝物質そのもののメカニズムを考慮することなしに、理論的に進めることができた。しかし、生物学の中でより広範囲にメンデル遺伝学を確証するためには、メンデル遺伝学の物理的な基礎を構成する構造が必要だった。このようにしてメンデル遺伝学は、すでに発展しつつあった染色体科学と密接に結び付くことになった。

二〇世紀初頭、ドイツ人のテオドール・ボヴァリ(Theodor Boveri)とアメリカ人のウォルター・サットン(Walter Sutton)が、染色体は自律的で独自の物質――遺伝的連続性を保つ物質の運び屋の有力な候補――であることを証明した。ボヴァリは、それぞれの種は、独自の染色体のセットによって特徴づけられ、一つ一つの染色体は独自の特性を持ち、母親由来と父親由来の相同する染色体が細胞分裂の間に対を形成することを示した。これに基づき、ボヴァリは、染色体は生物学的な形質のための遺伝的要素を運びながら、様々な機能に特化したと考えた。[18] サットンは、さらに、染色体にはメンデル遺伝学の主張するアレル〔相同遺伝子〕があると主張した。染色体は、それぞれの両親から受け継がれ、細胞分裂の間に分離し個別に組み合わさった、相同的な対によって成る。サットンは、染色体の減数分裂及び組み替えをメンデルの遺伝要素の分離に明確に結び付けた。続く二〇年の間に、今日遺伝の染色体理論として知られるものが形作られた。いわゆる性染色体は、染色体理論と新しいメンデル遺伝学に論争を持ち込むことになる。

染色体はメンデル遺伝の法則に物理的基礎を提供する

メンデルは、性質が親からひとつずつ受け継ぐ対の因子で遺伝することを示した。子孫に遺伝するときに因子は混ざらない。それらは遺伝する時には分離して、再分類されて、新しく合成される。

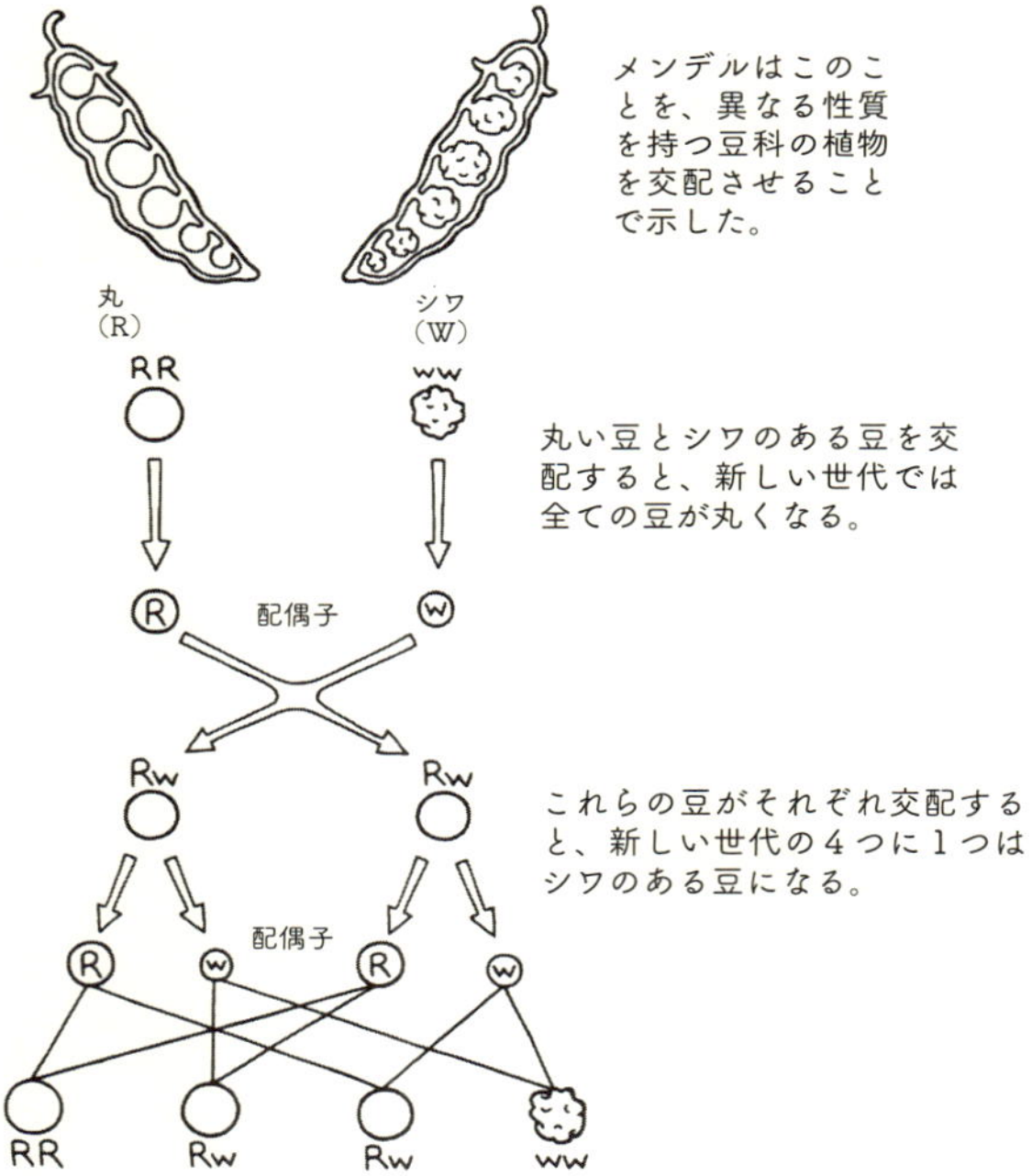
メンデルはこのことを、異なる性質を持つ豆科の植物を交配させることで示した。
丸（R）
シワ（W）
RR
ww
丸い豆とシワのある豆を交配すると、新しい世代では全ての豆が丸くなる。
R
配偶子
w
Rw
Rw
これらの豆がそれぞれ交配すると、新しい世代の4つに1つはシワのある豆になる。
R
w
配偶子
R
w
RR
Rw
Rw
ww

サットン（Sutton）とボヴァリ（Boveri）は、新しい細胞が受精すると、子孫はそれぞれの染色体を母親と父親から受け取ることを示した。染色体は物理的な自律性を保つ。

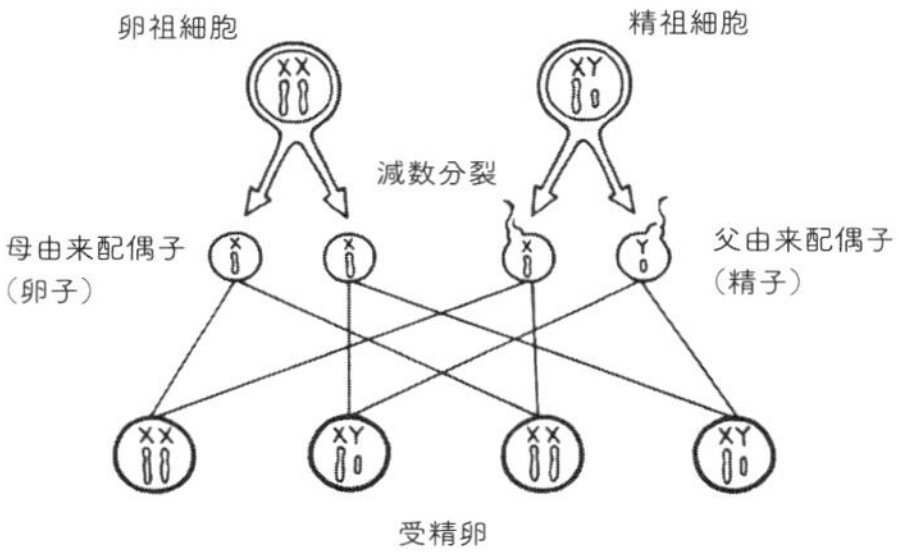

科学者にとって、X染色体の場合、この性質は特に明確だ。

X染色体はその他の染色体から明確に分離できる。細胞分裂と配偶子形成の際にも、その独立性を保持する。

性の性質に関連して、X染色体は、また、染色体が遺伝学的性質に特化し得ることを示した。

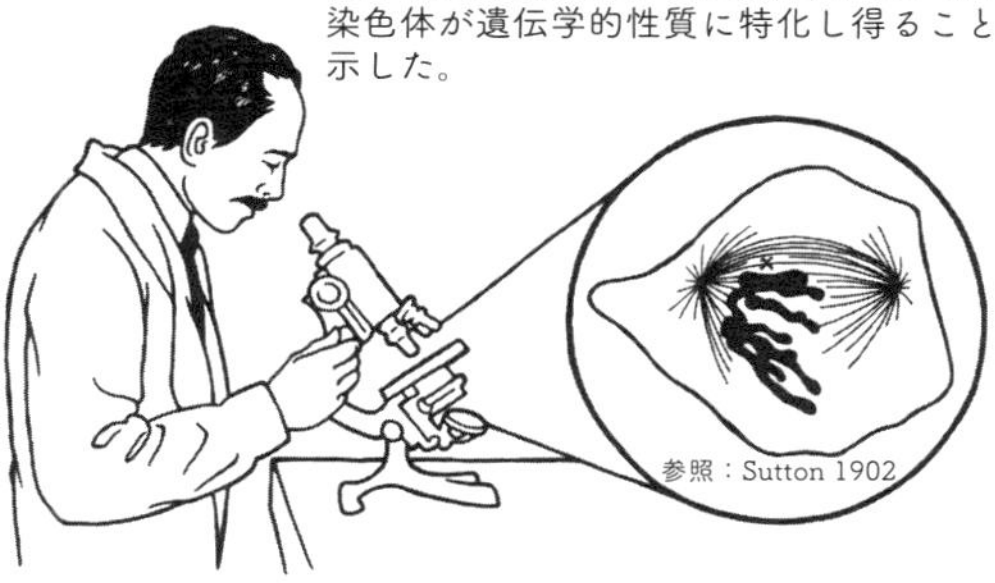

図 3.1. 遺伝の染色体理論。
作図：Kendal Tull-Esterbrook; © Sarah S. Richardson.

非常に早くから、メンデル遺伝学は、X染色体とY染色体、そして二者択一の二元的な性の概念と結び付いた。世紀の変わり目においてメンデル遺伝学を再発見した代表的な人物であったベイトソンは、一九〇〇年に、性は二元的で、自然における不連続な変異であり、したがってメンデル遺伝学を説明する最も重要な候補であると論じた。[19] 一九〇二年のマクラングの修飾染色体仮説から一年後、「合衆国におけるメンデル遺伝学の第一の擁護者」[20] であったハーバードの遺伝学者、ウィリアム・キャッスル（William Castle）は、X染色体が、性についての完全なメンデル遺伝学理論に物理的な基礎を提供することを示唆し、それが機能する仕組みの精緻なモデルを提示した。[21]

これらの、性決定のメンデル遺伝染色体モデルは、遺伝の性質についてのメンデル遺伝学の大きな主張に懐疑的だった細胞学者や発生学者を大変に苛立たせた。彼らは、メンデル遺伝学による性の説明のもっともらしさと共に、「性染色体」の概念を激しく拒絶した。彼らは、性を「単位形質」であるとするメンデル遺伝学の考え方がナイーブで決定論的であるとの汚名を着せるために、いわゆる性染色体を用いた。モーリス・コルリー（Maurice Caullery）のようなフランスのネオ・ラマルク主義者たちは、「性染色体」に対する批判の大合唱を起こすために、カール・ピアソン（Karl Pearson）のようなイギリスの生物測定学の研究者や懐疑論者たちに合流した。アメリカでの批判の先導者の中には、トーマス・モンゴメリーとトーマス・ハント・モーガンがいた。

ペンシルベニア大学の染色体の専門家、モンゴメリーは、ベルリンで博士号を取得し、ドイツの細胞学界に深く影響を受けていた。モンゴメリーの性の染色体理論への反対は、彼の反メンデル遺伝学主義と、遺伝の染色体理論というメンデル遺伝学の結論への疑いに哲学的に根ざしていた。彼は「現代メンデル遺伝学の説明が、（遺伝形質は生殖質によって運ばれると考えた）ヴァイスマン（Weismann）のそれよりも、はるかに硬直的で複雑な決定論的理論であることを示している」証拠として、性染色体の概念に嘲るように言及した。[22]

モンゴメリーにとって、性染色体仮説は、遺伝の染色体理論を不合理にばかばかしく単純化し過ぎる、過度に拡大したものだった。彼は、証拠が示すのはX染色体と性が単に「同時に存在している」ことだけであって、因果関係があることではないと主張した。[23] 一九一〇年、モンゴメリーは、「性を、特定の染色体に存在して統括され、メンデルの分離の法則によって仕分けられて分配される普遍の単位形質として解釈する正当な理由はどこにもない[24]」と書いた。彼は、次のように続ける。

この細胞核内の要素は、独立した単位ではなく、細胞全体の一つの部分――たとえ最も重要な部分ではあっても――にすぎない。したがって、染色体を自律的な単位であるというのは誤りである。それらは、細胞あるいは細胞集合体の部分なのだから。(…)となれば、特定の染色体のみを性決定の要素とみなすということは、この複雑な内部の活動を無視することになる。[25]

さらに、性の染色体理論は、雄性や雌性が、それぞれに独自に交差する発達の道筋であると示唆しているかのようだった。モンゴメリーは、性とは「様々な影響によって変化し得る不安なプロセス」であり、雄性や雌性は「一つのプロセスにおける二つの形態にすぎず(…)根本的に異なった状態ではない[26]」と主張した。

モンゴメリーのような批判者たちが訴えたように、メンデル遺伝学は、複雑な形質を不連続な単位形質の中へ押し込もうとした。性の染色体理論は、メンデル理論にあるこうした中心的な反知性主義的な病理の兆候のようだった。モンゴメリーは次のように書いた。

ある特定の染色体が排泄を決定し、またある染色体が移動を決定するという主張するのは性急だろう。けれども、ある人たちが特定の染色体によって制御されていると主張している「性」のプロセスに比べれば、これらのプロセスは比較的単純だ。この仮説は素朴過ぎ、細胞を余りにも単純化し過ぎており、厳格に事前に決定されているという感じが強すぎる。(27)

モンゴメリーは、性の染色体理論が、メンデル遺伝学の推進した、原子論的で決定論的な遺伝のナイーブな考え方の真の性質を示していると考えた。(28)

モーガンによる「性染色体」の批判は、モンゴメリーよりもさらに熱を帯びていた。世紀の変わり目に、若いモーガンはアメリカの発生学を牽引する人物として頭角を現しはじめていた。一九〇〇年の海外訪問で、モーガンはオランダの植物学者で実験遺伝学者のユーゴー・ド・フリース(Hugo de Vries)と出会うことになった。この訪問がモーガンの関心を遺伝と性決定の問題へと向けさせた。モーガンは、ウィルソン同様アメリカの生物学教育制度で育った人物で、ジョンズ・ホプキンズ大学で発生学の博士教育を受けた。一八九〇年に卒業すると、ブリンマー・カレッジの教員となり、そこでスティーブンズとウィルソンと共に働き、一九〇四年、ウィルソンを追ってコロンビアに移った。彼はその後、彼の学生だったアルフレッド・スタートヴァン(Alfred Sturtevant)とカルヴァン・ブリッジス(Calvin Bridges)そしてハーマン・マラー(Hermann Muller)と共に、彼の有名なショウジョウバエ研究室で、古典的遺伝学と染色体理論の基礎を発展させることになる。

モーガンの考えでは、メンデル遺伝学は、自然界の豊かさ、複雑さ、驚くべき多様性を説明し得ない、狭く還元主義的な理論だった。彼の一九一〇年の論文、「染色体と遺伝」が、「休みなき精神」と「冒険的な性格」、そして「科学理論の現代的精神」を犠牲にした「知的安全の保証」を提供するとして、メンデル遺伝学を酷評したことはよく知られている。[29] 遺伝の要素を染色体に置く理論は、発生学者としてモーガンが受けた教育と、彼の生物学への発生学的なアプローチに矛盾した。彼が書いたように「メンデル遺伝学の原則は、遺伝要素が生殖細胞であらかじめ形成され、したがって成人の形質に対応する小さな単位の集合として存在することを意味しているようだ」。モーガンにとって、この事前形成説は、「我々が発生の生理学について知っていることの全てを無視している」[30] ように思われた。

性染色体はモーガンからの攻撃の矢面に立った。モンゴメリと同様にモーガンは、雌雄モザイクや雌雄同体の例が示すように、性は連続分布的な形質だと考えていた。[31] モーガンが書いたように、ベイトソンやR・C・パネット（R. C. Punnett）、ウィリアム・キャッスル（William Castle）のようなメンデル遺伝学者たち（彼はスティーブンズに言及しなかった）が提案した遺伝学的性決定モデルは、性を過度に二元的な概念と見なした。「[そのモデルは] 雌性を決定する単位形質を前提にしているが、まさにそのために、非常に仮想的な性の解釈を導入する。単位形質はもはや単に量的因子ではなく、雄性を雌性に変える力を持つ特別な要素だからだ。これは、全く想像的な要素に過ぎず、これを支持する観察に基づく証拠を欠いている[32]」。

モーガンは、性染色体の問題に大変に悩んだため、メンデル遺伝学と染色体理論を認めた後になっても、性のための染色体という考え方の行き過ぎに苛立ち続けた。彼は、メンデル遺伝学と染色体理論に関して彼が一九一五年にはじめて発表した『メンデル遺伝学のメカニズム』と題した、それ以外は簡潔な力強い文章の中で、五ページも脱線して代わりの名称について検討している。「性染色体」という名称を避けて、彼は代わりに「染色体上の性の要素」を用いた。彼は、――性が全染色体的に決まることを示唆しつつ――性をXXやXYで表記する代わりに、研究者は性のための優性因子あるいは劣性因子を表す別の表記法を用いるべきであると説いた。たとえば、FF／FOあるいはFmFm／Fmfm(Fは雌性決定因子を表す)などだ。性を表すためにXとYを用いることは、染色体が常に性を決定することを意味しないことで認められるべきで、「性染色体に対する記号を性的要素の記号にも用いることは、同時に全染色体が性の決定に関わっていない場合に限り認められる」[33]と彼は主張した。モーガンは、「性染色体」という名称が考えを「偏らせる」と記した。

Xを、性を運ぶ性染色体として考える必要はない。この名称を用いることが、その適用の傾向によって状況に偏見を生じさせることを私は恐れている。Xは X以上を意味しているかもしれないし、性決定の要素の一つかもしれない。(…)私はまた、それが特定の形質を一つの染色体に委ねるとして、全面的に反対する。[34]

モーガンは、Xを「雌性決定因子」だとする考え方を例として挙げた。モーガンが正しく指摘したように、雄もXを持っているので、「雌性を作り出す」X精子は「Xを持たない卵子」に入ると雄性を生じさせる。さらに、「時々、雄性及び雌性として漠然と言及される」精子は、「ある組み合わせにおいてのみ、正確に雄性生成的あるいは雌性生成的なのだ」[35]と記した(モーガンには先見の明があった。本書の六章では、Xを「雌性の染色体」とする考え方が今日でも続いていることを検討する)。

モーガンは、いわゆる性染色体は、「多くの理論的可能性のうち、最もよく知られた、あるいは最も視覚的な要素」でしかないと警告した。彼は、「性が性決定因子を持つ性質だという認識が、不必要な混乱を招いてきた[36]」と嘆いた。モーガンは、雄性と雌性は、多くの遺伝学的あるいは発生学的な因子と関連しており、「身体の多くの部分に関連する性染色体の因子もある[37]」と主張した。そして彼は次のような結論に達している。「雄や雌で示される全ての性質が、仮に染色体によって運ばれているとしても、一つの性染色体などによって運ばれていると考えるのは滑稽だ[38]」。

性染色体の勝利

今日、「性染色体」はXとYのための教科書的な用語であり、議論の余地があるとは全く思われていない。「性染色体」は、どのようにして、かつては不確かな嘲笑の対象だった名称から、今日の合意された名称となったのだろうか？

ひとつには、「異形染色体」、「修飾染色体」、及び「特殊染色体」といった代わりとなるXとYに付けられた多様な名称が、初期にはXとYの重要性と機能が知られていなかったことを反映した曖昧な名称だった、という見方があるだろう。染色体が性を決定することが真実だと立証されると、先端の研究者たちも「性染色体」という名称の正しさに同意せざるを得なかったのだと。しかし、歴史的な証拠はこのような見解を支持しない。性染色体という概念が最終的に受け入れられたのは、性の染色体決定理論が実証的に確認されたからではない。性染色体が、性を印し、配偶子形成の間に別々に分離することは示されたが、性を決定することは決して実証されなかった。一九五〇年代に入っても、また今日に至るまでと言う人もいるだろうが、X、Y、そして哺乳類の性別の間の明確な因果関係は確証されないままだった。さらに、「性染色体」がXとYのための最良の専門用語かも明らかではなかった。「修飾染色体」及び「異形染色体」といった代替の用語は、「性染色体」に比べて、より正確さに欠けるわけでも一般化できないわけでも、豊かな表現性を持たないわけでもなかった。ここまで見てきたように、競合する名称は、性との関連性とちょうど同じくらい重要な、XとYの構造、行動、および機能といった様々な特徴を抽出していた。しかしそれらの特徴は、結果的に性染色体概念が勝利したことによって脇に追いやられることになる。

こうした反対にもかかわらず、性染色体がどのように勝利したのかを見ていくために、まず私たちは少しの間、遺伝の染色体理論のはじまりまで年表を遡らなければならない。XとYが、世紀の代わり目にはじめて発見されたとき、性決定の問題は染色体科学者にとって周辺的な関心事だった。それらの科学者たちは、細胞生物学の基礎を理解しようとしていた。染色体とは何か？ 細胞分裂はどのように起こるのか？ 遺伝物質は細胞のどこに保管されているのか？ XとYが、細胞生物学者の関心をひいたのは、主に、それらが識別しやすく、細胞分裂の間に興味深い動態を示すからだった。二〇世紀初頭、これらの特別な性質は、今日では遺伝の染色体理論と呼ばれる、新しく広い説明の可能な遺伝についての物理的理論を明らかにする助けとなった。性はこの取り組みにおいて中心的でありまた付随的でもあった。「雄性」と「雌性」は、メンデルのなめらかなエンドウ豆とシワのよったエンドウ豆のように、細胞の核の中の曲がりくねった一対の物質で具体的に示される新しい遺伝の理論を、試し、確認し、伝達するために用いられた突出した生物学的性質だった。「性染色体」は、メンデルの豆と同様に、新しい染色体理論を記憶させる試金石となった。この後すぐに見るように、X染色体は、染色体が生物の内で一貫性を保つ自律的な単位であるということを比類なく示した。これは、メンデルの遺伝形質を運ぶ物質として必須の特徴である。遺伝の染色体理論の鍵となる要素は、二〇世紀の最初の十年間にX染色体とY染色体の観察を通して得られたもので、染色体が独立した単位であること、相同体であること、遺伝物質を運び異なる遺伝因子に特化していることが含まれる。これらの発展は、細胞学、発生学、発生生物学の文脈にメンデルの法則をもたらし、古典的遺伝学のための理論的基礎を築いた。[39]

遺伝の染色体理論

コロンビアでウィルソンの大学院生だったウォルター・サットンは、染色体が遺伝の単位あるいは運び屋であることを主張するために、一八九九年から一九〇二年にマクラングがX染色体の自律性と一貫性を証明したことを取り上げた[40]（図3・1参照）。染色体が特徴的な大きさと構造を持ち、細胞分裂を通してその個性を保ち、固有の遺伝形質を運ぶことをXは示すと、彼は主張した。サットンは次のように記した。

おそらく、修飾染色体の動態に関する知識から現在得られるもっとも重要なことは、（…）染色体の個性の問題に当てる光である。（…）今や、その物質が確かに染色体であるということを認めるならば、調べればすぐに、それが精原細胞の分裂の間中ずっと、その後においても同様に、疑う余地のない個性を維持することが示されるだろう。（…）このようにして個性を保つ染色体が一つあって、そしてその他の染色体が、発生のために、同じような個別の小胞の中に包み込まれるのを見て、それらも一度により排他的な仲間と全く同じ独立性を享受していると想定することもできないのだろうか。もしこれが認められるなら、我々は、染色体の個性を信じるための基盤を少なくとももう一つ持つことになる。[41]

遺伝の染色体理論を確立した一九〇二年と一九〇三年のサットンの研究で、X染色体は「染色体の独立性の最も明確な証拠」とされた。[42] 決め手となったのは、もちろん、Xが性のドラマチックな生物学的性質にも関係していることだった。サットンは「この特定の特別な染色体」は「マクラングの仮説に従って、それを含む細胞に雄性の印をつける力」を持っていると記した。[43] 余分なXは雄性を決定するという誤った考えが繰り返されているとしても、サットンの結論の明解な意味は見過ごされるはずはない。サットンは、X染色体において、染色体が遺伝物質を運んでおり、メンデルが予測したように動き、生物の発生に驚くべき結果をもたらす個別の形質を運んでいることを示すために必要なあらゆる証拠を突き止めた。

遺伝の染色体理論の発展にXとYが果たした役割は、「性染色体」が単なる性決定の因子であるだけではなく、現代遺伝学の構造と基礎を形作る概念的革新でもあるということを照らし出す。生物学の歴史家たちは、遺伝の染色体理論の発展と普及においてX染色体の果たした重要な役割を無視してはこなかった。しかし、逆の側面についてはまだ考察の余地がある。「性染色体」を形作る上で、遺伝の染色体理論はどのような役割を果たしたのだろうか？

この問いへの答えの一つは、ウィルソンの残した優れた記録の中に見いだすことができる。一九〇五年、ウィルソンは、XとYの観察がいかにして最終的に彼に染色体理論の正しさを納得させるに至ったかを振り返った。彼は次のように記した。

異形染色体の動態を一つ一つ追うまでは、対合は染色体が二つずつ実際に接合したものを含み、そのようにして合体している染色体が、父親由来と母親由来の相同体であるという主張がいかに適切であるかを正しく理解しなかったことを、正直に告白しなければならない[44]。

ウィルソンの説明は、この染色体の性の形質との関連性を強化することが、いかに、二〇世紀のはじめの四半世紀の生物学における主要な伝道的目的に適うものだったかを示す。一九一〇年代になってから、一般に考えられているよりもずっと遅く、性染色体は遺伝の染色体理論に対する主たる直接的証拠となった。染色体理論は全ての遺伝学者——一般の生物学者は言うまでもなく——の支持を得たわけではなく、性染色体は、染色体理論の支持者たちにとって中心的なセールスポイントであり続けた。一九一四年にウィルソンは、「重要な遺伝学者たちの幾人かは、未だにこの理論を受け入れるのに気が進まないでいる[45]」と述べた。彼は次のように続けた。「父親由来と母親由来の相同体については言うまでもなく、染色体の接合については頑なに反論されてきた。染色体一般を完全に証明するのはまだ遥か先のことだと認めざるを得ない」が「性染色体では、(…)不確かだったことが確実なことになる[46]」。

一九一四年にロンドンの王立協会で行われたウィルソンの講演『遺伝の細胞学的研究の成果(The Bearing of Cytological Research on Heredity)』では、独立組み合わせ、接合、そして連鎖を含む、メンデル遺伝学以降の時代における染色体研究の主要な洞察の全てを説明するために、性染色体を出して見せた。ウィルソンは次のように記した。

細胞学者にとって、それらの現象への関心は性の特別な問題をはるかに越えて広がっている。自然界では、私たちの初期の結論の多くを決定的に試験し、さらなる発展のための確実な基礎をもたらすと同時に、染色体の遺伝との関連を我々の前に鮮やかに提示する一連の実験が行われている[47]。

彼は続ける。

（…）性を作り出す細胞学的な現象は、染色体の遺伝的連続性の理論を強固に支持する。それらは、特定の染色体の対（XY）の場合に、対応する母親由来と父親由来の染色体の接合とそれに続く分離の疑う余地のない証拠を提供する。（…）それらは、ホモ（同型）接合とヘテロ（異型）接合の間の核の構成の違いと、それに対応する配偶子の違いの最初の直接的な証拠をもたらす。そして最後に、（…）それらは、これまで提供されてきた、メンデルの法則の一般的な細胞学的説明を十分に実証する[48]」。

したがって、性染色体は、古典遺伝学の発展の重要な時期に、単に遺伝理論の中の広範囲の角度からの、強い関心と議論の的対象であっただけではなかった。それはまた、遺伝の染色体理論を広めるための、単純な説明の仕掛けでもあった。その染色体の性質が、劇的で具体的な性の表現形質であり、大衆の興味の対象であり、そして長い間生物学研究の対象であったことは、もちろん悪くはなかった。

モーガンの性関連形質

遺伝の染色体理論が「性染色体」の確立に果たした役割の物語は、モーガンのハエの研究室でも一九一〇年から一九二〇年まで続いた。ほとんどのハエは赤い目をしているが、一九一〇年、モーガンは白い目を持つ雄の珍しい突然変異体を発見した。赤目の雌と交配させると、白目の雄は一世代で消えるが、次の世代には現れた。白目の雌が赤目の雄と交配させられると、全ての雄の子孫は白い目だった。この遺伝パターンの唯一の説明は、白い目の変異体は潜性で、X染色体上で運ばれるという、今は人の血友病の場合でよく知られているものだった。それは「性に関連（sex linked）」していた。[49]

伴性（sex linkage）は、正常な表現形質をX染色体上にマッピングすることを可能にし、染色体連鎖地図を作製する領域を切り開いた。モーガンは続いて、伴性を、遺伝学のための実験系と染色体マッピングへと発展させた。全ての最初の遺伝的変異体と、最も重要な遺伝の遺伝学的法則の多くはX染色体で発見された。続く十年の間に、X染色体とミバエのシンプルな生物学、短い寿命、そして四つの丸々とした染色体対の助けを借りて、モーガンと彼の弟子達は遺伝の染色体的な基礎を精巧に作り上げた（図3・2参照）。モーガンによるショウジョウバエにおける伴性の詳細な研究は、最終的に、メンデル遺伝

図3.2. ショウジョウバエの染色体図に遺伝子を書き込むカルヴァン・ブリッジス（Calvin Bridges）。カリフォルニア工科大学、アーカイブス提供。

学と染色体遺伝理論とが提携するための最初の明確な実証的証拠を提供した。

モーガンが「性のための染色体」という考え方に熱心に精力的に力強く反対したことを思い出そう。彼は、その不正確さと、それが表すと思われる遺伝、発生、そして生命への考え方を長々と批判した。彼は反染色体論の支持者であり、性染色体は、その理論にとって具合が悪いことの全てを表わしていた。彼は、性染色体の概念を「滑稽」と記した。しかし、一九一〇年、信念に基づいた反対から十年後、モーガンは寛大になりはじめた。彼はすぐに、メンデル遺伝学と染色体理論の主たる擁護者になった。一九一六年までには、彼は「性染色体」という名称を自身の記述の中で採用しさえした。彼の変化は、X染色体とY染色体の特別な性質と大いに関係していた。

モーガンの考えの変化は、一九一〇年、性決定におけるXとYの役割に関するネッティ・スティーブンズとエドモンド・ウィルソンの証拠を受け入れたことからはじまった。「修飾染色体を元に分化した二種類の精子」があること、減数分裂で雄性の要素と雌性の要素の分離が起きること、そして、ウィルソンとスティーブンズのモデルは植物と昆虫だけでなく高等動物にも当てはまったこと。[50] これらは、確かに、染色体が遺伝因子を運んでいることの説得力のある証拠だった。しかし、モーガンの視座の変化にとって最も重要な要因は、最初の性関連遺伝子変異体である、有名な白い目のショウジョウバエを彼自身が発見したことだった。

科学史家のシャロン・キングスランド（Sharon Kingsland）は、一九一三年のモーガンの『遺伝と性（*Heredity and Sex*）』は、「メンデル遺伝学の枠組みにおける性決定の問題の全てを取り上げている」と書いている。[51] モーガンは、今度は、かつての彼自身の疑問を口にする者に対して染色体理論を支持した。モーガンは、一九一〇年には染色体理論を「科学的理論の現代的精神を冒瀆している」と非難したが、一九一五年の『メンデル遺伝学のメカニズム（*The Mechanism of Mendelian Heredity*）』では、「それではなぜ、あなたは染色体を持ち出すのか、と我々はしばしば、たずねられる。我々の答えは、染色体はメンデルの法則が求めるメカニズムを完全に備えており、染色体がメンデル遺伝の要素の運び屋であることを明確に示す情報は増え続けているのだから、非常に明らかな関連性に目をつぶるのは愚かなことだろう、というものである」[52]と記す。一九一五年、モーガンは尚も「性染色体」という名称は誤解を招きやすいと訴えていたが、一九一六年の『ショウジョウバエにおける性関連遺伝（*Sex Linked Inheritance in Drosophila*）』では、ブリッジスと共に「ウィルソンの命名に従い、XとYの両方を性染色体と呼ぶ」と書いて同意した。[53]

◇

性染色体は、単純過ぎる二元的な性の概念であること、全ての種にある性を説明できないこと、そして性を決定する役割のメカニズムを欠いていることのために、批判者たちの攻撃に晒された。性のための染色体という考え方は、部分的には、新しい遺伝の染色体理論を建設する上で欠かすことのできない役割のために批判の中を生き延びた。遺伝の染色体理論の説明の成功は、最終的には、性染色体について批判者たちが懸念したことを圧倒した。批判者たちが反論を止めたのは、彼らが納得したからではなくて（モーガンは、一九一五年の言葉が示すように、メンデル遺伝学を受け入れた後も、性染色体の問題が解決したとは思っていなかった）、染色体理論のもっと広大な利用し易さが、それらの批判を脇に追いやったのだ。染色体理論の説明能力を前に、性染色体の批判者たちは少数者となり、非建設的なこだわり屋とされた。染色体理論への合意を作り出すという優先事項のために、性染色体をめぐる議論は見過ごされた。「性染色体」という名称と概念の潮流は一九二〇年代を通じて作られ、一九三〇年代には、X染色体とY染色体の人気の名称となった。「修飾染色体」や「異形染色体」といった別の呼び名は使われなくなっていった。「性染色体」が勝利したにもかかわらず、Xそのものが性を決定すると主張し続けた者はほとんどいなかった。ウィルソンは例外だった。彼はXとYは、何らかのやり方で、雄性と雌性の物質的な遺伝の基礎であると主張し続けた。一九二五年にウィルソンは次のように書いた。「これらの染色体が性分化因子を持っているということは、遺伝学と細胞学の両方からのより詳細で具体的な抗し難い一群の証拠によって証明されている。したがって問題の染色体を性染色体と呼ぶことは適切だろう[54]」。

その他の者は、Xは性の組織学的なマーカーとなるという意味でのみ「性染色体」であるとした。たとえば、エジンバラの遺伝学者、F・A・E・クルーは、一九二七年の性の遺伝学に関する文章の中で「雄と雌の組織はこの点に関してのみ染色体的に異なっているので、これらの染色体は性染色体と呼ばれる[55]」と書いた。注目すべきことに、このような記述は全て、Xと性との間の因果関係の問題を避けている。

一般的には、「性染色体」概念は、モーガンと彼の弟子達が作った新しい遺伝学的研究プログラムの中心に置かれた伴性の現象から生まれた。この「性染色体」概念は、性決定におけるXの役割の問題を完全に避けていた。ショウジョウバエの遺伝学者たちは、性決定の問題に主に関心を持っていたのではなく、むしろ、特に遺伝学研究に適した形質への手掛かりとして伴性に関心を持っていた。モーガンとブリッジスは、一九一六年の論文『ショウジョウバエにおける性関連遺伝』で次のように記した。

この用語（性関連）は、そうした性質がX染色体に運ばれているのを意味することを意図している。この用語を使うことで、X染色体のその他の要素に関連する、X染色体上の性に関係する要素についての知見が示唆されるということは反対されてきた。（…）［しかし］我々はX染色体に性と関連する因子をいまだ特定していない。(56)

この記述では、Xが「性染色体」なのは、それが性決定因子だからではなく、それが性に関連した重要な因子を少なくとも一つ保有しており、X染色体上の形質が確かに性と関連しているからである。

一九六〇年のデンバー会議の際には、科学者に知られていなかったのだろうが、受け継がれた「性染色体」という名称の合理性についての彼らの疑問は、新しいものではなかった。「性染色体」という概念の適切さと明確さに対する疑いは、XとYが発見された時から続いていた。XとYは、遺伝学と遺伝の基礎ができあがる生物学の歴史の重要な時点に登場した。それらは、この動きの中の中心的な存在となった。同時に、XとYは両義的且つ道具的に性と関わり、本書の領野である不確かな空間を形作る。

二〇世紀のはじめ、細胞学者たちは染色体が遺伝物質を運び、したがって新しい遺伝形質の生成と組み換えのメカニズムを提供すると主張した。マクラング、スティーブンズ、そしてウィルソンの提示した、染色体と性の関係、そしてXとYという視覚的に説得力のある証拠は、初期の染色体理論にとって有力な証拠となった。一九一〇年代に、この理論はX関連形質の研究によってさらに確認され、拡張された。性との関連は、遺伝的突然変異についての初期の研究に対する重要なシステムを提供した。Xと性の関連は、それらの科学的な研究プログラムにおける重要な事実となり、その強力な単純さのために、いわゆる性染色体は、新しい遺伝学にとっての栄誉の羽飾りになった。

「異形染色体」や「修飾染色体」といった用語が、命名法の慣習により合致してはいたが、それらではだめだった。それらは染色体と明確な表現型との間の重要な関連を指し示さなかった。XとYが性の違いを特徴付けるようにする明確な方法が重要になった。生物学の共同体を新しい理論へといざなうときには、レトリカルに、そして、メンデル形質の染色体的基礎を確立する「伴性」研究プログラムの中心的な技術としては科学に従って。これらの目的のために、恐らくより描写的で、XとYの構造的、動態的な特徴を捉えるような名称は、傍に追いやられた。ウィルソンの効果的な省略語「性染色体」が勝利したのだ。

第四章　性の新しい分子科学

サディー・サロメは性染色体だった
第一減数分裂で、彼女はうめきはじめた。
　家を出て、
　　こんな梨みたいなことになってしまって、
有糸分裂後期、有糸分裂、最終段階、全てのあの熱狂
サディーは、親の文句には気をとられずに、ゆっくりと進む、
　　彼らのうめき声を聞け！
そして遂に、破滅の道で、彼女は一人の男にであった
彼女の下降を早めるためにピクリン酸をくれた男
アルコール、キシロール、あらゆる粘液
小さなミュー〔μ〕ごとに、彼女を熱狂で満たし

彼女はキシロール・パラフィンに入り込む
なんて素敵、なんて素敵！

ああ、あの細胞学的ジャグに、微生物学的ラグ。
サディーはすぐに、鋭いミクロトームに滑り込む。
性染色体の切片を削ってはまた削る
ああ、切削するミクロトームの上の染色体、君よ、
ヘマトキシリンで染色されて、
切削機に乗せられた、
悪い娘サディーは隠れられない
彼女の全てのクロマチン！　なんという罪！彼らの微笑みを見よ！
ああ、あの細胞学、あの微生物学のラグ！

「悪い娘サディーの旅」と結びつけて、微生物学の研究室の中の「破滅の道で男に」出会うX染色体の歌、「細胞学のラグ」は、アーヴィング・バーリン（Irvin Berlin）のヒット作、パーレスクの世界で道を踏み外す少女を歌った「サディー・サロメ、家へ帰る」を大雑把にパロディーにしたものだ。作者不明のこの曲のコピーは、おそらく一九二〇年代に、個人の所有するトーマス・ハント・モーガンによる一九一五年版の『メンデル遺伝学のメカニズム』に挟み込まれた。ある時カリフォルニア大学がこの本を得て、埃にまみれた本棚に片付けてしまった。そして二〇〇七年、司書がモーガンの傑作の電子コピ

ーとして、ルーズリーフのメモも含めて全てスキャンし、ウェブサイトで一般に公開した。滑り落ちて切削され、顕微鏡の下にさらされる性染色体サディーの姿はこうして保存され、私たちはこれをありがたく批評し振り返ることができるというわけだ。(1)

二〇世紀半ば、性染色体はたしかにうめきはじめた。XとYは、性の生物学への新しい関心が向けられる中で、大衆文化とジェンダー・ポリティクスの中へと移動した。一九二〇年代には、XとYは、性ホルモンの発見に代表される性の新しい科学へと滑り込んだ。「性ホルモン」の登場によって、かつて批判された「性染色体」は、分子科学による性の近代的理解という広い枠組みの中に畳み込まれ、さらに強固な基礎を得て広く認識されるようになった。ホルモンを中心とした新しい性の分子科学は、染色体が特異で必須の役割を担う性の発生と分化の統括的モデルを形成することで、性の生物学的な因子としてXとYを確立し、正当化し、その地位を高めた。二〇世紀半ば、性染色体の概念が強固となり、遺伝の科学が近代生物学と医学の中心となるにしたがって、興味深いことに、科学者たちは雌性と雄性の本質を探るためにXとYに目を向けはじめた。

ホルモン――新しい性の科学

科学、哲学、また医学の研究者たちは、当然ながら、性の源、性質、そして生理学を何世紀にも渡って洞察してきたが、二〇世紀初頭に登場した性の新しい科学は、近代的で実証的なわかりやすい性の生物学という特定の考え方を代表していた。(2) 性の基礎科学的な研究は、女性の社会での役割や妊孕力、教育のための持久力が問われはじめた十九世紀後半に発展した。(3) 生殖の科学者たちは、特に熱した社会的論争の中で活躍した。優生思想、産児制限、そして人口管理運動は、実験生物学と遺伝学という新しい科学がより良い社会を作るのだという信念を共有していた。彼らは、生物科学が人の生殖を管理し医学的に監督する技術をすぐにでも作り出すことを願った。この目的は、社会改革という空想を生み出し、性分化、性的指向、そして生殖に関する莫大な公的私的な投資を引き出した。

一八九〇年代には、生物科学が次第に特化し専門化していくのに従って、実証的な性科学は性に関する学術分野として確立していった。ハヴロック・エリス（Havelock Ellis）やパトリック・ゲデス、J・アーサー・トムソン（Arthur Thomson）、そしてマグナス・ハーシュフェルド（Magnus Hirschfeld）といったドイツの研究者たちは、性科学を、定期的な学術会議やアカデミック・ポスト、学術誌の存在する分野へと発展させた。一九〇八年には『性科学誌』（*Journal of Sexology*）が創刊された。この分野は、生物学、遺伝学、生殖生理学、婦人科学、心理学、性病と性的指向の研究、そしてあらゆる文化の中に歴史を通して存在する性についての社会学的、歴史学的、文化人類学的な研究を含む性に関する超領域的な研究を取り入れた。性染色体はこの環境からは随分離れたところで、細胞学と遺伝学における根本的な研究の偶然の副産物として発見された。対照的に、性ホルモンは、酪農における繁殖への関心、リプロダクティブ・ヘルス、そして公衆衛生政策といったものによって形作られた性の科学的研究の中心で誕生した。

ホルモンは、ひとつの細胞からもうひとつの細胞へと信号を伝達する化学物質で、離れた地点で作用して細胞と組織の代謝を変化させる。十九世紀後半と二〇世紀前半に行われた性腺移植と去勢の実験は、生殖腺分泌物（gonadal secretion）と呼ばれるものが、生殖および典型的な二次性徴において果たす役割を最初に明確にした[4]（図4・1）。一九〇五年には、これらの内分泌物は「性ホルモン」として知られるようになった。一九一〇年代の急速な発展により、「性ホルモン」はヨーロッパにおけるホルモン研究の

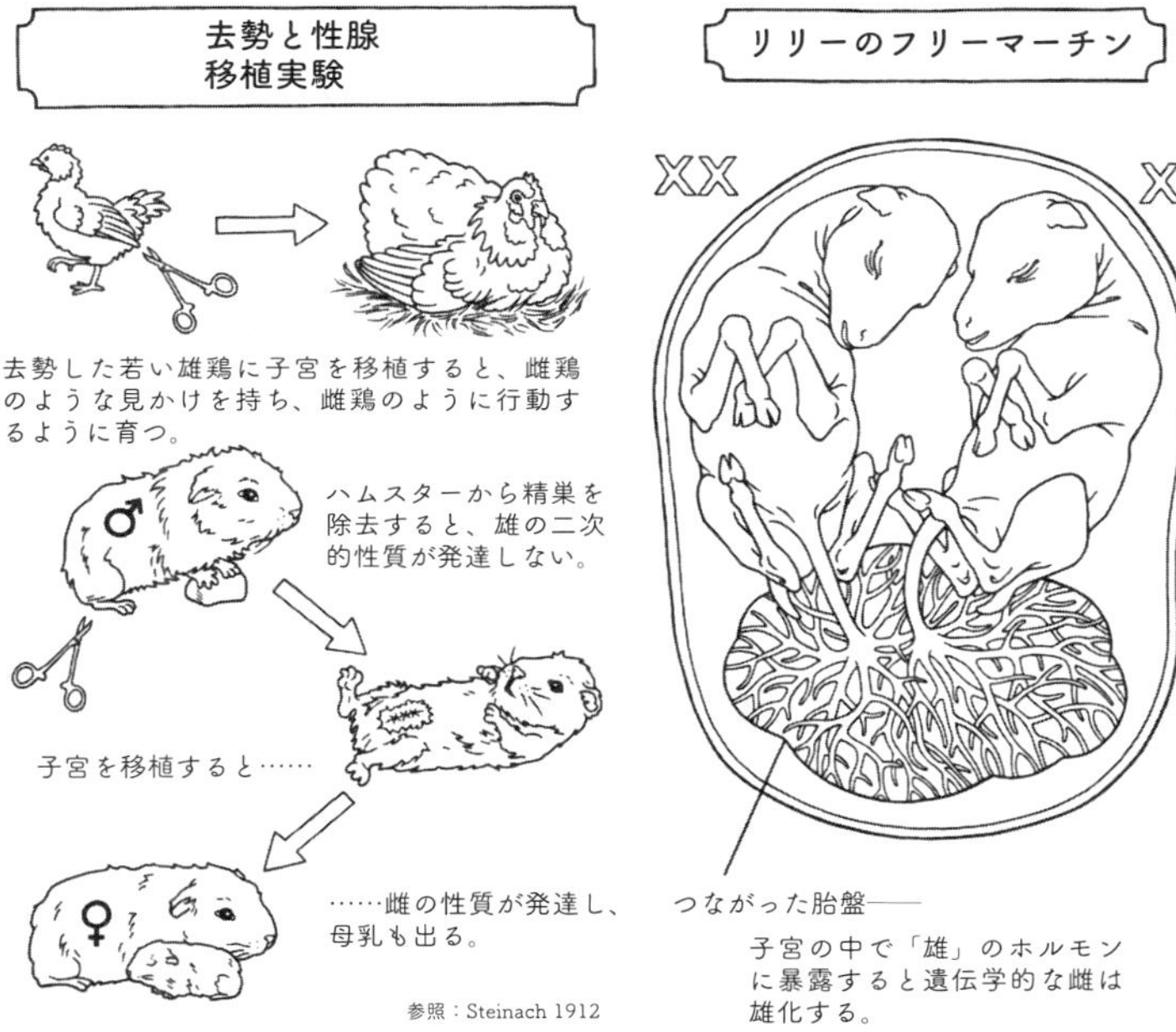

図 4.1. 性分化のホルモンモデルの発見。
作図：Kendal Tull-Esterbrook; © Sarah S. Richardson.

小さな世界から、基礎研究と生化学界の領域、アメリカの生命科学の中へと飛躍した。シカゴ大学の発生学者フランク・R・リリー（Frank R. Lillie）は、有名なフリーマーチンの研究によって、性ホルモンを薬学研究の対象で化学者の関心事という周辺的地位から、性の発生に関する重要な生物学的モデルへと高めた[5]。

一九一五年から一九三〇年にかけて、性に関する科学的研究は急速に統合され、専門化され拡大された。性理論から作り出されたその歩みの先に、化学者の輝く実験室と、ホルモン、遺伝子、そして染色体という権威的な用語と共に、堅牢な新しい領域が現れた。一九一七年、ニューヨーク市で内分泌学会（The Association for the Study of Internal Secretion）が設立された。同じ年、『内分泌学（*Endocrinology*）』誌が出版された。一九二〇年代になると、生化学者たちは、強制的に性ホルモン研究に取り組むこととなり、研究は、去勢と移植の方法についてから、ホルモンの抽出、浄化、そして合成に関するものへと移行した。この集中的な研究により、一九二七年、エストロゲンとテストステロンがそれぞれ臨床的に分離された。[6]

一九二〇年代半ばになると、ホルモンは、現在の遺伝子のように、生物医学においても、製薬においても、また大衆文化においても、近代生物学から登場した最も有名な物質となった。性ホルモンは大衆の空想を捉え、科学的理論と文化的規範、イデオロギー、そして期待とが交わる点となった。科学者たちは、性腺を「内分泌システムの『主基盤』」とする考え方を推進した。[7] チャンダック・セングプタ（Chandak Sengoopta）が記すように、「科学者と一般大衆は、睾丸と卵巣をただの配偶子の源としてではなくて、性的因子に限らない生命としての我々の存在自体を定義する有力な化学物質を分泌するものとして認識するようになった」。[8] ホルモンは大衆文化へと入っていった。ジュリア・リヒター（Julia Rechter）は次のように記す。「みんながホルモンについて知っていた。『猿』や『ヤギ』の分泌腺（gland）について冗談を言ったものだ。そして彼らは、新聞で毎日ホルモンの魔法による奇跡について読んだ」。[9] 薬によるホルモン療法は、新しい生殖医療を約束し、簡便且つ極めて効果的な避妊の手段となる可能性を示した。ホルモンによって新しい性的逸脱者――フェミニストの未婚女性やホモセクシャル、不妊の男性に不感の妻たち――を正すことができると、多くが信じた。[10] 内分泌学の先駆者、ユージン・シュタイナハ（Eugen Steinach）は、ホモセクシャルの治療法及び、性的能力の低い疲れた高齢男性を「若返らせる」治療として、睾丸移植を推進した。[11] アン・ファウスト＝スターリング（Anne Fausto-Sterling）が述べるように、この時期、性差に関する新しい分子学的な理解が固まりはじめた。曰く、「論文では中立的な合成物として表されるホルモンは、新しいジェンダー・ポリティクスの主要な要素となった」[12]。

性研究の発展の制度的な成果は、一九二一年の「性の問題に関する研究のための国家研究協議会委員会（National Research Council committee for Research in Problems of Sex（CRPS））」の設立だろう。このような団体は、たった十年前には、その猥褻さ故に想像もできなかった――そして政治的にも存在し得なかったものだ。「二〇世紀初頭の生物学的化学の偉大な創設者の一人である」[13] リリーは、アデル・クラーク（Adel Clarke）が性研究の「驚異的な資金源であり驚異的な正当化の道具」[14] と呼んだこの機関の設立に向けた動きにおいて、産児制限運動家、優生思想家、そして農学者たちと共に、主要な役割を担った。リリーのCRPSは、性の遺伝学の研究に、制度的な基盤と新しい発見、そして資源を提供した。一九二二年、委員会の最初の年次報告の中で、リリーは性分化と制御の遺伝学をCRPSにおける研究の優先順位の一番上に据えた。彼は、CRPSの研究は、

特に以下の根本的問題に向けて取り組まれなければならない。（1）性はいかにして分化するのか？　性の分化は制御できるのか？　（2）解剖学的、生理学的、あるいは心理学的な性的性質の発生に作用する要素は何か？性の発生は定量的に制御できるのか？　（3）性的関係の問題。その性質と制御[15]。

CRPSは、性の遺伝学についての研究に積極的に関与し研究者を助成した。一九二〇年代に性分化の遺伝学についての重要な著作を著したクルー（F. A. E. Crew）は、委員会の相談役を務め、ハーバード大学のエドワード・イースト（Edward East）をはじめとする著名な遺伝学者たちは、CRPSが助成したマ

ーガレット・サンガー（Margaret Sanger）の産児管理研究所と連携していた。ホルモンが性に関する有力な理論を変容させる中、性染色体は、結果的に、極めて重要な性の分子的決定因子として新たな具体性を獲得することで、これに便乗した。「性染色体」は、性についての簡便で一貫性のある極めて説明能力の高い新しい分子生物学の理論に遺伝学的に貢献することで、その地位を確立した。

性の発生と分化

性ホルモンと性染色体の連携は制度的なものだけではなかった。それらは、性ホルモンの理論に組み込まれた。リリーは新しいホルモン理論を、遺伝学的な性決定とホルモンによって制御される性分化とを明確に分ける基礎の上に打ち立てた。性の発生と分化の分離は、一九一六年から一九一七年に書かれたフリーマーチンに関する彼の論文の中で論じられ、性決定を受精の際の性分化における限定的問題として定義し、これを染色体の機能とした。こうしてリリーは、「性染色体」は不正確で広すぎる概念で実証的に明らかに矛盾していて脆弱であるという懸念を軽減した。リリーのホルモン説は、染色体の限定的ではあるが確かな機能を浮き彫りにし、性の染色体理論に存在する議論の隙間を埋めるものとしてホルモンを提示した。

羊と牛の繁殖者にはよく知られているフリーマーチンは、接合子としては雌だが形態学的には性が不明瞭な胎盤を共有する雌雄の双体だ（図4・1）。それまでの理論では、フリーマーチンは「本当は雄である」とされていた。リリーは、フリーマーチンは遺伝的には雌で、雄のホルモンによって雄性化されたものだということを示した。血管組織でつながった二卵性の雌雄双体の雌であるフリーマーチンは、性ホルモンを含む血液由来のホルモンを共有している[16]。

農場に生まれる、変わった雌雄双体におけるこの発見の重要性は、現在では忘れられているようだ。しかしリリーが述べるように、「自然は（…）ここに、完璧に制御された実験を行った」[17]。二〇世紀初頭には、雌雄同体や性別が逆転し去勢され性腺を移植された動物、単為生殖やその他の性的発達の異常について多くの研究が行われたが、フリーマーチンは、以前には明らかにされなかった二つの重要な事実を示した。一つ目は、ホルモン的要素が胎児期の性的発達に果たす役割である。フリーマーチンにおける胎児期の雌の雄性化は、決定的な発生学的な証拠をもって、染色体と遺伝子が性的発達と分化の中の最も初期の段階においても部分的な役割しか果たさないということを明確にした。「誕生の前に発生する性的性質は、その後に現れるものと同様に、性ホルモンによる発生の度合いに依拠している」とリリーは主張した[18]。二つ目の、そして私たちにとって最も重要な点は、フリーマーチンが遺伝学的には雌でありながら雄として発達するということが、第一段階としての染色体による性決定と、第二段階としてのホルモンによる性分化という明確な区分けを示す、ということだ。リリーは、「不妊のフリーマーチンは、哺乳類において、配偶子的［遺伝学的］性決定因子とホルモンによる性分化因子の効果を区別することを可能にする」と記した[19]。

ホルモンの研究者たちは、リリーによる研究に先立って、性腺ホルモンについての研究結果を包括的な性分化理論へと一般化してはいなかった。リリーが最初だった。彼は遺伝子を初動因子とし、性ホルモンを性分化の主要な因子として両輪に据えた性の発生に関するシンプルな理論を作り上げた。リヒターが述べるように、「リリーは、よく知られた性的現象を整理することのできる重要な理論的実証的枠組みをアメリカの科学者に提供した。彼は、牛の双体の発達に関する実証研究において、性についての遺伝学的、発生学的、そしてホルモン的な研究の主要な潮流を束ねた。つまり彼は、アメリカの性の研究者たちに明確な科学的パラダイムを提供したのだ」[20]。

ホルモンという新しい性の生化学的モデルは、既存の代謝モデル（二章を参照のこと）を置き換え、性染色体概念を二つの方法で具体化した。まず、ホルモン研究者たちは、「第一の」性決定を完全に染色体の制御に担わせて、ホルモンによって制御される性的性質の「第二の」発達と区別した。この段階は「性染色体」へのいくつかの反論――とりわけ、その可塑性の指摘と、自然界における性の二形態性と性的システムの多様性を説明できないという批判――を排除した。第二に、性染色体を基礎にした性ホルモンモデルの構築は、性の染色体理論に科学的正当性を与えた。これは、それまでにはなかったことだ。この時点まで、性染色体は遺伝の染色体理論のための断片であり、分野のかなり異なる性科学には全く注目していなかった。性ホルモンモデルはその理論を完成させるために、隣の染色体メカニズムに頼った。そしてその時に重視したのが、XとYの性との関係だった。その性のモデルにおいて染色体を非常に重要な存在として描く中で、ホルモン研究は「性染色体」を構成し確立させた。

性ホルモンと性染色体

リリーの理論は、性の生物学についての新しい研究領域を刺激した。この時期の主要な性の生物学理論における記述の中心には、性ホルモンが作り出した性染色体についての内容があらゆる形で存在している。彼らの理論において、遺伝子とホルモンは、共同で配偶子の性的運命を決定した。ここでは、リリーとモーガン、そして一九一〇年代から一九二〇年代の間、もう一人の性の代表的な専門家だったドイツの遺伝学者リチャード・ゴルトシュミット（Richard Goldschmidt）の事例を参照する。彼らの記述には、性染色体（そしてそれらが保有していると思われる性別の遺伝的要因）がホルモン理論に持ち込まれるにしたがって、それが性にとって同等に重要な因子とされるようになる過程をみることができる。研究者たちは、性決定の生物学的なモデルを形成する過程で、性のホルモン因子と染色体因子の複雑な相互作用を前提として、内分泌学的および遺伝学的なモデルを統合した。性の理論においては、遺伝子ではなくて、むしろホルモンが、性を広い説明的枠組みに含め発展させた。

リリーは、はじめから、遺伝子とホルモンが相互にダイナミックに関係する、多元的な性のモデルを想定していた。一九一六年のフリーマーチンについての古典的な論文の中で、リリーは、「遺伝子の指向は、必ず性腺で作られる適切なホルモンを通じて伝達されなければならない[21]」と記した。彼は、雄性または雌性の発生において、いかに遺伝子とホルモン――「性‐因子」――が協調的に作用するかについての量的多元的図式を発展させた。一九一七年、「哺乳類における性決定および性分化（Sex-Determination and Sex-Differentiation in Mammals）」の中で、彼は、配偶子における最初の性は「量的にはどちらかの傾向あるいは要素に偏っている状態である。発生が進むと、劣勢の要素にある潜在的な作用は次第に制限される。そして、積極的あるいは消極的な制限によって、当初の性を変更することがさらに難しくなる[22]」。リリーは、性は、いくつかの生物（たとえば昆虫）では遺伝学的に、その他（たとえば牛や羊）では性ホルモンによって、そしてその他（ヒト）では二つが組み合わさって決定されると予想した。リリーのモデルでは、性の大枠は配偶子の段階では「決定」されない。そうではなくて、遺伝子とホルモンは、発生が進む中で、抑制または刺激の円環の内で作用し、性分化を雄性あるいは雌性へと方向付ける。

遺伝学者のモーガンは、リリーあるいはその他による性腺における分化の研究をよく知っていた。そして一九一〇年代および一九二〇年代を通して、遺伝学的要素が性決定における役割をどのように演じるかを説明するために、性ホルモン理論を掘り下げた。一九一四年の彼の論文、「性に限定され且つ性に関連する遺伝（Sex-Limited and Sex-Linked Inheritance）」の中で、モーガンは、雌における余剰のX染色体がどのように性を決定するかを解明する鍵として、卵巣と睾丸によって生成される「物質」に言及した。「あとは、雄と雌の両方に存在する要素が雄においてしか効果を表さない、いくつかの例を示すのみだ。いくつかの場合で、卵巣が特定の性質の生成にとって有害な物質を生成していることが示された[23]」と、モーガンは書いている。モーガンはまた、一九一五年の『メンデル遺伝学のメカニズム』および一九一九年の『二次的な性的性質に関連する遺伝学的な有効な証拠（*The Genetic and Operative Evidence Relating to Secondary Sexual Characters*）』において性染色体モデルを解説する中で、性腺ホルモンの実験を熱心に説明している[24]。モーガンは、二次性徴の発生における性腺分泌の欠損について優れた結果を示す、鳥類及びヒトを含む哺乳類での去勢の実験に注目した。彼は、遺伝子およびホルモンの要素は、それぞれ独立にそして共に、これらの種ごとに典型的な様々な二次性徴を生成するのだと論じた。「いくつかの性質は性腺に依拠している。（…）しかしその他は（…）、雄または雌の遺伝子的構成の直接的な産物だ。（…）我々は、一つの理論だけでは、性別の間に存在する二次性徴の差異を説明することができないと認める（…）用意をしなければならない十分な証拠を得た[25]」。モーガンは二次性徴の差異を説明する上では、遺伝子とホルモンの両方を要因として検討しなければならないと結論した。

ドイツの遺伝学者で発生学者のリチャード・ゴルトシュミットの遺伝学的性決定についての考えは、一九一〇年代および一九二〇年代に、この絡み合ったホルモン因子と遺伝子因子を、性決定と発生についての包括的な細胞学的説明の中に完璧に織り込んだ[26]。ゴルトシュミットは著名な遺伝学者で、一九一一年から一九三八年の間に出版された国際的に影響力を持つ遺伝学の教科書の著者だった。彼はまた、性分化の遺伝学を牽引する専門家でもあった。ゴルトシュミットは、彼が「生理学的遺伝学」と呼んだ、発生段階における遺伝子の作動に関する理論の発展に関心を持っていた。彼は、生体発生の流れの中で、生理学的な抑制と限界シグナルへの応答として、遺伝子は活性化されると考えていた。ゴルトシュミットは、性決定におけるホルモンと遺伝子の明確な相互作用が、彼の生理学的遺伝学の理想的なモデルになると考えた。インターセクシュアリティの事例を検討し、彼は、性的因子に曝露するタイミングを変えることで、雄性または雌性の度合いに違いが生じることを示そうとした。リリーのフリーマーチンの事例は、この現象を示すゴルトシュミットにとっての中心的な事例となった。性に関するゴルトシュミットの解説によれば、「性分化物質」——性ホルモンと遺伝子——は、発生の流れの中で、タイミングに依拠して作用する複雑な制御シグナルのプロセスの因子である[27]（図4・2）。

これらの短いエピソードは、一九一五年から一九三〇年の間に発展した性ホルモンの概念が、遺伝子と染色体を強力に成熟させ、性の生物学の理論枠組みを強化したことを示している。一九二〇年代には、性ホルモンの周囲に構成された性の新しい科学が、制度的にも知的にも確立した。性をダイナミックに相互作用する両輪構造として遺伝子とホルモンのレベルで説明することへの期待から、新しい性の生物学的モデルは生み出され、論者たちを「性ホルモン」と「性染色体」という統一した並列の名称へと否応なく導いた。

つまり、一九一五年から一九三〇年の間の時期に発展した性染色体概念における、直接的な知的制度的文脈は、同時期に起こった目覚ましい性ホルモン研究の発達にあった。「性ホルモン」という考え方が科学界で確立し、一般的に認知されると、「性染色体」という名称と概念を受け入れることは容易に

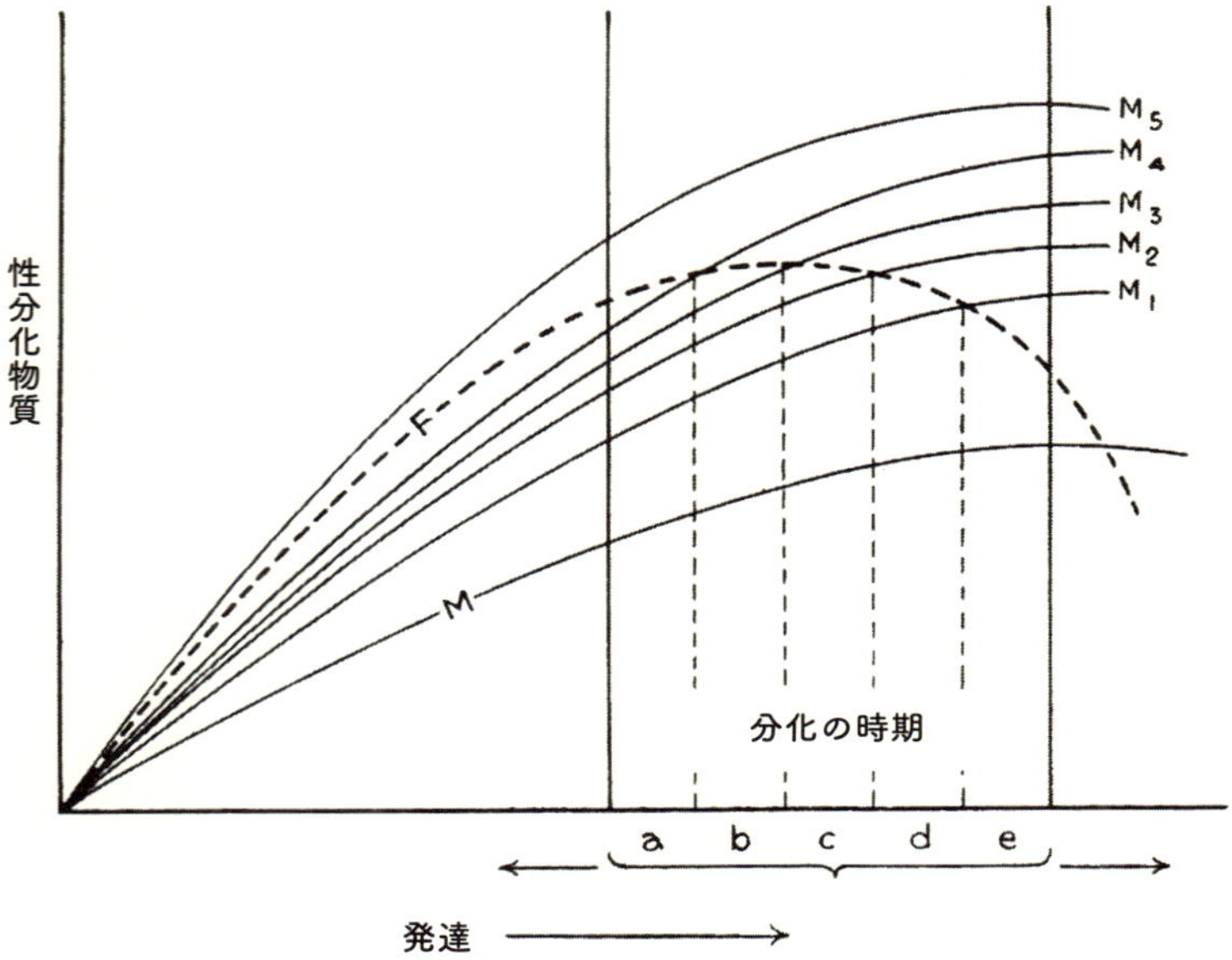

図 4.2.「ゴールドシュミット後の、インターセックスの性分化物質と時間の法則」。F. A. E. Crew, *The Genetics of Sexuality in Animals* (Cambridge: Cambridge University Press, 1927) からの再掲。

なった。その豊富な資料、医学的応用力、そして強力な制度的基盤によって、新しい性の分子生物学はX染色体とY染色体を重心に据えて、層の厚い性の科学的解説にそれらを畳み込んだ。このプロセスの中で、性染色体は、科学的にもまた一般的な理解の上でも、より確かな形をとるようになった。リリーやモーガン、ゴルトシュミットをはじめとする科学者たちは、ホルモンと遺伝子による性決定の複雑さと可塑性を明確に強調した。しかし、それにも関わらず、X染色体とY染色体を性の分子学的因子とし、性の二形態性の根本にある遺伝学的なホムンクルス——「性そのもの」——とする今日の理解は、この時期にはじめて登場した。

XとYのジェンダー化

XとYが「性染色体」になるにつれて、それらは次第に、人の男性と女性について根本的な真実を担う、固定された性質を持つ性の本質だとみなされるようになった。Y染色体は男性にとって何なのか？二番目のXはヒトにおいて女性に何かを「付加」するのか、あるいはX染色体は一つの方が優位なのか？これらの問いは、ジェンダー・ポリティクスの色を帯び、X染色体とY染色体を、大衆的で科学的な最初の認識から離れたものにしていった。

二〇世紀初頭のヒト遺伝学は、歴史学者のスーザン・リンディー（Susan Lindee）が「医学の淀み（medical backwater）」と呼ぶものの中に存在していた。[28] ヒトの遺伝の研究は、その多くが、ヒトの生殖を合理的に管理することで、ヒトの遺伝子の集合を向上させるための社会的、科学的な運動である優生思想の傘の下で行われた。米国では、二〇世紀初頭に優生学の実地調査者たちが、家系を収集するために国中に散らばっていた。優生思想の論者たちは、目の色から造船の技術、道徳的腐敗にいたるまで、あらゆる事柄でメンデル遺伝を示そうとした。確かな細胞学的、生化学的なヒトの遺伝の基礎であるヒトの染色体は、ほとんど検討されなかった。[29] 細胞遺伝学者の側では、虫や植物が好まれた。それらは世代交代が早く、染色体の集合も小さく、単純な二元的性質を持つために、ヒトよりも実験室での研究には適していているとみなされたのだ。

しかし、科学者たちはヒトも性染色体を持っていると知っていたし、彼らはヒトの性的差異にXとYがどのような意味を持っているのかについての推測を控えたわけではなかった。[30] 性染色体は、ジェンダーをめぐるより広い言説の中に道を見出した。それらの言説は、生物学的な事実が、性の間のヒエラルキーについての問題に最終的な決着をつける助けとなることを、しばしば期待している。照準のほとんどは、女性にある余剰なX染色体と男性の一本のX染色体に当てられたが、科学者はYと男性性の関係についても熱い議論を戦わせた。

一九一六年、モーガンとブリッジスは「性はX染色体によって量的に決定される（…）二つのXは女性、一つは男性だ」と書いた。これは、一九五〇年代まで続いた染色体的な性決定の見方を簡潔にまとめている。二〇世紀の最初の半世紀、細胞生物学者たちは、性を決定するのはXで、Yは遺伝学的な重要性のあまりない染色体の破片だと考えていた。ウィルソンはY染色体を、性の生成には重要性を持たない単なる「端役」と説明した。ガイヤー（Guyer）は、「［Y－因子］存在は、少なくとも性の生成においては全くな気まぐれなものだ」と主張した。そしてスティーブンズは、「Y染色体には遺伝的価値はないと示される」と記した。[31]

一九二〇年代、モーガンの学生だったカルヴァン・ブリッジス（Calving Bridges）によるショウジョウバエでの性染色体の研究が、Y染色体の運命を決定した。ブリッジスは、XOの雄とXXYの女性の存在を報告した。[32] これらの異常は、ショウジョウバエでは性別はYではなくて、Xの割合に依拠していることを示していた。この発見は、ヒトにも当てはめられ、性決定においてY染色体には役割がないことの確かな証拠とされた。クルーは、一九二七年の性決定の遺伝学についての権威的論文において「配偶子を形成するX染色体の対であるY染色体は、性決定には関与しない」と結論した。[33]

Y染色体が性決定因子ではないことには全員が合意したにも関わらず、二〇世紀初頭には、雄性にとって何か重要なものなのではないかという推測が継続して存在した。ウィリアム・キャッスルは、最初にYを男性特有の性質の座とした。一九〇九年、キャッスルは、「もしも、性によって異なる性質が、

『X染色体の因子』にその細胞遺伝学的な基礎を持つならば、ウィルソンが示したように、男性には有るが、女性にはない多くの形態学的な性質の細胞遺伝学的基礎は何かということが、興味深い問いとなる」と述べた。キャッスルは、男性は、二番目のXを持たないという意味では「欠陥種、あるいは後退した変異体」であるのに対して、Y染色体上に「純粋に男性の性質」を獲得し得ているという意味では「進歩的だ」と述べた。Y染色体のおかげで、「男性は、女性には表れないばかりか存在すらしない、特定の性質を持っているのだ」と、彼は論じた。

具体的には、キャッスルは、Y染色体は、進化のはじまりは男性だったという、長く続く考えのメカニズムを提供するとした。「私は、Y-因子にある、男性のみに存在する性質の伝達にふさわしいメカニズムを示す」。と彼は書いた。Yは「生殖細胞の中で、拠点となる新しい構造のための場を構成しているのだろう。(…)そして、女性にはない、男性特有の構造を生み出すのだろう」(しかし、YはXと対を成すため、キャッスルは止むを得ず、男性に発生する「優れた」または冒険的な性質は、いずれは「女性にも共有される」と譲歩せざるを得ないと感じたようだ(34))。

ウィルソンはキャッスルの主張を「魅力的だ」としたが、まだ証拠がないと指摘した。彼は、雄がY染色体を持っていなくても、雄性の二次性徴を全て示す種もあることに言及した。さらに、男性におけるY関連の遺伝は何も報告されていなかった。ウィルソンは、Yと性との関係が解明されないことが、性の染色体的理論の欠陥となることを懸念し、「Y-因子は未解明のままだ。そしてこれが十分に理解されるまでは、我々の［性発生に関する］細胞遺伝学的知見は完成しない(35)」と記した。

モーガンは、男性を雌性決定因子であるX染色体が欠如している結果とみなす考え方を不快に感じた。曰く、この考え方は「Yにある要素を無視しており、そのために、男性をそれが存在すれば胚を女性にする何かが欠けている結果とする。男性を欠けた女性とみなすことを正当化するものは何もないと、私は考える。男性の生理学的および生物学的性質は、このような男性の理解と大きく矛盾する」[36]。一九二六年、モーガンは再び、雄性へのYの役割の原因に触れた。Yは「性発生においてはX染色体よりも重要ではないが」、それを「無視したり『空っぽ』であるかのよう扱ったりすべきではない」と、モーガンは書いている。モーガン曰く、「Y染色体を持たない雄のショウジョウバエは生殖できない」[37]のだ。

キャッスルとモーガンの働きにもかかわらず、二〇世紀のはじめの半世紀において、性染色体および典型的な男性と女性の性質の生物学的な原因をめぐる議論のほとんどがX染色体に注目していた。一九二〇年代には、研究者たちは、遺伝学的な男性性を、女性化する「余剰の」X染色体が抑制されている、または欠けている結果として説明した。遺伝学的な男性性は、二番目のX染色体が欠けている結果である。あるいは、ショウジョウバエの場合のように、常染色体が、雌性化傾向をもたらすXの圧力を克服して、完全に機能する雄を生成する。

コロンビア大学の内分泌学者で有名なアンチ・フェミニストのルイス・バーマン（Louis Berman）は、一九二一年、この性染色体の図式の意味を次のように解説した。

> 二二本〔原文ママ〕の染色体を持つ個体は常に女性に、二一本は男性に発生するということが明らかになった。したがって、女性性はX染色体の作用に依拠した肯定的な性質であり、男性性とは、余剰の奇妙な染色体が欠落していることによる、女性性の欠如である。[38]

女らしさについての一般的な喩えを鮮やかに逆転させて、バーマンは、女性性を肯定的な性質とすることで、男性性を否定的なもの、「欠如」したものとして示唆しているようだ。しかし、男性性を「女性性の欠如」、女性性を「余剰の、奇妙な染色体」に標されるものとするバーマンの定義をどう理解するかは、人によって全く異なる。一九二二年、「シカゴ・デイリー・トリビューン」紙に掲載された「男の子か女の子か、注文を受けるコウノトリ、間近（Stork to Take Orders for Boy or Girl Soon）」と題された記事は、この理由付けを捉えている。記事で、著名な大衆的科学者、ジュリアン・ハクスレー（Julian Haxley）は次のように述べる。「昆虫およびいくつかの動物の雌は、雄よりも一つ多く染色体を持っている。もしも、想定されている通り、この染色体が性を運んでいるのであれば、もう一つの染色体を削除することも可能だろう[39]」。ここでは明らかに、雌性の標識である「余剰」のXを削除して、均衡を雌性から雄性へと傾かせる遺伝子技術が想定されている。

同じ文脈で、「余剰のX」を持たないことによって男性の得る特有の優位性が着目された。研究者たちは、対を成さない単一のXが、男性に進化における優位性を与えたと主張した。男性は、色盲や血友病の場合のように、単一のXのために、X上にある遺伝子によって損傷を受ける可能性もあるが、単一のXを持つことで全体的に優位な遺伝子の恩恵も受け得る。単一のXによって男性の持つリスクは、一方では豊かな恩恵の可能性でもある。第二のXは、女性を守る一方で、優れた可能性を鈍らせている。おそらくX染色体が、男性の天才さの源だったのだ。男性の知的優位性についての「男性の高変異性（greater male variability）」理論の源として、科学者たちはXにこだわった。

チャールズ・ダーウィン（Charles Darwin）は、一八七〇年代から一九三〇年代にかけて、男性と女性の認知の差異についての研究枠組みとなった、「男性の高変異性」概念の最も著名な初期の支持者だった。

『人間の進化（*The Descent of Man*）』〔訳注：正式な著作名は『人間の進化と性淘汰』だが、ここでは著者にならって、このように記す〕の中で、彼は男性が進化の最初の動力であり、変異を重ねることで、種の分岐と新しい適応形質を導いたと主張した。彼は、男性は女性よりも「変異性が高い」と述べ、「同じ源から分岐した種から、まず変化したのは男性だった」と記した。ダーウィンは、男性の高変異性を、「男性は女性より勇気があり、好戦的、活気的で、発明の天才がより多い」というような、「男性性に特有の性質」と関連付けた。[40]十九世紀終わりには性科学者のハヴロック・エリス（Havelock Ellis）と心理学者のG・スタンレー・ホール（G. Stanley Hall）が、男性は女性よりも平均的により賢く、それは男性が明らかに変異し易いからだと論じ影響を及ぼした。[41]彼らは、その証拠として、当時「白痴」のための場所として知られた施設の収容者と、逆に天才と社会的に地位の高い人々の中に男性が多いという長期観察を引用した。

Xを男性の変異性と女性の保守性に関連付けた最初の遺伝学者は、一八九九年にXと性の関連を最初に明らかにしたマクラングだった。[42]一九一八年、マクラングはX染色体について「これで男性の高変異性を説明できる」と書いた。彼はこう続ける。

> 男性では、対をなさないか、不活性の物質と対になっている性［X］染色体が、その他の染色体に自由に反応し、それらの構成を変化させ、また逆にその反応の影響を受ける可能性がある。伝達の性質のために、それらはその後女性系にも伝達されるはずだが、反応は当然異なっている。これら二つの条件の対照的な違いは明らかであり、解釈が強く求められる。[43]

二〇世紀半ば、知的障害者には男性の数が多いという観察と、男性に特有のX連鎖性の知的疾患についての多くの報告に導かれて、科学者たちはマクラングの提案を受け入れた。彼らは、男性における精神疾患の多さと知的優位性を持って、Xが男性の知的能力における「高変異性」のメカニズムであると主張しはじめた――そして、マガモの雌の、雄の美しい羽とは対照的なぼんやりとした茶色の羽のように、二本のXは、ヒトの女性の知的能力を抑制する鈍さの源であると主張した[44]。男性の高変異性論は、今日でもいくつかの領域では影響力を持っているが、大体においては信用を失っている。男性と女性の知的能力に重要な差異は示されていない。また、男性はIQの値の最下限にいることが多いが、同じ頻度で最上限にいるわけではない[45]。

「余剰なX」の結果としてXの対を持つ女性がより優れていて、優位あるいは特別だという反対の考え方も、もちろん主流ではなかったが、無視されるべきではない。これは女性の代弁者による説だった。「女性が本質的には未発達の男性だという古い考えは、男性よりも女性を作る方が、より多くの決定因子――通常は一本多い染色体やより大きい性染色体――を必要とする、という事実によってついに反証されたようだ」と、フェミニスト心理学者のヘレン・トンプソン・ウーリー（Helen Thompson Woolley）は主張した[46]。ベルマンさえも、生物学者はもはや女性が劣っている原因を染色体に見出すことはできないと述べた。「いまのところは、フェミニストに勝ちを許そう。彼女らは、それぞれの細胞に染色体を敵よりも二本多く持って[原文ママ]いるのだから。明らかに、女性の自然な劣等性についてはここでは何も言えない[47]」。

『女性の自然な優位性（*The Natural Superiority of Women*）』（一九五三）の中で、著名な文化人類学者のアシュレー・モンタグ（Ashley Montagu）は、女性のX染色体の優位性を参照しながら女性の優位性を主張しはじめた。モンタグは、女性の余剰なXは「性別間のあらゆる差異と女性の男性に対する生物学的優位性の基礎にある」と論じた。[48]「XはYにはならない」と題した章の中で、モンタグは「二本のよく整えられたX染色体が、女性に生物学的な優位性を与える」と主張した。男性は、「X染色体の欠陥」のために、血友病や色盲、その他に言われているあらゆる脆弱さの餌食となり、女性は、余剰のXのために「男性よりも体質的に強い[49]」。

ヒト染色体科学のはじまり

第二次世界大戦後、ヒト遺伝学研究は戦後の米国における教育、研究、医学への巨額の投資のはじまりによって急速に発展した。米国人類遺伝学会（The American Society of Human Genetics）は、一九四八年に設立され、その学会誌、『米国人類遺伝学会誌（*American Journal of Human Genetics*）』が一九四九年に創刊された。リンディーが『遺伝医学における真実の時（*Moment of Truth in Genetic Medicine*）』で述べているように、分野の設立者たちは、自分たちを過去の優生学と区別することを目指した。彼らはヒト遺伝学のための広い新しい考えを発展させた。そのうちの一つが、「技術的にコントロールされる遺伝学的現象」として概念化されたものだ。[51] 遺伝学は、ヒトの生物学的性質と――希少な遺伝性の疾患や先天性の疾患だけでなく、がんや感染症、そして老化のような基本的なプロセスも含む――、全てのヒトの疾患の診断と治療について根本的な洞察を加えると、彼らは主張した。

一九五〇年代から一九六〇年代にかけて、ＤＮＡの構造と生化学についての画期的な発見が次々に登場し、現代の生物医学の背骨としての遺伝学の登場を整備した。ジェームス・ワトソン（James Watson）とフランシス・クリック（Francis Crick）は、ＤＮＡの構造を一九五三年に予測した。一九六六年には、マーシャル・ニーレンバーグ（Marshall Nirenberg）とハインリッヒ・マティ（Heinrich Matthaei）が遺伝子コードを解き、DNAの三つ組みの塩基が蛋白を構成するDNAのアミノ酸に正確に対応していることを示した。しかし、この時期にヒトの遺伝についての最初の考察を導いたのは、DNAの分子学的分析ではなく、染色体の構造、動態、機能の研究だった。二〇世紀初頭と同じく、先頭に立ったのは性染色体だった。

細胞遺伝学者たちは、戦後、原子力委員会（Atomic Energy Commission）から潤沢な資金を得た。彼らの任務は放射性降下物が健康と環境に及ぼす長期の影響を分析することだった。[52] 彼らは、人口における染色体の変異についての大規模な調査を行い、数々の重要且つ金字塔的な発見を成した。リンディーが書くように、「ヒト細胞遺伝学は一九五〇年代後半の物理学者にとってはつまらない下位分野だった。しかし一九六四年には、臨床医たちが染色体を用いた仕事をしたいと思うほどに魅力的になっていた」。[53] 細胞遺伝学者の数ある勝利の中でも驚くべきは、一九五六年に、ヒトがそれまで言われてきたように四八本ではなくて四六本の染色体を持っているということを明らかにしたことだった。[54] さらに、二一番染色体がダウン症の原因であるという驚くべき発見があり、遺伝学者たちは間もなく多くの重篤な先天性疾患の原因である染色体を同定するのだという期待に拍車をかけた。これらのドラマチックな発見は、ヒト染色体の数を示す核型図と共に広く伝えられた。

性染色体は、染色体の核型図とヒトの表現型の間に存在するように見える、新しい明確な関係を示す最も華々しい象徴の一つとなった。一九五〇年代から一九六〇年代にかけてヒト細胞遺伝学の研究が高まる中、性染色体は刺激的発見の流れを席巻した。性染色体研究における戦後最初の画期的発見は、女性の細胞にのみ存在する凝縮体の発見だった。一九四九年に発見された、X染色体二本で作られる物質、バー小体は、どのようなヒトの細胞も核で性を区別することを可能にした。[55] ミュレー・バー（Muray Barr）は、「核が明確な性の印を持っている」という発見を「核の性二形態性原理」として説明した。[56] 全ての細胞が性を持っている、という考え方は、ヒトの性研究の条件を変え、性の差異を分子遺伝学の時代へと導いた。バー小体を検査することで、さらに詳細な染色体解析や視覚化技術が登場する前から、性染色体の異数性（数の異常）、たとえばターナー症候群（XO）やクラインフェルター症候群（XXY）、あるいは見つかることは稀なXXXやXXXY、XXYYの発見を可能にした。これらの発見はさらに目覚ましい発展を導き、一九五九年、XではなくてYが男性の性別決定にとって重要な因子のあることが発見された。これは、性決定因子はXでありYは遺伝学的に不活性である、という長い間合意されてきたことを覆すものだった。[57]

◇

一九六〇年代には、ヒトの性染色体にあるエラーとその他の染色体異常は、新しい遺伝学にとって有力な象徴となった。二〇世紀半ばの遺伝学の歴史家であるソラヤ・デ・シャダレヴィアン（Soraya de Chadaverian）は、ヒトの染色体解析の表象図（representational schema）は、二重螺旋がその座を奪うまで、一九五〇年代から一九六〇年代の近代遺伝学にとっての公的象徴（パブリック・アイコン）だったと論じている。四四本の常染色体と二本の染色体で成る、このヒトの染色体の核型図は、しばしば、「男性」と「女性」の図を並べて別々に提示された（図4・3参照）。この印象的な視覚的二進法を通して、性染色体異数性の見世物的な目新しさ、新しい遺伝学時代の魅力、XとYは生物学的な女性性と男性性の分子的支柱であるという考え方が、公衆と科学の意識として固められていった。[58]

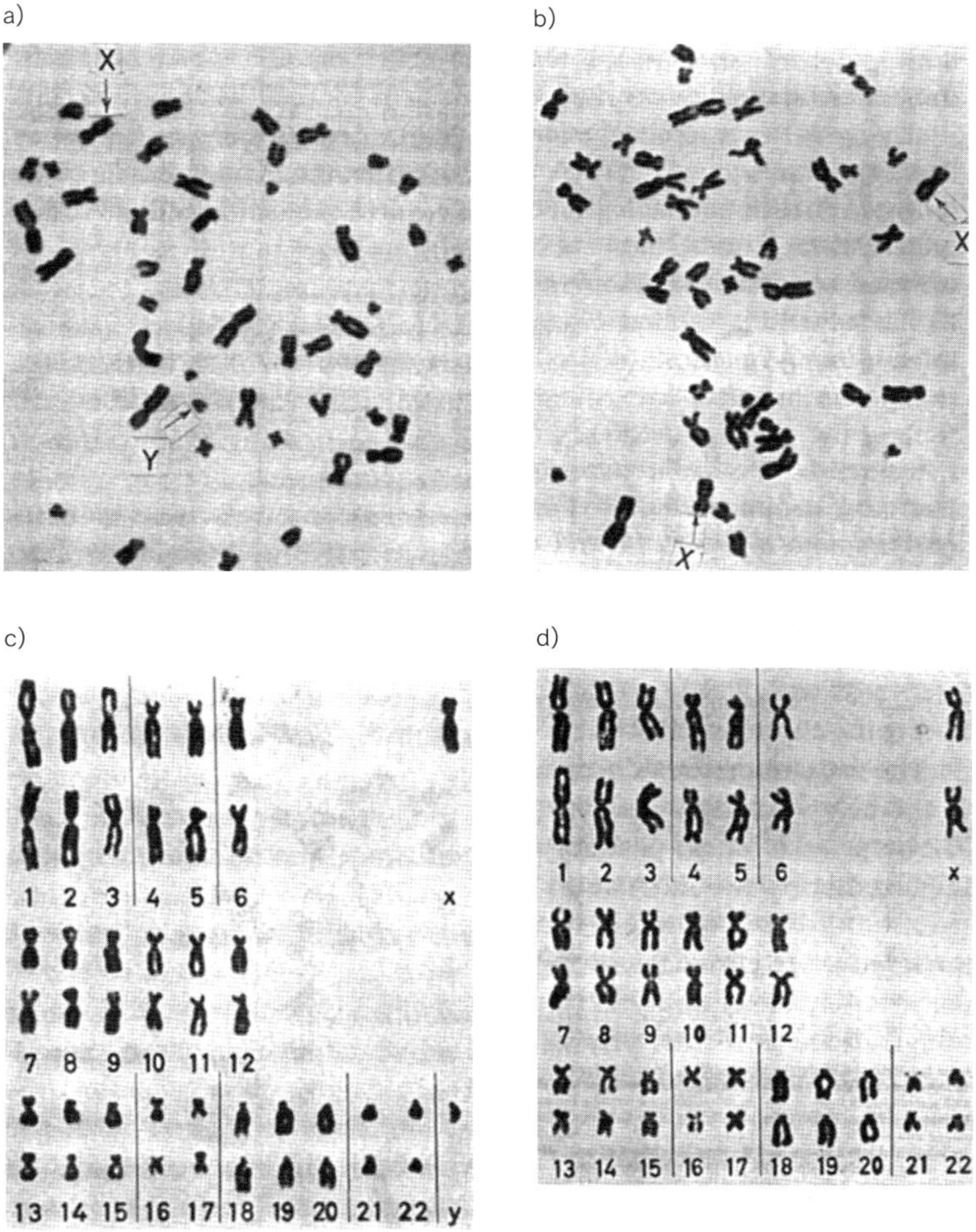

図 4.3. 1960 年代の近代遺伝学の象徴、ヒトの核型。
J. H. Tjio and T. T. Puck, “The Somatic Chromosome of Man,” *Proceedings of the National Academy of Sciences of the United States of America* 44, no. 12(1958): 1229-37 からの再掲。

興味深いことに、一九六〇年のヒト染色体の命名法に関するデンバー委員会は、「性染色体」という用語を廃して、全ての染色体に、大きさと構造的性質のみによって番号を振ることを簡単に検討している。この異なる図式では、Xは染色体六番から十二番までに配され、Yは二一番と二二番に配される。しかし最後には、委員会は、古い分類を維持すると発表した。常染色体は大きさで並べられる。XとYは「性染色体」のままとされ、右側の白い隙間に別に表記される。今日でも、デンバーの「ヒト有糸分裂期染色体の命名に関する標準体系（Standard system on Nomenclature of Human Mitotic Chromosomes)」は、哺乳類の染色体核型図の視覚的および名称的表象のひな型だ。

次に見るように、第二次世界大戦後、遺伝学が権威的科学へと成長するにしたがって、性染色体は男性と女性の性質についての推測の着火点となった。「性染色体」概念によって暗示されていた二元的な性の図式についての初期の理論的な議論は脇へ追いやられ、XとYは「女性」と「男性」の染色体として固定されていった。XとYが、モーガンをはじめとする科学者がかつてそう呼んだように、「異形染色体」や「修飾染色体」、あるいは「奇妙な染色体」のままであったならば、物語はどのように違っていただろうか？

第五章　男らしさの染色体

二〇〇三年、オックスフォード大学の遺伝学者ブライアン・サイクス（Bryan Sykes）は、その有名な著作『アダムの呪い（*Adam's Curse*）』の中で、自分のY染色体をはじめて見た時のことを次のように表している。

これがわたしのY染色体だ。わたしを男性に成長させ、はるか昔から父系祖先づたいに変わることのないトークンを運んできた染色体。これと対面するために、わたしはここまでやってきた。第二次大戦中に英国空軍で戦った父のなかにも、その一世代前、ソンムの塹壕で戦い、負傷した祖父のなかにも、このY染色体は存在していた。（…）スライドグラスの上に散らばるほかの染色体は、両親双方の祖先から受けつがれてきた。そこにはさまざまな不協和音が乱れ飛び、男女入り乱れた騒々しい声のために、個々の声がかき消されている。そんななかで、Y染色体だけが、ひとり孤独な声を発している。(1)

この著作の中で、サイクスは、Y染色体を遺伝的兄弟関係の中で全ての男に共有された男らしさの本質として描き、Yを家族、血、そして血統についてのノスタルジックな父系の物語の中に押し込んだ。[2] サイクスは、Yの目で歴史を語り直し、チンギスハーンの評判の悪い暴力的な性格と伝説的な酒池肉林を「みずからのY染色体の野心」に動かされたものとして描く。[3] サイクスによれば、人間の進化を通してYは、男性を、性的欲求、暴力性、レイプ、そして富と権力への追求へと駆り立ててきた。[4]

Yを男性として、また男らしさの分子的要素として概念化したものは、今日の性染色体についての大衆的な科学的読み物の至るところにみられる。二〇〇二年、『Yの真実——危うい男たちの進化論（*Y: the Descent of Men*）』の中で、遺伝学者のスティーブ・ジョーンズ（Steve Jones）は、Y染色体を「男らしさを運ぶ船」と呼び、「Y染色体は、男の性質を表すミクロのメタファーだと言っていい」と主張した。[5] ジョーンズは次のように続ける。「経験もたしかに大事だが、男の子たちの頭の中は狡猾なY染色体からの直接的・間接的メッセージに影響されている。男の子の脳は、体と同じく、ごく初期からYの支配を多少ともうけているのだ[6]」。同じように、二〇〇一年にヒトゲノム解読に成功したバイオテクノロジーの起業家、クレイグ・ベンター（Craig Venter）は、二〇〇七年に著した自叙伝『ヒトゲノムを解読した男（*A Life Decoded*）』の中で、次のように記した。「父親に裏切られたことは銃を向けられたことよりもショックで、心の傷が完全に癒えることはなかった。すべてはY染色体のせいだ」。私たちはまた、彼の性的体験についても知らされる。「キムの両親の留守中に、彼女の家で十六歳の誕生パーティーを開いたとき、わたしのYは本領を発揮した[7]」。

ここでは、私はこれらのY染色体、男性性、そして男らしさの間の関係性の源を探り、それらが二〇世紀のヒト染色体研究に及ぼした影響を考察する。Yは「性」を伴う染色体の絶対的な事例と想像されるかもしれない。一九五九年以来、Y染色体なしには――あるいは少なくとも精巣決定に必要な遺伝子を持っていなければ――発生段階の胎児は男性にはならないということが知られている。そしてYを持っているのは男性だけだ。[8] しかし、Yを生物学的な男性性や男らしさの本質と見なす行き過ぎた概念化は、これらの事実によって成されたわけではない。こうした概念化には歴史があり文脈がある。これらは二〇世紀半ばの分子生物学、行動遺伝学、そして社会生物学の特定のダイナミクスの中で発展し確立していった。

一九六〇年代から一九七〇年代にかけて存在した、余剰なYを持つ男性はより大きく長身でより暴力的――より男らしい――だとする、XYYの「超雄」理論は、Yを男の染色体とする考え方の構築における最初のエピソードとなる。今日、科学者たちはXYYを、遺伝学の歴史における恥ずかしいエピソードと見なしている。研究は、実証的にも理論的にも誤りとして悪名高い。ここでは、一九六〇年代から一九七〇年代のジェンダーについての思想的な概念に依拠した、Yを男らしさに特化した要素とする作動モデルが、いかにしてXYY超雄症候群という欠陥のある仮説の発展において中心的で重要な役割を果たしたかを示す。XYY研究を発展させたY染色体のモデルは、分子学の時代に持ち込まれ、今日も、Y染色体についての大衆的な科学的概念に影響している。

二倍の男らしさ

男性性の遺伝子マーカーで精巣決定遺伝子を保因するヒトのY染色体についての研究は、一九五〇年代にはじまった。一九〇五年にまず昆虫で観察されたYの、ヒトにおける機能については、ヒトのY染色体と男性の性分化因子がはじめての性質として関連づけられた一九五九年まで論争があった。[9]一九五九年と一九六〇年、XXY、XXXY、XXXXYの遺伝子型から男性の正常な表現型（不妊ではあっても）に至る多くの臨床報告がなされ、それまで信じられていたXではなくて、Yが男性性のマーカーであることが確実に示された[10]（図5・1）。

男性の性分化と関連しているにもかかわらず、Xの二〇分の一の大きさの変わった染色体であるYには、一九六〇年代にはあまり関心が寄せられなかった。細胞遺伝学者には、あまりに弱々しく小さいと思われたのだ。ほとんどの遺伝学者は、これを遺伝学的には不活性で、男性の性分化遺伝子以外にはほとんど何も持っていないと考えていた。一九六五年に、厳重に警備された精神病院で、一九七人の患者から普段の検診の際に採取された血液中により、余剰なYを持つ男性が予想外に多く――三・五%――発見されるまでは。[11]

ヒトの染色体が二三対であることが明らかとなって間もない一九五九年、クラインフェルター（XXY）の遺伝子型を同定したことで知られるエジンバラの細胞遺伝学者、パトリシア・ジェイコブス（Patricia Jacobs）が研究を行った。一九六五年、『ネイチャー』誌に掲載された論文で研究の成果を報告したジェイコブスは、「余剰なY染色体が、異常に攻撃的な行動を引き起こさせる」とし、したがって「攻撃的性質を持つ集団においてXYYの男性の頻度が高くなるものと思われる」との仮説を立てた。[12]ジェイコブスが、警備下の施設にXYYが多く現れる原因を、Yに関連した攻撃性が二倍となることに帰したことが、その後十五年間のヒトのY染色体研究の枠組みを作った。

二〇〇六年のインタビューの中で、ジェイコブスはYと攻撃性の関係性についての彼女の仮説を導いた論拠の道筋を振り返っている。一九六〇年、余剰のXを持つ、つまりXXYを持つ施設収容者につい

ヒトの性の表現型と性染色体の成り立ち

性染色体：男性の表現型	性染色体：女性の表現型
XY	XO
XYY	XX
XXY	XXX
XXYY	XXXX
XXXY	XXXXX
XXXYY	XO/XX
XXXXY	XO/XXX
XX/XXY	XO/XX/XXX
XY/XXY	XX/XXX
XY/XXXY	XO/XYY
XO/XY/XXY	XXX/XXXX
—/XXY/XX	XX/XXX/XXXX
XXXY/XXXXY	
XXXX/XXXXY	
XXXY/XXXXY/XXXXXY	

図 5.1. Y染色体が男性の性決定因子を保因していることを示す性染色体の異数性。
K. R. Dronamraju, "The Function of the Y-Chromosome in Man, Animals, and Plants," *Advances in Genteics* 13 (1965): 227-310 から、Elsevier の許可を得た上で再掲。

てのスウェーデンの研究を読んだ時に、彼女は、非常に珍しい遺伝子型XXYの数が明らかに過剰であることに気がついた。ジェイコブスは、「XXYの数は驚くべきものでした。そして私は、〔同僚に〕『XXYの数が多すぎる』と言ったのですが、彼は『偶然だよ』と言ったのです。私は、そうは思わない、と思いました」と振り返っている。(13)

XYYの男性の登場は、Y染色体についての最初の真剣な細胞遺伝学的研究の端緒となった。一九六〇年代から一九七〇年代にかけて、いわゆる超雄についての研究が、米国、英国、デンマークで盛んに行われた。いわゆるXYY症候群は、生物学、遺伝学、そして細胞遺伝学のほとんどの権威的学術誌において主流の研究対象だった。一九七〇年、米国国立精神衛生研究所（National Institute of

Mental Health）は、八〇ページの『ＸＹＹ染色体異常に関するレポート（Report on the XYY Chromosome Abnormality）』を発表し、ＸＹＹの男性についての強い危機感を示し、ＸＹＹが真に医学的な疾患で、犯罪的反社会的病質の重大な要因であるとの印象を強めた。[14] ＸＹＹと攻撃性の関連性が熱心に追求された。PubMed の研究データベースによると、一九七〇年までに、二〇〇件近くのＸＹＹと攻撃性に関する研究が学術誌に登場した。一九六〇年代から一九七〇年代にかけて発表された、ヒトのＹ染色体についての全ての科学研究の八二パーセントをＸＹＹの研究が占めていた。これは、一九六〇年から一九八五年までの四半世紀の間に行われたＹ染色体研究の二八パーセントにあたる。[15]

　ＸＹＹ研究は、Ｙ染色体を、テストステロンと同様に男らしさの分子的な象徴として文化的な表象の場へと押し出した。多くの記事やテレビにおけるＸＹＹの犯罪者のイメージでは、身長の高さや筋肉の多さ、そして性的指向が強調された。一九七〇年代の高校や学部の生物と精神医学の教科書には、ＸＹＹの超攻撃的男性という考え方が、しばしば、一九七〇年代の連続殺人犯リチャード・スペック（Richard Speck）のイメージと共に（実際にはスペックはＸＹＹではなかったにもかかわらず）含まれるようになった。大衆文化は、Ｙと男らしい行動の関係性を強調した。一九八五年に発表されたＸＹＹのエピソードに関する研究は、未だに重要な歴史学的二次文献となっている、英国の科学論研究者ジェレミー・グリーン（Jeremy Green）は、「一九七〇年代初頭には、主役が染色体の異常に突き動かされている暴力的な犯罪者、というスリラー映画が少なくとも二本と、（犯罪を犯す内的衝動と常に戦っている）ＸＹＹのヒーローを描くシリーズ物の犯罪小説、そして小説からシリーズドラマ化された『ＸＹＹの男』が存在した」[16]（図５・２）と記録している。

　作家や評論家たちは、「Ｙ染色体」という言葉を男性の提喩として用いはじめた。オックスフォード英語辞典（*Oxford English Dictionary*）は、Y染色体を非科学的な英語の文章に用いた最初の例として、ピーター・ケイブ（Peter Cave）による一九七四年の『汚い絵葉書（*Dirtiest Picture Postcard*）』から次の一節を引用している。「あなたは、ジェーメイン・グレア（Germaine Greer）に、不完全なY染色体、それに詰まらない家事と子育てについて長々と退屈な講釈を垂れるために私を引き止めたんだね」。一九八二年、エドガー・ベルマン（Edgar Berman）は、『完璧な信奉者（*The Compleat Chauvinist*）』の中で、「常に生殖している小ネズミから偉大なメイラー〔訳注：作家ノーマン・メイラー（Norman Mailer）。性暴力を題材とした作品と、二人目の妻への殺人未遂でフェミニストからの批判を受けた。六度の結婚で、九人の子どもをもうけた。〕に至るまで、男性のY染色体のDNAが、我々の姉妹たちを導くように我々をプログラムしたのだ」と書いた[17]。

ジェイコブスによる最初の結合を覆すには、多くの資源といくつもの研究グループによる十年以上にも渡る作業を必要とした。一九七六年と一九七七年に報告された大きな疫学研究を通して、研究者たちは、XYYを持つ人の九七パーセントが一度も犯罪を犯さず、矯正施設におけるXYYの出現頻度の高さは、あるとすれば若干低い知能のためであり、彼らの犯罪行為は、XYを持つ収容者と比べて攻撃性や暴力性が低く、XYYと関連する信頼性のある表現型は背の高さだけだということを証明した[18]。このXYYの男性についての分析結

図 5.2. XYY の本の表紙。
Kenneth Royce, *The XYY Man* (New York: McKay, 1970) から再掲。

果は、XYYにおける行動の違いは、染色体の不均衡が一般的な発達に影響を及ぼしたことによるのものので、攻撃性や暴力性に特化したY染色体の遺伝子が二倍あることによるものではないということを示した。XYYは、一九八〇年にはほとんど完全に科学的文献から姿を消した。

XYY研究にあった偏見

今日、XYY症候群は疑わしい科学と乏しい遺伝学的根拠の例となっている。解説者の大多数が、一九六〇年代と一九七〇年代のXYY研究には偏見と歪曲、論拠のずれがあったことに同意している。これらの研究において、当時も多くが指摘した方法論的な誤りには以下が含まれる。

1. サンプルサイズの小ささ

XYYを持つ人は大変少ない（男性千人に一人）。小さな施設での人口動態研究では、一つの擬陽性が施設内でのXYYの割合を大きく変動させる。

2. サンプルの偏り

研究者たちは、XYYを「高監視化の」施設の収容者でのみ調査し、非収容者の男性では調査しなかった。これは、当然、すでに「犯罪者」あるいは「攻撃的」と思われる対象のみを含んだ偏ったサンプルであった。

3. 二重盲検法の欠落

一九六五年のジェイコブスによる研究も含む、ほとんどの初期の研究は、二重盲検法を用いず、X

ＹＹのみを抽出して行われた。これによって、「希望的」擬陽性がデータに紛れ込む可能性が生じた。

4. 表現型の定義の貧しさ

「攻撃性」を、対象にみられる特定の行動によってではなく、彼らが収容されているという事実によって定義するのは精密さを欠いている。

5. 環境要因の無視

ＸＹＹの研究者たちは、いかなる行動遺伝学的な主張にとっても、その正確さを精査するためには必要不可欠なデータである、研究対象の家族や社会階層、医学的な背景の情報を取り損なった。

6. 妥当なメカニズムの欠落——実証的確認がなされなかったこと

研究者たちは、余剰なＹがいかにして犯罪的な攻撃性という行動上の表現型に帰結する要素となるのかについて、分子学的あるいは進化論的なメカニズムを一切提示しなかった。また、この因果関係を示すためのヒトあるいはモデル生物を使った実験を提示せず、また行おうともしなかった。

ＸＹＹ理論はまた、問題のある生物学的な前提に依拠しており、矛盾した証拠を無視していた。特に二つの問題が目立っている。一つ目に、ＸＹＹ仮説は、染色体の過剰が表現型にどのように影響するかを理解するための慣習的な枠組みを無視した。グリーンが記したように、研究者たちは、Ｙ染色体が「一般的には余剰の染色体に関連させられる阻害的な働きをするのではなく、暴力や攻撃性に特に影響するだろう」と考えていた[20]。この、二倍摂取モデルによると、余剰のＹ染色体は、ダウン症（二一番染色体のトリソミー）の場合のように、複雑で広範な発達への影響をもたらすのではなくて、男性の「攻撃性」の遺伝子と思われるものの影響を二倍にするのだという。二つ目に、ＸＹＹの研究者たちは、Ｙと攻撃性の間には関係性が存在するという考えとは矛盾する非常に問題のある証拠を無視した。監視施設において、余剰のX、あるいはXXYの男性の割合はXYYと同様に高いにも関わらず、研究者たちは攻撃性をXとではなくY染色体と関連付けた。

　これら全ての理由のために、今日、研究者はしばしば、XYY研究をヒト行動遺伝学における乏しい論拠を示す古典的な事例として挙げる。にもかかわらず、科学者たちはXYY研究にほぼ二〇年に渡って労力と資源を割いた。XYY論争の中心的人物でさえ、振り返って何を誤ったのか説明することができずにいる。国立精神衛生研究所の若年犯罪ユニットの長で、XYYについてのいくつかの重要な論文の共著者であるサリーム・シャー（Saleem Shah）は、XYY研究の失敗を振り返り次のように述べた。「これらの研究を行う動機がなんであったのか知るのは困難です。それがなんだったのかわからないので、何が真の事実かを明らかにするのを私は諦めてしまいました。おそらく、それは何を『真実』と見なすかによるのでしょう」[21]。XYY惨禍の後、XYY研究の批判者だった遺伝学者のジョナサン・キング（Jonathan King）は同様に戸惑っていた。「この分野の研究の歴史全体がなぜこんなにも偏見と歪曲に満ちて〔原文ママ〕いたのか、というのは興味深い問いだ。これらの研究に対する正当な批判は一番はじめからあった。多くが出版されたが、いくつかの理由のためにあまり読まれなかった」[22]。

　科学者の一般的な認識では、XYY研究は行動遺伝学の歴史の中で広報の扱いを誤った、「恥ずかしい」出来事であるとされている[23]。XYYのエピソードから何十年も経ち、多くの科学者たちは、XYY超雄説を、遺伝学者によって素早くその正体を暴かれ捨てられたにも関わらず、メディアによって生きながらえたメディアの熱狂主義を示す事例として理解し、自身の責任を否定している[24]。たとえば、ジェームス・ワトソン（James Watson）の重要な教科書、『組み換えDNA（*Recombinant DNA*）』では、XYYを、メディアの歪曲と誇張のために誤ったスティグマをXYYの人に与えた、研究が正確に理解されないことに警告を発する事例として提示されている。[25]

一九八五年の研究で、科学論とコミュニケーションを専門とするグリーンは、メディアに掲載されたXYY研究を分析している。グリーンは、XYY仮説を流行らせたのは大衆向けの解説を提供した著名な科学者であり、ジャーナリストたちの方では、科学者たちがXYYと攻撃性の関連を安易に解釈することを疑い抑制することを大いに望んでいたということを示した。[26] 科学者たちは、たしかに新聞のインタビューを、「彼らのより創造的な、しかし実証性の低い解釈や洞察を披露する機会として」利用した。[27] グリーンの結論によれば、メディアは超攻撃的XYYの男性という「神話」を創ったのではなく、XYYの男性にあるこのイメージに対して科学者の提供したセンセーショナルな裏書きを正しく伝えたのだ。

グリーンは、基礎の脆弱さにも関わらずXYY仮説に科学者が熱狂した理由を、二つの歴史的な要素に帰している。彼はまず、「一九六〇年代と一九七〇年代の犯罪［と］社会的な介入に基づくプログラムの明らかな失敗への関心の高まり」が、ヒトの攻撃性についての研究を触発し、研究者たちの大袈裟な主張を助長したと指摘する。[28] 残念ながら、一九六〇年代と一九七〇年代の犯罪の波とXYY研究の関連性を示す証拠は弱い。XYYの研究者たちが遺伝学研究によって犯罪の問題を解決できると想像したということは十分にあり得るが、そのような希望は広く一般に存在するものだっただろう。XYYの研究者たちにとって、犯罪は真剣な学術的関心の対象でもなければ、実証可能な応用的実践でもなかった。犯罪については何ら専門性を持ち合わせていない細胞遺伝学者たちが研究に取り組んだのだ。彼らが、刑務所に収監されている男性を研究対象に用いたのは、偶然とアクセスのし易さのためで、犯罪行動に関心があったからではない。犯罪学者ではなく生物学者が、XYY研究において主要な役を演じた。そして、犯罪行動についての生物学的理論は、当時の犯罪学の分野の流れに全く逆らうものだった。対象的に、当時の米国の遺伝学者たちの間では、個人および集団の行動の多様性は遺伝学で説明できるという考え方が、専門の分野として発展しつつあるところだった。行動遺伝学の最初の教科書は一九六〇年に登場した。[29] この分野は、アーサー・ジェンセン（Arthur Jensen）が一九六九年に発表し不評を買った、人種間のIQの差は遺伝子と遺伝によると主張する論文によって、大衆的にも科学的にも広い関心を得ることになった。[30] 一九七〇年、行動遺伝学会（Behavior Genetics Association）が設立され、分野にとって最初の学術誌が創刊された。この分野において、攻撃性は特に関心の集まるトピックだった。一九六〇年代と一九七〇年代、心理学者はヒトの攻撃性を、器質性のおそらく遺伝学的な基礎を持つ、脳の異常として概念化しはじめていた。[31] このすぐ後に見るように、内的で遺伝的なヒトの行動学的性質に対するこの新しい焦点は、動物行動学や自然人類学、社会生物学を含む、その他の分野にも波及した。

犯罪学のような応用分野へこれらの発展が波及するのは後のことだ。[32] 一九六〇年代に主流だった犯罪学は、精神衛生や若年性、そして社会階層という、性役割の文化的影響のために男性と女性では異なる影響力を持つと考えられる要素と犯罪を関連付けていた。[33] 犯罪管理の専門家集団では、XYY仮説が好意的に耳を傾けられることは少なかった。リチャード・レウォンティン（Richard Lewontin）やジョナサン・ベックウィズ（Jonathan Beckwith）のように、遺伝学者たちの幾人かはXYY研究を批判したが、行動学研究に求められるニュアンスや方法に対してより敏感な心理学や内分泌学あるいは犯罪学において攻撃性を研究する研究者たちは、XYYへの最も初期の最も声高な批判を展開した。[34]

グリーンの指摘する二つ目の要素は、細胞遺伝学の全盛期の一九六〇年代における、染色体と疾患の関連性をめぐる熾烈な競争である。新しい技術によって余分な染色体二一番の存在とダウン症の明確な関連を含む、染色体の異常とヒトの表現型を関連づける一連の目覚しい発見がなされるようになったすぐ後の時代に、ＸＹＹは細胞遺伝学の先端に位置していた。一九八〇年代の遺伝子発見競争のように、一九五〇年代後半から一九六〇年代初頭にかけて、研究者たちは、多くのヒトの多様性と重篤な疾患と先天異常の原因を解く鍵として、新しい染色体異常を同定しようと競い合った[35]。グリーンは、研究者たちがこの狂乱に流されて、未熟なままに過剰な自信を持って、ＸＹＹ遺伝型を劇的な行動学的効果と結びつけてしまったのだと指摘する。しかし、ＸＹＹ研究は性急で差し迫った科学的状況だったにもかかわらず、この時期、他の非性染色体異常では同じ様に悪質な偏見や手に負えない仮説の例はみられない。ということは、余分な「性」染色体という考え方にある特別な何かが、研究者たちに道を踏み外させたのだ。ＸＹＹ研究を特徴付ける方法論的誤りと偏りを特定するために、この仮説の発展におけるもう一つの中心的要素を見ておく必要がある。一九六〇年代と一九七〇年代のジェンダーについての一般的な考え方と生物学的な考え方である。

一九六〇年代と一九七〇年代における性差の生物学的理論

次に私は、性差に関する支配的な生物学的理論が、一九六〇年代および一九七〇年代にＸＹＹ理論が受容され理解される背景となった説明的枠組みを形作っていたことを論じる。ＸＹＹ研究は、心理学者や犯罪学者よってではなく、主に男女の行動の違いについての遺伝学的基礎の具体的な証拠としてＸＹＹ研究を扱った、分子学寄りの生物学者と、誕生したばかりの行動遺伝学の研究者たちの間で始まった。特にＸＹＹ超雄仮説は、一九六〇年代と一九七〇年代に、男性の攻撃性、ヒトの性質、そして性とジェンダーについての生物学的な主張の連関的な枠組みの中で生まれ、受け入れられた。
二〇世紀半ば、自然人類学者は、「男は狩猟」「女は収穫」というジェンダー役割を中心に据えた、ヒトの文化的進化の理論を発展させた。男性は、まず、攻撃的で競争的で身体的で行動的な狩猟者として適応するという考え方は、生物学の多くの分野でヒトの性差の理論のための足掛かりとなった。「男は狩猟者」は、レウォンティンやローズ（Steven Rose）、そしてカミン（Leon Kamin）がヒトの性質に対するこのような見方を批判した有名な著作『私たちの遺伝子にはない（*Not in Our Genes*）』で皮肉ったように、「今日では男性は社長で女性は秘書」なのに「なぜ時々原始人のように行動するのか」[36]に対する説明として理解されるようになった。レウォンティンたちが記すように、こうした主張は、一九六〇年代と一九七〇年代のジェンダー役割をめぐる広く社会的な対立する論争に参入する上で、イデオロギー的に有効だった。女性解放運動が伝統的なジェンダー規範に挑戦していた丁度その時、新しい科学が登場し、「性別は、二つの性の生殖における生物学的に異なる役割の結果として、自然選択によって適応的に現れ、両者にとって最大の利益となるように進化した。不平等は避けられなかっただけではなく、機能的でもあるのだ」と示したのだと、レウォンティン等は記している。[37]
デズモンド・モリス（Desmond Morris）の『裸の猿（*The Naked Ape*）』（一九六七）や、ライオネル・タイガー（Lionel Tiger）の『帝王的動物（*The Imperial Animal*）』（一九七一）、デイヴィッド・バラシュの『内なる囁き（*The Whispering Within*）』（一九七九）のような、ヒトの性差の進化についての理論を表した著作が、一九六〇年代、一九七〇年代には広く読まれた。[38] 新しい社会生物学の分野の基礎を形成したであろうこれらの文献は、現代の男性を、暴力と征服のための進化に研磨された動物、あるいは現代社会の作法と規則に閉じ込められ縛られた野獣として描いた。男性は生来女性よりも攻撃的だという主張は、ほぼ間違いなく生物学的な性役割についての社会生物学的な理論の中心的な前提だった。[39] 社会生物学者たちは、なぜ男性が数学や抽象的思考においてより優れていて、リーダー的役割により適していて、レイプをしがちで、ポルノに惹かれ、一夫一婦制に適さないのかを説明するために、男性のより高い攻撃性に言及した。男性の本質的な攻撃性は、資本主義や帝国主義、そして戦争といった人間の文化や社会の特徴を説明するとさえ言われた。

この性差の進化史についての一般的な理解の枠組みの中で、XYYの男性は時宜を得た確証的事例として現れた。この連想的な枠組みの中で、XYYは、ある一定のレベルの男性——普通のXYの男性の中の——の攻撃性は普通であり自然である、ということの強力な証拠の一つとなった。著名なアメリカの遺伝学者であり、一九六〇年代の権威的な遺伝学の教科書の著者でもあるカート・スターン（Curt Stern）は、一九六八年に「ニューヨーク・タイムズ」紙の記事でXYYについて論じ、「女性は、Y染色体がないために優しく、男性はY染色体が一つあるためにやや攻撃的である」[40]と述べた。マウント・サイナイ医科大学の遺伝医学部長、カート・ハーシュホーン（Kurt Hirschhorn）は、XYY研究を、当時登場しはじめていた男らしさと攻撃性の社会生物学的な概念に明確につなげている。

Yに攻撃性と高身長の遺伝子が存在していたらどうだろうか？それらは原始人の生存には価値があったかもしれないし、それらによって進化的な選択が行われたのかもしれない。けれど、文明化したヒトは攻撃的な遺伝子に反して繁殖してきた……平均的な男性はYを一つしか持たない。今日、Yを二倍量持つ男性がいると分かっているが、それを彼らがうまく扱うには多すぎるかもしれないということは理解できる。[41]

この論法は、実際の研究でも見られる。XYY研究の一つは以下のように論じる。「XYY遺伝子型は男性性と暴力の間の関係性を目立たせてきたように思われる。もしも一つのY染色体が攻撃性を生むのであれば、そのようなY染色体を二倍量持つことは、過大な攻撃性を導くと想定することができる」[42]。性差の社会生物学モデルと同じく、ここでY染色体は、自然の偶然の出来事によってYの量が増えると現れる、かつては適応的だった隔世遺伝的な形質をコードしているものとして描かれている。生物学的決定論者と社会生物学の伝統的なジェンダーイデオロギー的世界観の中で、多くが、Y染色体と攻撃性の間の関連性を、正常な男性の攻撃性の自然らしさの証拠として、そして現代のジェンダー役割が先天的な生物学的性差に基づいていることの証拠として受け取った。

XYY研究にある偏りを説明する

一九六〇年代と一九七〇年代に登場しつつあった性の社会生物学的モデルの影響を理解することは、XYY仮説を繋ぎ合わせた明示されない前提や推論の意味を理解する助けになる。Yに関連した攻撃性の仮説を進めるために、研究者たちは、標準的な説明枠組みと、明らかにそれに反するデータを無視しなければならなかった。これは、Y染色体を男性の典型的な行動に特化したものとするモデルと、性差に関する主流の現代的理論が手を組むことで可能になった。XX染色体を持つ人に比べて、XYを持つ人は暴力的な犯罪者の中に多く見られる。そこで、研究者たちは、XYYを持つ人はさらに多くみられるだろうと論じた。ジェイコブスは、「ですから私は、これはかなりおかしいのでは思ったんです。きっとY染色体が彼らの行動に影響しているんだと。さもありなん、じゃないですか？ 立ち止まって考えてみれば、受刑者の九八パーセントくらいは男性です。ですから、Yが行動に全然影響していないとは言えないのです」[43]と振り返っている。フリードリッヒ・ヴォーゲル（Friedrich Vogel）とアルノ・モタルスキー（Arno Motulsky）は後に、彼らの一九七九年の遺伝学の教科書の中で、論理の連鎖を次のように要約している。「普通の男性は普通の女性よりもより攻撃的だ。そして、普通の男性はY染色体を一本持っていて、女性は持っていない。したがって、もしも誰かがY染色体を二本持っていたなら、彼は普通の男性の二倍攻撃的なはずだ」[44]。ここで重要な点は、ジェイコブスの仮説がXYYに特化したものではなく、むしろ、Y染色体が典型的な男性の形質、中でも特に攻撃性の遺伝子を持っているはずだというものだったということである。ジェイコブスだけでなく当時のほとんどの遺伝学者たちは、Y染色体は明らかな男らしさの基盤だ、ということを疑問視しなかった。

XYY「超雄性」理論は、余分な染色体についての慣習的な考え方に真っ向から反対した。ハーバード大学における主要なXYY研究の代表だった遺伝学者のパーク・ジェラルド（Park Gerald）は、記者会見の場で、XYYを「超雄性症候群」と呼んだ。そして、「ニューヨーク・タイムズ」紙は、遺伝学者のカート・スターンを引用し、「二倍のYの攻撃性」としてXYYに言及した[45]。しかし、当時普及していた仮説では、染色体異常は、ダウン症候群（二一番染色体のトリソミー）のように、特定の遺伝物質が二倍になるからではなく、染色体の不均衡によって表現型の異常を生じさせるのだとされていた。余分な染色体は、遺伝子産物に不均衡をもたらすのであって、ただ単に二倍にするのではない。一九七九年に米国人類遺伝学会の会長になるエルドン・サットン（Elton Sutton）は、彼の一九六五年の教科書『ヒト遺伝学入門（*An Introduction to Human Genetics*）』の中で染色体異数性について説明しながら、この普及していた考え方をうまくまとめている。「特定の染色体上の遺伝子は、それらの最初の働きではまったく関連性がないので、トリソミーは、多くの明らかに関連性のない機能を阻害する」[46]。遺伝子は複雑で制御的な関連性の中で共同で働く。余分な染色体は非常に限定的な特徴的な影響を及ぼし得るが、それらの影響は、単にその遺伝子の通常の影響よりも「より多い」というようなものにはならない。むしろ余分な染色体は、一般に、遺伝子の経路におけるいくつものタイミングのズレや阻害による確率的な発達への影響をもたらす。これが、染色体異数性の表現型についての合意された見方だった。にもかかわらず、生物学のコミュニティーにおけるXYYと犯罪の関連性についての先端の理解では、XYYは単に男性の攻撃性を二倍にするのだとされた。

ジェンダーの概念は、研究者たちがXYY理論を形成する際の概念的枠組みを形作る上で重要な役割を果たし、なぜ研究者たちがXYYの場合における超過染色体の動態を「二倍量モデル」で説明しようとしたのかを理解する助けになる。Yを男らしさのシンボルとしたこととと、XYYの二倍量モデルとヒトの男性を「内に野獣を持っている」と見なす初期の主流の社会生物学的理論が合流したことで、研究者たちは、XYYのケースにおいてより妥当な染色体の不均衡モデルではなくて、あり得ない二倍量モデルを主張するようになった。

一九七〇年代半ばには、余分なXを持つ男性（XXYまたはクラインフェルターの男性）も監視施設には多くいるということが、多くの研究者の目にも明らかになってきていた。男性における二倍のX染色体補完物も、XYY補完物と同じく犯罪性の前兆であるように見えた。研究者たちは、この悩ましい事実をどう扱ってよいかまったく分からなかった。XXYの問題を最も早く取り上げた、ジャルヴィック等(Jarvik et al.)の一九七三年の論文には、「精神病院にいる患者は、一般の人口の男性よりも余分な性染色体を持つ傾向にあるようだ。しかしこの傾向は非特異的で、余分なX染色体の割合は余分なY染色体の割合と同じくらい高い」[47]。とある。一九七五年、ジェイコブスは「精神病院や刑務所における染色体異常を持つ男性の多さは、XYYにのみ限らず、XXYの男性にも適用される」と認めた[48]。一九七六年、ウィトキン等（Witkin et al.）は、余剰のXまたはYは犯罪に関して類似した行動表現型を導くという大胆な指摘をした。「XYYとXXYの類似は、余分なY染色体の結果はその染色体の異常に特化したものではなく、余分なX染色体によってももたらされ得ることを示している」[49]。

刑務所におけるXXYとXYYの人に、関わった犯罪の種類や収監施設における割合といった意味での詳細な違いは見つけられなかった。しかし、二重のX染色体と攻撃性の関係性を調査する研究計画は一切開始されなかった。Yと攻撃性の間の特定の関係についての理論を存続させるには、XXYと犯罪の関係性は無視するか、排除されなければならなかった。男らしさをY染色体に位置付けるジェンダー化された図式は、Xと女らしさを関連づける図式と共に、XXYがXYY理論に提起した問題を棄却する状況を作った[50]。Yと攻撃性を関連づける論法を維持するために、研究者たちは、刑務所におけるXXYの存在を、XYYとは異なる行動によるものだろうと提案した。XXYでは、女らしすぎる行動――受け身で、感情的で、あまり知的でない――が、一方XYYでは、男らしすぎること――攻撃性と衝動性――が、それぞれ彼らを刑務所にたどり着かせたのだと。

一九七〇年代、研究者たちは、刑務所においてXXYとXYYが同等に存在することを説明するために、Y染色体を微妙な些事に結びつけて理解するためのジェンダー化した図式を提示した。たとえば、エジンバラ大学の先導的な集団細胞遺伝学者、マイケル・コート・ブラウン（Michael Court Brown）は、クラインフェルターの犯罪性を低い知能に帰して、XXYは、「窃盗から子どもの盗み」の範囲の所有物に係る犯罪に特化していると主張した[51]。彼は、一方で、XYYの犯罪性は、「攻撃性」「不安定な行動パターン」によるものであり、「あまりに暴力的で攻撃的であるため、彼らは最大限の監視環境下に置かれる必要がある」と主張した[52]。一九七〇年代に最も広く用いられたヒト遺伝学の教科書の著者である遺伝学者、エドワード・ノヴィツキ（Edward Novitski）は、XXYは「仕事を達成しない、あるいはできない、というXYYとは異なるパターン」[53]を見せると主張して、ジレンマを解決した。対照的に、XYYは「衝動的で大げさな行動を、長期の結果を考えることなしに行うことに伴う問題行動」[54]を示すと、彼は記す。ジェンダーの二元性を再生産しながら、ここではXXYの犯罪は、女らしい無能力と受動性の帰結であり、一方のXYYの犯罪性は、男らしい多動的性格の帰結とされている。同様の文脈で、サットンは、一九八〇年版の彼の教科書の中で、XXYの問題を「知的能力の減退と感情的不安定さのリスクが若干高い」ためとし、それに対してXYYは「破壊的な」反社会性を示すと特徴付けた。曰く、「この表現は、未来の結果をほとんど認識しない衝動性の高まりの一つだ」[55]。この場合、XXYは感情的すぎるとして女性化され、XYYは冷たく感情を持たないものとして男性化されている。

Yの男性との同一化は、同様のXの女性との同一化と共に、男性の攻撃性についての歪曲された遺伝学的モデルに貢献し、一九六〇年代と一九七〇年代のXYYの研究者たちに、性染色体異常と行動上の表現型との関係性についての異なるモデルを無視させた。「ジェンダー信仰」は、Y染色体と男らしさ及び攻撃性を頑なに同一化しようとしたことと、二〇世紀半ばのXYY研究者が、X染色体を複数持つ人の似たような犯罪歴を見たり、取り上げたり、説明したりすることができなかったことを理解する助けになる。

XYY研究の終わり

一九八二年、パトリシア・ジェイコブスは、米国人類遺伝学会での講演の中で、「制限酵素多型、転移遺伝因子、イントロンとエクソンの時代」に斜陽となったXYY研究（と細胞遺伝学全体）の「時代の終わり」を振り返った[56]。XYY研究が没落したのち、ジェイコブスは栄誉あるエジンバラの細胞遺伝学の研究室を去って、ハワイの「解剖学部の角にある空っぽの研究室」に移り、ヒトのY染色体以外に関心を向けるようになった[57]。

中でも一九七六年に、アメリカの心理学者、ハーマン・A・ウィトキン（Herman A. Witkin）が同僚と共に『サイエンス』誌に発表した論文は、XYY仮説を追いやった[58]。研究は、デンマークの徴兵登録者の中の、身長が一八四センチメートル以上（XYYとXXYの男性が一般群よりも多くなると予測される群）のコペンハーゲン生まれの男性四五五五八人全員を対象としていた。研究者たちは、対象者の家を訪問し、染色体解析のために頬側塗抹と血液を採取した。対象者が家にいない時は、「最も多い時には十四回再訪問し[59]」徹底した調査を行った。XYYと主張される犯罪性の関連性を調べたところ、調査ではXYYとXYの人とでは攻撃的犯罪の割合に全く違いが見つからなかった。XYYの人は一般群と比べてIQの平均が若干低く、若干背が高く、これが彼らに犯罪歴のある割合が高い理由だろうと著者たちは推察した。最後に研究は、XYYとXXYの男性では犯罪歴のある割合が同じだったことを示した。著者たちが結論したように、「これらの性染色体補完物のいずれかを余分に持つ男性が特に攻撃的だとする証拠はなかった。彼らは特に社会の攻撃的犯罪に関わる問題に寄与していないようであるから、彼らを特定することでこの問題を解決することはできない[60]」。

しかし、超雄症候群にも真実があるのではないかとの考えは、この理論がほとんどの遺伝学者に信用されなくなった後にも少しは残った。その後、幾人かの細胞遺伝学者たちは、XYY仮説の研究は、Y染色体と攻撃性の関係性が十分に調査される前に消されてしまったのだと信じていた。この仮説を推進したエジンバラ、ハーバード、ジョンズ・ホプキンズ、そして国立精神衛生研究所の細胞遺伝学界コミュニティーの中には、XYY研究終焉の直接の要因は実証の行き詰まりではなく、社会的な論争であったと考える研究者もいた。

一九七五年、ハーバード大学の教育病院であるボストン女性病院（Boston Women's Hospital）で、新しく生まれた男児のXYYを対象とした遺伝学的スクリーニング検査についての議論が巻き起こった。研究は、男児のXYYの表現型についての最も大きくまた野心的な調査研究のひとつだった。そして、その広い目的は、性差の遺伝子的な基盤を明らかにすることだと説明された。ハーバードで最初のヒト遺伝学研究と教育プログラムの創立者であり、調査研究の代表者だったパーク・ジェラルド（Park Gerald）は、「我々はこの研究を、遺伝子と性別間の行動の違いの重要な関連性を、もしあるならば理解するために開始した」[61]と記した。NIMH〔国立精神衛生研究所〕の若年犯罪センターから助成を受けた調査研究の具体的なゴールは、「XYYの子ども達に対する、攻撃的あるいは性心理的な病理が発達するリスクを、もしあれば、より正確に見積もること」[62]だった。XYYと同定された男児の両親は、彼らの子どもが性染色体異常であり、XYYの男児は今後数年に渡って、両親へのインタビュー、遊びと教室での行動についての心理学的観察、そして身体と心理の測定を通して追跡されると告げられることになる。これは今日に至るまで、XYYの子どもたちを対象とした最も大きく野心的な研究だ。

アメリカの左翼研究者による全国組織で、ハーバードとMITに活発な会員を持つ、市民のための科学（Science for the People（SEP））は、XYY研究のヒトの行動の生物学的決定モデルを問題とし、研究を阻止するべく、大学や法曹界、メディア界に支持を求めた。[63] 反核、反戦運動の絶頂期にあった一九六八年に始まったSFPは、まず、アーサー・ジェンセン（Arthur Jensen）による、遺伝子的違いが米国における白人と黒人の間のIQと教育達成度の差を説明するという主張を批判したことで広く知られるようになった。後に、SFPは、E・O・ウィルソン（E. O. Wilson）が一九七〇年代に再生させたネオ・ダーウィニズム的社会生物学に対する力強い反論を示し、これを、人種差別主義的、性差別主義的、生物学的決定論であると非難した。[64] 一九七五年、SFPはハーバードのXYY研究を取り上げ、深刻な倫理的侵害と方法論的過失があるとして研究を代表する科学者たちを訴えた。申し立てによれば、ハーバードの研究は分娩中の妊婦らに包括的な同意書を渡して対象者を得ていた。研究はコントロール群を含んでいなかった。（XYYでない子ども達は、XYYの対象者と並行して追跡されない。）またXYYと同定された対象に二重盲検を行わなかった。SFPが主張するように、このことが自己成就的予言の筋書きもたらした。子どもが「高リスク」にあると告げられた両親は、子どもに対する行動を変化させる。その結果、XYYの男児達は、攻撃的な表出行動で両親の不安に合わせるかもしれない。両親はこの行動を研究者に伝え、確証のフィードバックループを作り出すだろう。もしこれが生じれば、余剰なY染色体の影響をその他の要素から解きほぐすことは、不可能ではないとしても、難しくなり、研究結果に深刻な打撃を与える。SFPは、ハーバードの研究には研究のリスクを正当化するのに必要な厳密な科学的有益性がないと主張した。これらのリスクには、研究に同意するには幼すぎるXYYの男児を攻撃的な超雄という型にはめて同定することによる、対象者のスティグマ化も含まれていた。SFPのキャンペーンと、それがもたらした世間からの批判は、一九七五年にハーバードの研究を終了させ、XYY理論の科学的信頼性の最後の糸を切断した。そして、将来のXYY研究への制度的な支援を効果的に終わらせた。Y染色体と攻撃性の研究の歴史は、関係者の多くにとってまだ不愉快な事柄だ。ジェイコブスは、XYY研究の終焉を、純粋に学術界の左翼による検閲の事例だと捉えていた。ジェイコブスは一九八二年に次のように述べている。

「XYYは、」ヒトの行動についての合理的な研究に役立つ客観的な道具を提供したはずです。けれど、それは激しく手厳しい論争をもたらし、その結果、少なくとも米国においては、客観的に性染色体異常の人を同定し、余分な染色体が彼らの発達と行動にもたらす効果を理解することを目的とした事実上全ての研究が中断しました。なぜこのようなことが起こったのでしょうか？　そして私たちは、このような出来事がヒト遺伝学を再び傷つけることがないようにすることができるでしょうか？[65]

今日に至るまで、ジェイコブスはY染色体と攻撃性に関係があるはずだと確信し続けている。二〇〇六年のインタビューでは、「彼らは私に、Y染色体は何の関係もないと言うのですよ。とんでもない！」[66]と、述べている。

幾人かの研究者たちは、XYY症候群は証明されていないが、完全に反証もされていないと結論した（そして今日までそう信じている）。現在の方法論的な限界あるいは政治的情勢のために、単に問題を適切に研究することができないだけかもしれないのだ。例外は、一九七八年に発表された、XYYについての最後の科学的な論評の一つだ。著者たちは、XYYが刑務所で過剰にみられることを繰り返し述べ、「XYYの男性の表現型の発達にはかなり多様性があると思われるため、XYY症候群に暗に言及するのは適切ではない」[67]と曖昧に結論した。著者たちは、ＸＹＹと攻撃性との関連性を否定するのではなく、研究することができない問題と名付けることで言葉を濁した。「ヒトの攻撃的行動を分類し、背景集団における異なる攻撃的行動の基準率を決定するための適切なシステムを欠いているため、我々は攻撃的行動の増加がこの遺伝子型と関係しているかについて確実なことを述べることはできない」[68]。この論文は、行動が遺伝子によって制御されているとする荒削りなモデルも、ＸＹＹ理論の土台となる二倍量仮説も非難しない。ＸＹＹ研究が終焉した後でも、Ｙ染色体、攻撃性、そして男らしさの間の関係性についてまだ調べるべきことがあるとする見方は、遺伝学界の間ではめずらしくない、ＸＹＹ研究の結果についての理解だった。

ＸＹＹ事件は、ジェンセンの人種とＩＱについての扇動的な主張と共に、萌芽期の行動遺伝学を脱線させ、遺伝科学の歩みに消えない跡を残した。多くの遺伝学者は、――行動遺伝学の歴史における二つの恥ずかしいエピソードとして、多くの人の心に対として残るであろう――ＸＹＹ「超雄」症候群とジェンセンの人種とＩＱの主張にある乏しい科学性と不愉快な誇張のために、行動遺伝学の新しいプロジェクトに背を向けた。ＸＹＹ超雄仮説は、行動遺伝学の評判をあまりに落とした。この分野がこの影から抜け出るにはまだ数十年かかるだろう。染色体とヒトの行動との関係性は議論から外された。コーネル医学大学の精神医学教授、ロバート・ミッチェルズ（Robert Michels）は、ＸＹＹをめぐる騒動について以下のように述べている。

> これらの事柄の実際の損失として、私は、社会的に関わることを何か研究したいと思っている若い精神科医や医師、医学生に、こうした研究は世界中の多くの人から妨害を受けるので、時間と個人

のキャリアという意味で膨大な犠牲を払うことになる、ということを認識するように伝えたい。豆の代謝や鳩の行動のような類でできないことがないか、調べてみることには意味がある。なぜなら、そうした仕事の方が現代の社会ではより安全だからだ。[69]

確かに一九七〇年代後半までに、研究の潮流は、分子学的にアプローチする遺伝学へと向かいつつあった。Y染色体に関するヒトの行動の研究は、医学研究やモデル生物を用いた生物学で登場しつつある分子学的なアプローチが今では提供するような、検証可能な因果機械論的仮説と確実な実験系を持ち合わせていなかった。ハーバードのXYY研究への主要な批判者の一人であるMITの生物学者、ジョナサン・キング（Jonathan King）のコメントは、この分子学的および機械論的な方向への規範の展開が、XY Y研究の終焉において果たした役割を明確にする。

我々が反対していたのは、非常に幼い子ども達について、異常な社会行動とXYY染色体を関連づけようとすることに対してだった。それが我々の批判だったのだ。もし誰かが私に、余分なYを持つ細胞の有糸分裂紡錘体がどのように形成されるのかに関心があるかと聞くのであれば、あるというだろう。もしも、染色体に損傷を引き起こす女性の卵巣や男性の曲精細管では何が起こるのか関心があるかと聞かれてもいいだろう。もしもXYYの男性の核におけるヒストン生合成の水準を見たいかと聞かれれば、見たいというだろう。しかし、XYYと癇癪の頻度との関係を見たいかと聞かれたら、それはわからない。私は、おそらくそこには妥当な科学的あるいは医学的な基礎が欠けているのではないかと思うだろう。[70]

批判と実証的な行き詰まりを前に、ＸＹＹの研究者たちはキングの導きに従った。彼らは、ヒトの行動と核型を関連づけようとするよりも、Ｙ染色体の「分子学的解析」を実際に繰り返した。そして、次に見るように、Ｙ染色体と攻撃性との関連性が信用を落とした後でも、Ｙを「男らしさの染色体」とするモデルは、検証されることなく前へと進んだ。

ＸＹＹからＹ染色体へ

今日、性染色体遺伝学者たちは、通常、ＸＹＹ研究から距離を置く。たとえば、二〇〇三年に『ネイチャー』誌に掲載された、ヒトのＹ染色体の解析に成功したことを報告する論文の中で、プロジェクト代表のＭＩＴの科学者デイヴィッド・ペイジ（David Page）は、この出来事を、Ｙ染色体にまつわる前科学的なドグマの世紀の敗北と位置付けた。[71] ペイジによれば、分子学的解析以前には、生物学者たちはＹを、精巣の決定以外にはどの過程にも関わらない「遺伝子の不毛の地」と考えていた。そして、ペイジが言うには、一九八〇年代半ばから遺伝学者たちは「ＤＮＡ組み換えとゲノム技術をＹ染色体に持ち込み、ついには遺伝子についての分子学に基づく結論に達することで」、この見方を逆転させた。[72] この結果とは、Ｙを遺伝子が豊富で雄性に特化した染色体とする新しいモデルであるとペイジは主張した。このＹ染色体研究の系譜は、一九六〇年代と一九七〇年代のＹ染色体研究の時代を抹消する。

ＸＹＹ研究は、二〇年に渡って、ヒトのＹ染色体についての最初の仕事を代表する主流の細胞遺伝学的研究として注目を集めた。ＸＹＹは、Ｙの遺伝子とＹの自然史への関心を高め、技術面でもモデル理論の面でも、将来のＹ染色体研究の基盤を整備し、Ｙ染色体を研究する研究者とそのための資金を呼び寄せた。ＸＹＹ研究はまた、Ｙ染色体を雄性の染色体とする実用モデルの形成を助けた。七章と八章で示すように、このモデルは続く数十年の間大きな影響力を保ち続けた。

ＸＹＹ超雄性理論が失墜した後でも、Ｙ染色体の遺伝学を理解するための基準点、および研究を推進させる研究モデルとして、ＸＹＹは一次資料の中に登場する。一九七五年に『ネイチャー』誌に掲載された、マウスのＹ染色体についての論文には、たとえば、「特定の形質の遺伝にＹ染色体が関与していることを示す増えつつある証拠」として、「雄のＸＹＹ核型」に言及している。[73] 一九七六年、同じ雑誌の中で、ジョンズ・ホプキンズの研究者たちは、ある実験系で、Ｙに特化した遺伝子の存在を突き止め検証するために、ＸＹＹの男性から得た細胞を用いたことを報告した。[74] 著者たちは、Ｘ染色体が重複して存在する素材だけなのに対し、Ｙ染色体は男性に特化した配列から作られていると主張した。著者たちは「これらの配列の存在を、Ｙ染色体の特定の質的異常と関連する様々な表現型に関連づけること」は、男性に特異的な機能を明らかにする助けになるだろうと結論した。[75]

ＸＹＹ研究はまた、Ｙ染色体研究のための細胞遺伝学の技術を発展させた。一九七〇年、『ネイチャー』誌の論説では、「ヒトのＹ染色体の一部を特に明るく光らせる」新しい染色実験に刺激された「熱狂的興奮」について記している。編集者たちは、「この技術は、収監者では、成人で考えられるよりも僅かに多く見られる傾向がしばしばある余分なＹを持つＸＹＹの男性を、ヒトの集団から抽出する際にかかる時間を大幅に短縮する」[76] と記した。一九七〇年代後半と一九八〇年代初期において重要だったこれらの新技術は、ＸＹＹ超雄についての集中的な研究を通して発展した。

ＸＹＹ研究は、Ｙ染色体の機能的遺伝子についての実質的で永続的な研究に貢献した。ジョンズ・ホプキンズ大学の生物学者、リード・パイエリッツ（Reed Pyeritz）は一九八〇年の公開討論会でXYY研究について次のように述べている。

最近の分子遺伝学者たちは、ヒト染色体をマッピングすることに多くの労力を注いでいる。（…）Y染色体は独特な染色体だ。Y染色体上に座し、繰り返される幾つかのDNA配列がある。XYY細胞は、このDNA配列がYに特化していることを証明するために、実際にこの研究で使われてきた。別の言い方をすれば、XYYの核型を持っている男性は、このDNAを二倍多く持っている。それらは、臨床的有用性と潜在的な価値を持つ、XYYについての知識の分子学的、生物学的な応用である。[77]

XYY研究は、すぐに役立ち、Yを雄性の染色体とみなす概念的理解に基づくように、Y染色体研究の歴史の中に織り込まれた。

XYYから「正常な」Yの遺伝学的解析へと研究が移行するにしたがって、Yを、不活性ではなく遺伝子が豊富な、そして「雄性」に特化した、単に精巣の有無を決定するだけではない遺伝子とするモデルが、研究の動機を与え続けた。一九八〇年代前半までには、XYYの男性の攻撃性についての研究は、Y染色体の多型の研究とYの構造解析に、そして一九八〇年代半ばまでには、Y染色体上の性分化、生殖能力、その他の雄性に特化した遺伝子の探索へと道を譲った。Yと攻撃性の関連性は、XYY研究仮説の衰退に伴って批判を受けたが、Yを雄性の生物学的な核心とする考え方は残った。

私は、XYY研究と後のY染色体の分子学的およびゲノム学的研究のつながりを記すことで、XYY

研究を特徴付けたのと同じあからさまな方法論的誤りで、今日のY染色体研究に汚名を着せようとしているのではない。ここでの目的は、Yを雄性のための染色体とする前提が、歴史的に特定の科学的研究の課題とジェンダー・ポリティクスを通して、またそれらと関連して、どのように形成されたのかを記録することだ。Yを雄性の染色体とするジェンダー化された前提がXYYのエピソードで果たした役割を無視すれば、今日の研究者は、この出来事から得た戒めを十分に生かすことができない危険を冒すことになる。

◇

Yを「雄性」の染色体とする、広く行き渡った考え方の源は、一九六〇年代から一九七〇年代のXYY超雄理論にある。一九六〇年代以前にも、Y染色体上にいくつかの雄性の形質が存在している可能性については考察されていたが(四章参照)、XYYの出来事は、Y染色体が雄性の遺伝子的な本質の表象だとする確信がヒト遺伝学に最初に入り込んだ時である。この確信は、XYY研究を特徴づける悪名高い方法論的な誤りと偏りにおいて中心的な役割を演じた。Y染色体を「雄性の染色体」とする考え方は、今日も科学的な言説の中に強固に埋め込まれている。これはヒトゲノムの中の分子に書き込まれた単純にジェンダー化された二型という考え方の、変わることのない魅力の証であろう。Y染色体を二本持つ人が、より大きく、より攻撃的で、より性的な男性であるという科学的な描写は、一本のY染色体と雄性との関連性を強固にし、増幅させ続けるだろう。

第六章　Xの性化

「全ての娘は、騒がしい染色体と静かな染色体、父親的な説教と母親的な助言のモザイクの中を歩んでいる。一方全ての息子を導くのは、母親の声だけだ」と、ナタリー・アンジェ（Natalie Angier）は書く。(1)一九九九年の『Ｗｏｍａｎ　女性のからだの不思議（*Woman: An Intimate Geography*）』の中で、アンジェは女性の二本のX染色体を、女性の特権であり、特別な女としての性質の源として称賛している。「不思議なX」は「女性の直感」の源だと彼女は書く。女性は「モザイク状の染色体をもっているので、脳もかなり複雑にできている可能性がある。（…）［ひとりの］女性の心ではまさに母親と父親の声がシンコペーションでリズムをきざむ。それぞれの脳細胞が母親のX染色体か父親のX染色体のうち、たまたま活性化されたほうを通して話し合うからだ(2)」。

二〇〇三年の『X染色体――男と女を決めるもの（*The X in Sex: How the X chromosome Controls Our Lives*）』の中で、デイヴィッド・ベインブリッジ（David Bainbridge）は、「処女でありながら母親でも」あるキリスト教徒が思い描く「聖母マリア」のように、「女は、（…）どこか中間にあるハイブリッドな状態を表すものなのだ」と書いている。これが女性の「気まぐれで予測がつかない性質(3)」を説明するのだと。彼は続けて、女性の二つのXは「女であることに織り込まれた新たな二面性（…）を掘り起こす（…）女は複雑に入り混じった生き物で、男はそうではない（…）」私たちが思っていたよりも「ずっと深い意味で」と書く。[4] 二つのX染色体のモザイクとして、「一人一人の女性は、二つが混ざり合った一つの創造物である」。[5]

女性の生物学、健康、そして健康についての「X染色体モザイク」理論に注目し、この章では、あまり疑問視されることなく長く続いてきたXと雌性との関係性を考察する。「雌性の染色体」についての私の分析の歴史的な範囲は、二〇世紀の転換点でのX染色体の発見から今日までである。今日Xを「雌性の染色体」とする考え方は、二一世紀のゲノム科学における一般的な前提である。

女性の自己免疫についての研究と、ジョンズ・ホプキンズの生物学者、バーバラ・ミジョン（Barbara Migeon）の『女性はモザイク（*Females are MOSAICS*）』（二〇〇七）に示される、Xモザイク理論の実証的、概念的、そして歴史的な側面を考察することを通して、どのようにして女性の健康にとって非常に重要な領域において、Xと女らしさの関係が、極めて不確かな性差の生物学モデルを結合し、支えながら、バイアスの源となってきたのかを示す。

Xはいかにして女性の染色体となったのか

男性と女性は共にX染色体を持っている。女性の性的な発達は、X染色体だけではなく、多くの染色体に運ばれる遺伝子と共同して働くホルモンによって導かれている。確かに、多くのX染色体関連の疾患が男性に特異的に発症することを考えると、X染色体は男性の生物学にとってはほぼ間違いなくより重要だ。このことがよく知られているにもかかわらず、多くの科学的医学的分野の研究者たちは女らしい行動をX（あるいは二重のX）染色体に帰し、女性の遺伝子と形質はX染色体によって媒介されると考えている。

「Xは女性」のルーツは、半世紀に渡ってX染色体がヒトの女性性を決めているとしてきた、初期の性染色体科学にある。歴史的には偶発的な技術的物質的要因が、Xに女性というレッテルを張ることを助けた。初期には、染色体は専ら男性の配偶子——精子——でのみ研究された[6]。各染色体の対の一方しか持たない生殖細胞である精子を観察することで、完璧な二分法が現れた。半分の精子はXを持ち、半分は持っていなかった。このことがXとYを過度に二元的に捉える視座をもたらした。Xを持つ精子は常に女性を生み出し、男性の精子のXは常に女性の親から受け継がれる。配偶子の「性別」と生物の性別を区別することができずに、この不完全な視座は、未熟なままにXを女性性に割り当てるのを助けた。

精子は、卵子や他のヒト組織よりも量が多く、手に入りやすく、研究がし易い。したがって、男性の配偶子が初期の染色体の研究者に好まれたのは至極当然のことである。しかし、精子に注目したことは初期の性染色体研究にバイアスをもたらした。もしも研究者たちが体細胞組織を観察していたら、このようにはっきりとした二分法には至らなかっただろう。男性と女性の両方が、少なくとも一つはX染色体を持っているのだから。

遺伝学研究の最初の半世紀において、ミバエのショウジョウバエを用いた研究が盛んだったことも、Xを雌性決定因子とするのに中心的な役割を演じた。哺乳類と違って（後に科学者たちが知ったように）、ショウジョウバエではXは雌性決定因子である。これは、常染色体に対するX染色体の割合によって性が決定する閾値効果のためで、Xが多いと雌になる。二〇世紀の最初の四半世紀の性染色体の教科書の説明では、性の染色体理論の箇所で、インクで描かれたショウジョウバエの染色体が常に用いられた[7]。ショウジョウバエのXとYのモデルは性染色体のモデルとして非常に浸透していたため、アメリカの遺伝学者トーマス・ハント・モーガンは、XX／XY染色体の構成を単純に「ショウジョウバエ型」と呼び、「これまでに得られた遺伝学的証拠から、次の生物をショウジョウバエ型とする。ショウジョウバエ、ヒト、猫、植物ではセンノウとブリオニア」と記した[8]。ショウジョウバエモデルは、ヒトでも、ハエの場合のように、Xが女性性を決定していることを示唆した。この結果として、一九二四年にテキサス大学の細胞遺伝学者、アメリカ人のT・S・ペインター（T.S. Painter）が、初めてヒトの性染色体を説明した際には、XXを「女性の染色体集合体」、Xを「女性を生み出す染色体」、そして男性はXを一つしか持っていないため「性のヘテロ接合体」と呼んだ[9]。Xが「女性を生み出す」あるいは女性性の傾向があるとする考え方は、二〇世紀に入って随分経つまで、女らしさの生物学的決定の理論を専らX染色体に集中させた。

一九五〇年代後半から一九六〇年代にかけてのヒトの細胞遺伝学研究の革命により、一九五九年には、性を決定しているのはY染色体だということが明らかになり（この考えについては、この後すぐに詳しく述べる）、ヒトの女性性のX染色体のモデルは終焉することになった。Xが女性性を決定しているという考えは、一九五九年の発見によって即座に棄却された。しかし、X染色体の周囲に蓄積された女性の、あるいは女らしい響きは消えなかった。フィオナ・アリス・ミラー（Fiona Alice Miller）が、二一番染色体のトリソミー（ダウン症）に対する「蒙古症」という言葉に関して述べているように、「新しい画期的な技術について信じられてきたことに反して、一九六〇年代後半に出現した染色体解析は、すでにある標準的な解釈や実践を置き換えたりはしなかった[10]」。同じように、XとYで示された分子的なジェンダー二進法の古い慣習と力には抗い難かった。Yは男性の染色体であるように、Xは女性のそれであり続けた。

クラインフェルターとターナー症候群の事例は、女性化するXという考え方が初期のヒト遺伝学において如何に作用していたかを示す。クラインフェルターとターナーは共に、ヒト染色体研究以前から、性腺異形成症としてよく知られた症候群だった。米国の医師らが一九三八年に、ターナーを女性にのみ見られる症候群的表現型として同定した。特徴としては、低身長、不妊、翼状頸があった[11]。マサチューセッツ一般病院（Massachusetts General Hospital）の医師らは、一九四二年に、クラインフェルターについて男性における性腺異形成症であり、不妊と体毛の薄さを引き起こすことになるホルモンの異常をもたらすと説明した[12]。

一九五〇年代のバー小体の検索によって、ターナー症候群の女性には二つ目のX染色体がなく、クラインフェルター症候群の男性は余分なXを持っていることが明らかになった。性染色体の異数性と関連付けられると、これらの疾患は、より強く性化され、ジェンダー化された言葉で再定義された[13]。XOターナー症の女性の不妊は、女性性の発達（および発達一般）の不全としてよりも、男性性の兆候として表現された。科学者たちは、ターナー症候群の女性は、ジェンダー役割への不快感を示し、空間把握能力などの男性的な認知形質を持ち、また非女性的な体形をしているとすら主張した。著名な英国の遺伝学者、ポール・ポラニ（Paul E. Polani）は、XOの女性は「性の反転した男性」であろうと提案した[14]。XXYのクラインフェルター症候群の男性は、筋肉質ではない体軀を持ち女性的な体脂肪の付き方をすると言われており、体毛がなく、そして不妊であることを重要視して、女性的と表現された。XXYのクラインフェルター症候群の男性は、一九六〇年代から一九七〇年代にかけて、女性化された言葉で説明され続けた。（五章で、科学者たちが、XXYとXYYの男性の犯罪的行動について対照的な説明をしていたことを思い出そう。）一九六五年出版の、広く使われている遺伝学の教科書の著者であるエルドン・サットン（Eldon Sutton）は、クラインフェルター症候群の個人を、「生殖器が未発達で、体毛が薄い」「類宦官症」と説明した。[15] 行動的には、クラインフェルターの患者は「受動的攻撃性（passive-aggressive）があり、内向的で、自己満足的で、そして母親依存的であり」、リビドーが弱いと定型化された。[16] クラインフェルター症候群の男性が、言われているように女性のようで、より社会的で言語的かを評価する認知テストが考案された。パトリシア・ジェイコブズ（Patricia Jacobs）とジョン・アンダーソン・ストロング（John Anderson Strong）は、XXYの個人を「顔の毛が乏しく、甲高い声を持ち、見かけが男性」と説明した。[17] 彼らは次のように続けた。「染色質陽性の核を持つ人は、遺伝子的にはX染色体を二つ持つ女性であると考えるに足る、観察的、遺伝学的に強固な基盤がある」。[18] 一九六七年の「ニューヨーク・タイムズ」紙の記事には女性性においてXの果たす役割についてこうした説明の方式が取り上げられた。「もしも女性の染色体が増えれば、女性は確実に女性である」という見出しで、XXYの男性が「いくつかの女性の性質」を持っていると記述した。[19] 後には、ターナー症候群の女性はレズビアンの傾向を示すかどうかや、クラインフェルター症候群の男性にホモセクシャルや女装癖の傾向があるかどうかを明らかにするための研究までなされた。

振り返ってみれば、このようなXを女性化の染色体とみなす前提が、いかにこれらの疾患の理解を歪め、これらの疾患を持つ人をスティグマ化し、研究と臨床を誤った方向へ導いたかがわかる。半陰陽（インターー・セクシュアリティ）の患者たちの何十年もの運動で、XXYやXOといった疾患は「両性具有」ではなく、こうした疾患を持つ人たちのほとんどが、男性あるいは女性として典型的な人生を歩んで生きていることが強調されてきたことが、これらの疾患についての理解を変えることに貢献した。[20] 医科学の発展は、クラインフェルターやターナーの臨床的な管理では性的ではない事柄の方が最も緊急の関心事だということを示し、運動家たちのメッセージを補強した。今日、クラインフェルターとターナーを専門とする臨床家たちは、これらがジェンダーを混同する疾患ではないことを強調する。クラインフェルターの患者は表現型が男性であり、クラインフェルターは女性化する症候群ではない。今日、クラインフェルターは、最も一般的な遺伝子の異常の一つと考えられており、多くの場合は表出することが非常に少ないので、多くの男性がXを余分に持っていることを知らずに人生を全うする。米国国立保健研究所（US National Institute of Health）のロバート・ボック（Robert Bock）は、XXYの子ども達の両親に向けたウェブサイト上の説明で、「こうした理由で、『クラインフェルター症候群』という用語は医学研究者に好まれなくなった。余分の染色体を持つ男性や男児を表す、最もよく用いられるのは『XXYの男性』である」と書いた[21]。同様に、XOの表現型は女性である。XXYよりも深刻な全身の表現型への影響があるターナー症候群は、男性化する疾患では全くない。身体的な変形、心臓疾患、聴覚異常、不妊、自己免疫疾患が、ターナー症候群の女性が生涯に渡って医学的管理を必要とする主な理由だ[22]。

まとめれば、研究者は、一九五九年にYがあるかないかが性を決定するということが発見された後も、二つのXと女性らしさの間の関係性を探索するのをすぐには止めなかった。彼らは、余分なXは女性に何をもたらすのだろうと問い続けた。

女性のXモザイク性

一九六一年、英国の細胞遺伝学者メリー・ライオン（Mary Lyon）が、雌のマウスのX染色体が遺伝子的に「モザイク」であるということを示した。[23] ライオンは、哺乳類の雄と雌におけるX関連の遺伝子の発現を均衡化するために、各々の体細胞でX染色体の一つが、雌の発達の初期において不活化されているとする理論を立てた。X染色体の不活化は、今日ライオニゼーション〔ライオン現象〕として知られ、女性の細胞のほぼ半分が母親由来のXを発現し、半分が父親由来のX染色体を発現するようになる。したがって、女性は二つの細胞集団を持つことになる。女性が機能的に異なる型のX染色体アレルを持つ時には、二二対の常染色体に関しては同一だが、X染色体の遺伝子の発現は多様になる。三毛猫は常に雌だが、その特徴的な毛のパターンは、X染色体に関連する性質である毛の色に現れる雌の「モザイク性」の効果だ。

Xのモザイク性は、ヒトの女性の生物学においていくつかの意味を持つ（図6・1参照）。発生の初期のランダムなXの不活化により、ほとんどの女性で、五〇対五〇の細胞比で父親由来または母親由来のX染色体を発現するようになる。結果的に、どちらか一方のX染色体上に疾患遺伝子を持っている女性は、通常もう一方のX染色体が、どの機能不全を補償するのにも必要な遺伝子産物を十分に生産するため、一般的には疾患を発症しない。このため、Xのモザイク性は女性をX連鎖疾患から守っている。デュシャン型筋ジストロフィーや血友病といった古典的なX連鎖疾患は女性にはめったに起こらず、一般的には男性でのみ発症する。

稀に、Xのモザイク性に偏りが生じ、組織が母親由来または父親由来のX染色体に傾くことがある。細胞組織はクローン的に増殖するので、偏りは組織が発達する細胞の中の偏りの結果としてランダムに生じる。歳をとるに従って遺伝子修復メカニズムが衰えるために、染色体はどこかで磨り減り無くなるので、偏りはより起こり易くなる。通常は、Xモザイクの偏りは表現型に帰結せず、気付かれることがない。しかし、女性がX連鎖疾患アレルを持っている場合、X不活化の極端な偏りによって疾患を生じるアレルを含むX染色体が優勢になると、通常は男性に限られる古典的なX連鎖疾患が女性にも現れることがある。したがって、女性にとって、Xのモザイク性に偏りが生じることにある臨床的意味は、主に、女性をXに対して機能的には一染色体性にするので——男性と同様に——男性に特有のX連鎖疾患に対して脆弱にするということだ。

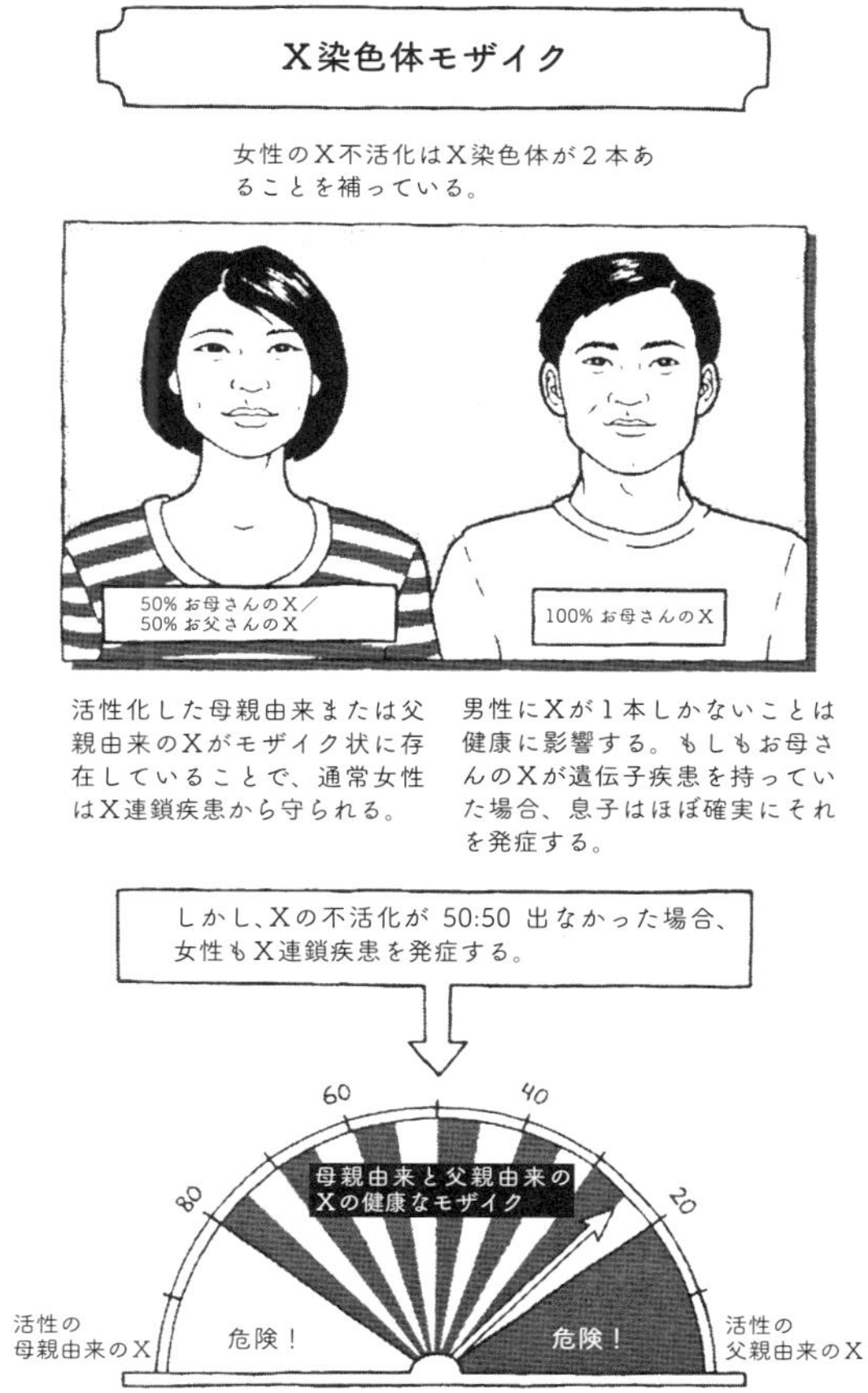

図 6.1. X 染色体のモザイクとその女性の病理への潜在的影響。
作図：Kendal Tull-Esterbrook; ©Sarah S. Richardson.

女らしさと二重のX

女性がX染色体遺伝子に対して細胞性モザイクであるという仮説は、そのはじめから、主流の文化における女性についての軽蔑的な考え方と慈悲深い考え方の両方を確証するものとして、受け止められてきた。モザイクとして女性を描くことは、よりミステリアスで、矛盾しており、複雑で、情動的あるいは移り気であるという女性についての考え方と共鳴する。[24] 後にノーベル賞を受賞した分子生物学者、ジョシュア・レダーバーグ（Joshua Lederberg）は、一九六六年に、「女性のキメラ的性質は、文学の夜明け以来、詩人たちを夢中にさせてきた。最近の医学研究は、この女性性の概念に対して思いも寄らない科学的重みを与えた[25]」。と記した。

一九六三年に新しい発見を伝える『タイム』誌は、「カクテルパーティーの席で、『おかしな狂った女』についての代わり映えしないおしゃべりに飽き飽きしている諸君には、医科学が味方してくれる。(…) 正常な女性でさえ、二種類の細胞の混合物、あるいは研究者が呼ぶところの『遺伝子的モザイク』だとわかった[26]」と論じた。

今日では、Xモザイクを女性の不安定性、矛盾、不思議さ、複雑さ、そして情動性という伝統的なイデオロギー的概念の科学的な確証とみなす考え方が完全に定着している。サイエンス・ライターのニコラス・ウェイド（Nicholas Wade）が二〇〇五年に「ニューヨーク・タイムズ」紙で語っているのを引用すれば、「女性はモザイクだ。彼女たちは二種類の細胞からできているという意味では、キメラとさえ言ってよいかもしれない。一方、男性は完全に一種類の細胞だけでできているので、純粋で単純だ[27]」。

二〇〇五年、ペンシルベニア州立大学新聞は、所属する科学者の一人によるある研究について、「女性は複雑だと思う全ての男性に、彼らが正しいことを示す新しい証拠がある。少なくとも、彼女たちの遺伝子に関しては[28]」と報じた。

こうした概念化は、単に科学ジャーナリストの業界に限ったものではない。これらは、現代の性染色体研究者にも広く共有されている。たとえば、デューク大学の遺伝学者、ハンチントン・ウィラード(Huntington Willard)の次の言葉が引用されている。「一般的に言って、もしも一人の男性に出会ったとしたら、あなたは男性全員に出会ったのだ。こう言うのは嫌いだが、我々男性は予測可能だ。同じことは、女性には言えない」。MITの遺伝学者、デイヴィッド・ペイジ(David Page)は、「女性の染色体はより複雑で、これを男性は予測不可能性とみなす[29]」と言っている。イギリスの性染色体遺伝学者、ロビン・ラヴェル＝バッジ(Robin Lovell-Badge)は、同じく、「[Xの遺伝子の]十%は、時に不活化しており、時に活性化している。これが女性を男性よりもずっと遺伝子的に可変的にするメカニズムだ。私はいつも、彼女たちのことを興味深いと思っていたよ！[30]」と述べた。

もちろん、科学者とサイエンス・ライターによって示された、女性性とモザイク性に含まれる意味との関係には長い歴史がある。おかしな、混乱した、キメラのような、ミステリアスな、矛盾した、変わりやすい、複雑な、一貫しない、頼りにならない、怪物的で、複合的で、落ち着きのない、感情的で、控えめで、嘘つきで、そして不純、といった女性の表象は、西洋の芸術、映画、そして文学に溢れている。フェミニストの理論家で現象学哲学を専門とするエリザベス・グロシュ(Elizabeth Grosz)が書いたように、「制御不可能性の隠喩、どうしようもない運命的な魅惑と強い嫌悪との両義性、夢中になってしまうことへの深く根ざした恐れ、悪い影響及び無秩序と女らしさの関連性、女性の身体的限界の予測不能性は、(…)全て、女性についての文学的および文化的表象における共通のテーマである」[31]。

　ギリシャ神話においては、キメラは不釣り合いなパーツで構成された女性の怪物だ。かつては美しい処女だったメデューサは、ぞっとするような笑い顔で男を石に変えてしまう、嫉妬深い蛇の髪を持つ女だ。殺人や強欲の悪夢に変わる誘惑者としての女性は、西洋の文学や芸術における一般的なテーマだ。第二次世界大戦時の性病予防のポスターには、しなやかな身体と化粧をした顔の裏に国の安全を脅かす残酷な病気を持つ、二つの顔のある美しい若い女性が描かれた。多くのホラー映画やノワール映画〔訳注：映画のジャンルの一つで、一九四〇―五〇年代に多く作られた犯罪サスペンスや探偵物が主なテーマのアメリカ映画。〕の肝は、美しい女らしい女性が、突然グロテスクで、独占欲の強い、動物的あるいは分裂的な存在になることで、観客が衝撃を受け恐れおののくことにある。たとえば、古典的な映画作品、『キャット・ピープル（*Cat People*）』では、美しい女性の主役が、感情的になったり、怒ったり、嫉妬したりすると豹に変身する恐怖に取り憑かれている[32]。

　生物学と医学の内部では特に、これらの比喩が特別な効果を持つ。一九一六年、ハーバード大学の遺伝学者、ウィリアム・キャッスルは、Xが二つある女性について「冗談を言いたい時は、こう言えばい い(…)二面性は女性性の、単純性は男性性の同義語だ[33]!」女性を「モザイク」あるいは「キメラ」とみなし、したがってミステリアスで、矛盾して複雑で移り気とする考え方は、何世紀にも渡って性差をめぐる生物学的理論に織り込まれてきた。女性のキメラ性と可変性についての生物医学的な考え方は、特に、身体的な変化、浸透性、漏出に特徴付けられる妊娠、思春期、そして月経をめぐって生じる[34]。

　心理学と精神医学の歴史の中では、女性は本質的に分裂的で不安定であり、性格が分裂しやすく、ヒステリーの間際にあるとみなされてきた。古典的な女性の疾患であるヒステリーは、さまよえる子宮あるいはリビドーと折り合いが付かない女性に生じる女性性特有の疾患だった。ヒステリー患者の主な性質の一つは病的な虚言癖－二面性だった。十九世紀後半、ヒステリーは、制御不能になった正常な女らしさの事例と考えられた。ヒステリーを、異なる気分と身体状態の間を急激に行き来する存在として、恐ろしい怪物のような、可変的イメージで描くものは特に多かった。[35]

ホルモン科学もまた、女性を予測不可能で危険で感情的で誘惑的なものと見なす考え方で満たされている。ルイス・バーマン（Louis Berman）は、一九二一年の『腺制御的性格（*The Glands Regulating Personality*）』において、女性は「素早い振り子のような変化をしがち」であり「これは女性の人生経験の本質を構成し」、「一方で男性はそうした傾向からは自由であり、それで男性は自由でいられるのだ」と主張した。[36]今日、突然怪物的または暴力的になるホルモンに支配された女性という像は、文化的なステレオタイプとして浸透している。[37]

X染色体が女性の生物学、女性性、そして女らしさの基礎にあるという確信と、Xモザイク性と女性は複雑で矛盾していて気まぐれだという文化的見解の一致は、現代の女性の健康についての生物医学研究に明らかに影響を残している。

Xモザイク性と女性疾患

自己免疫疾患は、男性よりも女性によく見られる。[38]米国の女性の五パーセントもが自己免疫疾患を持っており、それには多発性硬化症、全身性エリテマトーデス、関節リウマチ、およびI型糖尿病といった生命を脅かす疾患が含まれる。現在の医学モデルでは、自己免疫疾患は、免疫システムが自分の身体組織を侵入者と誤認することで、外敵を排除するようにうまく調整されているシステムが、体細胞を慢性的に攻撃する時に生じるとされている。長期にわたって蓄積される損傷は、重篤な疾患を引き起こし、生命を脅かすことすらある。緩和療法はあるが、自己免疫疾患は概して治療不能であり、自己免疫疾患の病因と女性の方にその有病率が高い原因についてはまだよくわかっていない(39)。

自己が自己を攻撃する自己免疫疾患と、母親由来と父親由来のX染色体が発現する細胞から成る女性の体組織のモザイク性の間に類似性を見出し、Xのモザイク性に自己免疫疾患のメカニズムを見出そうとする研究者もいた(図6・2参照)。女性の自己免疫疾患についてのもっとも基礎的なXモザイク仮説は、Xが二つの相反する免疫物質を生産する場合に、単純なX染色体のモザイク性によって、自己免疫疾患に至るというものだ。また、より洗練されたXモザイク仮説の改訂版では、もしもモザイク性に偏りが生じて、胸腺のような免疫に関連する臓器で一方のXが大部分を占めると、免疫システムが他のXを持っている組織と誤認して、自己免疫性の反応に至るとされる(40)。

女性における自己免疫疾患の罹患率については、ホルモン、環境、そして遺伝子に基づく理論が存在する(41)。Xモザイク説は女性の自己免疫性についての遺伝学的説明の先頭に立っている(42)。研究者たちは、これらの仮説を自己免疫研究の刺激的な最先端として推進している。たとえば、二〇〇五年の『臨床内分泌代謝学 (*Journal of Clinical Endocrinology and Metabolism*)』誌の論説は、X染色体についての新しい自己免疫疾患研究に関する議論に注目している。「女性は二つの同様のX染色体を持っているという点でより複雑だ。(…) これらの染色体は、哺乳類の細胞の中で、どちらが優勢となり実際に機能するかを互いに競い合っているようだ」。「X染色体の不活化現象は、女性に自己免疫疾患が多いことがまだ説明されていないことから興味深い(43)」。同様に、二〇〇〇年の『ネイチャー・ジェネティクス (*Nature Genetics*)』の論説は、非常に興奮した様子で「性と遺伝子発現」会議で論じられた女性の自己免疫性の分子遺伝学的原因についての新しい研究を取りあげた。「X不活化の結果として、女性はエピジェネティックに異なる二つの細胞集団から成る。［科学者たちは］これが女性の自己免疫疾患の発症率が高い理由かどうかについて考察した」。この論説は、遺伝学者が、「二つの異なる細胞集団の混合」と自己免疫疾患の発症率が女性で高いことの間の関連性に関わる「ドラマチックな」発見をしたと主張している。論説は、Xモザイク性の研究を、「自己免疫疾患の分子学的基礎について重要な手掛かり」を提供する、新しい研究の流れの一部と位置付けている。[44]

また一般に、Xモザイク性を女性の自己免疫性の基盤とする考え方は、健康関連メディアにおいて権威的な医学的知識として登場する。ウェブサイト、Everydayhealth.com の「女性と自己免疫疾患」についてのイントロでは「X染色体とY染色体を持つ男性とは異なって、二つのX染色体を持つ女性は、遺伝学的に特定の自己免疫疾患を発症しやすい」[45]と助言している。ノースウェスタン大学の女性の健康研究所（Institute for Women's Health Research）で作られた、Xモザイク性についての「科学のミニ知識」は、Xモザイク性を女性の自己免疫性についての科学的に証明された原因として描いている。

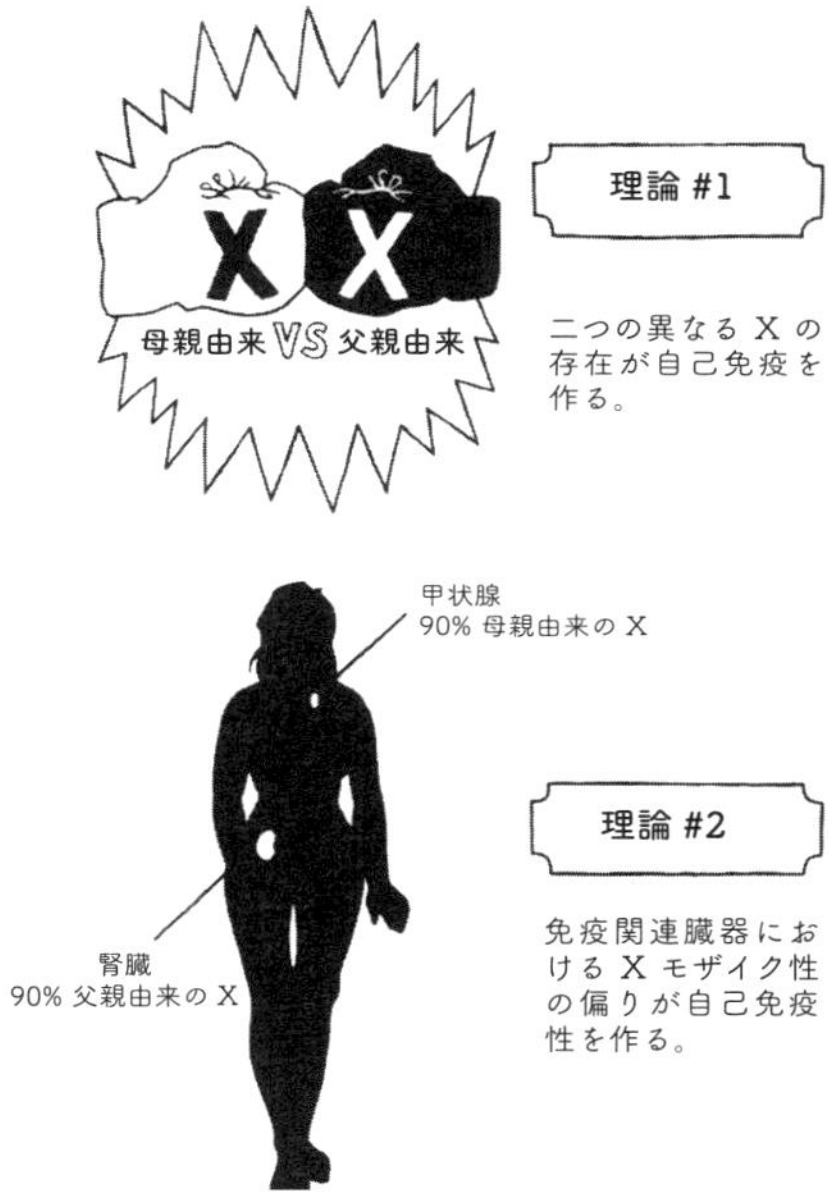

図 6.2. 女性の自己免疫性のモザイク仮説。
作図：Kendal Tull Esterbrook。

心臓細胞のひとつで母親由来のX染色体が不活化し、そのすぐ隣の別の細胞で父親由来のX染色体を不活化する。このようにして、全ての遺伝学的女性が遺伝子的モザイクとなる。(…)ここで、免疫細胞について考えてみよう。それらは、DNAコードの適合しない細胞を捉えて殺すことを唯一の使命とする破壊細胞だ。もし母親由来のX染色体を不活化した免疫細胞が、父親由来のX染色体を不活化した神経細胞に出会うと、その免疫細胞は「侵入者」を破壊するきっかけを得る。こうして、結果的に二つのX染色体を持つことが、遺伝学的女性において自己免疫疾患のリスクを増すことになる。[46]

同様に、二〇〇四年、「ハイブリッドな自己免疫的女性」と題したオーストラリアのテレビ番組は、「女性は遺伝子的にモザイクであり、母親と父親のパッチワークだ」と報じ、父親のX染色体を持つ免疫細胞は「母親のX染色体を持つ細胞を攻撃する――これは言うまでもなく、直ちに、ある種の自己免疫疾患を意味する。これが女性が男性よりも五〇倍も自己免疫疾患に罹り易い理由だ[47]」と説明した。

これらの理論は、科学的な学術論文とその大衆向けの形態の両方で、Xモザイク性と女性の自己免疫性をつなげるために、女性の身体をジェンダー化する見方を利用している。フェミニスト科学論の研究者たちが長い間指摘してきたように、自己免疫の概念は既に漫然とジェンダー化されている。ダナ・ハラウェイ(Donna Haraway)、エミリー・マーチン(Emily Martin)、およびリサ・ウィーゼル(Lisa Weasel)は、免疫性の言説とジェンダー化された比喩やイメージとの間の関係を研究し、「恐怖の自家毒素」(医学研究者のポール・エールリヒ(Paul Ehrlich)が一九五七年に用いた自己免疫性を指す言葉)と伝統的な女らしさの概念との間の類似を解明した。[48] ハラウェイは、免疫学的な概念と比喩は、「現代の西洋文化における象徴的物質的な『差異』を構成する各種の主要システム」としての役割を果たすと論じる。彼女は特に、他者に対する自己防衛としての免疫の概念と、自分に対して分断された自己という考え方から生じる自己免疫性の「恐ろしい意味」に言及している。[49] ハラウェイの研究を足場にして、マーチンは、ジェンダーがいかにして免疫に関する生物医学的な記述の中で自己という概念を曲げるかを記述した。彼女は、大衆的及び科学的な記述では、免疫システムを表象するために、純粋さ、個性、自己、そして防御を強調する男性のイメージが採用されていることを発見した。マーチンは、「これは、境界線が非常に明確に定義された身体だ。中には自己しかおらず、外側には非自己しかいない。もし異物が入って来ようものならば、男性の免疫システムの移動する軍団によってすみやかに殺されてしまう」[50] と書いた。マーチンが記すように、女性の自己免疫疾患への罹り易さは、女性が生物学的に「ハイブリッド」で「混合している」という示唆を導き、女性を二重で、自己に分断され、矛盾した、不安定な、そして統一された自己が欠如しているとみなす女性に対するイデオロギー的見解と合致する。マーチンは、「女性の免疫システムがより敏感だということには、ネガティブな色が付いている。女性の免疫システムはあまりに敏感なので、自己と非自己を混同しがちで、自己を非自己であるかのように過度に攻撃してしまう」[51]。ウィーゼルもまた、自己免疫性を「個性を脅かすもの」とする構成概念は、女らしさについての軽蔑的な考えから生じ、またそれを支えると提言している。ウィーゼルは「自己免疫疾患が発達の貧弱な自己意識から生じるという前提は、女性の心理的発達についてのステレオタイプ的前提を反映している[52]「かもしれない」」と考察している。Xモザイク性の生物学的メカニズムは、分野間で共有される比喩と関連付けを通して、女性の自己免疫性が女性の本質的にキメラ的な性質に根ざしているという既存の考え方を裏付けるように思われる。

女性の自己免疫性のXモザイク性理論についての主要な証拠は、最近測ることができるようになった、自己免疫疾患を持つ女性におけるXモザイク性の偏りに関する研究から来ている。これらの研究で、研究者たちは、正常な女性と比較した、自己免疫疾患を持つ女性の組織の中の母親由来または父親由来のX染色体を持つ細胞の割合を観察する。もしも一方のX染色体の割合が八割または九割の閾値を超えていれば、Xのモザイク性に偏りがあると判断される。[53]

研究者たちは、Xモザイク性の偏りが女性の自己免疫と関係しているという説を実証するために多くの投資をしてきた。それらの取り組みの中で、自己免疫疾患を持つ女性にXモザイク性の偏りがいくらか高いのがはっきり示されたのはたった二つの症例——強皮症と自己免疫性甲状腺疾患でだけだった。[54]このことは、これまでに、全身性エリテマトーデス、多発性硬化症、I型糖尿病、あるいは若年性関節リューマチでは発見されていない。また、女性に優勢な自己免疫疾患と考えられる、単純な甲状腺腫や習慣性流産でもこのことは見つかっていない。[55]原発性胆汁性肝硬変と成人性関節リューマチでは、Xモザイク性の偏りとの関連性を示す証拠は矛盾するか、弱いか、あるいは不明瞭である。[56]したがって、今のところ、全体として自己免疫疾患に女性が多い理由がXモザイク性の偏りにあるとする強い証拠はない。

もしも研究で、ある特定の自己免疫疾患を持つ女性にXの偏りの割合が高いことが示されたとしても、このことが、いずれの場合でも、Xモザイク性の偏りが女性をこれらの疾患に罹り易くするとか、女性が一般的に男性よりも自己免疫の傾向があるとするのに十分な証拠とはならない。ここにはいくつかの問題がある。

・組織サンプリングの限界

ほぼ全てのXモザイク性研究は、血液検体を用い、免疫反応経路あるいは興味を引く臓器システム内の細胞ではなくて末梢リンパ球を観察している。このことは研究の意義を制限する。たとえば、皮膚の疾患である強皮症の女性は末梢リンパ球にモザイク性の偏りを示すが、血液細胞で観察された偏りが、そうした疾患で注目される組織である皮膚の細胞には見られなかった。

・年齢などの交絡因子に対してコントロール群を欠くこと

自己免疫とXの偏りの両方の比率は、女性の年齢とともに上昇する。今日まで、Xモザイク性のパターンの変化についての研究は、年齢と自己免疫性について説得力をもって曖昧さをなくしていない。アモス＝ランドグラフ等（Amos-Landgraf et al.）は、最も信頼できるこの類の研究で、一〇〇五件の非罹患群の女性のパターンを観察し、偏りが全ての女性において比較的一般的であることを発見した。この研究は、二五パーセントの女性全てに少なくとも七〇対三〇のパターンの偏りがあることを報告し、「年齢が進むと、X不活化比率の分布にはさらに大きな変動がある」と結論した。

・メカニズムの欠如

いくつかのこうした研究は、自己免疫疾患の女性の方により頻繁にXモザイク性の偏りがあることを示唆するが、Xの偏りが自己免疫を引き起こすことを示すことはできない。Xの偏りの程度は、自己免疫を予測するバイオマーカーや、治療の反応を示すバイオマーカーとは見られなかったし、動物モデルやヒトでの実験でも自己免疫疾患と関連付けられなかった。

さらに根本的にXモザイク性仮説は、自己免疫における女性の優位性の特徴を、女性の自己免疫の患者数がより多いことを説明する生物学的なメカニズムの主要な候補であることを、仮説的にすら十分には説明しない。女性のXモザイク性は次のことを説明できない。なぜ、自己免疫疾患の重篤性ではなくて発症率が男性と女性で異なるのか、自己免疫疾患の発症率は、年齢とともに性別間でより均等化していくのに、なぜ四〇歳以下で自己免疫疾患と診断された群では女性の数の多さが顕著に目立つのか。なぜ、ある自己免疫疾患は女性に多く、ある自己免疫疾患は男性に多く、そして他は性差がないのか。Xモザイク性は、多くの報告がある自己免疫疾患の性差と関連する重要な環境因子の役割とどのように関係するのか（たとえば化粧品や作業場の化学薬品）、そして最後に、異なる民族、国家間、および世界の先進地域と非発展地域とで、自己免疫疾患の性比に広いばらつきがあるのはなぜか。[58]

これらの問題のいくつかは、科学的文献でも指摘されている。[59] しかし、それらはXモザイク性が女性の自己免疫を媒介するという研究者の確信には全く影響していないようだ。女性の自己免疫疾患についてのXモザイク性理論は通常、様々な研究、臨床、および健康関連メディアの文脈で権威的な医学知識として登場する。Xモザイク性の偏りは、女性の自己免疫疾患の罹患率がより高いことについての先端の遺伝学的理論である。「自己免疫疾患は性染色体を軸に展開する」とカルロ・セルミ（Carlo Selmi）は記す。ゾルタン・スポラリック（Zoltan Spolarics）は、「X染色体のモザイク性は、適応的な細胞システムを象徴」しており、女性に「二つの異なる制御と反応の武器」を与え、自己免疫疾患に罹り易くすると主張している。[60] しかし、XX染色体対が女性を自己免疫疾患に罹り易くするという生物医学の研究者による主張は、明らかに正当性がない。Xモザイク性のパターンと自己免疫性の間の関連性についての研究は、二つの現象の間の因果関係（あるいは一つの曖昧さのない関連性ですら）を立証していない。Xモザイク性は、女性における自己免疫疾患の罹患率の高さについての一般的理論あるいは主要な要因からは遠いように思われる。

ある理論が、実証的証拠を欠いたままであるにも関わらず広く真実とされる時には、社会的および知的文脈が関わっているかもしれない。この場合は、Xが「女性の染色体」であるという確信が、Xモザイク性の理論と慣習的な女らしさについての文化的理解を結びつける直感と合わさって、女性の自己免疫疾患のXモザイクモデルを支持する証拠の数々と、その正当性についての確信に満ちた主張との間の隔たりを埋めるのを助けている。Xを女性とし、混合性〔キメリズム：chimerism〕を女らしさとする考えを提供する、女性の自己免疫性疾患のXモザイク性理論は、生物学的な分析の対象をジェンダー化して認識することが科学的な論理立てに影響することを示す痛い事例だ。

「本質的」な女性の形質？

ゲノム科学の勃興に伴い、Xモザイク理論は、女性の健康と生物学の鍵として新しい関心を持っている。バーバラ・ミジョン（Barbara Migeon）の最近の著書『女性はモザイク（*Females Are Mosaics*）』はその典型だ。ミジョンは、アメリカを代表する臨床遺伝学者で、一九七〇年代から一九八〇年代にかけて、ジョンズ・ホプキンズ大学で臨床遺伝学分野の創設に重要な役割を果たした。フェミニストを自認し、先進的な女子大学であるスミス・カレッジを卒業したミジョンは、女性健康研究学会（Society for Women's Health Research）で活発に活動し、その学術誌である『ジェンダー医学（*Gender Medicine*）』にも投稿している。ミジョンの著作は、発表した論文やインタビューと共に、一連の印象的な主張を提示している。ミジョンは、X染色体の遺伝子とXモザイク性という現象を、女性の生物学と行動の基礎に位置付ける。彼女は「女性の身体的および知的な性質は、彼女たちのX関連遺伝子によって大いに決定されている」[61]、Xモザイク性は「いくつかの行動上の性差に貢献しているだろう」[62]、Xモザイク性は女性の疾患の進行を深淵で媒介するものであり[63]、Xモザイク性とX不活化は「女性の性分化の本質の一部である」[64]と主張する。

Xモザイク性を性分化の基本的メカニズムと女性の生物学と行動を保証するものとするミジョンの理論の中心は、私が細胞多様性仮説と呼ぶものだ。Xモザイク性のために、「女性は組織の全てに、男性よりも多様な遺伝子産物を持つ」[65]とミジョンは記す。ミジョンは、XXの人の六〇から二〇〇のX染色体遺伝子はヘテロ接合体だと予測している。このことが女性に「XYの男性にはない(…)わずかに余分な決定因子を加える」[66]とミジョンは主張する。ミジョンによれば、この細胞多様性が多くの典型的性差の根底にある。「この広いヘテロ接合性が、ヒトの女性にさらなる多様性と個性を与えている」[67]と、ミジョンは論じる。

「細胞の多様性」のために、女性はより多くの「認知の多様性」を持ち、性別間での行動の差異をもたらすとミジョンは主張する。ミジョンは「細胞のモザイク性は(…)行動におけるジェンダーの違いのいくぶんかに貢献しているようだ」と提言する。この違いには、女性のユーモアへの反応や、男女での攻撃性や情動性、学習能力の違いが含まれる[68]。ミジョンは、なぜ「学校の初日から、女の子は男の子よりも成績が良く、注意深く、課題に粘り強く取り組むのか」[69]を、Xは説明するかもしれないと書いている。X染色体のモザイク性に関する分子学的研究は、脳の解剖学的研究がこれまで明らかにしてこなかった、脳における性差を明らかにするための有望な基盤を提供するとミジョンは主張する。「性別間には大きな行動の違いがあるにもかかわらず、驚くほどわずかな解剖学的違いしか同定されてこなかった」。「[おそらく]X関連遺伝子のモザイク性が、(…)これらの行動における性差のいくつかに貢献しているのだろう」と彼女は書く(70)。

以上の全ての主張は、今のところ、純粋に推測だ。細胞のモザイク性が認知および行動の性差を生むことを示す研究は存在しない。ミジョンは、脳と行動の性差における細胞のXモザイク性の潜在的働きについての彼女の主張を、より広く女性の発達、疾患、そして生理におけるXモザイク性の役割に関する科学的研究を参照して組み立てている。特にミジョンは、Xモザイク性が、男性に比べて女性において疾患の重症度が多様であることと、特定の疾患が女性に多いことを説明すると主張する。

たとえば、ミジョンは、重篤な精神的身体的遅滞を引き起こす、X連鎖優性疾患のレット症候群の事例を引き合いに出す(71)。通常レットは男性では致死性なので、機能しているアレルを一本と疾患アレルを一本持つ女性で見られる。レット症候群には表現型の現れ方に広い多様性がある。たとえば、疾患の顕著な特徴は発話の困難だが、患者の中には高機能的でいくつかの基本的な言葉を話すことのできる人もいる。研究者たちはしばしば、女性のレット症候群の重症度は、変異Xを持つ細胞の割合に大きく依存すると考えてきた。たとえば、二〇〇一年、タカギは「XCI[X染色体不活化]のパターンは、女性における表現型の主要な決定要因である」(72)と主張した。レット症候群は、かつてはXモザイク性のパターンが媒介する女性に特有の疾患の疑う余地のない教科書的な事例と見なされ、女性特有の疾患についてのXモザイク性研究を理論的に正当化するものとされてきた。しかし、Xモザイク性を女性におけるレット症候群の原因とし、疾患の重症度を媒介するものとする仮説は、仮説を検証する遺伝学的技術が登場して以降、今日では退却している。研究では現在、Xモザイク性の偏りはレット症候群の重症度の程度には関連していないことが示されている。その代わりに、レット症候群はX染色体上のMECP2遺伝子の突然変異によって引き起こされる。MECP2遺伝子には、レット症候群を引き起こす一〇〇以上の変異が同定されており、疾患の重症度はXモザイク性のパターンではなくて、変異の種類によって予測されるという証拠が示されている。レット症候群のXモザイク性仮説の見直しによって、研究者は、レット症候群の男性が存在すること、またMECP2遺伝子の変異を持つ未発症の男性さえの存在することを認めるようになった。(73)

レット症候群は、女性の健康と疾患においてXモザイクのパターンの果たす重要な役割の妥当性が、さらなる遺伝学的解析によって覆された唯一の教科書的事例ではない。ファブリー病は、女性の疾患の表現型へのXモザイク性の影響を示すもう一つの事例として一般に参照されてきたもので、レット症候群と似た物語がある。ファブリー病は、X連鎖代謝疾患であり主には男性にみられるが、女性にも同様に現れることがある。研究者たちは、ファブリー病が女性に時々みられるのは、Xモザイク性の偏りによると考えた。しかし、最近の研究は、レット症候群の場合と同様に、ファブリー病患者におけるXモザイク性はランダムであり、モザイクの偏りを持つ女性のファブリー病患者がより重症な疾患表現型を示すわけではないことを説得力をもって示している。(74)

ミジョンは「体細胞のモザイク性は、(…)哺乳類のメスの表現型に深い影響を及ぼす」と主張する。(75)ミジョンによれば、Xモザイク性は「性的なことだけではなく、生命の全ての側面に影響する性別間の生物学的な差異を作っている」。(76)しかし、レット症候群やファブリー病は、X連鎖疾患の場合でさえ、Xモザイク性が、女性において予測可能で観察可能な大きな生理学的な影響を持つ「細胞の多様性」を作り出すという強い証拠にはならない。そうした証拠があったとしても、Xモザイク性が女性の脳、行動、そして生理学的発達の基本的な仲介者であるという主張を確証するのに十分ではない。たとえば、嚢胞性線維症やハンチントン病といった疾患の原因を説明する遺伝子変異は、粘液の生産や筋肉の制御といった正常な機能の遺伝学的な説明と同列には並べられない。遺伝子は、複雑な発生経路の一部であり、特定の形質へのそれらの近位の影響は、特定の経路においてそれらが制御する段階に限られている。したがって、たとえX染色体の細胞多様性のパターンが影響する臨床的性差があったとしても、そのことで、ミジョンが論じるように、X染色体が二本あることが、正常な生理と行動の性差を決定したり媒介したりすることにはならない。

ミジョンはさらに、Xの不活化は必要で「本質的」な女性の性質だとさえ提言する。「一本の活性化したXが女性の生存には絶対に必要だ」とミジョンは記す。「Xの不活化は、女性の発達プログラムの中の本質的な一段階である」、「X不活化は（…）女性の性分化にとって本質的な一部分である[77]」。ミジョンは、X不活化の達成が初期の女性の性分化にとって非常に重要であるため、女性性の発生と表現型に必要なものだと考えられると論じる。二本のX染色体という特異な生物学は、ここでは、（生殖可能な）生物学的な女性として機能するために必須の女性の形質である子宮や卵巣と同じような位置へと高められている。

この論理の展開は、しかし、明らかに非論理的だ。ヒトでは、二つ目のX染色体の不活化が失敗した結果は、女性の発達不全ではない。それは非生存、つまり死だ。さらに、一本の活性化したX染色体は男性の生存にも絶対に必要だ。ミジョンの論理の鎖は性限定的な性質と性決定的性質を等価に扱い、Xモザイク性を女性性の性質あるいは特性から女性性の本質的あるいは決定的な性質へと高める。Xモザイク性が、XXに限られた性限定的な性質であることは、それが正常な女性の表現型の中心的な生物学的仲介者であること意味しない。

たとえば、子宮がんは女性にのみ生じ、前立腺異常は男性にのみ生じるが、これらの遺伝子によって媒介される性特異的な可能性は、女性性や男性性にとって必要でもなければ本質的でもない。ミジョンが指摘するように、Xモザイク性はXXYの男性には存在し、XOの女性に無関係であり、そして何より特筆すべきは、表現型としては正常なXXの女性の五から十パーセントには存在しない。Xモザイク性は、Xを二本持つ個人に限った性質と考えるのが最も妥当だが、生物学的な女性性の本質的な性質ではない。

Xモザイク性と女性性とを熱心に結びつけた結果、生物学的な文脈が著しく無視されている。Xモザイク性がどのように性差の基盤となっているかを示すように方向付けられた、女性がより大きな細胞多様性を持つという理論は、女性におけるランダムなX不活化の主な結果が女性をより男性的にするという事実を考慮していない。Xの不活化は、男性と女性の間でのXの量を均等にする働きをするので、両方の性の細胞のX連鎖遺伝子は機能的に単一である。モザイク性の偏る場合、女性はより「女性的」になるのではなく、血友病のように通常は男性にしかみられない疾患を発症する。X染色体のモザイク性はX遺伝子産物を男女で均等化するメカニズムであり、モザイク性の偏りは性排他的と考えられた疾患を両方の性に存在させると解釈することもできるのに、多くの女性の健康に関する研究は、女性が二つのX染色体を持つことを性差の原因と特徴づけることを選ぶ。

さらに、細胞のモザイク性は、両方の性でゲノム全体に渡ってよくみられるものであり、X染色体に限ったことではない。ゲノムの領域は、遺伝子刷り込みとして知られているエピジェネティックなプロセスによって発現が封じられたり上方位制御されたりする。遺伝子の刷り込みパターンの違いは、遺伝的であれ、発生過程の事象あるいは環境的な要因によって引き起こされたものであれ、個々人の間に、人生を通して遺伝子の発現の多様性をもたらす。遺伝子刷り込みは、男性と女性の両方で、ゲノム全体で、どの染色体においてもモザイク効果の可能性を生み出す。最近、ギメルブラント等（Gimelbrant et al.）の研究で、五から十パーセントの常染色体遺伝子で、女性のX染色体上の遺伝子とちょうど同じように、細胞ごとに母親由来または父親由来の染色体の発現がランダムに選択され、単アレル染色体で発現していることが発見された。「我々のデータから慎重に推定すると」「少なくとも千のヒトの常染色体遺伝子がランダムな単アレル染色体の発現をしていると考えられる」(79)と、著者たちは書いた。この男女両方でのゲノム全体のモザイク性を比べると、女性はX染色体上のヘテロ接合の領域に対してのみ――ミジョンによれば、高々六〇から二〇の遺伝子で――モザイクである。それらの中で機能的に重要なものは、あるいは検出可能な場合ですら、もしあるとしてもごく僅かでのみであり、したがって、通常は偏りがある中でも稀な場合に限られる(80)。ギメルブラント等の結果は、『サイエンス』誌に同時に掲載されたニュース記事で結論されたように、「それぞれの細胞群は、単アレル染色体的または二アレル染色体的な遺伝子発現の不均質なパターンを膨大に示し、遺伝子発現の組み合わせを多数もたらす」(81)。この発見は氷山の一角にすぎない。それぞれの個人の遺伝子発現での新しい性に特化した性質ではなく環境によるエピジェネティックな調整に関する新しい研究により、モザイク性は、ヒトゲノム研究における法則になりそうだ。

まとめると、Xモザイク性が女性の生物学の中心だという主張は、生物学的な文脈を無視している。Xモザイク性を遺伝子の多様性についてのより広い理解の中に位置付けると、このことはよりいっそう明確になる。Xモザイク性は、ヒトゲノムの中で発現のモザイクをもたらすメカニズムであるだけではない。私たちはみなモザイクであり、遺伝子の発現に膨大な多様性を持っている。このことの意味は生物学的な文脈に依存している。遺伝子のモザイク性は、男性と女性の両方で、母親由来あるいは父親由来の刷り込み、男性のY染色体やゲノム上のその他の領域での不活化プロセス、そして私たちが年をとり疾患を経験するときの経時的な遺伝子発現のダイナミックスを含む、多様な効果の結果として生じる。Xモザイク性のよりよい考え方は、それを、遺伝子発現のエピジェネティックな制御と調節における一つの潜在的なメカニズムとすることである。X染色体のモザイク性は、個々人の間および個々人の内で遺伝子の多様性を生じさせる数多くのプロセスの一つだ。それは、ただ単に非常に目に付き易く扱い易い、モザイク性の目立った事例に過ぎず、男性と女性の両方で作動している、より大きなゲノムのプロセスを理解するためのヒントだ。この生物学的な文脈の中では、女性がモザイクとして描かれ、男性はそうではないとされ、あるいは十分な証拠を追加することなしに、女性が男性よりも「より」モザイク的だと主張するために意味のある方法は存在しない。

◇

この章で示したように、長い間続いてきたXと女性性との間の関係性が存在し、これは、偶発的な歴史的物質的プロセスの産物の積み重ねの結果だ。これはまた、ヒトの男性と女性の性質を二つの型で捉える考え方に根ざした信念によって歪曲されている。男性には一つのX染色体が、そして女性には二つのX染色体があることは、たしかに男性と女性の生物学に異なる意味をもたらすが、X染色体と女性性の間の関係性において歴史的および現代の議論は、女性の生物学と性差を説明するのに、X染色体に過度な期待をよせ過ぎてきたことを示している。Xモザイク性が性差の起源であるとする理論には、あまりにも実証的証拠が少ない。しかしながら、X染色体を男性と女性の違いを媒介するもの、あるいは女性特異的性質を運ぶ担体、さもなければ女性性の基質とみなす考え方は、頑強に存在し続けている。Xモザイク性と男性と女性の差異についての文化的観念の間にある豊かで複雑な関係性は、性差のXモザイク性理論にある隙間を埋め、実証的欠陥を被い隠し、それらの前提を繋ぎ合わせる。

Yを男性性の「量」を与えるものとみなしたXYY超雄理論の場合と同じく、Xを「女性の染色体」とする前提が研究者の期待を形成した。女性の疾患、生物学的特徴、そして行動についてのXモザイク性理論は、ほんの数例に過ぎない。『ホルモンと行動（*Hormone and Behavior*）』誌に掲載された最近の研究の結果は研究者たちを驚かせた。マウスの交尾行動における余分なX染色体の効果を調べたところ、研究者たちは、雄のXXYマウスと雌のXXXマウスは共に、より雄性の行動を示すことを発見した。著者たちは次のように記す。「直感に反して、X染色体を二つ持つ雄は、X染色体を一つ持つ雄よりも射精するのがより早く且つより多くの射精をした。さらに、X染色体を二つ持つ雌雄両方のマウスは、マウンティングや押し付ける行動の頻度が増えていた[82]」。著者たちは、「この結果から生じる難しい問いは、なぜ、雌性に典型的な性染色体の補足が雄の性的行動を高めるのか、である[83]」と結んでいる。同じく、二〇〇一年の『ネイチャー・ジェネティクス』誌の論文は、ヒトのX染色体上にある男性の精子形成のための大きな遺伝子群を報告し、研究者たちに「予想外」「直感に反する」「知的驚き」と歓迎された[84]。

『卵子と精子――いかにして科学は典型的な男女の役割に基づいてロマンスを作り上げたか（*The Egg and the Sperm: How Science Has Constructed a Romance Based on Stereotypical Male-Female Roles*）』の中で、医療人類学者のエミリー・マーチン（Emily Martin）が、二〇世紀半ばに英語で書かれた医学の教科書における男性と女性の配偶子のジェンダー化された既成概念を考察したことはよく知られている[85]。教科書の中の言葉と表象の用いられ方を注意深く調べた結果、マーチンは、卵子と精子が常に女性と男性にジェンダー化されていることを発見した。教科書は、卵子と関連する生物学的プロセスを、否定的で女性的な言葉——破壊的、不器用、扱いにくい、壊れやすい、受け身、そして依存的など——で表していた。対照的に、精子には、生産的、能率的、効果的、攻撃的、行動的、そして活動的、といった言葉が用いられていた。マーチンが示したように、この結果は、受精の重要な生殖のプロセスが、科学的には歪んで描かれたものだった。[86]

エブリン・フォックス・ケラー（Evelyn Fox Keller）は、この生物学的研究の対象をジェンダー化する循環プロセス——すなわち女らしさと男らしさのステレオタイプ的な概念が、対象物や現象を説明する源となり、そこから性差の理論が導かれること——を、性の科学における「提喩法的」誤謬と呼んだ。

多くの［フェミニストによる科学の分析に］共通する基本的な形式は、以下のような提喩法的（あるいは合成の）誤謬を明らかにすることをめぐって循環する。（a）ヒトの身体の世界は、男と女の二種類に分けられる（すなわち、性によって）、（b）付加的（余分な身体的）性質は文化的にこれら二つの身体に起因するとされる（たとえば、能動的／受動的、自立的／依存的、一次的／二次的。ジェンダーの項を参照のこと）、そして（c）全体に帰されてきた性質と同じものが、今度はこれらの二つの身体の下位範疇に、あるいは二つの身体に関連するプロセスに帰される。[87]

性染色体は、この性の科学における提喩法的誤謬の格好の事例を示す。科学知における評判の悪いジェンダー化された対物質——卵子と精子、テストステロンとエストロゲン——の殿堂に、今、私たちはX染色体とY染色体を加えよう。

第七章　性決定遺伝子の探索

かつて、歴史は偉大な男の年代記として語られ[1]、臨床薬物試験は男性の被験者のみを用いて行われ[2]、人間の起源は、武器、道具、そして原始人の狩猟行動を通してのみ考察された[3]。過去三〇年に渡って、フェミニストの学者たちはこれらの前提に挑戦し、こうした説の空白を埋め偏見を是正する新しい研究を導いた。男性中心主義、性差別主義、そして異性愛主義に対するフェミニストの批判は、今や、人文学と社会科学における主流の研究手法の一部となっている。彼らは、生物学と医科学においても次第に影響力を持ちつつある[4]。

一九九〇年の《SRY遺伝子》の発見は、Y染色体上のひとつの「マスター遺伝子」が男性の性腺の発生を導くことで性を決定するという、古くからある遺伝学的な性決定モデルを確証したように見えた。しかし、このモデルは多方面からの挑戦にあって一九九〇年代の後期までには凋落した。今日、SRY遺伝子は、精巣と卵巣の両方を決定する遺伝子経路に関連する、哺乳類の性決定に不可欠な多くの要素の一つと理解されている。哺乳類で、機能する雄と雌の性腺が作られるためには、特定の時機に適量の遺伝子産物のカスケードが必要だ。そして研究者たちは、ヒトに於いて多様な健康的性現象と性決定経路を試している。この章では、フェミニストのジェンダー批判的視座が、この性決定の遺伝子モデルの著しい変化に一つの役割を果たしたことを論じる。

二〇世紀に、XとYは男らしさと女らしさの遺伝子的な支柱として位置付けられた。しかし最近の数十年、フェミニストはこうした前提に挑戦している。この章と次章では、ジェンダー批判的視座がいかにして性染色体科学に入り込みはじめたか、そしてこの分野における課題、中心的な議論、そして研究モデルに深い足跡を残しているかを示す。ジェンダー批判は、直接的な表明、浸透、そして人口動態の変化によって、性染色体研究の標準的な実践と言説に入り込みはじめ、科学の内実に変化をもたらした。

フェミニスト・ジェンダー批判

「フェミニズム」は、多様な社会運動と知的伝統を指す広い意味を持つ言葉だ。ここでは、一九八〇年代、九〇年代そして二〇〇〇年代の西洋の学術的なフェミニズムに照準を当てて探究する。この時期、フェミニストの学者たちは、ジェンダー役割、ジェンダー・アイデンティティ、セクシュアリティ、そして性差についての研究における一般的な前提を批判しようと努めた。これらのフェミニスト批判は、男らしさと女らしさについての規範と期待を刷り込まれた信念、前提、そして実践の文化的システムとしての「ジェンダー」の分析に根ざしていた。以下では、私は「ジェンダー批判」と「ジェンダー批判的」という言葉を、これらのフェミニストの研究者たちが発展させた批判的知的姿勢を指して用いる。

フェミニスト認識論者で科学哲学者のヘレン・ロンジーノ（Helen Longino）にならい、私はジェンダー批判を、知的探究の領域で「ジェンダーを視覚化する」ため、「ジェンダーを明らかにする」ため、あるいは「ジェンダーが消えるのを防ぐ」ために行う知的実践と定義する。[5] ジェンダー批判は、研究におけるジェンダー的示唆に対してただ敏感であるというよりも、より強い知的実践を意味している。ジェンダー批判的アプローチは、ジェンダーを、研究結果が支持したり挑戦したりする社会における権力関係のシステムとしてだけではなく、研究の実践そのものの中で権力を媒介するものとして理解する。

「ジェンダー批判」という言葉は、「ジェンダーの視覚化」に関連する散漫な批判的実践を強調する。ジェンダー批判は、人間の知にジェンダー的な信念がどのように影響するのかに特に関心を向ける、批判的姿勢あるいは実践である。「フェミニスト」と自認しているか否かに関わらず、彼あるいは彼女の研究方法は「ジェンダー批判的」と正しく認められるかもしれない。逆に、「フェミニスト」と自認していても、彼あるいは彼女の研究に「ジェンダー批判的」アプローチが見られないかもしれない。

ジェンダー批判は独特の手法ではなく、それ自体は研究分野でもない。むしろそれは、大きな方法論の道具箱の中に加える一つの知的実践だ。私が概念化するように、ジェンダー批判は懐疑的実証主義の伝統の中に位置付けられる。ジェンダー批判は、ジェンダーの関わるどのような分野の研究者でも用いることができ、その分野における量的質的方法と証拠、説明、解釈のための共有された実践を補い、またそれらに沿って作動し得る。ジェンダー批判の目的は、より正確でより実証的に適切な知識を生産することだ。[6]

《SRY》、性決定遺伝子

一九五九年、ヒトのインターセックスの分析によって、男性の性を決定する遺伝子のスイッチがY染色体上にあることが示された。しかし、「性決定遺伝子」のための遺伝子の探索が真剣に行われるようになったのは、ヒトゲノムのクローニング、解読、および分析のための技術がより安く、速く、そしてより広く用いられるようになった一九八〇年代中期になってからだ。その頃、米国の、マサチューセッツ工科大学（MIT）、英国の医学研究審議会（Medical Research Council）とインペリアルがん研究財団（ICRF: Imperial Cancer Research Fund）〔訳注：Imperial（一九〇二—二〇〇二）は、英国最大のがん研究施設。二〇〇二年英国がん研究所（Cancer Research UK）のロンドン研究所（London Research Institute）として組織改編され、さらに二〇一五年から新組織・施設フランシス・クリック研究所（Francis Crick Institute）に統合された。〕、オーストラリアのラ・トローブ大学の研究者のグループが、Y染色体を分析し、性決定遺伝子をクローニングする競争をはじめた。性決定遺伝子は、いくつかの理由で、ヒト遺伝子が解析されはじめた最初の頃には優先順位の高い対象だった。まず、性決定は、単一つの「マスター遺伝子」が存在する組織系全体の発生を制御するモデル系を提示すると思われていた。エドワード・サザン（Edward Southern）が一九八七年に記したように、「性の決定は、哺乳類における発生プロセスのモデルとして、疑いもなく、Y染色体について集中的に研究する主たる理由だ」[7]。

性決定遺伝子はまた、容易に達成できる成果でもあった。Y染色体は他の二三本の染色体よりも何倍も小さく、わずかな遺伝子しか保管していない。そして遺伝学的分析に対しては比較的扱いやすい対象である。一九七〇年代の組み換え技術と欠失分析を通して、研究者たちはすでに性決定遺伝子をY染色体の小さな領域に絞っていた。インターセックスのマウスとヒトのY染色体の、速い解析と直接的なミクロレベルでの欠失分析は、重要な遺伝子スイッチの座を明らかにすることを約束した。ロンドンにあるインペリアルがん研究財団の先駆的遺伝学者、ピーター・グッドフェロー（Peter Goodfellow）は、一九八七年に「哺乳類の性決定遺伝子をクローニングする舞台は整っている」と記している[8]。

最後に、男性の性決定遺伝子は、性差研究にとっての聖杯だった。有力な説では、二つの要因が性差を制御していることが示された。性腺の分化のきっかけとなる遺伝子と性腺の発生と二次性徴を導く性ホルモンだ。性ホルモンは一九七〇年代までによく理解が進んでいたので、性決定スイッチを発見すれば、ヒトの性差についての生物学的な知識を完成させ得る。したがって、男性の性決定遺伝子は、男性と女性の性差についての永続する問いへの答えを約束し新しい研究の領野を開く、念願の理論的ブレークスルーという名誉ある目標だった。

サイクスは、一九八〇年代後期の男性の性決定遺伝子の探索を、「探索者が一番の栄光を得るべく戦う」「狩猟」そして「競争」として描いた。[9] 男性の性決定因子の遺伝学的探索は一九八六年の早い時期にはじまった。[10] 研究者たちは、インターセックスの患者の核型から取り出したY染色体の性決定領域を精査するためにマウスモデルを用いた。一九八七年、ボストンにあるMITとホワイトヘッド研究所の研究者であるデイヴィッド・ペイジ（David Page）は、ZFYと呼ばれる遺伝子が、性決定遺伝子としての条件を満たしていると発表した。ペイジは性決定因子として提示した遺伝子を「DP1007」と名付けた。サイクスは、「イニシャルと最後の三つの数字にある、特定の男の響きに気付くのは、きっと私だけではないだろう」[11] と書いている。

一年以内に、オーストラリアの研究者であるジェニファー・グレイヴス（Jennifer Graves）とアンドリュー・シンクレア（Andrew Sinclair）がこの発見を覆した。シンクレアは、一九九〇年に、男性の性腺形成のためのSRY〔Y染色体上の性決定領域〕遺伝子を同定した。[12] 一九九一年、グッドフェローとオーストラリアの研究者のピーター・クープマン（Peter Koopman）、そして英国国立医学研究所の発生遺伝学部の長であったロビン・ラヴェル＝バッジ（Robin Lovell Badge）は、棒の上で腰を振って巨大な睾丸を誇示する「スターマウス」を掲載した『ネイチャー』誌の表紙付きで、XXマウスの一方のX染色体にSRYを付加すると雄へと発達することを示し、SRY遺伝子の性決定の役割を確認した。この仕事のすぐ後、一九九二年に、ペイジはY染色体の最初の遺伝子マップを発表した。[13]

性決定のSRYモデルは、性決定がY染色体上の単一の「マスター遺伝子」に制御されているという、予想されたモデルに確証を与えた。SRY遺伝子の発見を伝えるメディア報道は話を大袈裟にした。「ニューヨーク・タイムズ」紙は「科学者は、今や、何が男を男らしくするのかを知っていると考えている」と称え、「ガーディアン」紙は「科学者は男を作るものの秘密をようやく明らかにしたと思っている」と伝えた。[14] 科学者コミュニティーはSRYを、「遺伝学における長く問われ続けてきた困難な問いを解き、生物学全体に渡って影響を及ぼす、現代の分子学の技術の驚くべき力」[15]の例として称賛した。教科書はすぐに性決定の説明にSRY遺伝子を取り入れた。一九九二年、国際オリンピック委員会はSRY遺伝子の検査を女性アスリートの「性別確認」検査の項目に加えた。

性決定の男性中心主義的「マスター遺伝子」のモデル

一九八〇年代、優勢だった理論では、ヒトは、受胎後六週間までは両性能的（どちらの性にもなり得るという意味）で、その時期に二つの生物学的なスイッチが性の二形態性を開始させるとされていた。[16] まず、Y染色体上のある遺伝子が精巣発生を始動させる。次に、精巣は二種類のホルモン、MIS（ミュラー管抑制物質）とテストステロンを生成し始め、それらが胎児を「男性化」させ性的発達のホルモン制御を開始する。この理論は、一九五三年にアルフレッド・ジョスト（Alfred Jost）によって最初に明瞭に述べられた。彼の一九五〇年代の研究は、遺伝子的な雄の発達におけるホルモンまたは遺伝子レベルでの

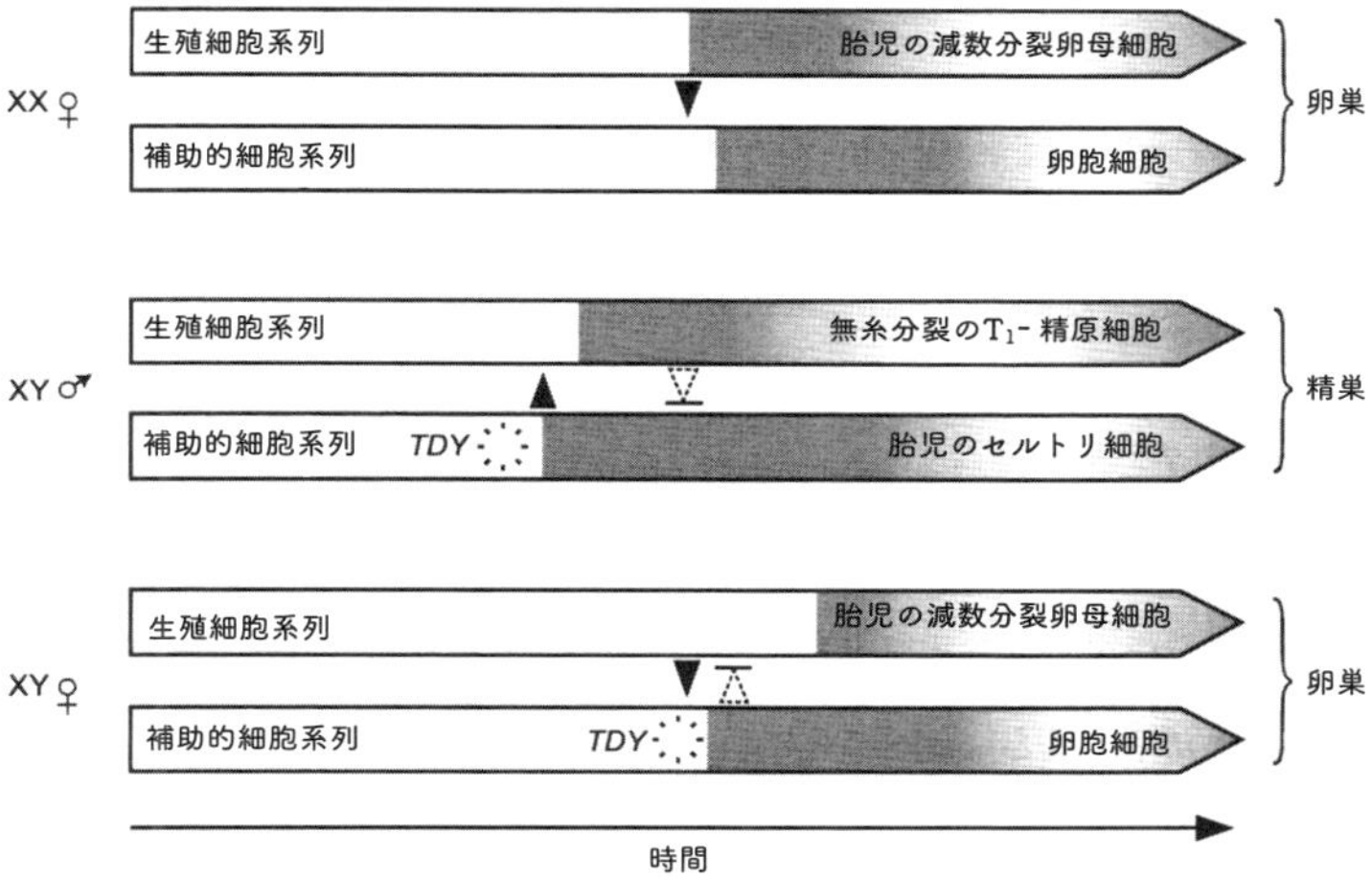

図 7.1. 1980 年代の性決定モデル。1 つの精巣決定因子が正しい時に活性化されることで、男性の性腺が形成される。それがない時あるいは失敗した時に、女性の性腺が形成される。Paul S. Gurgoyne, "Thumbs Down for Zinc Finger?" *Nature* 342, no. 6252 (1989): 860–62 から、Nature Publishing Group の許可を得て再描。

エラーが、雌の発達経路へとマウスを「逆戻り」させることを示した。この証拠に基づいて、ジョストは、女性の性腺と二次性徴の発達は、身体の「既定《デフォルト》」規格だとする仮説を立てた。二つのスイッチが無い場合、胎児には卵巣が発生し、表現型として女性になる。一九五九年、チャールズ・フォード（Charles Ford）によるインターセックス患者の細胞遺伝学的な研究は、ジョストの性発生についての見方を裏付け拡張させた。[17] フォードの研究は、一本のY染色体の存在が、Xの数に関わらず男性の性腺を発生させることを確証し、性決定スイッチがY染色体上に座していることを確認した[18]（四章参照）。こうして性決定遺伝学の分野は、ジョストとフォルドから、男性中心的な性決定研究の枠組みを受け継いだ。Y染色体上のある遺伝子が精巣形成を開始させる。精巣形成は決定的な性決定事象であり、女性の性的な発達はこの遺伝子が無い場合に「既定」として進展する（図7・1参照）。この理論によって、一九八〇年代と一九九〇年代早期の研究者たちは、Ｙ染色体上の「男性性決定遺伝子」の同定に集中し、性決定についての課題を男性の精巣発生に関する遺伝学の課題と同じものと見なすようになった。

発生遺伝学における「マスター遺伝子」理論は、一九八〇年代の性決定モデルに対して二番目に重要な源泉だった。一九八〇年代の性決定遺伝子の探索は、推察されるように、臨床的な応用や「性別検査」への応用を動機としているわけではなかった。むしろ、性決定遺伝子に早期の強い関心を駆り立てたものは、それが発生遺伝学における一般的な課題への新しいアプローチを正当化する可能性だった。一九八七年の性決定遺伝学についてのシンポジウムの冊子の序文でピーター・グッドフェロー（Peter Goodfellow）が書いたように、この時期の研究者たちのＳＲＹ遺伝子への関心は、主には「哺乳類における発生の遺伝子による制御のモデル」としてであった[19]。

一九八〇年代の性決定研究は、発生のプロセスをゲノムの中で「マスター・スイッチ」に制御される遺伝子の階層経路《ヒエラルキー》としてモデル化する発生生物学と親和性があった。当時支配的だった、発生の遺伝子制御のパラダイムは、グッドフェローが書いたように、「制御ネットワークの原型」として「制御遺伝子の階層経路を前提としている」。「最も単純な場合、マスター制御遺伝子は二番目の遺伝子群を直接制御し、次にそれらが他の遺伝子の発現を制御する[20]」。この階層経路を始動させる「マスター遺伝子」が発見されると、この階層経路に関係するその他の遺伝子を同定するのは比較的容易なはずだ。精巣発生が発生プロセスにとって根本的に重要なはずであり、すべての哺乳類は単一の高度に保存された遺伝子経路を共有しているだろうという前提の下、研究者たちはＳＲＹをこの階層経路系の完璧な「原型」と見なした。彼らの研究プログラムの目的は、ＳＲＹをクローンし、発生遺伝学における一般的な理論を作るための単純なモデルを構築することだった。

遺伝学的発生におけるマスター遺伝子理論は、そこで、性決定遺伝学研究の背景と成る有力な期待をもたらした。研究者たちはこれらの理論に強い学問的な忠誠を示し、彼らの新興分野とその研究プログラムの価値のための原則的証拠としてSRYモデルに力を注いだ。

以下では、私は、フェミニストによるジェンダー分析が、一九九〇年代における、このモデルの失墜と、大きく改訂された性決定の遺伝学的理論の発達に貢献したことを論じる。フェミニスト生物学者と科学分析家は、他よりも早くモデルの改訂を予測した。性とジェンダーについてのフェミニスト理論は、知的な材料をモデルの再構築の取り組みに役立てた。そしてフェミニスト・ジェンダー批判は性決定遺伝学の分野における方法を鋭利にした。それは、この分野における、前提、言葉、そして解釈モデルについての批判的言説のレベルを向上させ、以前は扱われなかった知識の欠落部を明確に述べ、視覚化するための分析的枠組みを提供した。[21]

この分野の内外での発展に伴い、ジェンダー批判は、性決定研究の標準的な批判実践の中に受け入れられていった。私は、この行程を「ジェンダー批判のノーマライゼーション」と呼ぶ。フェミニストの理念と方法がある分野における優勢な実践へと取り入れられることを言い表すのに、「メインストリーム化」という言葉がしばしば用いられる。しかし、ここでは「ノーマライゼーション」という言葉の方がより適切だ。[22] 性決定遺伝学の分野では、その認識論的実践に、静かでほとんど認知されることのない変化が生じた。「ノーマライゼーション」という言葉は、ジェンダー批判がこの分野へ入り込むという特徴を際立たせる。

性決定遺伝学へのジェンダー批判の漸進的な参入には、三つの段階があった。まず、性決定遺伝学の分野の内部と周囲の文化的変化により、科学者がジェンダー批判を受け入れる条件が作られた。これには、分野外からの初期のフェミニスト批判も含まれる。第二に、性決定遺伝学を研究していた尊重すべき女性科学者、ジェニファー・グレイヴスが、彼女の仕事にフェミニストの枠組みを明確に取り入れ始めた。グレイヴスはフェミニスト批判をその分野に導入して、性決定遺伝学における素晴らしいジェンダー批判的な代替モデルを発展させた。三番目に、より広い性決定研究のコミュニティーのメンバーが、ジェンダー批判を彼らの思考にとって有効なものとみなすようになり、彼ら自身が特にそれと明言しない場合でも、フェミニスト的な考察を取り入れるようになった。こうして、ジェンダー批判は、その分野における主流の批判的実践の一部となった。

ジェンダーと科学に関する市民の言説の変化

一九八〇年代、ジェンダーと科学に関する集中的な国民的議論がはじまった。一九九〇年、国立衛生研究所（National Institute of Health）に女性健康研究部が開設され、米国の科学における女性とジェンダーに関わる問題を提示した。この時期、フェミニスト科学論の教育と研究が学術界で大きな広がりを見せた。また、女性が生物学研究の専門分野、特に遺伝学と発生生物学に参入し、その数がはじめて男性と同等に近づいた。

主にはこうした発展の結果、一九九〇年代には、性とジェンダーに関する優勢な生物学的モデルへの挑戦が多くみられることとなった。インターセックスとホモセクシャルに関する生物学的な主張は特に精査の対象となった。フェミニスト科学分析は、これらの現象を、正常なヒトの性とジェンダーのスペクトラムの一部として再理論化した。一九九〇年代を通して、この仕事は多様な道筋を通って、性決定遺伝学へとたどり着いた。一九九〇年代半ば、女性のオリンピック選手の性別確認のための性染色体検査についての論争により、検査では性別の不明瞭さを決定的には解決できないということが示された。このことで結果的に検査は中止され、その知識が求められた性染色体研究者には、性とジェンダーの科学的な定義がもたらす社会的衝撃の中で公的な学びを得た[23]。

一九九三年の北米インターセックス協会（Intersex Society of North America）の設立に象徴されるように、一九九〇年代、インターセックスの運動が次第に目に見えるものとなっていった。インターセックスと性別不安定の患者について研究し、治療を提供してきた性染色体研究者たちは、ジェンダー批判的な視座にさらされ、このコミュニティーにおける政治的医学的な支援運動へと引き込まれていった[24]。「ゲイの九〇年代」もまた、生物学における性とジェンダー研究の散漫な文脈と状況を変化させた。一九九〇年代には、たとえば、ある面ではホモセクシャルを「不自然」とする優勢な前提への応答として自然界の非常に多様な性的生活に光を当てる、多様性を肯定するサイエンス・ライティングのジャンルが芽生えた[25]。

アン・ファウスト＝スターリング（Anne Fausto-Sterling）の「ＸＹの囲いの中の生命（Life in XY Corral）」は、一九八〇年代における性決定遺伝学への最も詳細なフェミニスト批判を提供した。この論文の中で、生物学者且つフェミニスト科学批評家で、インターセックス患者の代弁者であるファウスト＝スターリングは、性決定理論におけるジェンダー信念を分析した。彼女は、研究者たちが彼らの理論にある説明的欠陥を無視し、性決定に関する実行可能な代替モデルを考えることができなかったと主張した。彼女の告発は三部から成った。第一に、精巣発生の遺伝学を性決定の遺伝学と同じものとしたことにより、研究者たちは、卵巣発生の遺伝学についての探索を平行して追求しなかった。第二に、研究者たちは、

「男性にはあって女性にはない」という共鳴しやすい隠喩を採用し、男性のプロセスを女性のプロセスよりも優位に位置付けた。男性の性的発達のプロセスは、女性のプロセスよりもより興味深く、複雑で、ダイナミックな研究対象と見なされた。第三に、研究者たちは、性別は「明確に」二元的に組織されるので、遺伝学的な分析によって曖昧さなく決定され得ると考えた。ファウスト＝スターリングは、性についてのこうした考え方を、フェミニストおよび社会科学的な性とジェンダーの概念に対比させた。そして、二元的な性の概念を無批判に関連させることで「研究者たちは、中間の性の存在を受け入れるアプローチの中でよりよく説明されるデータを、無視するようになった」と主張する。[26]

ファウスト＝スターリングは、こうした性別についての前提が、性決定に関する「一貫した理論の構築を阻んだ」と結論した。彼女は、男女両方の発達経路を含み、「中間状態の存在を許容する」代替モデルを強く求めた。ファウスト＝スターリングは、エヴァ・エイチャー（Eva Eicher）とリンダ・ワシュバーン（Linda Washburn）によって提唱された、卵巣発生を含む無視された性決定モデルに言及し、多くの遺伝子が複雑で重なり合った経路に沿って相互作用して男性と女性の性腺を作り出しているはずだと推測した。ファウスト＝スターリングの代替モデルと、エイチャーとワシュバーンのそれは、初期のジェンダー批判的な性決定モデルを代表している。[27] 性決定遺伝学者ではないファウスト＝スターリングによる批判は、ジェンダー研究者の間では広く言及されたが、専門家からの反応はほとんどなかった。ジュディス・バトラー（Judith Butler）の著名な一九九〇年のフェミニスト理論、『ジェンダー・トラブル（*Gender Trouble*）』には、男性性の能動的な遺伝子的な決定と女性性の受動的なあるいは既定の決定についてのペイジの「マスター遺伝子」モデルを批判するファウスト＝スターリングの長い議論が含まれている。[28]

性決定のＳＲＹモデルにある問題

一九九〇年代、性決定のＳＲＹモデルは重大な概念的および実証的な課題に直面した。ジェニファー・グレイヴス（Jennifer Graves）とロジャー・ショート（Roger Short）は、ＳＲＹの同定が発表された直後から提出された強い批判の中に、これらの課題を予測していた。「性決定の謎は全てこれで明らかにされるのか？　私たちはそうは思わない」と彼らは予測した。(29)

グレイヴスとショートは、性決定のＳＲＹモデルにあるいくつかの課題を挙げた。まず、ＳＲＹは、完全に性転換させた生殖可能なトランスジェニックマウスを作るには不十分だった。また、Ｘ連鎖遺伝子は、精巣決定に対するＳＲＹの効果を無効にすることが知られていた。ＳＲＹパラダイムにおける、これら及びその他の実証的に異なる例は、ＳＲＹだけでなく、おそらく別個の経路上の遺伝子さえ含む多くの遺伝子が相互作用して性の運命を決定しているはずだということを確証した。彼らの批判の中で、グレイヴスとショートは、Ｙ染色体の性決定メカニズムを優先したことで、性決定におけるＸ染色体の役割が無視されたと指摘し、Ｘの量のメカニズムが、性を決定するＳＲＹの経路と関係しているとの仮説を立てた。

二番目に、精巣形成の初期段階において、標的遺伝子がＳＲＹによって活性化されるという証拠はなく、ＳＲＹは、性決定において「マスター遺伝子」や仮定された「遺伝子ヒエラルキー」理論よりもずっと制限された役割を果たしていることを示唆した。ＳＲＹが、広く考えられたように直接的で能動的な精巣発生の誘導因子である必要はない。もっと複雑で相互関係的な性決定のモデルの方が、ＳＲＹに対する遺伝子標的が欠けていることをよりよく説明するだろう。グレイヴスとショートは、期待に反して、証拠はＳＲＹが二重阻害経路の中にあることを示唆すると考えた。ＳＲＹは、活性化スイッチとして機能しているのではなく、他の遺伝子が精巣発生をもたらす別の遺伝子を阻害するのを阻止している。

三番目に、グレイヴスとショートは、性決定はよく保存されており普遍的で不必要ではないはずなので、マウスやヒトの一つの遺伝子で説明できるかもしれないという発生生物学者の期待に挑戦した。彼らは性決定遺伝学者に、哺乳類においても性決定プロセスの多様性を認めるように勧告した。

一九九〇年代はじめ、科学者たちは性決定のＳＲＹモデルと矛盾する研究結果の解釈に苦しんでいた。一九九二年の性染色体と性決定遺伝子についてのボーデン会議は、グレイヴスが座長を務め、これらの問題の顕在化を受けて過渡期の分野への窓を提供する。会議の報告書と記録との前文で、グレイヴスと共著者のリードは次にように書く。

> 我々は［ジョストによる性決定の描写に］欠点があるという不安感を次第に感じはじめている。性決定の研究の歴史は、「単純なものを探し、そして疑う」という自明の理のよい例だ。（…）［我々には、］異常な表現型におけるＳＲＹの役割を解釈し、下流での機能をその遺伝産物に帰そうとすることに伴う曖昧さや困難に対して準備ができていなかった。[30]

ＳＲＹの研究は、研究者たちの、性二形態性という生物学的現象についての期待をいくつかの意味で混乱させた。一つは、精巣の発生の直接的誘導におけるＳＲＹの役割だった。会議の報告は、研究者たちが、性決定のＳＲＹモデルとデータの間の整合性がとれず、モデル理論的前提およびデータの描写と解釈を混乱に陥れていたことを明らかにしている。

座長：しかし、トランスジェニックマウスは、ＳＲＹが精巣決定に関与する唯一の遺伝子だということを示しているのですか？

グッドフェロー：ＳＲＹが唯一の性決定遺伝子であり得るのかというのは全く古い質問です。経路にはその他の遺伝子もあることがわかっているのですから、唯一ではあり得ません！（…）私は、雄性を作るのに必要な遺伝子情報のすべてが［Ｙ染色体の］十四キロベースに存在しているということには説得力があると思います。

モンク（Monk）：それは時々雄性を作るのです。

ブルゴーイン（Burgoyne）：それは時々にだけ、それが発現する時にさえ、雄性を作るのです。

グッドフェロー：ギブアップですよ[31]！

研究者たちはまた、性決定遺伝子は哺乳類によく保存されているので、マウスにおける性決定プロセスはヒトやその他の種にも簡単に一般化できると期待した。この期待（分子生物学において近縁のモデル生物を用いて研究するときの一般的な前提）は、この事例では維持できないことが分かった。

座長：驚くべきことの一つは、ＳＲＹがヒトと有袋類の間でいかに弱く保存されているかということです。

フォスター：ええ。私たちは、ＳＲＹがよく保存されていると期待していました。（…）私たちはですから、――今の今まで――どの平均的なハウスキーピング遺伝子よりも重要な遺伝子で、多くのより選択的な力を持っているそれ［ＳＲＹ］が、そのまま飛び出してきて、有袋類のＹ染色体上にすぐに見つかるだろうと期待していました。[32]

一九九二年、これらの及びその他の期待と観察とが矛盾することで、受容された性決定モデルに対する不満が高まりを見せた。しかし、会議の参加者たちには、このように早い段階で性決定の代替モデルを作ったり分野における研究を構築する広い前提を考察したりする準備ができていなかった。

一九九〇年代半ば、研究者たちはＳＲＹモデルの例外をさらに積み重ねて、性決定経路におけるその他の重要な遺伝子をいくつか同定した。初期の貢献では、ケン・マックエルリービー（Ken McElreavey）、エリック・ヴィライン（Eric Vilain）、そしてフランスのパスツール研究所の共同研究者たちが、ＳＲＹでは表現型を十分に説明できないヒトのインターセックスの一〇〇以上の例を調べた。彼らは、それらのケースから、性決定にはその他の主要な因子、すなわちＳＲＹが阻害する「反‐精巣」因子があるはずだとする仮説を立てた。性決定の「遺伝子ヒエラルキー」の概念に反対して、彼らは「制御遺伝子カスケード」仮説を提唱した。この仮説では、多くの因子が性決定を男性か女性に傾かせるのに加わり、インターセックスの表現型にみられるスペクトラムを説明する。[33]

性とジェンダーの生物学の非二元的な視座を明確に示しつつ、マックエルリービーとヴィラインの仮説は、また一九九〇年代の生物学におけるより広い概念的な変化を取り入れた。遺伝子決定論と遺伝子動態の単純な考え方は、分子レベルでの現象を適切に説明することが、ますますできなくなった。一九九〇年代終わりまでには、生物学者は「マスター遺伝子」と「遺伝子プログラム」の比喩から離れ始め、生物学的な説明への決定主義的ではない、複雑な制御ネットワークのアプローチに移行し始めた。[34]

一九九〇年代半ばのもうひとつの重要な発見において、研究者たちは、SRY遺伝子を欠いていても生殖可能な雄性の表現型を確実に作り出す二種のモグラネズミを同定した。このことは、SRYが全ての哺乳類において雄性の表現型を作り出すのに必要でも十分でもないということを確証した。SRYは、遺伝子的に近いと考えられているマウス、チンパンジー、そしてヒトの間でさえ、その配列と標的において弱く保存されているか、あるいは多様性が大きいこと、そしてSRYが比較的最近進化した遺伝子であることを示す比較ゲノム学的証拠がこの発見を裏付けた。これらにより、この研究はSRYが種によって異なる機能を持ち、またゲノムにおけるその他の性決定メカニズムと関係することを示唆した。[35]

SRYを無効にして性反転を引き起こすDAX1、SOX9、DMRT1、そしてWNT4という非Y染色体遺伝子の研究は、一九九〇年代終わりに性決定の改訂モデルを作るのに貢献した。これらをはじめとして、性決定に関与することが分かった遺伝子の増加は、SRY遺伝子作用の「マスター遺伝子」モデルに次第に挑戦していった。SRYが期待したよりもずっと「平均的」であるとする合意が生まれはじめ、遺伝子の「カスケード」――あるいはいくつかのカスケード――が互いに複雑な制御的関係の中で作用しているとする性決定モデルへと向かった。

ジェニファー・グレイヴスの性決定の「フェミニスト的見方」

ジェニファー・グレイヴスはオーストラリアの代表的な科学者で、一般によく知られた人物だ。オーストラリア科学アカデミーのメンバーである彼女は、「国の至宝」と表現され、注目を集めたオーストラリアにおけるカンガルーのゲノム解読という取り組みを率いる役を任命された。グレイヴスはまた、男性の多い分野ではめずらしい女性の主任研究者であり、モデルマウスの世界における有袋類の研究者であり、豊かな資金提供を受けるアメリカとイギリスの研究室に動かされる研究環境の中で比較的小さな公的資金しかないオーストラリア人でもある。その結果、グレイヴスは彼女のキャリアのほとんどで、性決定遺伝学の分野におけるアウトサイダーのような存在だった。[36]

グレイヴスの専門は、哺乳類と有袋類の比較ゲノム学で、性染色体と性決定の遺伝学だ。彼女は、彼の挙げる性決定遺伝子の候補は哺乳類の性決定遺伝子だとするデイヴィッド・ペイジの主張を覆した、一九八八年の仕事でよく知られている。彼女の性決定のY染色体中心モデルへの批判と「Y染色体退化理論」（八章参照）はまた、グレイヴスを論争の的にし、多彩なメディアの関心を引き付けた。その結果、彼女はインタビューで「私は思いがけなく、変化球でY染色体を倒すフェミニストになりました」[37]と述べた。グレイヴスは、オーストラリア科学アカデミーに推薦された一九九九年まで、公然とフェミニストと自認したことはなかったようだ。その推薦の後に、論文、講演、そしてインタビューで、グレイヴスは自身の考え方をフェミニストの枠組みに位置付けるようになった。二〇〇一年のプロフィールでは、彼女は「非‐フェミニスト的見方が、特に、何の遺伝子が性別と性に関連する性質を決定するのかということを扱う彼女の分野で、科学の行われ方に［不利な］影響を与えることに関心がある」と紹介された。[38]

二〇〇〇年の論文「ヒトのY染色体、性決定、そして精子生成――あるフェミニストの見方」は、性決定のSRYモデルへのグレイヴスのフェミニスト的批判が最も明確な労作である。グレイヴスは、研究者たちが男性的な性質を軽率にSRYに帰したことで、矛盾する証拠を無視し、立証できない性決定についてY染色体モデルを別のモデルよりも優先することになったと主張した。研究者たちは、このモデルをあきらめるべき反証があったのに、このモデルに執着した。グレイヴスはこれを「Y優勢」理論と呼んだ。論文の中で、グレイヴスは、この「マッチョな」SRYの概念が性決定研究を間違った方向に導いた三つの理由を概観した。彼女はそこで、性決定におけるSRYの役割について代わりのモデルを提唱した。(39)

グレイヴスによれば、第一にY優勢モデルは、研究者たちにSRYを、並外れた「雄性」遺伝子、男性の性決定の窮極の微調整を反映し自然にあまねく存在し遍在する特殊化されたマスター遺伝子だと思わせた。このことが、研究者たちにSRYがよく保存され、精巣生成の最初の段階で独自に作用することを期待させた。しかし、比較ゲノム解析は全く反対の結果を示す、とグレイヴスは主張する。SRYは弱く保存され、微弱な転写シグナルを示し、異なる種で異なる機能を持っているように見える。加えて、遺伝子組み換え実験では、SRYの機能がゲノムにある似た構造を持つその他の遺伝子(DAX1など)と置き換えられることを示す。SRYは、ただ分子的進化の偶発性のために、性決定において重要なスイッチとして働くのであり、精巣発生に「特化した」遺伝子と考えることはできないと、グレイヴスは主張した。SRYは、X染色体とY染色体が分化する時に偶然に決定経路に取り込まれるようになった周辺的な常染色体アレルであるのは確実かもしれない。この証拠に基づくと、SRYは「他の遺伝子の邪魔になる、普通の遺伝子の退化の残骸」(40)と考えたほうがよい、と彼女は示唆した。

第二にグレイヴスは、Y優勢モデルが、攻撃的でエージェント的な性質をSRY遺伝子に無批判に帰していることに異議を申し立てた。たとえば研究者たちは、SRYを——遺伝子的な性別闘争の結果——雄性には優位な、そしておそらく雌性には拮抗する遺伝子として「特殊化した」と見なすY染色体の進化のモデルを推測した。このようにSRYを捉えたいと切望したことが、研究者たちにSRYを含むY染色体上の遺伝子のどれほどがX染色体上に相同体――Y染色体上のそれらの遺伝子はしばしばX染色体の「退化」版である――を持つのかを見過ごさせた、と彼女は主張した。エージェントとしてのY優勢モデルはまた、性決定遺伝学者にSRYが直線的なヒエラルキーの最上位で「活性化因子」として作用すると想定させた。グレイヴスは、「こうした優位の作用は、［SRYは、］従来、雄性決定経路の中でその他の遺伝子の転写をオンにする活性化因子のようなものをコードしていることを意味していると、伝統的に解釈されてきた」[41]と述べる。SRYに「活動的（active）」という男性的な性質を帰したことで、研究者たちは、より複雑なモデル、あるいはSRY遺伝子がむしろ阻害要因あるいは「遺伝子をオフにする阻害因子」として作用するようなモデルを想像することができなかったのだとグレイヴスは主張した。[42] SRYの作用についてのいくつかのモデルはさらに伸展し、SRY遺伝子に卵巣発生経路での「無効化」遺伝子としての能力を帰している。グレイヴスが記したように、この前提は後に再び、SRYの作用を阻害して正常なXYの人の性別を反転させる多くの遺伝子を発見した実証的研究によって覆されることになった。

第三に、まさにファウスト＝スターリングが十年程前に行ったように、グレイヴスは、Y優勢モデルは男性中心的で、女性あるいは女性の生物学的プロセスの価値を低く見積もり、あるいは無視し、そのために性決定の理論における説明に隙間をもたらしていると断じた。たとえば、その他の多くの生物種においては、性決定におけるX染色体の量的メカニズムが顕著であり、X染色体上に重要な性決定遺伝子が発見されていたにもかかわらず、性決定におけるY染色体の役割のみを強調したために、研究者たちは、X染色体が貢献する可能性を見過ごしたり、過小評価したりした。

卵巣発生の遺伝子経路は、もうひとつの無視された女性のプロセスである。グレイヴスが指摘したように、卵巣発生が「既定経路」であるという前提については、生物学的な議論は何もされなかった。そして卵巣発生は、もちろん精巣発生と同様に興味深く偶発的で複雑だ。「卵巣の分化と卵の発生には同じ位多くの遺伝子が必要のようであり、これまで、これらの遺伝子について、あるいは精巣発生のない中で、それらの遺伝子がどのようにオンになるのかについては、むしろ少ししかわかっていない」と、彼女は書いている。[43]

グレイヴスが提案した、よりシンプルでより説明的に強力なモデルでは、SRYを、男性排他的な染色体上に座しているために性決定における遺伝子スイッチの役割を担うX染色体上の退化した遺伝子と考えている。グレイヴスは、ゲノムには、X染色体に関わり、SRY経路と関係したり無効化したりする、SRYや他の性決定メカニズムにとっては余分な多くの遺伝子があるはずだと強調した。グレイヴスにとっては、性決定は偶然性が高く、誤りが起こりやすく、そして常に進化しているメカニズムである。

この論文の中でグレイヴスは、一九九〇年の性決定のSRYモデルへの最初の批判以来の、彼女の仕事の初期の主張を繰り返し足場とした。しかし、これは彼女の批判がフェミニストのそれと認められた最初の事例だ。グレイヴスのフェミニストとしての自身の位置付けの詳細な性質や原点は明らかではない。しかし、「フェミニスト」という標識は、グレイヴスに彼女の多面的な批判を体系的な批判的視座の中に位置づけることを可能にした。この体系的な批判的アプローチは、生物学的現象の根強いジェンダー化と、性決定のSRYモデルの中で男性のプロセスが女性のものよりも価値があるという観点をよく見えるようにし、ジェンダーが、それが不適切であるにも関わらず、モデルの構築と広範囲の魅力の両方の要素であることを明らかにする。「フェミニストの見方」は、グレイヴスが描写したように、少なくとも十年の間、彼女の性染色体と性決定研究への取り組みの動機となった多様な一連の批判的洞察を、把握し易い体系立った枠組みの中に位置付けた。グレイヴスの「フェミニストの見方」は、そこで、性決定研究者が科学的モデルを評価し、バイアスの潜在的源を同定し、そして代替の仮説を作り出す、関連性があり、よく動機づけられ、深い洞察力のある批判的視座として効果的に提示される。フェミニスト的ジェンダー批判的感覚を一九九〇年代後期の性決定遺伝学にもたらしたいくつかの流れの中で、グレイヴスの見方は最も力強く、直接的で、卓越したものの一つになった。

ジェンダー批判のノーマライゼーション

二〇〇〇年はじめ頃、性決定遺伝学の文献の中に著しい論調の変化が起きた。ＳＲＹマスター遺伝子モデルが好まれなくなると、ジェンダー批判的アプローチを含むあらゆる方向から、かつては周辺的だった課題やアイデアが流れ込んできた。この変化は、非公式且つ非自覚的にフェミニスト的だった。むしろ、かつては明らかではなかった男性中心主義の二元論的なジェンダーの考え方にある落とし穴が一般によく認知されるようになった。研究者たちは、フェミニストの価値ある洞察を、多くの場合そうしているとは気づかずに採用し取り込んだ。このジェンダー批判的思考は、分野における知的作業の中で当たり前のものとして受け入れられ始めた。私はこれを、ジェンダー批判のノーマライゼーションと呼ぶ。これは、フェミニストの批判的視座が科学的な分野にどのように受け入れられ根付くのかを示すひとつのモデルだ。

ジェンダー批判の成長と効果は、分野を占めることとなった一群の研究課題や性決定モデルそのものの変化、そして現代の性決定遺伝学者たちが彼らの研究を説明し、生物学と社会全体への彼らの仕事の貢献を述べるために用いられた枠組みの中に豊富に顕われている。一九九〇年代の性決定に関する文献には「ジェンダー批判的」アプローチが見られないが、一九八九年のファウスト＝スターリングの性決定モデルの批判は、今日のその分野の主流の文献の中で著名な研究者たちによって繰り返されている（ファウスト＝スターリングは引用されていないが）。研究者たちは、女性の性決定についての生物学的な研究が欠けていることを、性決定と性差の科学的理論の弱点として認識している。加えて、彼らの最近の仕事では、研究者たちは男性の生物学的プロセスが能動的で優勢で、女性のプロセスが受動的で既定的であるのをほのめかす言葉遣いを避けようとしている。研究者たちは、「性」と「ジェンダー」の理念を使う際には、生物学的な性が社会的な性とジェンダーの概念に率直にあるいは直接的に投影されるという意味あいに抵抗する努力をしている。性決定に関する文献は、性的表現型の多様性と正常な性の発達に多くの経路のあることを強調している。いくつもの方法で、彼らの学術活動、公的な発言、そして教育の中で、性決定遺伝学の研究者たちは、性決定のＳＲＹモデルに対するフェミニストからの批判を認識していること、そして性とジェンダーの違いに関する科学的理論の社会的結果に対する感受性を示している。

二つの資料――二〇〇一年のノバルティス財団によるシンポジウム『性決定の遺伝学と生物学』の記録と二〇〇四年のアネンバーグ財団によるオンライン生物学教育のために委託された著名な性決定遺伝学者への一連のインタビュー――は、この分野におけるジェンダー批判のノーマライゼーションの重要な記録を提供する。

二〇〇一年のノバルティス会議における議論からは三つの特筆すべきテーマが現れる。性決定についてのいかなる理に適ったモデルにおいても、卵巣発生についての研究が重要であるという新しい包括的な合意、ＳＲＹの「マスター遺伝子」概念を性決定の多因子モデルと置き換えること、そして、種ごとの性－ジェンダーシステムの相違と複雑さと、ヒトの性とジェンダーについての生物学的研究に求められる特別な感受性を認識して、ヒトに特化した性決定のモデルを要求することだ。[44]

卵巣発生についての研究の空白については、一九九〇年代の文献では散在的に言及されているのに対し、二〇〇一年の会議では、発表や議論の中で繰り返し、且つ緊急に取り上げられた。たとえば、ロヴェル＝バッジと共著者たちは次のように記す。

過去十一年の間にはかなりの発展があり、今日、哺乳類においてどのように性決定が稼働するかについてのモデルを一応定式化することができる。（…）しかし我々が、特に雌性経路について、精巣阻害遺伝子と考えられるものと、卵巣特有の細胞型の分化に積極的に必要なものの両方に関連する多くの遺伝子を、いまだに見つけていないことは間違いがない。[45]

この分野における将来の優先課題についての議論の最後に、クープマン（Koopman）は、卵巣の発生を分野における緊急課題とし、精巣を優先的に排他的に強調して生み出されてきた知識にある欠陥を次のように指摘した。

次の十年に、私たちは、発生生物学における大きなブラックボックスのひとつ、すなわち、卵巣発生についての分子遺伝学と細胞生物学の理解にさらなる発展を目撃するだろう。精巣発生を明らかにしようとする努力は、精巣の決定と分化の研究の発展によって、ある程度目立たなくされてきた。[46]

男性の性腺の形成は、かつて、性決定研究における主要な被説明項目であり「聖杯」だった。二〇〇一年までに、これに明確な変化が起きた。研究プログラムの目標は再考され、両性可能の段階から性腺分化に関与する多元的な要素の同定にあるとされた。会議での議論の記録では、たとえば、現在UCLAの臨床遺伝学者であるエリック・ヴィラインが、「男性化」因子は研究対象のひとつに過ぎないことに留意するように研究者たちに促している。「卵巣形成」因子と「反‐精巣形成」因子（重要なことに、おそらくそれぞれ異なる）の同定はこれからだ。ヴィラインは、これらの因子なしには、性決定の遺伝学的説明は不完全なままだと主張した。特にクープマン、グレイヴス、ラヴェル＝バッジ、そして（フランスの人類遺伝学研究所の）フランシス・プーラ（Francis Poulat）の会議での発言録の至るところで繰り返し述べられるこの視座は、性決定の研究課題における概念の変化が広く共有されていることを明らかにする。[47]

これと一致して、ノバルティス会議の記録も、性決定におけるSRY遺伝子の重要性の評価を著しく変えた証拠を示す。この分野が全能的な「男性性」のマスター遺伝子と早期に結合したことは、今では間違いなく以前の考え方における盲点として映る。論者の一人（匿名）は、古いモデルの問題は、今や実証的な反証と進化論の基礎的な原則を踏まえると明らかであると指摘し、研究者たちにこの見落としを認識させるために、なぜグレイヴスの介入が必要であったのかと不思議がる。

遺伝学的な試験の存在するモデル体系では、我々はしばしば特定の遺伝子を単離し同定し、それらに特定の役割を割り当てる。我々はそこで、「ああ、この遺伝子は多くの生物においてもこの機能を持つはずだ」と考えがちだ。（…）我々はSRYが性決定の最重要物ではないという、ジェニー・グレイヴスの立証のような結果を得るときに非常に驚く。しかし実際は、これはおそらく進化における一般的なテーマなのだ[48]。

一九九二年に、ＳＲＹ遺伝子が「男性を作るために必要な全ての遺伝子情報」を含んでいると主張したグッドフェローは、二〇〇一年にＳＲＹは別の遺伝子と関係するらしく、この相互作用自体もまた共同因子の支えを必要とすると述べた。

おそらく、私が言わんとすることは、我々が共同因子的分子を（…）長い間無視してきたということだ。私が、別の遺伝子の発現に必要な共同因子を取り入れるのを見ることの可能性を強調するのはそのためだ[49]。

二〇〇一年、研究者たちはＳＲＹ遺伝子に性決定におけるずっとささやかな役割を与えた。プーラは、ＳＲＹを、置き換え可能な制御因子である「箱」として描いた。「我々はＳＲＹがただの箱だと述べる。この箱はその他の箱と交換することができる。（…）基本的に我々は、多かれ少なかれただの箱にしか過ぎない短縮型ＳＯＸ９蛋白を持っているのだ。しかし、この場合我々の性は転換する」。同様に、ラヴェル＝バッジらは、ＳＲＹを「建築的な要素としてのみで働く」と説明した。男性と女性両方の性腺発生を含む、非二元的で多元的な性決定モデルへの移行と、遺伝子動態の複雑な制御ネットワークモデルへの傾向の両方を反映して、「マスター遺伝子」という言葉は見られない[50]。

最後に、二〇〇一年の会議の論者たちは、ヒトの性決定遺伝学の特質を新たによく認識していた。初期の熱狂者は、ＳＲＹをオリンピックにおける性別確認の道具として、また「男を男にする」決定因子として支持した。二〇〇一年の研究者たちはずっと注意深かった。たとえばヴィラインは同僚たちに対して、「性腺発生の異常や多くは遺伝学的には説明されないままだ」ということを再確認した。[51] SRYモデルでは、ヒトの性決定を完全に説明できなかったことは、ある部分では性差についての単純過ぎる二元的な考え方から、またある部分ではマウスモデルとヒトモデルの間の不一致から生じたと、研究者たちは理解している。当初研究者たちは、食い違いをごまかして、根本的な、そのためよく保存されている哺乳類の発生経路として、性決定理論に固執し、性決定研究のためのマウスモデル系の一般化を正当化した。二〇〇一年の研究者たちは、このモデルの崩壊に直面して、マウスとヒトの性別とジェンダーの決定システムの違いと、単純で二元的な性差についての一般的考え方を、性決定の生物学理論に持ち込むことの特別な危険性により敏感だった。二〇〇一年には、ヒトの性決定遺伝学が独自の専門分野へと発展し、専門家たちはヒトの性の表現型の特異性によく注意を向けるように同僚たちに強く求めている。たとえばヴィラインは、「驚異的な性の表現型の多様性についての理解」を受け入れるヒトの性決定モデルを求め、(…)「我々はしばしば、環境から遺伝学的背景までのあらゆる種類の影響を過小評価する」と述べる。そして、「我々は［ヒトの］性決定が性腺ではじまり性腺で終わるという考えに巻き込まれてはいけない」と短く付け加える。[52]

この記録は、この新しいジェンダー批判性が、インターセックスのコミュニティーによって提起された社会的政治的な問題への認識が一部の研究者で高まったことと直接的に関係していることを示している。患者団体に応えて、研究者たちは、「正常な」性の表現型と男女という性二元性の自然性と必要性についての彼ら自身の前提に挑戦した。彼らは、性決定研究の研究デザインと言葉の使用に注意深さと正確さが必要であることを十分に理解している。たとえば、ヒトの性決定遺伝学における最近の研究についての議論の中で、グッドフェローは次のように述べる。

医学の専門家と患者集団の間に生じる対話は、医学の専門家が耳を傾けるべきものです。単にこの非常に難しい領域に関してだけでなく、一般にも。治療は、治療者の社会的な偏見を反映します。特定の治療が、その治療を施している人たちの偏見のために選ばれるときには、そこには社会的対話があるべきです。英国における患者の治療のための責任は、私が生きている間に変化しました。(…)明らかに、この問題には簡単な解決策はありません。なぜなら、社会的な態度が大きく変化しない限り、我々は、社会の規範から外れた人たちに対峙することになるからです。(…)〔我々が、〕治療される人たちとの対話に関わらないのはまちがったことでしょう。(53)

グッドフェローの、「偏見」が科学的実践に影響を与える可能性についての懸念、インターセックスコミュニティーへの責任感、ジェンダーについての社会的規範の力と不確実性についての認識、そして彼が性決定モデルの理論的な議論の中にこれらの問題を容易に位置付けたことは、インターセックスのコミュニティーによって提示されたスペクトルとしてのジェンダーという考え方と性決定研究の分野における認知作業の間に生じていた交流を反映している。

アネンバーグ財団が二〇〇四年に実施した、性決定遺伝学者、ホーリー・イングラハム(Holly Ingraham)、デイヴィッド・ペイジ、そしてエリック・ヴィラインへのインタビューは、性決定研究の分野におけるジェンダー批判的アプローチのノーマライゼーションを記録する二次資料を提供する。インタビューは、二〇〇一年のノバルティス会議のテーマに共鳴し詳しく述べる一方で、その分野におけるモデルと認識論的な実践にジェンダー批判を統合するという、より洗練された図式を示す。これらの長期的な一人称での語りは、研究者たち自身の性決定についての考えの展開を明らかにし、そうした変化を専門家らが理解するより広い知的な枠組みの存在を提示する。

インタビューは、セクシュアリティのスペクトラム遺伝子量と制御メカニズムの重要視の両方を含んだ今日の性決定モデルが、ヒトの性とジェンダーについてのジェンダー批判的概念によって広く補強されていることを示す（図7・2参照）。研究者たちは、明確に、新しいモデルをその分野におけるジェンダ

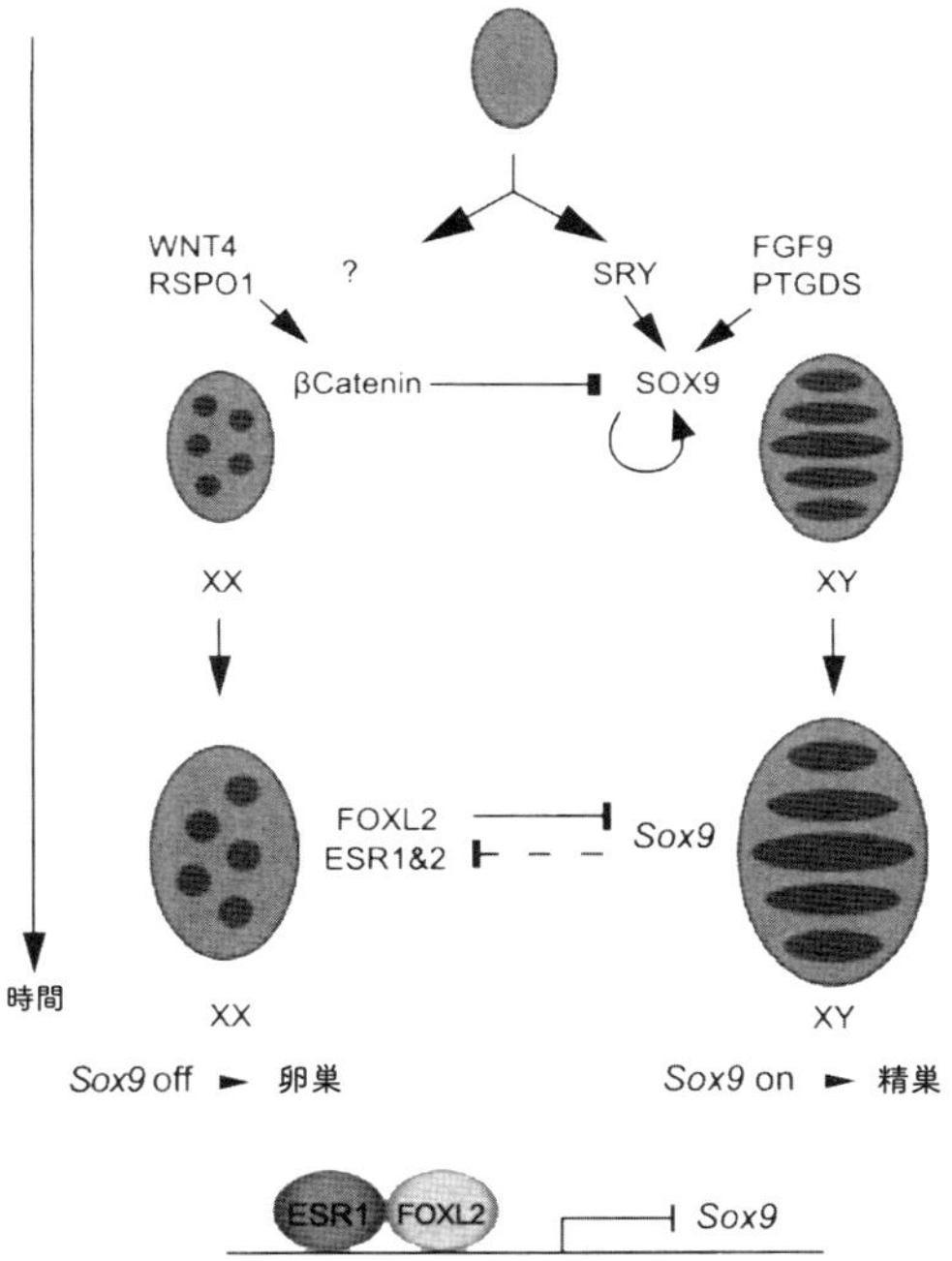

図 7.2. 2010 年代の遺伝学的性決定モデル。
Elsevier の許可を得て、N.Henriette Uhlenhaut et al., “Somatic Sex Reprogramming of Adult Ovaries to Testes by Fox 12Ablation,” *Cell* 139, no.6 (2009): 1130-42 から再掲。

ーについての変化した、より複雑な理解の発展に、そして古いモデルを、性の生物学についての一群の偏向した前提に関連させている。たとえばヴィラインは、一九八〇年代と一九九〇年代の性決定の概念を、「男性をとことん完全に作る男性化遺伝子という単純化し過ぎたメカニズム」と説明している。このモデルは、男性決定的遺伝子が、両性能的性腺に男性化を「強要する」のに必要な全てを含んでいることを前提としていた、とペイジは言う。ペイジは、このモデルを、「途方もなく男性偏向的」で「男性に有利なように極度に歪曲」し「解剖学的な違いの発生についての我々の理解における最も明確な欠点[54]」と表現した。

イングラハム、ヴィライン、そしてペイジは皆、性決定のマスター遺伝子SRYモデルの歴史を、ジェンダーについての検証されていない無批判の前提を科学的理論に組み込むことの危険の教訓として語る。ペイジは、「生物学者たちは半世紀の間、雌性の発生は初期設定の結果であり、全てのヒトあるいは哺乳類の胚は、どういうわけかはじめは雌性で、次に雄性を押し付けられると言ってきました。私は、入手できるデータがこの考えを支持するとは思いません」と語る。ヴィラインは、「私たちは、かつては、雌性は既定の受動的な性決定経路の結果であると考えていました。これが真実ではないと、今はわかっています」と説明する。

イングラハムはさらに、古いモデルは、「雌性の能動的プロセス」を特徴づけるのにあまり熱心ではなかった男性研究者たちの偏向した関心を反映していると提言した。彼女は、「私は女性なのでこのプロセスを理解したいと思います。そして私は、なぜ私が女性なのか、そして私にジェンダーを割り当てる能動的な要素は何かを知りたいのです[55]」と明かす。

今日のモデルを説明する時に、研究者たちは、女性の発達プロセスと性の動的で非二元的な理解を含むことを強調する。たとえばヴィラインは次のように述べる。

私たちは、遺伝子が次から次へと通る単純な線形的な経路ではなくて、より微細な量の雄性化的、雌性化的、そして反雄性的、反雌性的な遺伝子の全てが相互に作用し合う、性決定の分子生物学の新しい時代に入ったのです。[56]

同じように、ペイジは言う。

雄性の経路と雌性の経路は共に非常に活動的で、高度に編成され高度に統合された一群の出来事や、我々が理解しはじめたばかりの非常に複雑な生化学的なカスケードを必要とします。

性決定の遺伝学的モデルについてのこれらの描写の中での、性決定の複雑さ、雄性と雌性の両プロセスの能動的な性質、性決定への雄性と雌性の遺伝子の同等の貢献、そして、雄性と雌性の要素の関連性を研究者たちが重要視するのは、全て、性とジェンダーについてのジェンダー批判的な理解へのより深い移行を反映している。ヴィラインは「性を定義するにはいろいろなやり方があり、そのどれもが他とちょうど等しく重要なのです」と述べている。ペイジは「しばしば私たちは、私たちが［性に］負わせようとする定義の限界のために、自分につまづいて転んでしまいます」と言う。「［ジェンダーの］単純な定義のようなものはありません。そして科学的な文脈の中でさえ、性あるいはジェンダーは、多くの異なるレベルで定義されてきました」と、彼は付け加える。イングラハムは、ヒトのジェンダー・アイデンティティの多様性を強調して、マウスの研究は、研究課題に理想化されたジェンダーの概念を押し付けたが、ヒトの性決定は、性的アイデンティティの表現型が変わりやすいという文脈で説明されるべきだと主張する。「トランスセクシャルなマウスをどうやって見つけるつもりですか？　マウスに尋ねるつもりでしょうか[58]？」

◇

今日、ジェンダー批判は、一九八〇年代と一九九〇年代、そしてそれ以前にはなかった形で、性決定研究の分野における専門家の言説の一部である。一九九〇年にSRYを発見したシンクレアはあるインタビューで次のように述べている。「人々は物事が秩序だっていることを好み、曖昧な領域や物事がはっきりしなくなると不安になるのだと思います。しかし最近の私は、男性と女性についてそれほど白か黒では考えません。今では私はその全てが一つのスペクトラムの上にあると思っています[59]」。

このジェンダー批判的視座は、明確に性決定研究の認識的内容に関連させることができる。ここでは、私たちは、研究者たちが性の決定、性決定についての説明言語、そして仮説を検証したりデータを解釈したりする日々の研究について考えるのに用いる、より大きな統合的概念に関係するようになったジェンダー批判を見てきた。彼ら自身の言葉の中に（彼らの研究へのフェミニズムの寄与をしばしば痛々しいくらい気付かなかったにせよ）、私たちは、研究者たちがジェンダー批判を彼らの思考にとって価値あるものとみなしていたのを見ることができる。また、私たちは、ジェンダー分析がこの分野における批判と分析のための標準的な認識論的戦略となっていくのを観察することができる。

一九九〇年代の性決定研究は、一つの科学的な分野におけるジェンダー批判の社会的および認識論的な発展についての優れた研究事例を提供してくれる。性決定研究のジェンダー的側面への私の焦点は、もちろん、ジェンダーについての信念が性決定のSRYモデルを形作った唯一の要因だったということを意味することでも、あるいはジェンダー批判が新しいモデルの発展の唯一の推進力だったということを示唆するものでもない。私が明示したように、ジェンダー批判は、過去二五年の間の技術の進歩、新しい遺伝子の発見、そして発生生物学の「マスター遺伝子」理論がより広く再検討されたことを含む他の要因とも関係してきた。とはいえ、ジェンダー批判の貢献は明らかに重要だった。

性についての遺伝学的研究へのジェンダー批判をモデル化するには、感度の良い耳と、ジェンダー批判的視座と科学研究の相互関係を理解するための柔軟な枠組みが必要である。性の遺伝学的研究におけるジェンダー批判の形式と影響は不均一であり、一様ではない。性決定の遺伝学のモデルと説明言語が実質的に改革された一方で、多くの遺伝学研究の領域は未開拓のままだ。さらに、私が示したように、ジェンダー批判的な視座だけでは、性の遺伝学的決定のモデルの変化を説明するのには不十分だ。私たちは、この変化を説明するのに技術的実証的要素とこれらとの関係のもつれを解かなければならない。最後に、社会科学者と人文科学者に比べて、自然科学の研究者たちは、彼らの実践をフェミニストのものと理解したり、よい科学は価値自由で政治から独立しているという長年の理想の遺物である彼らの思想へのフェミニスト的視座の影響を認識することに、より抵抗がある。したがって私たちは、たとえ関係する主役の幾人かはそのように理解しなかったとしても、正当ならば、特定の考えの源をジェンダー批判的視座に求めなければならない。

この章では、フェミニストの視座は遺伝学的な性の研究における科学的知識の進歩に貢献したか、もしそうならどのようにか、という一連の課題に焦点を当てて追求した。遺伝学的な性決定の理論は、性についての科学的概念に対するジェンダー批判的な立場が建設的な貢献をしたことについての素晴らしく繊細な事例を提供する。しかしながら、フェミニズム後の性の遺伝学的科学について問うべき二つ目の、あまり探究されなかった問いがある。性についての遺伝学的理論を源とするジェンダーの文化的概念は、第二波のフェミニストの登場と主流の大衆文化へのフェミニズムの参入以来、どのように変化したのだろうか。この問いは、私たちの関心を、科学の発展へのフェミニストの貢献を越えて、より広く、現代のポストフェミニストのジェンダー・ポリティクスの特定の内実が、どのように今日の性についての遺伝学的研究を形作り特徴付けているかを探究することへと広げる。

第八章　男性を救え！

「この部屋にいる男性諸君は、Yが男性性にもう少し長期的な貢献をしていると思いたいのではないですか？」二〇〇一年、メリーランド、ベセスダでのことだ。Y染色体の遺伝学者、デイヴィッド・ペイジは、聴衆の若い男性たち——選ばれた高校生たち——を見やった。ペイジの質問に面くらって、彼らには明らかに不安と期待がうずまいていた。ペイジは、にっこりと笑って緊張を解くと、男子生徒たちに、彼の研究室での新しい研究は幸いY染色体を「長年の誤解」から「知的に救った」と安心させた。男子生徒たちの顔は和らぎ、苦笑が部屋を満たした。[1]

五年後、二〇〇六年にオーストラリアのブリスベンであった国際人類遺伝学会議の基調講演で、性染色体遺伝学者のジェニファー・グレイヴスは、女たちを微笑ませ、男たちを苛立たせた。グレイヴスは次のように話した。「Y染色体には二つのモデルがあります。私たちはみな、Yがあれば男なのだから、Yは小さなマッチョだとするモデル教わってきました。（…）けれど、私たちの比較マッピングの研究は、Yが単なる弱虫、X染色体の遺物にすぎないことを示しています。（…）これはもちろん、男性を大変に不安にさせます」。『オーストラリア・バイオテクノロジー・ニューズ』は、「観衆の全ての女性が満面に笑みを浮かべ、男たちは、彼らが根本的に無駄かもしれないという予想に狼狽し、居心地悪そうにしていた。このことは確かに彼らの関心を惹きつけた(2)」と報告している。

一九九〇年代と二〇〇〇年代の間、ヒトのY染色体の構造、機能、そして進化についての二つのモデルが競い合っていた。一つのモデルは、Yは男性性に特化するための選択的な圧力によって研磨された、丈夫な遺伝子を持つとする見方を掲げた。対するモデルは、ヒトのYを急速に退化中の染色体の断片とみなし、そのわずかな遺伝子は、それらが機能的に男性性のために特化しているからではなくて、それらが雄性に特化したプロセスにたまたま関わっているために残っていると見なした。この章では、性染色体遺伝学者のデイヴィッド・ペイジとジェニファー・グレイヴスに注目しながら、一九九〇年代後半から二〇〇〇年代初頭にかけての、これらの対立するモデルの発展を追い、それらをめぐる議論のジェンダー的側面を分析する。

Y染色体の退化についての議論は、七章で、知識におけるジェンダー概念の作動を可視化する実践と定義されたジェンダー批判と、「ポストフェミニスト・ジェンダー・ポリティクス」と私が呼ぶものが、どのように現代の生命科学の中でのジェンダーが作動する仕方を変化させはじめているのかを説明する。ジェンダー・ポリティクスは、Y染色体の退化に関する議論の先鋒であり、中心であって、この分野における言葉、研究モデル、そして実証的な議論を率直に特徴づけている。Y染色体についてのモデルは、それぞれに性とジェンダー、そして暗黙のうちに、現代の性の政治に関する一連の実質的な最初の前提をもたらす。同時に、両モデルは共にY染色体の構造、機能そして進化についての新しい問題を提起する、十分に熱意のある検証可能な科学的理論を提示した。

私が主張するように、「ジェンダー・バイアス」は、グレイヴスとペイジのモデルがどのように異なっているのか、それぞれの科学者が彼や彼女の研究でどのように政治的な隠喩《メタファー》と文化的な政治を用いているのか、そして彼らの論争の争点は何であるのかを理解するのに適当ではない。その代わりに私は、この事例で科学知とジェンダー・ポリティクスの間の関係性を説明するために、ジェンダー・バイアスよりもより知覚的な枠組みとして、「ジェンダー的価値付け」という考え方を発展させる。「ジェンダー・バイアス」が、科学的実践の中でジェンダーの概念が、非建設的な偏りをもたらすように無分別に作動する目に見えない事例に適用されるのに対し、「ジェンダー的価値付け」は、ジェンダーの概念が、建設的な偏りをもたらすように再帰的に作動する明白な事例に適用される。(3)

「男は終わった」

Y染色体が「退化している」かもしれないという予想が、二一世紀のはじめに、急に一般の議論に登場した。二〇〇二年に『ネイチャー』誌に掲載されたある概念論文の中で、ジェニー・グレイヴスと同僚のロス・エトケン（Ross Aitken）は、ヒトのY染色体が一〇〇〇万年で消滅すると予測した。

最初のY染色体は一五〇〇ほどの遺伝子を持っていた。しかしその後三億年の間に、約五〇を除いて全てが不活化されるか失われた。全体として、一〇〇万年に五つの遺伝子が不活化されたことになる。Y染色体上に機能を失った遺伝子（偽遺伝子）が多く存在することは、この消滅プロセスが続いていることを意味し、これらの重要な遺伝子さえも失われるだろう。現在の減衰速度によると、

Y染色体は一〇〇〇万年で自己消滅する。これは、Y染色体が（その全ての遺伝子と共に）ゲノムから完全に失われたモグラネズミではすでに起こっている[4]。

これは大雑把な計算ではあったが、グレイヴスのY消滅予測は、ゲノム科学と発生理論にいくつかの検証可能な課題を提示した。もしもY染色体が消えるなら、もしあるとすればどの遺伝子が、哺乳類のゲノムにおける雄性決定経路を代替するのか。性決定システムにおける急激な変化は、種形成においてどのような役割を演じるのか？　どのような集合遺伝学的動態が、Y染色体の退化を早めたり遅らせたりするのか？

グレイヴスが、男性の消滅を予測したのではないことは重要だ。「男性のいない世界は、Y染色体を失うことの必然的帰結ではない」とグレイヴスは強調した[5]。男性に特化したプロセスはX染色体あるいは常染色体上の遺伝子によっても実行されるかもしれない。実際、モグラネズミのような、Y染色体を持たないXX／XOの種にも雄は存在する。Yを失うことは、それが人類（男女共に）消滅の原因にならないのであれば、むしろ新しい性決定システムの進化を導くのだろう。グレイヴスは、新しい性決定経路は、おそらく男性の繁殖能力が低下するのに応じて、Y染色体が消えるずっと前から現れはじめるだろうと推測した[6]。

しかし、世界中の報道の見出しでは次のような警鐘が鳴らされた。「遺伝子プールは男性を消滅させつつあるのか？」「男性の不安――Y染色体は自滅するのか？」「男は終わった[7]」。二〇〇四年、ロンドンで行われた国際染色体会議の基調講演イベントで、グレイヴスはもう一人のY染色体研究者、オックスフォード大学のドミトリー・フィラトフ（Dmitry Filatov）と対決した。会議のプレスリリースは「哺乳類のY染色体の運命について先端遺伝学者たちが公開討論する」と売り込んでいた。こうした考えは大衆文化にも現れた。

グウィネス・ジョーンズ（Gwyneth Jones）の小説、『いのち（*Life*）』と、コミックシリーズの『Y――最後の男（*Y: the Last Man*）』は、Y染色体の危機をシナリオの下地として、男性の人口が減少した世界滅亡後の未来を描いた。短く言えば、Y染色体退化仮説は、フェミニズムと男性の社会的地位をめぐる文化的な懸念にとっての火種になった。男性の被害者意識、男性優位原理主義、そして普遍的な兄弟愛（brotherhood）といった非常に流動的で戦略的なポストフェミニストの性質が、Y染色体に象徴性を見出した。

オーストラリアのサイエンス・ライターで考古学者のピーター・マクカリスター（Peter McCallister）は、二〇一〇年の著作、『男性人類学――なぜ現代の男性はかつてのような男ではないのかについての科学（*Manthropoloby: The Science of Why the Modern Male is not eh Man he Use to Be*）』の前書きで、「私は私の兄弟である男性を愛している――彼らは皆一人一人、私と同じように、額の上に発育不全の突然変異Y染色体の印を付けている[8]」と主張した。この言説の中で、「縮んだ」、「哀れな」、遺伝的に不安定な染色体としてのYという象徴は、ポストフェミニストの時代における「男性性の危機」の代役を務めている。『Yの真実――危うい男たちの進化論（*Y: Descent of Men*）』で、スティーブ・ジョーンズ（Steve Jones）は、女性の進歩の結果、「大きな自信の消失が世界の半分を襲い」「男らしさそのものが完全に危機にある」と主張した。

データは厳しい。第二次世界大戦の終わりには夫は家計を効果的に管理していた。一九七〇年代には、イギリスの妻たちは彼らの許可なく預金を引き出すことができた。現在、既婚女性の四分の三は仕事を持っている。一九六〇年代、彼女たちは夫の半分しか稼がなかった。しかし今ではこの差はずっと少ない。[9]

『アダムの呪い』の中で、ブライアン・サイクスは、男性が社会的権力を失った人類は、今や男性全てを失おうとしているという、さらに人騒がせな仮説を提唱した。彼は、歴史を通して「男性が支配権を把握、維持する家長制の社会構造」が、不具のY染色体を助けてきたのだと主張した。男性の力が衰えたために、環境による精子生成の損傷と、Yを必要としない近未来の生殖技術の登場に伴って、「この世のあらゆる精巣の中で（…）Y染色体の衰退を引き起こしている」とサイクスは予言した。サイクスは、五千世代、あるいは約十二億五千年の間に「男性は消滅する」と予想した。[10] それから、皮肉かもしれないが、ヴァレリー・ソラナス（Valerie Solanas）が一九六七年に男性の撲滅を呼びかけた、評判の悪いＳＣＵＭ宣言〔訳注："SCUM Manifesto"「男性根絶協会（Society for Cutting Up Men）マニフェスト」〕を引用しながら、サイクスは、急進的なフェミニストはY染色体の消滅を促進し歓迎するだろうと示唆した。これは武装を呼びかけるものだ。サイクスは「男性たちよ、そろそろ覚悟しておいたほうがいい」と書いている。著作の最後にサイクスは、手遅れになる前にYを修復するための遺伝子工学の計画を概説する。[11]

これらの著者たちは、Y染色体の退化をポストフェミニズムの男性の社会的地位の低下に象徴的に関連付けながら、ジェンダー・システムの変化に照らして、男性の衰退をめぐる不安が、Y退化理論に対するメディアに広まった関心の背景のひとつであることを明らかにしている。去勢、母系支配、そして男性余剰の恐れは、もちろん、西洋社会の中に繰り返し現れる文化的ミームであり、ポスト産業都市経済の隆盛と女性解放運動の到来以来、高まってきた。[12] 私たちのほとんどが、男女共に、ジェンダーの平等性の発展を歓迎する一方で、ジェンダー役割の変化は、家庭、職場、そして政治経済的な領域における多くの男性の権力感覚の基礎を揺さぶった。男性の好みと関心は、もはやかつてのように文化的に力を持ってはおらず、男性の中にはこのことを損失として経験する人もいる。[13] そのため、素早く劇的な第二波フェミニズムの成功には、「ポストフェミニスト」による余震、反動、流用、バックラッシュが伴っていた。[14] 今日、男性にとって「フェミニズムを、不愉快な、暗にあら探しをする存在とみなし」、「男性が力を失うこと」を「女性の自立の起こし得る結果」とするような目立った言説がある。[15] ポストフェミニストの時代において、男性そして男らしさが危機に瀕しているとする考えは、様々な文化的な場面に姿をあらわす。二〇一〇年の『アトランティック・マンスリー（*Atlantic Monthly*）』の巻頭に登場し多く議論された記事「男性の終わり（The End of Men）」（図8・1参照）は、「どうやって男になっていいかわからない」「永遠の少年」を描くジャド・アパトー（Judd Apatow）のようなスタイルの男性向けの映画から、セックスよりも抱き合うことを好む、純粋なヒッピーの肩の細い新しいファッションまでを報告し、伝統的な男らしさが消えつつあることを示した。[16]

これらの課題への応答として、運動家たちは男性の権利を求める新しい組織を立ち上げ、男性は彼らの男らしさを探索し深めるための支援団体を形成し、学者たちは、最も競争力が高く女性を支配している群の中で、男児と男性の教育的経済的可能性の低さを考察する研究を行っている。予測される男性の衰退は、いまや社会科学の真剣な研究対象である。二〇一一年、米国家族労働研究所による「新しい男性神話」と題した報告書は、男性が、未だに広く浸透している「大黒柱であることを男性の役割とする伝統的な見方を、男性に家族生活への参加を働きかける新しいジェンダー役割についての価値と共に」受け入れようとして、新しい圧力と混乱を経験しつつあると報告している。報告は「女性神話が女性を

図 8.1.『アトランティック・マンスリー』2010 年 7/8 月号。

傷つけたように、新しい男性神話は、男性を傷つけている」[17]と結論した。これらの懸念に応答して、運動家たちは男性の権利を促進する新しい組織を立ち上げ、男性は彼らの男らしさの意味を探索し深めるための支援団体を形成し、学者たちは、より競争力があり、いまや優勢な女性に囲まれた男児と男性に対する乏しい教育的経済的な可能性を調査する研究を行った。

生物医学においても、今日の男性の脆弱性あるいは弱さは新たに注目されている話題だ。メディアで騒がれた最近の研究では、ヒトの男性の精子の数は世界各地で急激に減少していること[18]、地球温暖化による気温の上昇が男性の人口を減らすこと（気候変動は、弱い男の胎児にとってより過酷であり、高い割合で男児を自然流産させると言われている）[19]、そして、郊外の池で見つかった雌の臓器が育った雄のカエルで示されるように、内分泌を破壊する環境有害物質は男性を「女性化」することが主張された[20]。

生物学の別の領域では、進化心理学者たちは、男性の生物学的性質——体の大きさ、強さ、そして攻撃性——が、「社会的知性、開かれたコミュニケーション、じっと座って集中する能力」を必要とする「脱工業化経済」には不向きであることを認めた[21]。彼らは、女性は新しい経済において成功するだろうとする一方で、進化論的な意味で男性が「適応することはあまりにも難しい」だろうと主張している[22]。

マーサ・マコーヒー（Martha McCaughey）が、最近の著作『原始人の神話（*The Caveman Mystique*）』で記すように、かつて西洋の白人男性は、彼らのヒトとしての行動と猿や原始人の行動との間に類似があるという指摘のどれもが一貫性に欠けると感じていたのに、奇妙なことに、「今日（…）多くの男性は、一般に普及した進化心理学的な言説に共通したそうした比較に慰めを感じている」[23]。Y染色体退化理論のように、男性の生物学的な衰退についてのこうした多くの主張は、明示的あるいは示唆的に女性と比較した男性の社会的地位の低下に関連付けている。マコーヒーは、生物学的な衰退にある、あるいはポストフェミニストの時代に生物学的に適合しない男性性についてのこれらの語りは、男性が伝統的な社会的、政治的、そして経済的な力と地位を失うにつれて、次第に広まりつつあると主張している。

「男性の衰退」についての今日の不安を描く時には、あまり大きな筆を用いるべきではない。男性の衰退に関する語りには、今日、広い関心が向けられているが、そのことで全ての男性（あるいは女性）個人がそれに同意していることにはならない。さらに私たちは、こうした語りの今日の文化的内容について、歴史的、社会学的に正確でなければならない。男性の衰退についての不安は、必ずしも性差別的でも、女性嫌い的でも、アンチフェミニスト的でもない。社会学者のマイケル・キンメル（Michael Kimmel）は、女性運動への最近の男性優位主義者の反応についての研究において、「女性に服従を求める」アンチフェミニズムと、女性の権力が高まったことによる文化的変容を前にして、女性を特に中傷することなく女性化に抵抗し、「男らしさを可視化することの重要性」を再び主張する男性指向的バックラッシュとの間を効果的に区別している。[24] 男性指向的で、必ずしもアンチフェミニスト的ではない「男らしさの危機」の不安についてのキンメルによる説明は、Y染色体の退化をめぐる現代科学的議論の中において表された、ポストフェミニストのジェンダー・ポリティクスのひずみを最もよく概観している。

以下で私は、ポストフェミニズムにおける、男らしさの立場についての文化的な不安は、Y染色体退化をめぐる実際の科学的議論にとって、面白いメディアの見世物であるだけではないと主張する。むしろ、こうした不安は、Y染色体退化に関する科学的議論に価値と情報を与える受容の文脈を作り、今日、ポストフェミニストのジェンダー・ポリティックスが、どのように性の遺伝科学を形作っているのかを知る窓を提供する。

朽ちていくYの擁護者

デイヴィッド・ペイジは、マサチューセッツ工科大学（ＭＩＴ）で医学の訓練を積んだ遺伝学者で、彼の研究は一九八〇年代以来、アメリカの分子生物学および遺伝学の先端を牽引してきた。七章で描いたように、ペイジはＹ染色体の研究者で、男性の精巣発生遺伝子の単離における中心人物だった。一九八〇年代後期、彼は、Ｙ染色体の非再結合領域の一部がＸＸの男性の一方のＸの先に結合しており、同じ領域がＸＹの女性のＹには欠失していることを示す洗練された欠失研究によって、Ｙ染色体上の性決定領域を同定した。不妊の雄についての同様の研究によって、ペイジは雄の生殖能力と関わるいくつかのＹ染色体の突然変異を同定した。一九九二年、彼はヒトのＹ染色体のはじめてのマップを発表した。続く十年間、ペイジの研究室はＹ染色体解読という緻密な仕事を達成した。

その小ささにもかかわらず、Ｙは特に解読が難しいということがわかった。Ｙにある大量のヘテロクロマチン（非常に多様な非コードＤＮＡを含む）、広範のパリンドローム（ＡＴＣＧＣＴ－ＴＣＧＣＴＡのように、相互に鏡写として読める隣接した配列を含む）および反復的要素は、標準的ゲノム解読法にとって挑戦だった。[25] ヒトのＸ染色体と二二本の常染色体とは異なり、ヒトのＹ染色体は、ヒトゲノムプロジェクトにおける解析のための主な共同作業から除外されていた。Ｙ染色体の解読は、一人の科学者且つ起業家の創始力、決意、投資、そして情熱を反映していた。ヒトのＹ染色体の完全解読が二〇〇三年に報告されると、『サイエンス』誌では、その年の十大科学的革新の一つと評価された。[26] この業績によって、ペイジは、人類遺伝学における傑出した業績に対して贈られるカート・スターン（Curt Stern）賞を受賞し、二〇〇五年、米国科学アカデミーに迎えられ、名誉あるＭＩＴのホワイトヘッド研究所の所長に任命された。

Y解読の過程で、ペイジと同僚たちは、ヒトのY染色体の構造、機能、そして進化のための新しいモデルを発展させた。モデルでは、構造的にはYは遺伝子が豊富で、機能的には男性優位的な遺伝子に特化しており、進化的には、Y染色体に特異的な遺伝子の取得と組み換えの新しいメカニズムによって、安定性と完全性を保っていると仮定している。このモデルは、Y染色体は精巣発生のための遺伝子に加えて、Y染色体上の遺伝子は男性の適応のための能動的な選択に従っており、したがってY染色体は男性の適応のための遺伝子を保有しているはずだとする。Y染色体上の遺伝子は男性と女性の差異の主な要因となるその他の多くの遺伝子を保有しているはずだとする。

ペイジのモデルは、優勢だったロサンゼルスのシティー・オブ・ホープ病院のY性染色体研究者、ススム・オオノの見解に挑戦した。オオノは一九六七年、XとYが一対の常染色体から進化したと主張して影響を及ぼした。長い年月をかけて、XとYはもはや組み換えできなくなるまでに分岐し、Y染色体上の遺伝子の消滅と破損へと至ったのだ（図8・2参照）。オオノの仮説は、組み換え（染色体の修復と再生のメカニズム）が阻害されたことと、精巣の過酷な環境の中での多くの突然変異の生成、そして遺伝子の不可逆的な脱落の進行によって起こる集団の一掃（マラー・ラチェットとして知られるプロセス）のために、Y染色体の遺伝子は長い年月をかけて退化し、いずれ機能を失い、そして完全に消えてしまうと予測した。数十年の間、このY退化理論はY染色体の構造、機能、そして進化の研究の枠組みとなってきた。

たしかに、XとY染色体の遺伝学的および比較ゲノム学的な分析は、性染色体の進化についてのオオノの説を裏付けるようだった。ヒトのY染色体は、おそらくX染色体の二〇分の一の大きさで、オオノによって明らかにされた退化のプロセスを通して、その内容のほとんどを今日では失ってしまった。残る争点は、Y染色体の最終的な消滅を予測できるのかどうか、あるいは、ペイジが主張したように、Yには、特別な修復メカニズムあるいは男性優位的遺伝子の適応のような仕組みがいくつかあって、それが完全な退化と消滅からY染色体を守っているのかどうか、ということだ。[27]

メディアの紹介記事で、ペイジは自らを「朽ちていくY染色体の擁護者」と呼んで、広まりつつある卑屈で侮辱的なYに対する態度を前にして、生物学的に重要な研究の対象としてYを復権させ、Yの新しい理解を築くために定説を切り開いた注意深い研究者と表現する。[28]ペイジは、ジェンダー・ポリティ

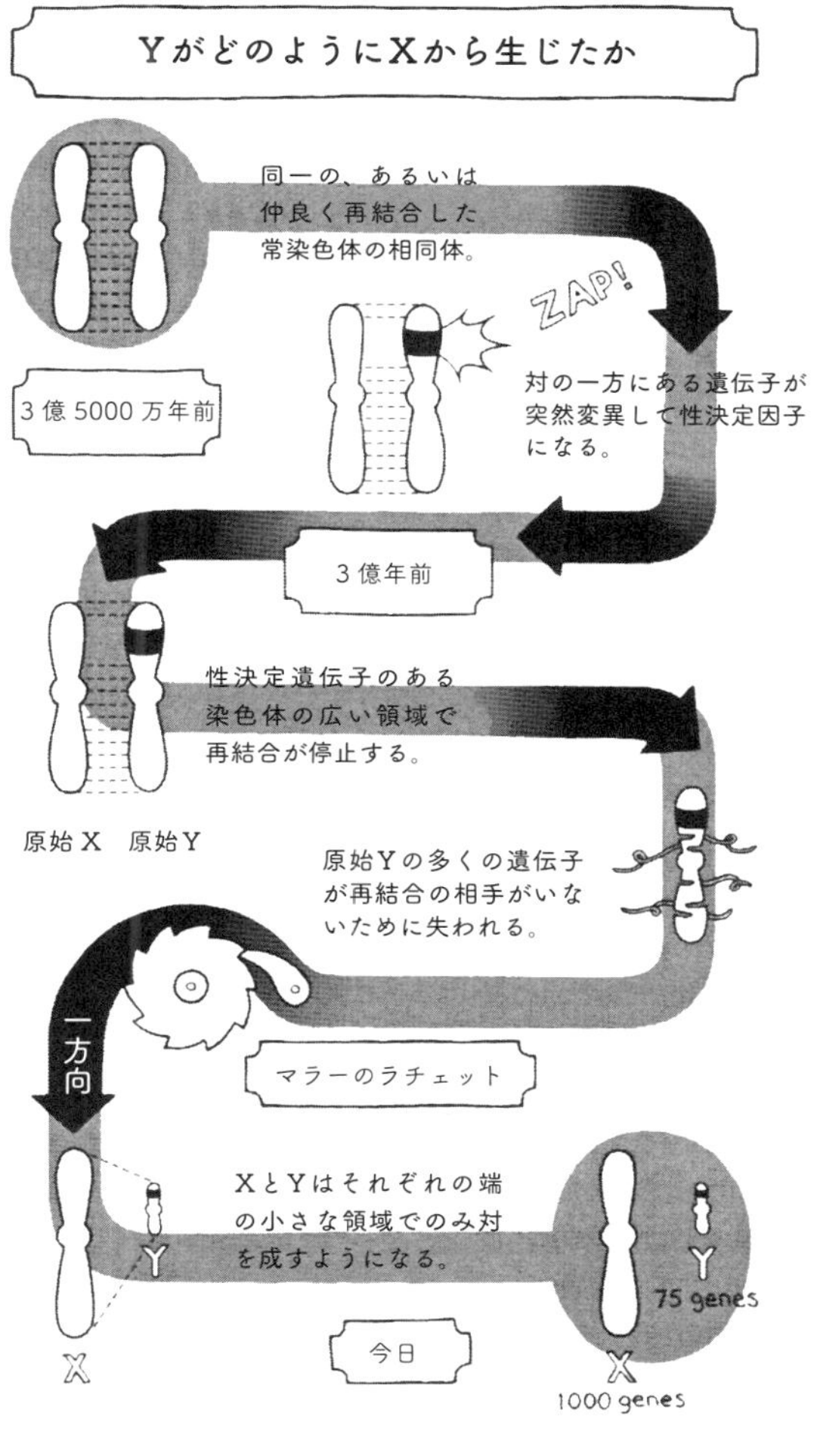

Yがどのように X から生じたか
同一の、あるいは仲良く再結合した常染色体の相同体。
3億5000万年前
ZAP!
対の一方にある遺伝子が突然変異して性決定因子になる。
3億年前
性決定遺伝子のある染色体の広い領域で再結合が停止する。
原始X　原始Y
原始Yの多くの遺伝子が再結合の相手がいないために失われる。
一方向
マラーのラチェット
XとYはそれぞれの端の小さな領域でのみ対を成すようになる。
Y
X
今日
Y
75 genes
X
1000 genes

図 8.2. 作図：Kendal Tull-Esterbrook; © Sarah S. Richardson.

クスは、Y染色体についての支配的な見方と関係があると長い間主張してきた。二〇〇四年の『サイエンティフィック・アメリカン（*Scientific American*）』のペイジの紹介では次のように証言される。

Y染色体を研究するという考えそのものは、生物学には固有の男性バイアスを広めるための口実としての意味しかないと信じているフェミニストの気分を害する。（…）ペイジは、Yがこれまで想像されたよりも非常に豊かでずっと複雑なゲノムの断片であり、科学のジェンダーに基づいた解釈にある偏見にうまく適合しないことを示す、彼の名の入った科学論文を多く示すことができる。(29)

二〇〇三年のホワイトヘッド研究所でのある講演の冒頭で、ペイジは「私が今日やりたいことは、Y染色体の性質とその未来の可能性に対する一世紀に渡る侮辱を前にして、Y染色体の名誉を守ることです」と述べた。これらの侮辱には、「選択的に耳が聞こえなくなる」というような妻の不満の源としてY染色体を描く漫画や、「縮んでいる」というYのイメージや、Y染色体は「遺伝学的に不毛の地である」という定説を含む、と彼は言った。「その他のどんな染色体も、このような侮辱に日常的にさらされてはいません」とペイジは述べた。(30)

ペイジの見方では、Yは、動きに乏しく退化している生物学的に価値のない染色体として見捨てられた、フェミニストが作り出したネガティブな男性の固定観念の被害者だ。ペイジは、Yを、強い女性によって取り囲まれて悩まされる、ポストフェミニストの世界では人気がなく望まれない男性として描く。二〇〇三年のホワイトヘッド研究所のプロフィールでは、ペイジの次の言葉が引用されている。

男の子と女の子、男性と女性についての一般的な理解は、XとYについての生物学者の理解に大きく影響する。（…）科学と性政治の境界は曖昧なものになる。Yが変化のない退化する善くない染色体だという考え方は、あまり科学的ではないが、大いに性政治的な理由のために、抵抗するにはあまりにも魅力的である。[31]

ペイジの論文と講演――すべて科学的な学術誌や場で――の題名には、「男性を救え！」や「超えられる低い期待について、あるいはY染色体のゲノム学的救済」、そして「性の進化――朽ちていくY染色体の再考」などとあり、二〇〇〇年のプロフィールでは、彼が研究室の会議で「男性を救え！」と印刷された青緑色のマグカップから飲み物を座って飲んでいる姿が紹介されている。[32]

一般的な場では、ペイジはしばしばYの状態を現代の男性のそれと同じと見なす。「ニューヨーク・タイムズ」紙のY染色体の解読についての記事には、「Yは結婚で得をし、Xは損をした」や、「Yは自分を維持したいがどうすればいいかわからない。妻がそうしないかぎり、医者の予約が取れなかったり、部屋をかたずけられない男のように、彼はバラバラになりそうだ[33]」といったペイジの言葉が引用されている。自己紹介で、ペイジは、妻と三人の娘たちのいる家庭での自分を「Xばかりの家の中の孤独なY」と表現する。著作や講演で、ペイジは何度もYを「ゲノムのロドニー・デンジャーフィールド〔訳注：Rodney Dangerfield. 一九二一年生まれで二〇〇四年に他界した米国の著名なコメディアン・俳優・声優。〕」と呼ぶ。彼のXとYの図ではXはピンクでYは青だ。[34] 講演では、彼は、男性の聴衆にYと自身を重ね合わせることを勧める。ホワイトヘッド研究所での二〇〇三年の講演では、ペイジは「聴衆の全ての男性に、ほんの少しの間、自らのY染色体に敬意を払うこと（…）」を呼びかけ、「みなさんは、みなさんのY染色体をみなさんの父親から、そして父親はその父親から、そして彼もその父親から、そのまた父親から、そしてそのまた父親から、壊すことのできない、組み換えのない形で、得てきたのです[35]」と続けた。

はじめの章で記したように、Y染色体が「男性性」の遺伝子を補強してきたという考えは完全に新しいものではない。一九六〇年代と一九七〇年代、Y染色体は、大きな軀体といった「男性」の形態学的な性質や、攻撃性のような行動学的な性質を納めていると信じられていた。一九九〇年代に登場した科学はこの直感を元に構築されたが、それはまた「性的に拮抗する」プロセスを活動の中心に据える、ヒトゲノム進化の特定のモデルを創造的に取り入れた。

一九三一年のR・A・フィッシャー(R. A. Ficsher)による遺伝子における優勢効果についての研究をはじまりとして、二〇世紀の間に散発的に再登場してきた遺伝子的性拮抗仮説は、遺伝子の視点からの進化の見方を、性同士の戦いが哺乳類のゲノムの歴史の多くを形作ったという考え方と組み合わせる。[36]「雌性指向的」および「雄性指向的」遺伝子は、分子あるいはゲノムのレベルで「最後まで戦う」と見なされ、異なる選択的圧力が導かれ、ゲノムの異なる座位で、雄性指向的あるいは雌性指向的な機能に特化していく。英国の進化論者ローレンス・ハースト(Lawrence Hurst)は、一九九〇年代にこの理論を生き返らせた。[37]一九九四年の二報の論文の中で、ハーストは、精子形成や男性の性腺発生に関わる遺伝子や、母親の利益に反して胎児の成長速度を増大させる遺伝子のような、男性に有利で女性には不利な生殖適応性遺伝子をY染色体が取り入れ、保持することを仮説的に理論化した。

ハーストの理論を参照し、ペイジは、一九九〇年代半ばにY染色体上の非組み換え領域の遺伝子(Nonreconbining Region of the Y: NRY)に関する包括的な調査を開始した。一九九七年の『サイエンス』誌の論文、「ヒトのY染色体の機能的一貫性」で、ペイジの発見が明らかにされた。これは、私が「遺伝子が豊富」で「男性性に特化された」Y染色体モデルと呼ぶ、彼のモデルを最初に明確に示したものだった。ある査読者から「大当たり」と表現された論文は、Y染色体上に十二の新しい遺伝子を発見したことを報告し、NRYの中で知られる遺伝子の数を二〇に増やした[38]。Yを遺伝子的には不活性な退化したXとする、いわゆる不毛の地モデルに明確に反論し、ペイジと院生のブルース・ラーン（Bruce Lahn）は、Yを「遺伝子の豊富な」、男性の生殖能力に特化したものとするモデルを発展させた。「皮肉なことに、これらの領域は『ジャンク』DNAから成ると広く考えられてきた。（…）それとは反対に、我々の結果は、これらのY-特異的な繰り返し領域は遺伝子が豊富であることを示している[39]」。

ペイジとラーンは、NRYには二つの「別々のクラス」の遺伝子が存在していると主張した（図8・3を参照）。「クラスⅠ」の遺伝子には、いたるところで「ハウスキーピング遺伝子」と表現される、不活化されていないXの相同体がいくつかある。一方「クラスⅡ」の遺伝子にはXの相同体がなく、精子形成に特化しており、もっぱら精巣においてのみ発現し、多くのコピーとして存在する（おそらく、退化に対する防御であり、男性の適応にとってのその重要性を示すものだと、彼らは主張している）。ペイジとラーンは、クラスⅡの遺伝子は、Yが男性の適応を増進する性質に機能的に特化していることの証拠だと論じた。

Yは「おそらく男性の生殖適応性を強める遺伝子を選択的に引き留め、増幅させることで、精巣に特異的な［遺伝子］群を好んで取り込んでいる」と、ペイジとラーンは書いた。フィッシャーとハーストを参照し、ペイジとラーンはさらに、クラスⅡの遺伝子は、Y染色体が進化の過程で男性に有利な新しい遺伝子を獲得するための独特のメカニズムである証拠だという仮説を提唱した。「我々は、ほとんどのNRYの転写ユニットは、X染色体と共通のY染色体の祖先から始まるのではなくて、最近獲得されたものではないかと考えている」と彼らは書いた[40]。

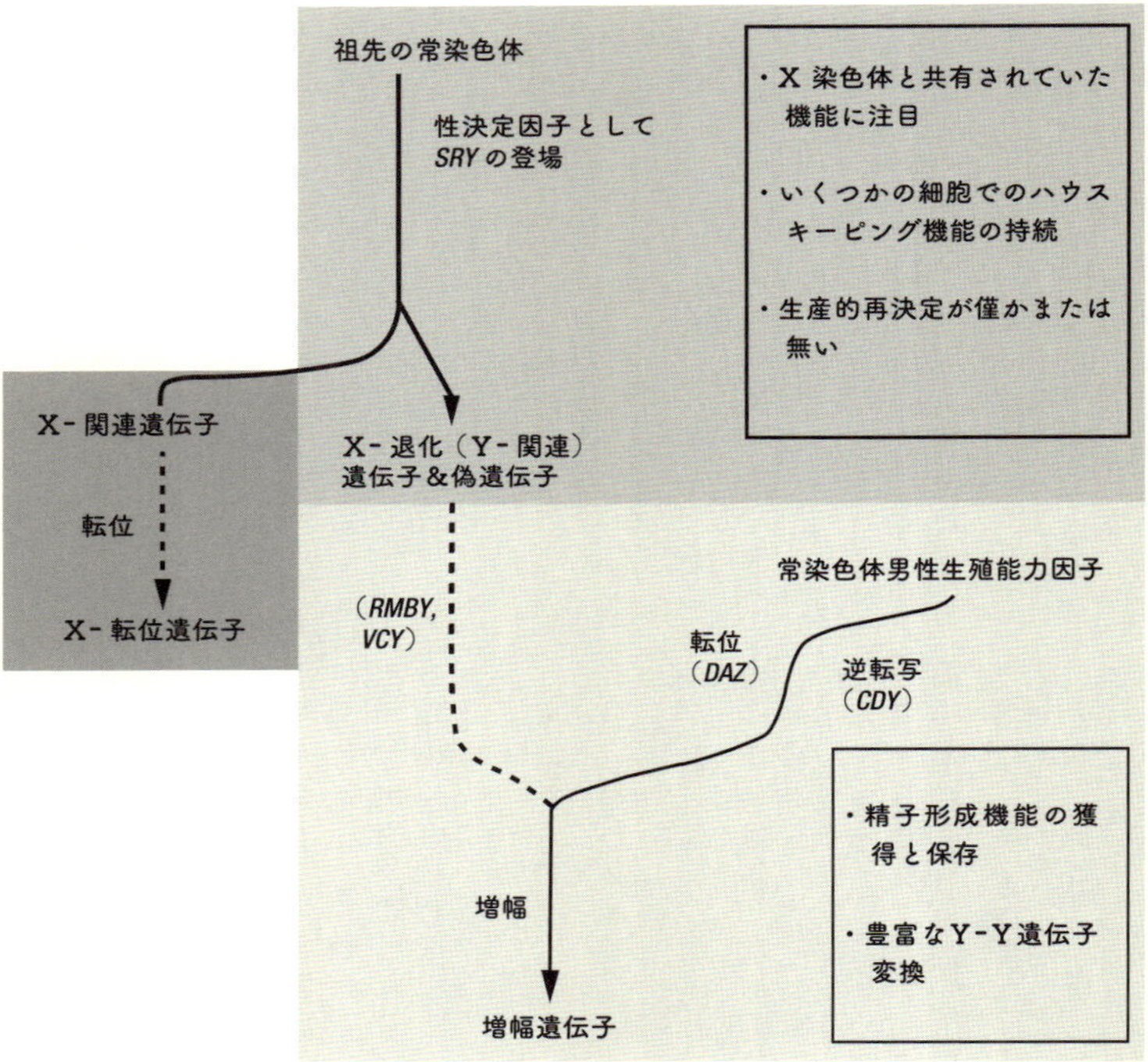

図 8.3. ペイジとラーンのヒト Y 染色体上の遺伝子の進化モデル。
Nature (Skaletsky et al., "The Male-Specific Region of the Human Y Chromosome Is a Mosaic of Discrete Sequence Classes," 423, no. 6942: 825–37) copyright 2003 を Macmillan Publishers Ltd. の許可を得て再掲〔本訳書ではさらにトレースした〕。

この主張の証拠は、まず、精子形成に関わるNRY遺伝子と同族の《DAZ》が、ヒトの三番染色体上の遺伝子と密接に関係しているという、一九九六年のペイジの発見でもたらされた。ペイジと共著者たちは、「[DAZの]完全なコピーは、霊長類の進化の間に常染色体からY染色体へと運ばれた」と提言した。[41] この発見は、Y染色体が縮んだX染色体だとする見方をひっくり返すと彼らは主張した。このことは、Y染色体の進化をもたらす二次的な進化のプロセスがあることを示唆する。男性に有利な、そしておそらく女性には不利な遺伝子の獲得だ。彼らは次のように書く。

ヒトDAZの事例は、全てではなくともほとんどのY染色体の遺伝子が、かつてX染色体と共有されていたという支配的な見方に挑戦する。(…)我々の結果は、Y染色体の進化と遺伝子の内容はまた、X染色体とは独立のプロセスの影響を受けていることを示唆する。我々は、男性の生殖能力を増強する常染色体の遺伝子の直接的な獲得が、Y染色体の進化の重要な構成要素であると考えている。特にもしもY染色体に運ばれた遺伝子が、女性にとってほとんどあるいは全く利益のないものであれば、そして特にそれらが女性の適応性を損なうときには、このプロセスは選択的圧力に有利に働くであろう。[42]

Y退化仮説への直接的な挑戦において、ペイジは「性的に拮抗する」そして「男性に益する」、男性の生殖能力のための常染色体アレルの獲得が、組み換えられないY染色体を完全な退化から守る進化のメカニズムであると論じた。[43]「おそらく、男性の生殖能力の遺伝子の獲得率は、後の退化率とほぼ同じで、結果として進化的な定常状態をもたらしている」と彼は書いた。[44]

一九九九年、ペイジとラーンは、別の遺伝子をクラスⅡに追加した。ヒトの十三番染色体のある遺伝子から「レトロポーズ〔逆転写挿入〕」された、X相同体を持たない、精巣に特異的なY染色体群の《CDY》だ。レトロポジションは、DNAの断片が、あるRNA分子から逆転写されて染色体に導入されるプロセスだ。Y退化モデルでは、レトロポジションは〔逆転写挿入されたジャンクの要素が蓄積することによって〕Y染色体が衰退するメカニズムのひとつと主には考えられていたが、ペイジとラーンは、今度はこれが「ヒトのY染色体の進化の過程で遺伝子が構築されるメカニズムも提供した」と主張した。[45] ペイジとラーンは、レトロポジションを分子的進化プロセスの武器の一つに加え、Y染色体が、退化のプレッシャーを前にして、進化的な安定性を維持するのに利用してきたとする仮説を立てた。「レトロポジションは、X染色体と共有する一群の遺伝子の持続性と、完全な転写ユニットを含むゲノムDNAの転置という、二つの他の分子的進化プロセスと共に、ヒトのY染色体の遺伝子の内容に貢献した」と彼らは記した。しかし、DAZとは対照的に、染色体十三番のCDYの仲間は性腺発生と精子形成に役割を持っていなかった。むしろ、CDYは精巣特異的な機能とレトロポジションを進化させた。彼らが記したように、CDYは「幸運にも既存のプロモーターの近くに入り込んだか、Y染色体上の転写可能な領域に入り込んだ、完全な経過を経て逆転写されたcDNAから作られた」。したがって、DAZとは異なり、CDYは、Y染色体へのランダムなレトロポジションの後に、男性に特異的なプロセスに取り込まれたのであり、「男性に有利な」あるいは「女性に不利な」遺伝子だからYに採用されたのではなかった。[46]

二〇〇三年、ペイジと共同研究者たちは、Y上の非組み換え領域の完全な配列を発表し、再び、その結果を、Yを遺伝子の豊富な男性性に特化したものとするモデルを確証するものと解釈した。[47] 論文は、

NRYに二七の個別の蛋白質がコーディングされており、次の三種類の遺伝子から成ると報告した。

1. Xから転置したもの（二遺伝子）
2. Xから退化したもの（二七遺伝子。そのうちSRYを含む十六は蛋白質をコーディングしており、十一は非コーディングの偽遺伝子）
3. 単位複製配列的（多コピーの九の蛋白質コード遺伝子群で、全部で六〇の遺伝子がある）

「単位複製配列的」クラスは、精巣でのみ発現する遺伝子の多くのコピー配列で構成されている。これはまた、部分的にパリンドロームでできていることから、以下で説明するように、組み換えに似た修復と再生の役割を担うとの仮説をペイジは立てた。図では、Xから転移した遺伝子をピンクで、Xから退化した遺伝子を黄色で（古典的な男性と女性の中間色——前性的、中立的、あるいはどちらでもない——を表す）、そしてY遺伝子を青で表した。X遺伝子は「ハウスキーピング的」で「偏在的」なものとして描かれ、一方Y遺伝子は男性特異的な機能を「獲得」し「維持」し、「豊富な」パリンドローム的な組み換えをするものとして描かれた。

ペイジと同僚たちは、このデータがY染色体の退化モデルを否定すると主張した。オオノのモデルは、Y染色体を「不毛の地」で「大きく退化したX染色体」と位置付けていた。「組み換えDNAとゲノム技術をY染色体へ」応用し、「分子学的にその遺伝子に基づく結論に達する」ことで、この「逸話としての」Y染色体の理解を覆した、とペイジと同僚たちは主張した。[48] こうした変更を示して、ペイジと同僚たちは、Y染色体の非組み換え領域（nonrecombining region of the Y: NRY）は今後、Y染色体の「男性特異的領域（male-specific region of the Y: MSY）」として知られるべきだと発表した。

近年、我々と他の研究者たちは、ＭＳＹを、ＮＲＹ、すなわち「Ｙ染色体の非組み換え領域」と呼んできた。この言葉の用い方は、生産的なＸ－Ｙの交叉がＭＳＹでは生じないことを認識し、明らかによくあるＹ－Ｙの遺伝子変換を無視していることを反映していた。我々はここでは、ＮＲＹを、ＭＳＹすなわち「Ｙ染色体の男性特異的領域」と呼ぶ。なぜなら、それは組み換え可能な遺伝子であり男性に特異的だからだ。(49)

ペイジのＹ染色体は、退化した不毛の地ではなく、厳しい進化の条件の中でその存続のために必要な新しいメカニズムによって豊かにされよく調整された産物だ。このＹは、退化の受動的な被害者ではなく、その遺伝子の目録を守り、採用し、作り、男性の生殖適性において中心的な役割を果たす。Ｙは「男性に特異的な生殖能力を増強する遺伝子」を「獲得」し、「進化」させ、「保存」した。(50) Ｙは、進化の圧力への応答において「活動的」であり、「高度に進化的で複雑な遺伝子構造」を持つ。(51) ペイジが述べるように、Ｙは、「前例のない規模と程度で遺伝子の豊富なパリンドロームを含んでいる」。(52) 講義とインタビューで、ペイジはＹを「不屈且つ高貴」で「男性性に永続的に貢献する」と述べた。(53)

ペイジはさらに、Ｙのモデルの持つ意味の一つは、それまでに認められていたよりも多くの「男性特異的」遺伝子、男性と女性の差異に貢献するかも知れない遺伝子が存在するということだと主張した。ペイジは、Ｙ染色体の塩基配列を報告した二〇〇三年の『ネイチャー』誌の論文を、まさに次の予測で締めくくった。

Y染色体を二番目のX染色体とする一般的な置き換えは、ヒトゲノムの中のその他の全てのDNA多型を矮小化する。何十年も前の（…）生物学者たちは、しばしば、このゲノムの二形態性の機能的な帰結は限定的だと評価した。（…）今日、私たちは、その多くが身体中で発現する予期しなかった数と種類のMSY遺伝子を前にして、この立場を再考しはじめている。（…）現在のMSY配列と、新たなX染色体の配列は、ヒトの男性と女性の間の遺伝子と配列の違いの包括的なカタログが近々作られるという展望を示す。[54]

ペイジの「遺伝子が豊富で男性性に特化した」Y染色体のモデルは、したがって、大きな研究の企図を支持する。この企図は、男性に特化した遺伝子を探索し、これらの遺伝子の男性性への寄与を仮説化し、男性と女性の差異の遺伝子座を同定すると約束する。このY染色体モデルでは、MSY遺伝子が単なる性腺発生や精子形成よりも深く幅広い方法で、性の二形態性を制御しているのだろうと考える。たとえば、ロンドンの国立医学研究所のポール・ブルゴーイン（Paul Burgoyne）は、最近、ペイジの知見を参照し、MSY遺伝子が「脳と行動」における性差の鍵を握っており、「加速された男性の胚の成長」と彼が表現するものに光を当てるだろうと示唆した。[55]

「弱虫のY」

ペイジがY染色体に関する強固なモデルを表明していた一方で、ヒトのY染色体に関する異なるイメージが、比較進化ゲノム学の研究から現れはじめた。動物界全体のモデル生物のゲノム科学が一九九〇年代に利用できるようになると、比較ゲノム学が遺伝学的分析のための強力な技術として十分に発達した。分子学、細胞学、およびバイオインフォマティクスの技術を用いて、比較ゲノム学の研究者たちは、種間の系統発生学的な距離を照らし出し、種を生成したり特徴付けたりするゲノム的な再構成、欠失、そして付加を追跡するための仕事に取り組んだ。比較進化ゲノム学の研究者たちは、分子生物学者とは異なるスケールで——何億年という時間と、広大な進化の設計という見地から——思考する。ゲノム学における比較研究は、異なる種のゲノムが進化した偶然の出来事及びそれに付随した出来事についての認識によって特徴付けられる。比較ゲノム学は、ゲノムを、種の特定の適応のために必要な高度に洗練された効率的な遺伝子群とは見なさずに、いくつかは機能しており、いくつかは余分な、祖先のゲノム断片のパリンプセスト〔訳注：palimpsest. 以前に書いたものを消して、その上にまた書いたパピルスや羊皮紙などの古文書。消去が不完全で、前の文書が読み取れることが多い〕——色とりどりに切り貼りされ再構成された染色体の塊——とみなす傾向にある。

一九九〇年代、ジェニファー・グレイヴスは、哺乳類のＹ染色体についてそのようなイメージを発展させた。七章で学んだように、グレイヴスは有名なオーストラリア人の性染色体遺伝学者で、一九九〇年代はじめにＹ染色体上の性決定領域の分析において主要な役割を果たした。彼女は、その領域が哺乳類の間に偏在することを確認するために、多数の分類群に渡るＹ染色体の比較分析を用いた。グレイヴスの研究は、しかし、男性の性決定遺伝子であるＳＲＹが、男性性のために特化した「マスター遺伝子」であるという期待と矛盾した。グレイヴスは、ＳＲＹの配列と発現は異なる有性生殖する種にまたがって乏しくしか保存されていないことを明らかにし、ＳＲＹを、性染色体と常染色体に渡って分布する大きなＳＯＸ遺伝子族の中に位置付けた。[56] そしてグレイヴスは、ＳＲＹは「哺乳類の性染色体発生のずっと後に生じた」[57]X染色体から退化した遺伝子と見なすことができると結論した。比較ゲノム学の長い視座を通したSRYの観察により、グレイヴスは、男性における性決定経路の進化についての独特の考えを持つに至った。グレイヴスは、SRYを、精巣発生のための「マスター遺伝子」ではなく、結果的に精巣発生に加えられた転写された断片である、「部分的に分化したXとYの祖先が共有していた、発生にとって重要な遺伝子」[58]の子孫であると論じた。彼女は、SRYは「素晴らしい進化の進展というよりも、繰り返し構造の中で生じた局所的な逆位の副産物を代表しているらしい」[59]と主張した。

一九九〇年代半ば、グレイヴスは、Y染色体上の性決定遺伝子についての彼女の見方を、ヒトのY染色体の構造、機能、そして進化についてのより一般的なモデルへと広げはじめた。げっ歯類のいくつかの種はSRY遺伝子（そして、一つのY染色体）を欠いている、という一九九五年の発見により、グレイヴスは、登場しつつあったペイジによる新たなY染色体の遺伝子的内実についての緻密な研究と共に、Y染色体を退化したX染色体とみなすオオノのモデルを力強く復活させた。彼女はオオノモデルの今日の代表的な擁護者となった。[60]遺伝学的研究は、オオノのモデルを新たに援護すると彼女は主張した。彼女は、二つの点を強調した。第一に、「ヒトのY染色体にある一ダース程の遺伝子のうちのほとんどが、X染色体上に類縁の遺伝子を持つ」。第二に「Y染色体の異なる領域上の遺伝子は、その存在、数、および活動において著しく変わりやすい」[61]。

グレイヴスは、Y染色体上に残っている遺伝子はどれも、多様な退化の段階にある元X染色体の遺伝子の小さな標本であると主張した。

Y染色体上の遺伝子は、したがって、X染色体上の小さな、同一ではないが重なりあっている遺伝子を表しているように思われる。いくつかの、明らかに消耗する遺伝子は、死んでいるか死にかけていて、その他は、長い進化の時間を通して、男性の生存を保証する男性特異的な機能を果たすようだ。[62]

典型的な男性に特化したY染色体遺伝子であるSRYは、第一の証拠として機能する。「SRY遺伝子は、行き当たりばったりに、自ら精巣発生機能を獲得し」、それを性決定経路に加えるのを可能にする転写的柔軟性のために、「X染色体上のどちらかと言えばランダムな遺伝子群」の中で生き残った。この枠組みの中では、SRYは、Xの相同体から伝わった典型的なY派生遺伝子であり、幸運にも獲得した男性の生殖能力における役割のためにY染色体上に保存された。[63]

グレイヴスは、Y染色体上に生き残った遺伝子を、男性性に「特化した」遺伝子としてではなく、遺伝子退化の流れを表す不釣り合いな一群――発現しない偽遺伝子と、高度な配列と発現の多様性を多く持つ、異なる荒廃段階にある多数のコピーに存在し、広範囲のジャンクDNAと共に散在する遺伝子――と見なした。[64] ペイジは、Y染色体は遺伝子の豊富な男性性に特化し、男性性のために補充され、機能的に特化された強力な遺伝子の集合であると論じた。対照的にグレイヴスは、Y染色体を、生殖に関わる発生に関連しているために保持されたX遺伝子で成っていると説明した。グレイヴスは、Y遺伝子は「効率的な機能という面からは理解し難いが、哺乳類のY染色体の進化という観点からは、すぐれて道理に適っている」[65]と書いた。

一九九九年、グレイヴスは、マーガレット・デルブリッジ(Margaret Delbridge)と共に、それまでに同定されたY染色体遺伝子の表を作成した。表は、精子形成において活発なヒトのNRY遺伝子のほとんどが、X染色体上に相同体を持っており、これらの遺伝子のすべてが、退化のある明確な特徴を表していることを示した。これに基づき、グレイヴスは、ペイジによるY染色体上のクラスⅠとクラスⅡ遺伝子の間の差異は見つからなかったと論じた。ヒトのY染色体の現在の状態は、Y退化モデルの予想を確証すると、彼女は主張した。彼女は次のように書く。

ヒトのY染色体は、ヒトの染色体相補対全体の一％以上から成る。したがって数百の遺伝子を含んでいるはずだ。しかし、Y染色体は、遺伝子の不毛の地のように見える。Y染色体上の分化した領域には、たった二〇の遺伝子しか見つかっていない。これらの遺伝子のいくつかは、Y特異的な遺伝子族のメンバーであり、そのメンバーのいくつかは不活性である。(…)Y染色体は、なんの機能的役割も持っていないように見える繰り返しDNA配列を多く含んでおり、偽遺伝子で溢れている。[66]

男性特異的な二つのY遺伝子は常染色体から移植されたものだというペイジの発見は、ヒト染色体の進化の歴史、現在の構成、そして将来の軌跡を説明する上での退化モデルの大きな有効性を変化させはしなかったと、グレイヴスは主張した。これらの遺伝子もまた今では退化の対象であると、彼女は指摘した。また、Y染色体上の男性特異的領域にある多くの残りの遺伝子が、男性の生殖機能の発達において活性化されているということが、ラーンやペイジの主張したY染色体の「機能的一貫性」を示すわけでもない。Y染色体が、積極的なあるいは性‐対立的な選択の下で、男性性を増強する遺伝子メカニズムとして進化したとするペイジの見方とは対照的に、彼女は、選択的な進化のプロセスは、男性特異的なプロセスに入ることのできなかった遺伝子を単に除去したにすぎないとする仮説を立てた。

一九九九年の講演でグレイヴスは、Yを遺伝子が豊富で男性性に特化しているとするペイジのモデルに対する彼女の批判をさらに鋭くした。(67) グレイヴスは、Y染色体の三つのモデルを区別した。すなわち、Yの性決定における決定的な役割を強調する、古くからの「支配的」Yモデルと、生殖における女性の適応を犠牲にする男性の生殖的適応に特化したYの機能を強調する、ペイジの「利己的」Yモデルと、グレイヴスの、YをX染色体からの退化の遺物と見なす「弱虫」Yモデルだ。(68)

それぞれのモデルの証拠を挙げながら、グレイヴスは、ペイジが彼の「利己的」Yモデルを支持するために三つの遺伝子しか提示していないことを指摘した。これらの遺伝子は、Yの男性特異的領域を特徴付けるものではないと、グレイヴスは主張した。「弱虫Yモデルが提唱するように、精子形成における機能が疑われる三つの遺伝子も含む、Y染色体上の遺伝子の多くあるいはほとんどは、それらが生じたX染色体にコピーを持っていることは確かだ(69)」。

グレイヴスは、Y染色体の「弱虫」あるいはX退化モデルは、多くのレベルの遺伝学的およびゲノム科学的分析によって広く確証されており、最も強い予言的および説明的な力を持っていると主張した。

提示されたヒトのY染色体についての三つのモデル――支配的Y染色体、利己的Y染色体、弱虫Y染色体――の中で、最後のモデルが最も説明力が高い(…)Y染色体の遺伝子の少なさと、繰り返し配列と偽遺伝子の多さは、遺伝子退化の物語を伝える(…)ほんの一握りの遺伝子が、性決定あるいは精子形成のために不可欠な男性特異的な機能を取り入れることを可能にする変異により、なんとか生き残ったのだ。(70)

グレイヴスは、圧倒的な証拠が一貫して、「Y染色体は小さく退化したもので、不可欠な機能はほんの少ししか残っていない」ことを証明していると結論した。(71)

ペイジと同様、グレイヴスは大げさだ。聴衆を性染色体の遺伝科学を惹きつけるために、彼女はしばしば、Y染色体は消滅しつつあるという衝撃的な説を用いる。Yには「消費期限」がある、とは彼女が好む言い方だ。モグラネズミは「背筋も凍るY染色体の死すべき運命を思い出させる」(72)と、彼女は記している。彼女のY染色体モデルにおけるジェンダー化された言葉とイメージは、少なくとも部分的には、広く一般市民に伝達することと、彼女の研究への興味を刺激することへの彼女の関心を反映している。

二〇〇六年の国際人類遺伝学会議でのグレイヴスの基調講演を描写したものの一つは、彼女の「難しい科学的概念を、非科学者にもわかりやすい言葉に変換する能力」を賞賛し、彼女を「面白いスピーチで聴衆を喜ばせる」(73)と記した。グレイヴスは、「Y染色体上にある全ての興味深い男性特異的遺伝子は、実は、常染色体から獲得された」というペイジの提言を、Y染色体遺伝子を「男性に特化した栄光」(74)にまで高めようとする見え透いた男性優位主義者の奮闘として描く。「みすぼらしく小さなY」についてペイジとは全く違う図を描きながら、グレイヴスは、「筋金入りの『ジャンクDNA』」や「哀れな残骸」あるいは「明らかに使い捨ての」といった、この上なく屈辱的な言葉を用いてその内実を説明した。(76)

しかし、こうした横柄な言葉の裏には、Y染色体の構造と進化のモデルにおけるジェンダー・ポリティックについての重要な主張がある。対照的なモデルを「弱虫Y」と名付けることで、グレイヴスは、Y染色体を退化したX染色体とする男らしくないイメージには、ペイジをはじめとする研究者たちがそれを受け入れるのを阻む何かがあるということを茶目っ気たっぷりに示唆している。

遺伝子変換の理論

一九九〇年代終わりの、ペイジとグレイヴスの間の、活発だが低レベルのやりとりは、グレイヴスとエトケンの仮説が『ネイチャー』誌に登場した後、二〇〇二年に本格的な科学的論争となり国際的な見出しを飾る話題となった。ペイジは、ヒトのY染色体の退化が安定化し、遅くなり、停止あるいは逆行さえしたという証拠を並べようとした。彼は、「遺伝子変換」と呼ばれるY染色体上で遺伝子が更新される独特のメカニズムを示した。ペイジは、セントルイスのワシントン大学の同僚たちと、二〇〇三年に『ネイチャー』誌で発表し、MSYの四分の一は、パリンドローム配列からできていることを示した。ペイジは、パリンドロームでは、DNAがループに折りたたまれ、一方の腕からのヌクレオチド配列が他方のそれと置換して、配列を均質化する（"a car, a man, a maraca"が半分に折りたたまれると、対応する文字が対になるイメージ）遺伝子変換を受けるとする仮説を立てた。彼は、遺伝子変換を、その他の染色体と対にならないY染色体の領域において組み換えを模倣するように進化した、Y染色体の新しい適応メカニズムとして描いた。遺伝子変換は、「パリンドロームの遺伝子が、Y染色体の進化の顕著な特質である進化的衰退に抵抗するか、少なくともそれを遅らせる」のを可能にするように進化したと、彼は考えた。[77]

ペイジにとって、遺伝子変換はY染色体が消滅しないことの明確な証拠だった。Y染色体は「遺伝子の豊富なパリンドロームをかつてないほどの規模と緻密さで含んでいる」「豊かな遺伝子変換の場」であると彼は書いた。ペイジは、遺伝子変換という現象の発見は、「退化するY」モデルを放棄する理由となると宣言した。「我々はもはや、Y染色体を組み換えのない場所とは考えないし、したがって、遺伝子の退化が不可避の場所とは考えない」[78]。古いモデルが遂に覆されたとするペイジの主張は多くの興奮を生み出した。科学ジャーナルだけでなく「ニューヨーク・タイムズ」紙や「ボストン・グローブ」紙がこのニュースを取り上げた[79]。『サイエンス』誌の記事は、ジョンズ・ホプキンズ大学のある遺伝学者の次の言葉を引用している。「Y染色体のダイナミックな役割を示すことで、ペイジは『男性に多くの名誉をもたらしました。(…)人々はこれまでY染色体［の性質］に感謝してこなかったと私は思います[80]』」。同様に遺伝学者、R・スコット・ハーレー(R. Scott Hawley)は『セル』誌の「ヒトのY染色体——Yが死ぬという噂は大げさだった(The Human Y Chromosome: The Rumors of Its Death Have Been Greatly Exaggerated)」と題したミニレビューの中で、ペイジの発見を歓迎した。「［Y］染色体の価値を認める我々にとっては幸運なことに」「遺伝子の『解体作業場』」あるいは「『弱虫』な染色体」とする「Y染色体の惨めな描き方」は、Y染色体を「確かにかなり活発な新しい染色体要素」を含むものとして描くペイジの発見によって覆された。ペイジによる遺伝子変換と組み換えの比較を繰り返して、「［Y染色体の］この領域が何をしているにせよ、していないにせよ、これは明らかに組み換えをしている！」と、ハーレーは快哉を叫んだ。彼は「Y染色体の死亡記事を書くのは時期尚早だったようだ」と結論した[81]。

二〇〇五年、ペイジは『ネイチャー』誌で発表した、X染色体から退化した雄性特異的な遺伝子はチンパンジーよりもヒトにおいてより多く保存されていることを示す研究で、彼の主張を発展させた。霊長類のゲノムの分析では、ヒトのY染色体の退化は遅くなるか、止まるか、あるいは逆行していることが示されたと、ペイジは主張した。彼が記したように、ヒトのX染色体から退化した偽遺伝子における「コーディング［領域］のより大きな保存」は、「純化淘汰が、最近のヒトの進化におけるX染色体から退化した遺伝子の機能を保持する上で強力な力であった」ことを示している[82]。このことが、「Y染色体が進化する」につれて遺伝子の衰退が遅くなることを示したと、ペイジは主張した[83]。遺伝子がランダムに、そして経時的に、線形的で一定の方法で失われていくY染色体進化のモデルに対して、ペイジは遺伝子消失は非線形的で一様ではないと主張した。メディアは再び、男性は消滅の恐れがないという歓迎すべきニュースを広めるべく騒ぎ立てた。「私たちは『切迫した消滅』理論を自信をもって退けることができると私は思う」と、ペイジは発見を宣伝したCNN.comの記事で述べた[84]。

グレイヴスは二〇〇四年にはじめてペイジに反応した。「退化したY染色体――変換はこれを救えるのか？（The Degenerate Y Chromosome – Can Conversion Save It?）」と題した記事の中で、グレイヴスはYの再生についての遺伝子変換仮説の鍵となるペイジの仮定を攻撃した。ペイジが定式化したように、遺伝子変換ではパリンドロームの一方の腕からもう一方の腕に遺伝子物質がランダムに移動する。しかしグレイヴスは、遺伝子変換が退化した遺伝子配列を活性配列で置き換える方向に偏っている証拠は何もないと指摘した。したがって、遺伝子変換は、退化の救済法であるのと同じくらいしばしば退化の原因でもあり得ると、グレイヴスは主張した。

遺伝子変換には方向性がない。このプロセスは、不活性コピーを復活させるというよりは、変異したコピーを活性コピーと置換するということのようだ。全体として、パリンドロームにおける遺伝子変換が、どのようにY染色体上の活性コピーの遺伝子の数を増やすことができるのかを理解するのは難しい。変換の方向性を偏らせるメカニズムを欠いている場合、変換は、大量の繰り返し配列を持つことによるクッション効果を無効にすると考えられる。実際、パリンドロームの中に、転写されても翻訳できない転写産物の十五のファミリーだけでなく、多数の不活性の偽遺伝子があることは、このプロセスには成功者よりも犠牲者の方が多いことを示唆している。[85]

グレイヴスは、したがって、遺伝子変換を性的な組み換えと比較して論じた。遺伝子変換は「自慰行為」のようなものだと、彼女は冗談を言った。

パリンドローム内での遺伝子変換は、遺伝子的な自慰行為のようなものだと主張したい。それは、異なるY染色体間の相互作用をもたらさない。このことは、ゲノムの領域の遺伝子の健全さにとって不可欠なことである。[86]

グレイヴスは、ヒトのY染色体が消滅するという彼女の予測を再確認し、発展させて結論した。サイクスに言及して、彼女は自身の予測を「保守的な見積もり」[87]だとした。

Y染色体上の組み換えによる再生のメカニズムとしてのパリンドローム遺伝子変換仮説については、論争が続いている。遺伝子変換は、それが破壊的な変異を転移させるのではなく、遺伝子修復に方向付けられていることが示されない限りY染色体上に遺伝子を再生しないだろう、というグレイヴスの主張は議論され続けている。二〇〇三年のMITでの講義で、ペイジはこの点について質問した聴衆に対して、「データは示しませんでしたが、私たちはこの遺伝子変換が生じていると確信しています。遺伝子変換のプロセスについて分子学的な詳細について教えて欲しいということであれば、それについて私たちは何も知りません」[88]と答えている。

ペイジは、彼のY染色体についてのモデルから退かなかったし、グレイヴスも後退しなかった。

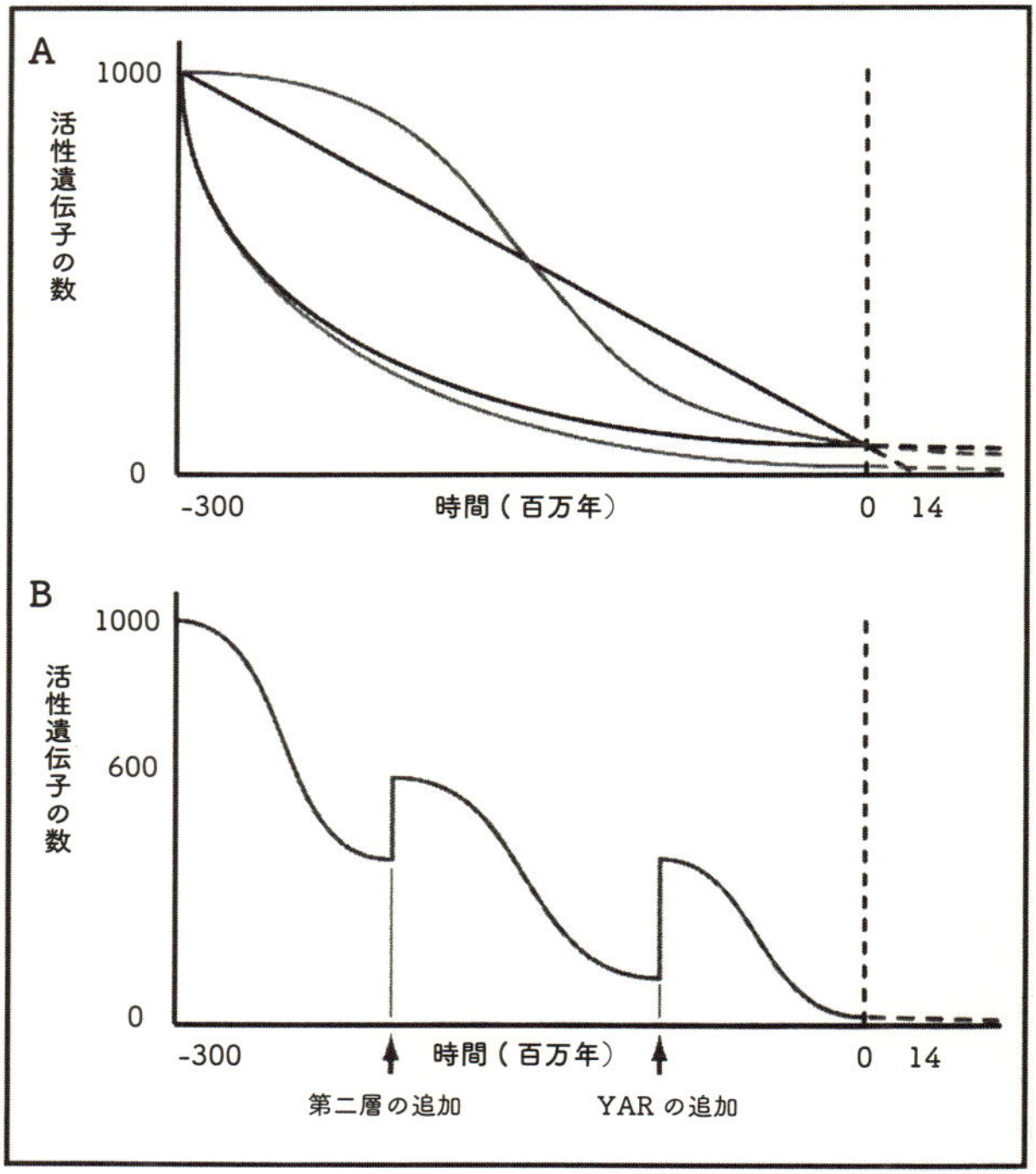

図 8.4. Y 染色体の消滅を予測するモデル。
J. A.Graves, "Sex Chromosome Specialization and Degeneration in Mammals," *Cell* 124 (2006): 901–14. Elsevier の許可を得て再掲。

二〇〇六年の『セル』誌で、グレイヴスは彼女のY染色体消滅モデルを、大雑把な見積もりからいくつかの変数を考慮した、より洗練されたモデルにして再び示した（図8・4参照）。第一に彼女は、X染色体上の遺伝子の数を一六〇〇から一〇〇〇に計算し直したことを踏まえて、予測したY染色体の消滅期日を一六〇〇万年から一〇〇〇万年に改訂した。彼女の最初のY染色体の退化率の予測は、元のX相同体上の遺伝子の数に基づいて計算されたため、X染色体上の遺伝子の数が新たに少なく計算されたことで、退化は最初に見積もられたよりもゆっくりとした速度で起こることになった。二番目に、彼女は、退化が一様には進まず、Y染色体の男性特異的領域の全体の大きさが機能の欠失率に影響することになりそうなY染色体退化の改訂モデルを提示した。フィラトフ（Filatov）やペイジのような批判者たちは、Yが小さくなるにつれて、「退化率は指数関数的に減退すると考えられる」[89]と指摘した。同様に、性染色体の進化の間に何度か生じた常染色体からXとY染色体への遺伝子の付加は、継時的に減衰の速度を早める。Y染色体の退化に影響するその他の要素には、世代時間――たとえばマウスではヒトをしのぐ――と集団の大きさの変動が含まれる。グレイヴスは、「多くの要素がY染色体の退化率を説明する方程式に流れ込み、それらがヒトのY染色体がどれくらい消滅に近づいているのかを予測するのを難しくする」ことを認めた。しかしながら、「Y染色体から遺伝子が失われていく割合を計算すると、遅かれ早かれ、Y染色体は遺伝子を完全に失い消滅すると予測できる。これは単なる予言ではなく、いくつかの異なる［異形性染色体の］システムの観察結果だ」。「私は、集団遺伝学者および進化遺伝学者に、予測力のある意味あるモデルを導き出すことを強く求める[90]」と、グレイヴスは結んだ。

ジェンダー・バイアスの事例？

ペイジは、Y退化仮説を科学におけるジェンダー・バイアスの産物と見なす。彼は、グレイヴスによるオオノの理論の改訂版を、フェミニストのジェンダー・イデオロギーから直接的に生じた、政治に動機付けられた非科学的な仮説として表す。たとえば、ペイジは、彼のY染色体再生の「遺伝子変換」仮説についての二〇〇五年の「ニューヨーク・タイムズ」紙の記事で、Y染色体退化の支持者をジェンダー・ポリティクスと科学を不適切に混同していると非難した。「Yの消滅という発想は『ジェンダー・ポリティクスの観点からは大変魅力的だった』とペイジ博士は言った。「しかし多くの私の同僚たちは、このジェンダー・ポリティクスの混合物を、科学的予測と混同するようになった」。『サイエンティフィック・アメリカン』誌には同様に、「『朽ちゆくY』への魅力は」性政治と関係がある」とのペイジの主張を引用している。記事は続けて、「キャンベラにあるオーストラリア国立大学の生物学者、ジェニファー・A・マーシャル・グレイヴスは、パリンドロームにおける遺伝子変換は、有害な突然変異を阻止できないだけなく、染色体減少を加速しさえする「遺伝子的自慰行為」の姿を表していると主張している。ペイジは、そっけなく応える。「ああ、実証的データを伴わないレトリックと理論だね」[91]。

同時に、一般向けの講演とメディアへの出演で、ペイジは「ミスターY」としての彼の地位を、ジェンダー・ポリティックスのために利用し、フェミニストの政治的正しさについての不安を表明し、特に現代における男性の地位についてのポストフェミニスト的な語りを展開する。キンメル（Kimmel）によって「男性指向的」だが必ずしも「反フェミニスト」ではないと特徴付けられたこれらの言説は、ペイジによるYのモデルに対する比喩的な資源としても、意図的にせよそうでないにせよ、彼の研究に対する関心と評判を高める手段としても役立つ。このようにして、ペイジのY染色体モデルは、特定のポストフェミニスト時代の男性指向的な男性中心主義政治によって価値付けられる。

ここに、ペイジとグレイヴスの間の不均衡が生じる。ペイジは、社会的にも認識論的にも力を持つ、政治的中立性という立場を主張し、大方成功した。グレイヴスは、ジェンダー・バイアスの批判にオープンに参加し、二〇〇六年の論文を次の文ではじめる。「ヒトのYは本当に消えつつあるのだろうか。それともこれはただ単に男性を矮小化することを目的としたプロパガンダの標的に過ぎないのだろうか？」一方のペイジは、彼こそが不適切に「政治と科学を混同している」という批判には、一度も応えようとしなかった。グレイヴスは、政治的中立性を一度も主張しなかった――あるいは、おそらく様々な文脈上の理由のためにできなかった。グレイヴスの印象深い冗談の中で、彼女は自分自身を「Y染色体の玉を潰すフェミニスト」として位置付けている。ペイジの、中立的なイデオロギーを持たない科学者としての位置付けと、グレイヴスの偏った「フェミニスト科学者」としての位置付けの間の不均衡は、フェミニストのジェンダー・ポリティクスは善い科学の要件を侵害するという根強い考えによって維持されている。

科学的バイアスを概念化する方法は多くあるが、私たちは、この言葉を、科学的な理論に誤りを導く視座の偏りを示唆するものとして軽蔑的に用いる傾向がある。五章と六章において、私は、Xを「雌性染色体」そしてYを「雄性染色体」とする前提が、性についての遺伝学的研究におけるまさにこうしたバイアスをもたらしたと主張した。ペイジとグレイヴスの間の論争を科学におけるジェンダー・バイアスの現代的事例として理解すると、私たちは、ここでのジェンダー的概念の作用は、ある意味で科学にとって悪いものだと主張することになるように思われる。このような結論は、この事例における社会的価値、実証的証拠、そして科学的モデルの選択の間の相互作用をめぐる文脈的側面を無視することになる。(92)

ジェンダーは、Y染色体モデルをめぐる論争の中での単なる周辺的事柄ではない。これは議論の文脈的要素と強く関連している。ペイジとグレイヴスは共に、Yの進化について、実証的に適切で説明力のあるモデルを作り出すことに関心がある。男性とY染色体を侮蔑する「政治的」な動きと彼が見なすものに反応して、ペイジはY染色体のモデルを男性性の進化における洗練された適応の道具として正当化しようとする。ペイジは、このY染色体モデルの文脈の中でデータを解釈し、このモデルを確証する仮説と研究課題に取り組む。グレイヴスのフェミニスト的直感は、遺伝子が豊富で男性性に特化しているとするペイジのY染色体モデルに懐疑を抱かせる。彼女の見方では、相反する証拠があるにも関わらず、Y染色体が退化していないとする議論は、Yを支配的で「利己的」というよりは「弱虫」とするモデルに対する嫌悪感の表明だ。彼女は、Y染色体退化理論に有利な証拠を集め、それがY染色体進化のモデルとして真剣に受け止められることを求める。

ペイジによるYの「男性指向性」モデルは、Y染色体上の遺伝子の注意深い精査につながった。このモデルは、Y染色体上の遺伝子はX染色体から退化したものというより常染色体から採られたものなのかどうか、あるいはY染色体には遺伝子の統一性を保つために組み換えと同じようなメカニズムを進化させているのかどうか、といった挑戦的な新しい課題を提示する。グレイヴスによるフェミニストのジェンダー批判的視座は、新しい仮説、反証モデル、そして批判的なアプローチを生み出した。この視座は、広範なY染色体遺伝子の比較ゲノム学的研究を刺激し、ヒトゲノムの構造、機能、そして進化に光を当てるためのそれらの方法を検証するのに貢献した。この視座はまた、——未来のY染色体退化をどのようにモデル化し予測するかというような——他にはない有益な課題をもたらした。これは、Y染色体研究における特定の企図を調整する上で共に生産的だった、対立するバイアスの事例だ。

「ジェンダー・バイアス」という互いへの非難が、ペイジとグレイヴスの言説において支配的である限り、ジェンダーがいかにY染色体研究において機能しているかという重要な観点は曖昧である。Y染色体の進化についての対立するモデルの事例において、この分野は、ジェンダー化されたモデル無しに、より良い方へ――より早く、あるいは誤りなく――果たして発展するだろうかと、人は問うかもしれない。グレイヴスとペイジのジェンダーに導かれたモデルは、議論を生み、鍵となる問題を明確にし、新しい課題をもたらした。おそらく、グレイヴスとペイジのY染色体についての研究は、少なくとも部分的には、彼らが利用したジェンダー化されたモデルのおかげで、生き生きとして生産的だったのだ。これは、Y染色体研究における特定の企図を導く上でそれぞれに生産的な、競合するバイアスの事例だ。こうしたバイアスは、活発で開かれた議論の対象であるので、研究者コミュニティー全体で共有され、そのためにその成員には目に見えないバイアスと同じ脅威を科学的客観性に対してもたらさない。こうした理由のために、「バイアス」は、どのようにポストフェミニストのジェンダー・ポリティクスがY染色体退化をめぐる科学的な議論と関係するのかを理解する上では、明らかに助けにならない枠組みである。それに代わるものとして、私はこの場合に、科学におけるジェンダーをモデル化するために、「ジェンダー的価値付け」という概念を提唱する。

こうした事例における繊細な科学のジェンダー分析の問いは、バイアスを診断することではない（あるいは、だけではない）。むしろ、ジェンダー的概念を価値付ける内実と文脈を正確に位置付け再構築することと、関係する多様なアクターによる科学的研究におけるジェンダー概念の役割についての批判性の度合いを評価することだ。Y染色体進化理論の事例が示すように、ジェンダー・システムにおける変化は、性についての科学の知的背景からジェンダーがいつか消えることをわれわれに期待させないし、非現実的な「ジェンダー中立的」な科学を擁護することは賢明でもない。ジェンダーの概念――フェミニスト、男性中心主義、反フェミニスト、そしてその他――は、性の科学にとって不可避の背景であり、それらは、批判に晒される時に科学において建設的な役割を演じることができる。こうして見ると、私たちの目的は、ジェンダーの概念がどのようにして科学的用語、理論、そしてモデルを価値付けるかについての議論が、正常な科学的実践の中で歓迎されるような、ジェンダー批判的科学の実践を構築することであるべきだろう。

◇

Y染色体の進化をめぐる議論におけるジェンダーの役割は、科学の知識、機構、そして実践の急速な変化に伴ってみられたジェンダー・システムの動態と歴史的な特異性における一つの研究事例を示す。一九九〇年代の遺伝学的性決定モデルの改訂におけるフェミニストあるいはジェンダー批判の成功により、ジェンダー化された前提がいかに科学的知識に影響し得るかがより広く認識されるようになった。私たちが、性染色体研究のポストフェミニスト――そしてポストゲノム――の時代へ入るにつれて、対立するジェンダー概念は、Y染色体のモデルを新しく複雑な方法で価値付ける。

ジェンダーは、単なるユーモアや非専門家の聴衆にY染色体研究への関心を向けさせる方法としてだけではなく、ヒトのY染色体の進化についての研究における、モデルの選択、研究課題、説明的言葉、およびグローバルな議論の一つの要素である。ジェンダーは、Y染色体科学の中で、科学、ジェンダーのイデオロギー、そしてフェミニストによる科学批判の今日の形態について多くを示す。ジェンダー概念がポストフェミニストの時代の性についての科学的研究から無くなることを期待するよりも、われわれは、全てのアクターが性についての科学的研究の机上になんらかの価値をもたらし、多様な視座が求められる環境の中で議論と精査に開かれている時には、これらの価値が、実用的な科学的モデルの中心的な主張と前提を評価する上で、建設的且つ明確にする役割を演じられることを認めたほうがよいだろう。しかし、科学におけるフェミニスト的取り組みへの批判を「ジェンダー中立的」と見なし、フェミニストによるジェンダー批判的視座を「正当な科学ではない」と見なすような不均衡が存続する限り、いかにジェンダーの概念が科学的知識を価値付けられるかという、明朗で思慮深い議論に対するこうした見方は達成されない。性とジェンダーの科学についての現代の科学的研究において、ジェンダー概念が様々な意味で依然として活発であることを知れば、われわれは次のように問わざるを得ない。私たちは来るゲノムの時代に合うジェンダー批判的遺伝学をどのように構築すればよいのだろうか？

第九章　男性と女性は、ヒトとチンパンジーのように異なっているのか？

二〇〇五年、『ネイチャー』誌は、ヒトのX染色体の完全解読を発表した。話題となった同じ号の論文は、X染色体の初期の遺伝子分析によると男性と女性の差異はこれまで考えられてきたよりもはるかに大きいと主張した。[1]「したがって、本質的には、ヒトゲノムは一つではなく、男性と女性の二つがあるのだ」と、共著者のハンチントン・ウィラード（Huntington Willard）は述べた。『ニューズウィーク』誌はこの発見を特集し、「性の間の亀裂はずっと大きくなった。新しい研究は、女性と男性は、ヒトがチンパンジーと異なるのとほとんど同じくらい、遺伝子的に異なっていることを発見した」と伝えた。記事は、男性と女性のゲノムは「全く異なるギア編成」を持っていると結論した。[2]

論文の発表後数週間に渡って、著者のキャレルとウィラードは、男性と女性が異なる種のように異なるゲノムを持っていることを示すものとして、彼らの発見を宣伝した。すなわち、共有された共通のヒトゲノム、という政治的に正しい見方に反して、男性と女性は遺伝子的にこれまで考えられてきたよりもずっと異なっており、遺伝子が男性と女性の「深い」違いの鍵を握っているかもしれない。「ロサンゼルス・タイムズ」紙の記事は、ウィラードの次の言葉を引用している。「これはほんの少しの違いなどではない。（…）二〇〇から三〇〇の遺伝子が、男性の二倍も発現している。（…）この数字は大きい」。ウィラードの「男性と女性はこれまでわかっていたよりもずっと離れている」という言葉を引用した「ニューヨーク・タイムズ」紙の記事では、記者は、女性は確かに「異なる種」であると結論している。[3]

性染色体の遺伝学者たちとメディアは、しばしば、X染色体とY染色体の遺伝学的分析を、ヒトの性差の最終的な「真なる」物語をついに提供するものとして表現する。『サイエンス』誌には、X染色体解読作業の責任者だったマーク・ロス（Mark Ross）の次の言葉が引用されている。「今や我々は両方の性染色体の配列を手にした。我々には、男性と女性の違いを実際に知るための非常に詳細な比較が可能だ」[4]。MITのY染色体の研究者、デイヴィッド・ペイジ（David Page）は、ヒトのY染色体の完全な配列を詳細に示した二〇〇三年の論文を、男性と女性は遺伝子的に約「二％」異なっており、一つのヒトゲノムというドグマの限界が、性において明らかになるだろうとの予想で締めくくった。

> 一般的に、我々の種でランダムに選択された二人のゲノムは、九九・九％の塩基が同じであると言われている。しかし実際には、この主張は、男性二人、あるいは女性二人を比較する場合に限り有効である。女性を男性と比較する時には、二本目のX染色体は（…）大きく異なっているY染色体で置き換えられる。（…）この、よく行われるY染色体と二つ目のX染色体との置換は、ヒトゲノムにおけるその他のDNAの多型を矮小化する。[5]

ペイジは続けて、XとYの配列は「ヒトの男性と女性の遺伝子と配列の違いについての包括的なカタログへの近未来的展望」を示すと述べた。[6] 同様に、二〇〇三年の「ボストン・グローブ」紙の記事は、ペイジの次の言葉を引用している。「私たちは、我々が九九%同じであるというマントラを復唱し、そこから政治的な慰めを得ている。しかし実際には、男性と女性の間の遺伝子的違いはヒトゲノムにおけるその他の全ての違いを間違いなく矮小化する」(7)。

この章では、私はゲノムの時代の性差に関する研究におけるこの見方を批判的に分析する。そのために、私は、ジェンダー批判的なレンズを通して、両性間の遺伝子的な差異を定量化しようとする最近の研究――男性と女性はヒトとチンパンジーよりも異なっているという、キャレルとウィラードのドラマチックな主張――を詳しく考察する。これらの主張への実証的および概念的な批判を通して、私は、彼らがいかに両性間の違いを体系的に誇張したかを示す。そして、性差についての「ゲノム学的考え方」と私が呼ぶものにある前提を考察する。

最近のヒトの性差についての遺伝学的研究は、性についての「ゲノム学的」概念の登場を裏付けている。私は、性差についての遺伝学的研究は、性と生物種の間のアナロジーを捨て、これと対応する明確な「男性」と「女性」のゲノムの比較から自由になった方がよいと主張する。その代わりに、私は、性についてのゲノム研究に対して方法論的な意味を持つ概念として、性を「動的対分類(dynamic dyadic kind)」とする代わりの概念化を提示する。

「X回避」遺伝子

二〇〇五年の論文で、キャレルとウィラードは、男性と女性の間の遺伝子的違いについての「X回避」仮説を提示した。六章で論じたように、女性の細胞にあるX染色体の一つは、発生の初期に永久的に不活化され、男性と女性のX染色体の物質量を等しくする。しかし、女性の不活化されたX染色体にあるいくつかの遺伝子は不活化を「回避」し、女性の中であるレベルで発現し続けているということがわかった。たとえば、Y相同体を伴ったX染色体の遺伝子は、男性と女性の遺伝子産物の量を均等にするために、女性では不活化を逃れているらしい。回避現象は、一九七九年にX染色体上で不活化を回避し、Y染色体上に相同体があるSTS遺伝子について、シャピロ等（Shapiro et al）によって、はじめて報告された。より最近の一九九七年、キャロライン・ブラウン（Carolyn Brown）が、ウィラードとキャレルと共に、不活化を回避するらしい三三の遺伝子を同定し、不活化されたX染色体上の四分の一もの遺伝子が少なくとも部分的に不活化を回避していると予測した。[8]

二〇〇五年、キャレルとウィラードは、ヒトのX染色体上で不活化を回避する遺伝子の規模についてのはじめての包括的な分析を行うために、新たにヒトのX染色体配列のデータを用いて、この結果を発展させた。試験管内で不活化X由来の発現遺伝子を活性X由来の遺伝子と区別することのできる、齧歯類とヒトの線維芽細胞ハイブリッド（結合組織細胞）を用いた試験管内試験という巧みな実験デザインを用いて、キャレルとウィラードは、X回避遺伝子の量と座位を同定することができた。彼らは、予想したよりも多くのX回避遺伝子を発見した。線維芽細胞では、十五％のX染色体遺伝子が、永久的に不活化を回避していた。これが、二五％にも上る女性もいた。この結果に基づいて、キャレルとウィラードは、X回避遺伝子は性二形態性の原因として長く無視されてきた部分を表すとした。彼らは「女性のゲノムは男性のゲノムと少なくとも四つの点において異なっている」と記した。

第一に、Y染色体は、女性には欠けている数ダースもの遺伝子を男性に与えている。第二に、X不活化の不完全さによって、少なくとも十五%のX関連遺伝子が、男性よりも女性で特に高いレベルで(しかし、しばしば変動する)発現している。第三に、最低さらに十%の遺伝子が不均一なX不活化を示し、したがって女性の間では発現レベルが異なるが、男性ではそうした遺伝子は単一のコピーしか発現しない。そして第四に、長く認識されてきたX不活化のランダムな性質は、男性ではなく、女性が、X関連遺伝子の発現という面では、二つの細胞集団のモザイクであるということを示唆している。[9]

キャレルとウィラードは、「X回避」遺伝子は「複雑な疾患だけでなく、正常な二項型の性の両方に於いて、性特異的な表現型を理解するための要素として認識されるべきだ」と結論した。[10]男性と女性の間の一から二パーセントの違いという大きな話題となった予測は、このキャレルとウィラードによって示された男性と女性の間の遺伝子的違いの図式から直接的に生じた。説明は次の通りだ。

1. 女性の不活化されたX染色体上の十五から二五パーセントの遺伝子、あるいはウィラードによれば約二〇〇から三〇〇の遺伝子、が不活化を回避する。
2. 「数十」(おそらく五〇)の遺伝子は、ヒトのY染色体に特異的である。
3. おそらく、それら二五〇から三五〇の遺伝子の多くが性差を同定している。

もしも、現在推定されているヒトゲノムの中の全ての遺伝子が二万から三万で、男性と女性の間で二五〇から三五〇の遺伝子が異なっているならば、男性と女性では、解読された全ゲノム中の約一から二パーセントに違いがあると言えるだろう。これは、一・〇六％というヒトとチンパンジーの違いよりも大きい。

ヒトとチンパンジー

ヒトとチンパンジーが、ほとんど同一のゲノムを共有しているということはよく知られている。これは、ゲノム時代の最もエキサイティングな新事実の一つだ。この発見は、ヒトとチンパンジーが系統学的に近い関係にあるという仮説に決着を付け、次いで最近のヒト科の進化についての有力な学説の基礎を形成する。ヒトは「九八パーセントチンパンジーだ」は、また、最もよく知られた遺伝学的な類事実で、学校の教科書や一般向けのゲノムプロジェクトに関する読み物に現れ、また漫画やTシャツや車のバンパーステッカーに面白可笑しく描かれている。[11]

ヒトと猿の比較は生物学の中で長い歴史を持ち、科学における人種差別と性差別の歴史において重要な位置にある。「猿（Chimp）」という言葉は人種及び知性に関する侮蔑だ。十八世紀から二〇世紀にかけて、白人の女性と黒人の男性と女性、およびアイルランド人や障害者のような、その他の少数者と周辺化された集団は、系統学的にまたは形態学的により猿に近い、あるいはそうでなければ猿に似ているとしばしば主張されてきた。[12]十八世紀には、女性は自然により近い、したがって猿に近いと類型化された。大衆的な科学的な物語や描写では、ジェンダー特異的な役割を演じる擬人化された雌の猿や、雄の猿と交じわったヒトの女性が表現された。[13]

十九世紀、自然人類学者たちは、女性の脳は「ほとんどの成人の男性の脳よりもゴリラの脳のサイズに近い」とし、女性の頭蓋の構造は猿に似ていると主張した。曰く、「ヨーロッパの女性は劣った人種の猿のような尖った顎を共有していた」。「存在の大いなる連鎖（Great Chain of Being）」〔訳注：Arthur O. Lovejoy, *Great Chain of Being*, 1936：アーサー・O・ラヴジョイ『存在の大いなる連鎖』（内藤健二訳、ちくま学芸文庫、二〇一三年）をもじった表現〕では、女性は男性の下、猿の近くに位置していた[14]。十九世紀のドイツの生理学者カール・フォークト（Karl Vogt）は、「動物の類型へ近づく道を看取する度に、女性が男性よりもそれに近いということを知るだろう」[15]と記した。後に、イタリアの犯罪文化人類学者、チェザーレ・ロンブローゾ（Cesare Lombrose）は同様に、ヒトの行動の「類型」についての彼の隔世遺伝理論の中に、動物への近さのヒエラルキーを取り入れた。女性、動物、子供、そして劣った人種は、痛みに対してより寛容だと言われた。これはもちろん勇敢で我慢強いということではなくて、「無頓着」で「鈍感」だとみられたのだ[16]。この不快な歴史は、現代におけるヒトとチンパンジーの比較の復活を注意深く考察することの重要性を強調する。

　二〇世紀半ば、細胞遺伝学者たちは、ヒトとチンパンジーがほとんど見分けることができない染色体を一揃いを持っていることを示した。後に、ヒトとチンパンジーの分子学的な比較によって、両者がほとんど同一のゲノムを共有していることを明らかにした。一九七〇年代の、ヒトとチンパンジーの蛋白質構造の比較分析は、ヒトとチンパンジーのアミノ酸の配列がたった〇・七パーセントしか違わないことを発見した。続く数十年の間に行われた、コードDNAの並列断片の広範囲に渡る分析は、二〇〇五年にはチンパンジーゲノムの最初のドラフト配列になり、全体的なヒトとチンパンジーの違いの見積もりを一から三パーセントに広げ、一・二パーセントが一般的に合意された教科書的統計数となった。男性と女性の遺伝子的な違いの見積もりが、ヒトとチンパンジーの違いという今では広く受け入れられた標準点を背景として測定されたことは驚くべきことではない。そして確かに、一つの単純な量的測定によれば、ヒトの男性と女性はヒトとチンパンジーよりも遺伝子的に異なっていると言うことができた。しかしこれは、いかにも、あまりに単純過ぎるだろう。[17]

ヒトとチンパンジーの（あるいはいずれか二つの種の）間の遺伝子的類似性を、量的及び質的に分析するレベルは多様にある。これらには、位置合わせ断片に沿った塩基配列の同一性、大きな構造と構成、微細構造的要素とモチーフ、そして遺伝子発現プロファイルが含まれる（図9・1参照）。これら様々な方法とそれらがもたらす結果を見ると、遺伝子的違いの客観的な見積もりを生み出すための比較ゲノム学的方法の複雑さと限界が明らかになる。

遺伝子的差異の量的見積もりのための方法として優勢なものに、DNAの蛋白質コーディング領域の並列断片に沿ったヌクレオチドまたはアミノ酸配列の同一性を、ひとつひとつ比較するというものがある。一九八〇年代、研究者たちは、ヒトとチンパンジーの染色体十一番にあるコーディング遺伝子の四万塩基を比較した。彼らは、ヒトとチンパンジーが一・九パーセント異なっていることを発見した。こうした種類の様々な比較によって、研究者たちは一九八〇年代、ヒトとチンパンジーのゲノムの違いは一・八パーセントから三パーセントの間だろうと推測した。二〇〇五年、チンパンジーのゲノムのドラフト配列の解読が終わると、研究者たちは、ヒトとチンパンジーで類似したDNA配列における二四〇〇メガ塩基対（それぞれ一〇〇万ヌクレオチド）というはるかに広域のサンプルを比較することができた。彼らは、一・二三パーセントの単一ヌクレオチド置換を発見した。それぞれの種内の変異を取り除くと、この一・〇六パーセントあるいはそれ以下が、この二つの種の間に固定された相違であると結論した。同義ヌクレオチド置換（アミノ酸コーディングを変化させないDNA変化）がデータから取り除かれると、ヒトとチンパンジーのコーディングDNAの並列断片の違いはわずか〇・六パーセントだった。[18]

しかし、並列配列のみで単一ヌクレオチド置換を調べることは、ヒトとチンパンジーの遺伝子的違いの量を過小評価することになる。並列配列の比較では現れない突然変異、「挿入欠失」の例を考えてみよう。挿入欠失とは、蛋白質コーディング領域にフレームシフト突然変異を引き起こす、一つ以上の塩基対（大きな断片であることが多い）の挿入あるいは削除だ。それはヒトとチンパンジーに特異的な配列を生じさせる。バイオインフォマティクスのより洗練された手法とより長いＤＮＡ断片を調べる力により、

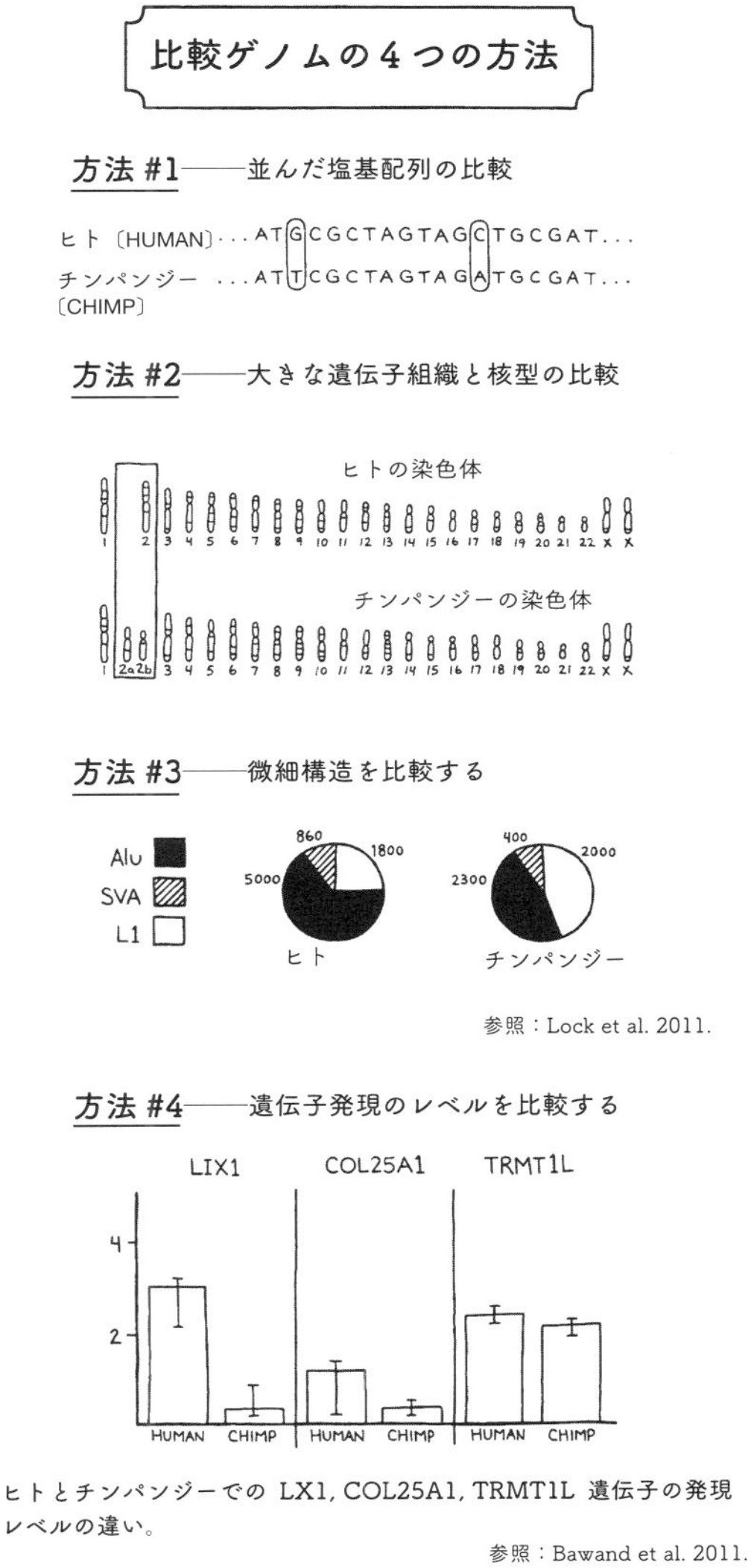

参照：Lock et al. 2011.

参照：Bawand et al. 2011.

図 9.1. 作図：Kendal Tull-Esterbrook; ©Sarah S. Richardson.

研究者たちは今では種の間の差異全体への挿入欠失変異の影響を推測することができる。挿入欠失は、単一ヌクレオチド置換よりも三倍多い配列の差異をもたらすことが分かる。五三個のヒトの遺伝子は、チンパンジーでは完全にあるいは部分的に失われており、全体では、ヒトとチンパンジーは推定で三七三一個の並列配列外の遺伝子で異なっている。挿入欠失を考慮すれば、ヒトとチンパンジーに推定される違いは四から五パーセントに跳ね上がる。最近では（男性と女性はヒトとチンパンジーよりも違う、という初期の見方に基づいたキャレルとウィラードの論文と主張の発表に続いて）、これが、推定されるヒトとチンパンジーの全体的なゲノムの相違について合意された数値となっている。[19]

ここまでで私たちが論じてきたことは、コーディングDNAの分析――ゲノム的比較の一つのレベル――を表している。しかしDNAのコーディング領域はゲノムの三パーセント以下でしかない。コーディングDNAのヌクレオチド配列の分析――比較の第二レベル――では、核型レベルでのマクロな構造の違いと大きなスケールでの遺伝子の秩序を見落とすことになる。ヌクレオチド配列の比較とは異なり、マクロレベルでの差異は量的に表すことがしばしば難しい。しかし、ヌクレオチドの置換と同様に、ゲノムの再編成や拡大のような大きな事象は機能的には重要だ。科学者たちは、ゲノムの構造の再編成は、種特異的な差異の源であり、適応的進化を制限するものであり、種形成の原因であると考えている。ヒトとチンパンジーの核型はほぼ同一であるが、チンパンジーは四八個の染色体を持ち、ヒトは四六個で、ヒトの染色体二番は、チンパンジーの二つの染色体（十二番と十三番）の結合したものに相当する。チンパンジーはまた、ヒトより全DNA量を約一パーセント多く持っている。チンパンジーの染色体の先端上のバンドパターンはヒトとは異なっている。九つの転置――DNAが染色体の一方の腕から他の腕と交換されること――も、チンパンジーとヒトのゲノムに違いをもたらしている。[20]

三番目の比較分析では、種に典型的なゲノムの構成を特徴付ける、繰り返しモチーフや真核生物のゲノムに編入されたウイルスDNAのような微細な構造的要素の頻度を調べる。たとえば、ヒトとチンパンジーの場合、ヒトではチンパンジーの二倍多い「Alu挿入」(DNAの配列が異なる染色体の異なる座で繰り返される)がある一方で、「ERV－クラス1」要素(「内因性レトロウイルス」要素、古代のウイルス感染に由来するゲノム中の配列)はチンパンジーの方でより頻繁にみられる。対照的に、Line-1(Long Interspered Elements――RNAからDNAにコピーされゲノムに挿入されたレトロトランスポゾンの一種で、しばしば多くのコピーが挿入される)、SVA(霊長類族に特異なレトロトランスポゾン要素の混成)、そしてERVクラスの二要素はヒトとチンパンジーのゲノムで均等に見られる。これらの特徴のいくつか、たとえば繰り返しの拡張(repeat expansions)、Alu要素、レトロウイルス、そしてCpGジヌクレオチド濃縮領域は機能的に重要かもしれない。その他は、一義的には、ヒトとチンパンジーがそれらの最も近い祖先から分岐した後のゲノム的変化を示すゲノム地図(genomic geography)のマーカーとして重要である。[21]

遺伝子配列だけで遺伝子の発現――遺伝子が、いつ、どの組織で、どの他の遺伝子と連携し、どれくらいの強度でスイッチがオンになるのか――を予測することはできない。転写されるDNAのレベルを表す遺伝子発現プロファイルは、比較ゲノム分析の四番目の方法である。DNAのマイクロアレイ技術――ゲノム科学を変換させる最新技術の一つ――を用いたゲノムワイド比較は、比較ゲノム学における最近の研究の焦点になってきた。[22] マイクロアレイ研究は、遺伝子発現の継時的変化を示す、それぞれが劇的なグラデーションで示されるフルカラーの縞状図――それぞれが壮観な夕日の様である――を作り出す。異なる組織でどの遺伝子が発現するかを比較することで、種の間での機能の違いをもたらす遺伝子の変化を正確に指し示すことが可能となる。遺伝子発現プロファイルは、遺伝子の活性化と量の制御プロセスの結果を捉えるため、それらはまた、先に示したような種間の差異を特定する遺伝子の探索における単純なゲノム配列の分析にある、上述した限界を越える希望を与える。比較遺伝子発現プロファイリングは、その他のレベルの分析に還元できない、別の位相での量的な比較ゲノム学的データを提供する。栄養や免疫といった、個人の生活史と環境からの「エピジェネティック」と呼ばれる因子もまた遺伝子発現に影響するため、この測定法は、比較ゲノム学に生態学的なおよび発生学的な視座を含める可能性がある。

要するに、ゲノムは複雑だ。ゲノムデータの量的比較の意味は、分析の文脈、レベル、そして方法によって特定される。したがって、ヒトの男性と女性のゲノム間の差異を、ヒトとチンパンジーのゲノムの違いに沿って順位付けすることは、キャレルとウィラードが示唆したような、両者間で異なる遺伝子の数を数えるといった単純な問題ではない。ヒトとチンパンジーの間のゲノム的な相違の量的見積もりは、DNAの並列断片に沿って検出された差異に基づいている。男性と女性の遺伝子の比較は、これとは異なる種類の分析に基づいている。男性特有の女性にない遺伝子が五〇あるという主張は、断片に沿った相違ではなくて、特定の遺伝子についての主張だ。女性では二五〇から三五〇の遺伝子がより高いレベルで発現しているという主張も、並列DNA断片に沿った差異ではなく、相対的な発現レベルについてである。ゲノムにおける性差は、種間の相違を定量化するための並列ヌクレオチド配列の分析という比較ゲノム学的モデルとは単純には合わない。正当な比較分析には、似た種類や分類の比較が必要だ。性特異的な遺伝子の発現は、ヒトとチンパンジーのゲノムの違いとは異なる側面に沿って評価されている。したがって、ゲノムにおける性差をヒトとチンパンジーの間のゲノム的違いと比較することは不正確で説得力がない。

違いを探して

しかしながら、これらの懸念を横に置いて、男性と女性では二五〇から三五〇の遺伝子が異なっているというキャレルとウィラードによる印象的な推定に厳密に目を向けてみるとしよう。単純な実証的な批判は、男性と女性は「二五〇から三五〇の遺伝子」だけ、あるいは「一から二パーセント」だけ異なっているという主張に対してなされるだろう。実際、ここで見るように、キャレルとウィラードは二つの性の間での量的な遺伝子の差異をかなり過大評価したということが、調べてみると明らかになる。彼らは、彼らの性差モデルにおいて及び、理論化のひとつひとつの段階で、性差を最も大きく見積もるように体系的に結果を歪曲した仮説を立てた。男性と女性の間で機能的に重要な意味で異なっている性染色体上の遺伝子の数は、二五〇から三五〇ではなくて、実際には一ダースに近いようだ。

Y染色体からはじめよう。キャレルとウィラードが主張したように、Y染色体には五〇の男性特異的遺伝子があるのだろうか？　キャレルとウィラードが、「数十」の男性特異的遺伝子があると主張した時、仮説は、それらは特定の蛋白のための、完全に機能している真に男性特異的なコーディングであるというものだった。Y染色体が先祖Xから進化したということを思い出そう（八章、図8・2参照）。したがって、XとYは今日、多数の遺伝子を共有している。それらは、染色体の先端での組み換えを通して遺伝子物質を交換してさえいる。Y染色体のいわゆる男性特異的領域のほとんどの遺伝子は、もともとはX染色体上にあった遺伝子の子孫、あるいは「相同体」だ。真の男性特異的遺伝子とは、（1）X染色体から分岐して、十分に進化して、機能的に異なる遺伝子になった遺伝子。あるいは（2）別の遺伝子からYに取り込まれたか、さもなければYに独立に生じた遺伝子。あるいは（3）Y染色体上では完全に保たれて機能しているが、現在のX染色体からは消えてしまった遺伝子にちがいない。

Y染色体上に推定された六九の遺伝子のうち、二九はX染色体との組み換えであり、したがって男性特異的ではない[23]。この組み換え領域以外の二五には、X染色体上の機能的相同体（コピー）がある[24]。こうして、X相同体が存在しない遺伝子は十五しか残らない[25]。これらの男性特異的な十五の遺伝子の機能分析によると、それらは多くの繰り返しと偽遺伝子（構造的には似た遺伝子だが実際には機能していない先祖遺伝子）を含む。加えて、それらの遺伝子のおよそ半分は、精子形成に特異的に発現される。それらは、男性の性腺に高度に特化した非常に似た遺伝子の一群のようだ（したがって、それらは広範囲の性差を説明するには限られた価値しかないようだ）。

女性では「二倍」ある二〇〇から三〇〇の回避遺伝子はどうなのだろう？　キャレルとウィラードは、回避遺伝子は女性では「余分の」遺伝子で、二〇〇から三〇〇もの多くの遺伝子の量を「二倍」にする、と示唆している。しかし全般的に、回避遺伝子は、活性Xにある対応する遺伝子よりもずっと低いレベルで発現する。ある追跡研究で、テイルビゼダー等（Talebizadeh et al.）は、「不活化を逃れた特定の遺伝子の遺伝子発現レベルは、活性X染色体に比べて不活性X染色体では二五パーセントと低い」ことを発見した。アングウェンとディステシュ（Nguyen and Disteche）は同様に、「女性では、たった数個の回避遺伝子しか発現の大きな増強は見られず、ほとんどはわずかに増加するか、まったく発現しないか、あるいは発現の減少さえ示す」とした。さらに、「ヒトの回避遺伝子のたった五分の一が不活性X染色体から、活性X染色体のそれの五〇％にも上る発現を示す[26]」。

キャレルとウィラードはまた、不活化から逃れる遺伝子の数も過大評価したようだ。二〇〇五年のキャレルとウィラードの論文以来、一体、回避遺伝子はいくつあるのか、ということは多くの関心の対象であり、大体において未解決のままだ。続いて行われた大きな探索では、二〇〇から三〇〇のX回避遺伝子があるという彼らの驚くべき結論を再現することは、今のところできていない。性差の説明要素の候補であるX回避遺伝子は、X染色体に限られなければならない。それらは、PAR〔訳注：pseudoautosomal region 偽常染色体領域〕(XとYで共有された領域)に局在してはならない。それらはまた、Y染色体のその他のどの領域にも、同一の完全に機能的な相同体を持っていないはずだ。これらが除外されると、数は大きく減少する。クレイグ等(Craig et al.)は、リンパ球(白血球)で上方制御されるPAR以外の回避遺伝子を三六個しか見つけられなかった。テイルビゼダー等による、さらに広範な生体内(*in vivo*)研究では、少なくとも三つのヒト組織で、女性対男性比で少なくとも一・五倍のレベルで発現される非PAR回避遺伝子はたった九つしか見つからなかった。[27]

キャレルとウィラードの研究は、不活性からの回避遺伝子を調べるために試験管内(*in vitro*)の体細胞ハイブリッド系を用い、一方クレイグ等とテイルビゼダー等は、生体内(*in vivo*)での不活性X染色体上の発現を調べた。彼らの結果には相当な違いがあり、試験管内研究では不活性からの回避の可能性を確立する一方で、その他の媒介要素やプロセスがX不活化からの回避の効果を抑制したり、あるいは均等化したりするような生体でのXの発現を十分に予測することはできないということを示唆している。[28]「X不活化過程以外の要因(たとえば、性ホルモンの影響、対象の年齢、組織の特異性と組成、そして細胞内でmRNAの生成や分解の量を変化させるその他の要素)が、X関連遺伝子の発現結果に影響するかもしれない」とテイルビゼダー等は書いた。[29] 年齢や栄養といった変数は、X染色体の発現の多様性の要因として性差と関係する。キャレルとウィラードはこのことを考慮しない。さらに、アングウェンとディステシュは、

X不活性からの回避遺伝子の広範なプロファイルが存在するマウスの研究では、研究者たちは、マウスにおける既知のX回避遺伝子は全てY染色体にパラログ（X回避遺伝子とY遺伝子にはほとんど同一の配列があり、それらは同じ祖先に由来することを意味する）があると最終的には結論した、と指摘する。[30] 将来の研究では、マウスと同じように、ヒトの男性と女性での遺伝子量のさらに広範な均等さが示されるだろう。

X回避遺伝子を機能遺伝学的に研究する上でのさらなる限界は、用いる組織に依存して結果が変わるということだ。不活性X染色体上のどの遺伝子が男性と女性で発現しているかは、考察している組織に大きく依存している。予想されるように、性的に分化した生殖関連臓器では、男性と女性でかなり安定した遺伝子発現の差異がみられる。一方、腎臓、肝臓、そして脳では違いはごく小さく、それらの研究結果は再現がしばしば難しい。[31] このことは、男性と女性の遺伝子の量的差異、あるいは割合のどんな全般的な見積もりにも重要な制限、キャレルとウィラードが指摘し得ていない制限を加える。

さらに、遺伝子発現の違いを測るための最も一般的なシステムであるマイクロアレイ技術には、ほとんどのヒトの組織における性差を特徴付ける、遺伝子発現における小さな差異を検出する上での限界のあることがよく知られている。マイクロアレイは、何千もの遺伝子の発現レベルを一度に調べる。そのようなシステムは、性別間の差異を調べるのに必要な解像度で発現量のレベルの小さな違いを検出するのには適していない。そうした研究で発現の違いを捉えるためには、したがって、閾値を非常に低く設定しなければならない。結果として、データには正常な変動に起因する偽陽性が多く現れ、マイクロアレイ研究の統計的な予測力は大きく減少する。大量の遺伝子によって、研究は差異の何らかの証拠をもたらす傾向にある。そして同時に、研究は、性別の間で異なっている特定の遺伝子を同定するにはあまりに低い予測力しか持たないだろう（十章参照）。

たとえば、ヒトの男性と女性の肝臓における遺伝子発現の違いについてのデロンシャン等（Delongchamp et al.）による研究は、約八％の遺伝子が、性別間で異なるレベルの発現を示すことを発見したが、見積もられた男性対女性の遺伝子発現の比率は小さく、最大で一・五五だった。著者たちは、「全ての推定値は一・五五よりも小さく、それらは一般的に狭い信頼区間だった。これらのアレイによって検出され得るジエンダー《〔原文のママ〕》差は小さいだろう」と結論した。特有の遺伝子と遺伝子プロセスは、この方法を用いて簡単には区別できない。「いくつかの小さな変化の証拠はあるが、特定の遺伝子は同定できない」[32]。

最後に、キャレルとウィラードは、性差において役割を果たしているから、遺伝子は不活性を逃れるのだ、と反射的に考えた。しかし、グレイヴスとディステシュが指摘したように、このことは、X回避が「性別間でのいくつかの遺伝子の発現の差異を利用するために進化した」適応メカニズムであることを前提にしている。

これらの遺伝子が、性差における重要な役割のために不活化を逃れるようにプログラムされている必要はない。おそらく、遺伝子量の均等化は、それらの遺伝子にとって重要ではなく、あるいはおそらく、量の違いが大変小さいのでその影響はないか無視できるものだ。グレイヴスとディステシュは、回避遺伝子の座位は、それがX染色体につい最近追加された遺伝子で、不活化に取り込まれる途中段階にあるにすぎないことを示唆していると記している。

これらの回避遺伝子は、両方のアレル（不活性Xからはより弱いレベルではあるが）から発現していて最近XとYに追加されたXの部分に位置している。それらは、X染色体の不活化システムにゆっくりと組み込まれているが、特に急いでいるようではなく、それらの量の不均等は、すぐに解決する必要のある大きな問題ではないことを示唆している。[33]

グレイヴスとディステシュは、性差における役割は、X回避遺伝子についての証拠と矛盾しないいくつかの説明の一つにすぎないと結論する。[34]

性差における遺伝子の役割の最も妥当な図式は、遺伝子がホルモン制御の役割を演じ、次いで一次および二次的な性徴に影響するというものだ。リンとスナイダー（Rinn and Snyder）が指摘するように、「非ホルモン依存性の性差」もいくつかあるが、性分化は基本的には「発生の重要な時点での性ホルモンへの曝露」によって、多くは出生前の段階に引き起こされる。生体器官におけるその後の多くの性特異的な遺伝子の発現は、成長ホルモンの放出における二形態のパターンによって生じる。したがって、性差における遺伝子の役割を理解するには、遺伝子の数、遺伝子の有無、あるいは遺伝子の上方あるいは下方制御というよりは、遺伝子作用の発生学的及び生理学的な状況が、絶対的に重要である。もし、発生学的あるいは生理学的な状況が問題であるならば、男性と女性で同じレベルで発現する同じ遺伝子は異なる影響を持ち得る。同様に、男女間での遺伝子発現の大きな差異は、全く取るに足らないものかもしれない。[35]

要約すると、男性と女性で異なる遺伝子は、当初推測されたほどに多くは存在しない。二五〇から三五〇の遺伝子が男性と女性の間で異なるというキャレルとウィラードの驚くべき推測は、あり得る範囲の上限に位置している、というのがよいところだろう。ヒトの男性と女性の遺伝子の違いについてのキャレルとウィラードの高い推測値は、性を架橋できないほど異なる種のような「火星と金星」と見なす伝統的なジェンダー・イデオロギーに基づく見方を支持するものとして提示された。

実際には、男性と女性の遺伝子の違いは著しく小さいというのが正しい知見だ。男性と女性で異なって発現をする、性染色体上で完全に機能している特異な遺伝子は、一ダースに満たないようである。さらに、最近の研究は、男性特異的なY遺伝子と女性の上方制御されたX回避遺伝子は共に、数が何であれ、性差全体を説明するには限定的な価値しかないらしいことを強く示唆している。

性差について「ゲノム学的に考える」

ゲノムにおける性差を数量化する取り組みの実証的な弱点をいくつか考察したので、次に、キャレルとウィラードによって発展させられた生物学的な性差の概念的モデルへ目を向けよう。未解決なのは、ウィラードによる「したがって、本質的に、一つのヒトゲノムがあるのではなく、二つ、男性と女性、があるのだ」という結論だ。この目を引く主張は、問題にされることなく、遺伝学コミュニティーからの公式な批判を受けることもなく、ましてや投書されたり眉をひそめられることもなかった。ヒトの男性と女性は異なるゲノムを持っているのだろうか？　ヒトの男性と女性は、種や遺伝的集団を比較するように比較することができるのだろうか？

ヒトのゲノムを二つと考える方が一つと考えるよりも良いのかという問いは、一見そう見えるよりもずっと複雑だ。これは単純な事実に関する問いではない。現代ゲノム学の大量処理のバイオインフォマティックスのツールを用いれば、明らかに男性と女性の遺伝子構成を比較し、それらの間にいくつかの差異を発見することができる。しかし、集団間の遺伝子とゲノムの差異は、これらの集団が「異なるゲノム」を持っているというより強い主張を立証するには十分ではない。その他のヒトの集団間の多様性の場合（たとえば、異なる大陸に祖先を持つ人々）には、集団間の差異は異なるゲノムとは見なされず、ヒトゲノムの中の遺伝子型の多様性と見なされる。問題はモデル理論的なものであり、答え方の選択は、男性と女性の間の遺伝子の違いの実証的な度合いのみならず、目下の説明の目的と研究者や研究コミュニティーの価値観や社会的目的にも基づく。

先に強調して記したウィラードの言葉の影響力と重要性は、部分的には、それが一九九〇年代のヒトゲノムプロジェクトのマントラ——ヒトゲノムは一つしかなく、ヒトは九九・九パーセント同一である——を覆す衝撃によって生じている。単一の普遍的なヒトゲノムという理念は、一人のヒトの男性を解読することは、ヒトゲノムを明らかにし、これが次にヒトの生物学と疾患の基礎を照らし出し、人類の自然史を明らかにするという、ゲノムプロジェクトの中心的な論理を支えている。ゲノム解読の視座からは、女性の身体が二つのX染色体を持ち男性はXとYを持つという事実は全く問題にならない。人類に必須の遺伝物質は、常染色体の一つのハプロイド（半数体）の束とそれぞれの性染色体の一つに含まれている。[36] 二〇世紀後半の科学と自由社会の言説における、単一の共有されたヒトゲノムという理念の力と重要性はどんなに評価しても評価し過ぎることはない。[37]

懸念の一つは、「二つの異なるゲノム」というゲノムにおける性差についてのウィラードの構想が、性別間に実際よりもずっと大きな遺伝学的差異があることと不正確に示唆することだ。ゲノムにおける性差は、とても、とても小さい。二万から三万のヒトの遺伝子のうちで、際立った性差はおそらくX及びY染色体上の一ダース余りの遺伝子と、仮定ではあるが、常染色体全体に渡って異なって発現している僅かな遺伝子でみられる。ヒトの身体の脳を含む数十もの組織における、性に基づく遺伝子発現の違いに対する粘り強い探索では、しばしば再現不可能な大変小さな差異しか見つからなかった。[38] ＤＮＡの配列と構造では、性差はXとY染色体に局在している。男性と女性は、二二対の常染色体とX染色体で、九九・九パーセント同一の配列を共有している。Y染色体上の一握りほどの遺伝子は、大部分は精巣決定と精子形成に集中している。男性と女性を異なるゲノムを持っているものとして考えることは、それらの間の差異の大きさを誇張し、男性と女性のゲノム全体に渡って系統的で法則的ですらある差異が分布しているという印象を与える。

しかし、ヒトの男性と女性の間で異なるとされる遺伝子の数にかかわらず、私は、ゲノム的な性差の解釈に抵抗すべきであると主張する。「ゲノム」は研究の課題と領域を定め、遺伝学の領野に顕著な特定の存在論的範疇を作るために用いられる概念となった。現時点で「ゲノム」は、巨大な権威と重要性、そして科学研究の優先課題を形成する力を持つ力強い言葉だ。私たちは選択することができる。性差についてのゲノム研究はまだ登場したばかりだ。私たちには、性にある差異をどのように概念化したいのかを明確にし、その過程で歴史から学び、男性性と女性性のゲノム学的理解が、XとYを「女性の染色体」と「男性の染色体」とする考え方のように歪曲されるのを阻止する機会がある。

種はゲノムを持つ

一般的な科学的用語では、「ゲノム」は種を特定する遺伝子コードを意味する。教科書ではしばしば、「ゲノム」は種の遺伝子的「使用説明書」と定義される。「ゲノム」は完全な遺伝子の総体——染色体、遺伝子、そして増え続ける関連する制御的でエピジェネティックな装置——を指す。これが、われわれが「ヒトゲノムプロジェクト」を用いるときの意味である。「ゲノム」という用語は、この文脈では、種の全遺伝子容量を示すのに使われる。原則として、ここには、種内の遺伝子的多様性のプロファイルが含まれる。一つの種の中の個々人は、ある遺伝子の異なる変異体——たとえば目の色——を持つが、彼らは同じゲノムを共有している。一般用語では、ヒトゲノムとは「遺伝子プール」と呼ばれるものを指している。(39)

種のゲノムの間の違いは、遺伝学的に数量化される。結果は種の間の系統発生学的な関係性を明らかにする。これはしばしば「遺伝的距離」あるいは「遺伝的差異岐」の見積もりと見なされる。これまで見てきたように、こうした研究は、チンパンジーが最もヒトの近縁に生きている生物であるという仮説の正しさを証明してきた。種内の集団の間の比較も可能だが、それには違う方法が用いられる。そうした比較は、地理的距離と集団構造についてある種の推論を立てることを可能にする、一連の高度に形式化されたモデル理論的仮説を用いる。それらの研究は、ヒトの遺伝子の多様性がヒトの言語的多様性とヒトの移動と定住の歴史的経路に沿った流れの上に位置づけられることを示すことによって、ヒトの移動についての「アフリカ発生（Out of Africa）」仮説を裏付けた。ヒトの集団はお互いに交配し続けており、均質的で遺伝子的に独自な集団はないので、こうした比較は種の間の比較よりもかなり複雑になる。人種や民族の祖先が異なる個々人は、多かれ少なかれ、彼らの祖先に依存して異なる共通のヒト遺伝子変異体を持っているだろうが、彼らは異なるゲノムを持ってはいない。

性差についてゲノム学的に考えることを促す中で、ウィラードは遺伝学的な性差を、種の間のゲノムの比較に類似した比較ゲノム学の課題として位置付けた。これは、ヒトとチンパンジーの違いを男性と女性の違いの評価軸として提示したことに明白である。ヒトゲノムは一つではなく、男性と女性の二つの別々のゲノムがあるという考えを強調して、ウィラードは性差の生物学的なモデルの背景に、系統学的な考えが存続していることを明らかにする。そうして、系統学的および比較ゲノム学的な言葉とモデルを、ゲノムにおける性差の研究に投影すると、性、種、および集団を生物学的な階層とする長く続く存在論的混乱の影響が続いていることを際立たせる。

厳密に言えば、もちろん、性を正確に種に類似させることはできない。種は生物学的な分類法における第一の分類の単位だ。一般的に、種は、生殖において隔離され異系交配する生物の集団として、また、ある一つの種形成の出来事から生じる一つの共通の祖先の子孫として、そして／あるいは、形態のような共有される表現型によって定義される。[40] 性は系統ではない。男性は男性を生産しないし、女性は女性を生産しない。男性と女性は交配し、その男性と女性の子孫は、父親由来と母親由来の遺伝子産物の大規模にランダムな組み合わせを持っている。性的生殖のために、二つの性は、同系交配や共通の祖先の共有（単系統）、形態、そして地理的時間的境界を含む、種であるための一般的な基準を何も満たさない。その代わり、男性と女性は性を持つ種の生物学的な亜綱（subclass）である。綱（class）のように、男性はある特有の祖先から派生したのではなく、お互いとのみ交配するのでもない。そして同じことが女性にもあてはまる。男性と女性の形態は区別されるが連続している。ヒトの男性と女性の種特異的な活動は高度に統合され結合力がある。ヒトの男性と女性は同じ空間と時間を占めている。男性と女性は、生殖を通じて遺伝子産物を交換しており、高度に相互関連的である。系統学的な系図と分岐についての比較ゲノム学的な参照モデルは、したがって、性差を説明するには明らかに適切ではない。

しかし、種、集団、そしてゲノムは生物学における比較研究の基本的な単位であるため、多くの研究者にとっては、性についての比較研究においてそれらが類似物として表われることは自然で、おそらく防ぎようのない、またおそらく無害のことのように見える。確かに、問い詰めれば、多くの生物学者は性と種がかなり異なっていることにすぐに同意するだろう。しかし多くは尚、性の間の全体的な遺伝学的差異を、種の間の全体的な遺伝学的差異と比較することを問題だと思っていない。私は、この論理の基礎に存在論的均整の直感があるのではないかと思っている。この見方に基づくと、性と種は同じ種の種類である。すなわち、存在論的に、種と性は共に生物学の中で低層の、核となる分類単位に位置付けられる。この見方の支持者は、そこで、種と性は同じではないが、それらは比較可能だと主張するだろう。したがって、この見方によれば、系統学的な論理を性に当てはめることはもちろんできないが、比較ゲノム学的アプローチは、性を比較するための背景の枠組み、モデル、あるいは比喩として、歪曲的あるいは問題があるようには見えない。

以下で私は、性差についての系統学的ゲノム学的モデルあるいは比喩が、無害ではないということを示す。性差について「ゲノム学的に考える」ことは、性差の関係性を誤解し、性の間の差異の大きさを誇張し、遺伝子型と表現型の間の関係を誤って解釈することになる。

性対種

生物学哲学者のジョン・デュプレ（John Dupre）は、生物学的説明における性の概念について深く考察した数少ない一人だ。彼は、私たちの問いに近づくために有効な枠組みを提供する。デュプレは、性と種を存在論的にグループにすることを、生物学的な説明における一般的な概念的混乱と見なす。彼にとって、「性」という分類の用法は、生物学者が「彼らの経験的に保障された限界を超えて、説明的分類の妥当性を拡大」しようとする傾向の完璧な例である。デュプレは、彼が「分類的経験主義」と呼ぶものに対して、「特定の分類の説明的可能性に関する完全な経験主義の嘆願」を主張する。デュプレは、性のゲノム学的見方を問題と見なそうとしている。なぜならそれは、生物学的な存在論を押しつぶし、生物学における様々な分類あるいは種類にある経験的な制限を曖昧にして無視してしまうからだ。デュプレが主張するように、生物学の説明概念として、「性」は種の中を横断すると共に入り込んでいる。性は、まず、生物学の中で高次に包括的な分類（kind）と考えられる。この次元での性についての一般化あるいは法則化は、もしあったとしても、非常に稀だ。たとえば、有性生殖を行う種の中で、雄と雌を持つ多くの種は、X－Yの性決定システムを持たない。性の二形態性と交配、子育て、そして性－ジェンダーシステムは、性（「雄性」と「雌性」）が高次の分類（kind）として最小の説明的価値を持つ種の間であまりに多様だ。

第二に、性は種の中での経験的な下位区分として理解されるだろう。ここでは、性は有性種の行動、組織、そして自然史の多くの側面について説明する力を持つ分類だ。たとえば、ミツバチ、マガモ、そしてヒトに特異的な性差と生殖役割の多様な説明を考えてみよう。[41] ヒトと女性は「自然種の入れもの（a nesting of natural kinds）」だが、私たちがよい分類的経験主義者であれば、男性と女性が、たとえば、ヒトよりも「よい」種だと考えることは、そうした区別が説明においてそれが果たす役割に価値がなければ不合理だろう」とデュプレは主張する。性と種を類推することへのデュプレの「分類的経験主義」批判は、私たちが性差を種間の差異に沿って位置付けることができない説得力のある理由を提供する。分類的経験主義は、ある分類を採用することの実際の説明的結果についての確かな事実と共に、ヒトの男性と女性が、それらの間で異なる遺伝子がどんなに見つかったとしても、ヒトとチンパンジー「よりも異なって」いることには決してならないという考えの、良い基盤を提供する。われわれは、種の中で男性と女性が相補的に存在しているという経験的事実に縛られており、女性のヒトと女性のチンパンジーが、ヒトの男性と女性よりもお互いに「遺伝子的に似ている」ことが分かっても、性が種に先立つことを意味しないし、ウィラードの主張で示唆されたような生物学的な分類法の仕組みのラディカルな変更を必要とすることにもならない。(42)

しかし、分類学的経験主義は、種を広く比較するような方法で、性を広く比較することを排除するものでは決してない。このことがなぜ不適切であるかをみるために、私たちは、性差について比較ゲノム学的に考えるときに働く別のタイプの存在論的な混乱を見る必要がある。科学史家で科学哲学者のエヴリン・フォックス・ケラー (Evelyn Fox Keller) は、生物学者が性を分類可能な独立の階層 (class) と見なし続ける傾向――彼女が理論的集団遺伝学の中で「生殖的自律の言説 (discourse of reproductive autonomy)」と呼んだもの――を指摘した。二つの性を生殖において相互依存的ではなく自律的と考えることは、遺伝学的なモデル化に誤謬と歪曲をもたらす。たとえば、ケラーは次のように指摘する。

ランダムな交配においてさえも、雄が交配する確率は、一般的に雌の存在次第であり、したがって集団における雌に対する雄の割合、すなわち雄と雌の相対的な生存能力に依存している。(43)

すなわち、一つの性の数の動態はもう一方なしにはモデル化できない。ケラーは生物学者に、集団生物学における性の動態を可視化する新しいモデルを開発するよう要請した。最近の十年の間に、この方向には重要な展開があった。(44) しかしながら、多くの生物学、そしてほとんどの集団遺伝学研究でさえ、未だに男性と女性の生殖における自律性が前提とされており、性を説明的概念として理論化せず、曖昧なままにしている。[45]

ケラーは、生物学において性を説明概念として理論化できないのは、遺伝が生物個体に属し、自然選択が生物個体に働くとするモデルが支配的なせいだと主張した。有性種では、個体は自分自身を複製しない。これは、集団動態のモデル化にとって複雑な要素だ。ケラーは、集団遺伝学者たちが、「両親からの遺伝の複雑さ」を扱うのではなく、アレルの頻度は一定で、集団の大きさは無限大で、交配はランダムとするハーディ＝ワインベルグ（Hardy-Weinberg）平衡として知られる理想化された前提に最も痛烈に象徴されている有性生殖を集団遺伝学における個体主義モデルへと組み込んだことを示した。ケラーは、それが支配的なこの進化のモデルへの気まずい挑戦となるために、性は理論化されなかったのだと指摘した。彼女は「有性生殖する生物にとって、適応は一般的に個体の特質ではなく、集団内の交配全体の混合である」。有性生殖は「個体の特質の中に、進化的変化の因果作用を見出す可能性を台無しにする」と述べた。[46]

一般的に性は、生物個体の特質と考えられている。性は、この特質で特徴付けられる二つの異なる階層の生物として構成されている。しかしケラーが指摘するように、集団遺伝学と進化論の視座からは、性は二つの単位（あるいはいくつかの種ではもっと多くの）として正しく理解されている。ケラーは、有性生殖の集団遺伝学的モデルに理論的に介入することを目指して、「交配する対は、（…）個体よりもより適切な淘汰単位（unit of selection）だが、実際のところ、交配する対は、個々の遺伝子型よりも多くのそれ自身を再生産することはない」と記した。この、性が個体としてではなく、実質的に一つの階層（a class）として対を成し、相互依存的であるとする洞察は、性をヒトのような二つの配偶子を持つ有性種の中の個別の自律した分類（kind）であるとする考え方に対する代案として私が提案する、動的対分類（dynamic dyadic kind）としての性概念の核を形成する。[47]

動的対分類としての性

特定の自然を「種」へと分類することは、科学的説明の欠かせない部分だ。しかし、有性種のゲノムのように一であり二でもあるような種類をどうすればいいのだろうか？　集団の属性、対の属性、そして個の属性には違いがある。「性」を考えるには、これらの違いに注意を払うことが必要である。性は、（有性の）集団あるいは種の中での個々の関係的属性である。遺伝学的集団モデルの観点からは、性は集団における個々の属性に強く関連している。「雄」と「雌」はまた、有性種の生物学的な亜綱でもある。性は、明示的あるいは示唆的に種内の集団と類比されるが、性は単なる個々の属性でもなければ、単なる亜綱でもない。有性生殖は種の繁殖に不可欠なため、性は相互に深く依存している。一つの性集団の動態と適応力は、もう一方なしではモデル化することはできない。進化論的および集団遺伝学的モデルの視座からは、性は還元不可能な二項型だ。さらに性は関係的だ。性は集団の中に固定された二つの亜綱ではなく、お互いに動的に相互依存し且つ相互作用している。遺伝学的に、性は動的対分類である。

雄と雌の性を還元不可能な二項として理解することは、性と集団あるいは種の間の違いの核を顕在化させる。集団と種は、二項型ではなく「個々」の分類として有効に理解されている。[48]生物の個体と同様に、集団と種は連続的で、一貫性があり、場所と時間に限定されており、統合され、因果的に繋がっており、相互に高度に関係している。[49]生物学者が一群の生物を種あるいは集団と認めるために必要とする、単系統（あるいは共有系統）と生殖における同系交配という基準は、こうした連続性と相互依存性という特徴を捉えている。こうした理由により、種は実質的に「個」の分類である。

個分類と二項分類の区別は、説明的カテゴリーとしての性と集団／種との間に重大な存在論的差異を与える。性が二元的であるならば、ひとつの性は、もう一方から独立した自律的な階層（class）としては扱えない。性は、種や集団のように分けたり全体的に比較したりできない。それでは、生物学的分類としての性の動態を誤って示すことになる。ひとつの性の集団的動態や生物学的特性を、もう一方についての正確な理解なしに研究することのもう一つの帰結は、方法的不正確さ、緻密さの不足、そして説明能力の不足として現れる。[50] 性を、連続的で、相互依存的な、相互に作用する階層ではなく、別々の異なる階層あるいは分類として理念化することは、凡庸な性差の主張につながる。動的対分類としての性の概念は、こうした誤った比較に対する明確な方法論的制限を提起する。性が自律的で個別の階層ではなく、相互依存的で永久的に対を成す相互作用的な種の亜綱であるということは、種や集団を比較するように性を分離して、全体的に比較ゲノム学的アプローチを当てはめることが適切ではないということを意味する。ゲノムにおける性差の発見は、別々に性化された身体の中でのヒトゲノムの偶発的で反射的な戦略の動的な枠組みの中で概念化されなければならない。

しかし、後退して性を二元的とする考えを単に再現することなく、ヒトゲノムの動的対の性質を受け入れることはできるだろうか？　ジェンダー理論が十分に示したように、二元性は二元論的で二分法な考え方をもたらすため、一つをもう一方に従属させ、二つを格付けし、二極性や補完性を示唆したり両者を対立させたりすることなく二つの集合を考えることは難しい。[51] 二元性は、徹底的な分類を意味する傾向にあり、固定された極として差異を探索する方向に論理を展開しがちだ。生物学では、二元的な考え方は、性の間の大きな類似や連続性を軽視する。二元的な考え方はまた、人口の一パーセントをも構成する、生物学的にインターセックスの個人の存在を目立たなくする。最後に、性を対とする理念はまた、ヒトの社会生活の中で観察されるジェンダーとの関係の中での性の配置の大多数と調和しないように見えるかもしれない。多くの生物学者と生物学のジェンダー分析家は、性の生物学的性質が非二元的で多様であることを認める性の実践概念を、生物学研究の中に求めている。

私は、こうした懸念を深く感じ取っているが、この事例においては、これらはあてはまらないと考える。「動的対分類」としての性という概念が、配偶子の性――遺伝子から見た性――にのみ言及していることに注意されたい。ジェンダーは、多くの文脈で可塑的で多数的であるのに対し、二つの性を持つ種の配偶子は二元的だ。哺乳類の生物学では、二つの異なる配偶子――雄と雌――の和合が生殖には必要であり、二つの性は彼らの生殖における役割から生じる形態と行動の差異を確実に示す。この二つの性を二つの型とみなすことが、性を生物学的な存在論において独特且つ困難なものにする。たとえば、種と集団は動的で多価的な領野に存在するが、哺乳類では二つの配偶子の性が存在し、二つ以上でも以下でもない。インターセックスの状態でさえ、私たちの有性生殖と交配の遺伝学的モデルにおける前提を変えたりはしない。なぜならそれは、有性生殖の卵子と精子という二配偶子モデルを変えることはないからだ。性とジェンダーの形態の多数性と社会的偶発性を認識することが不可欠である一方で、生殖に（今のところ）必要な雄性と雌性の対合は、性の生物学的な概念に異なるアプローチを要求する。性差についての遺伝学的研究への戦略的な概念的介入は、この二つから成る生物学的な性には、二元的な考え方の落とし穴を避けるようにそれを変化させながら、有意義な方法で取り組まなければならない。

ウィラードの生物学における性差についての「ゲノム学的考え」を裏付ける二元的枠組みに対して、性を「動的対」とする概念は、性を、共に編み込まれた非自律的なものと見なす。性は決定的に、根本的に対である。それらは、相互依存的で相互作用する。一つの作用はもう一方なしにモデル化できない。動的対としての性の概念は、生物学的モデルを二元的な性――異なる分類あるいは集団としての性――から離れさせ、遺伝子の視点からの性の間の協働、相互作用、交換、そして相互依存――対単位としての性――へと向かわせる。このようにして、動的対としての性という概念は、一般的および科学的な言説の両方でしばしば述べられる、性についての還元主義的で観念的な二元的な考え方とは全く異なる性の多様性の描像を発展させる。ゲノムの、そしてポストゲノムの時代の性科学へと近づく今、ゲノム学的な性の存在論をめぐるこうした考えには重要な概念的変更が求められている。

◇

ヒトの男性と女性がチンパンジーとヒトより異なっているという主張に注目して、この章では、ゲノム学的な性差の研究によって提示された、新しく難しい哲学的生物学的な課題に取り組んだ。これは架空の主張ではなく、著名な遺伝学者によって最近発表されたものだ。その主張は、科学メディアおよび大衆メディアに重要なものとして取り上げられた。最終的に、それは、サルとヒトの間の比較の問題にある展開の歴史を示す。

私は、男性と女性は異なる種や集団ではなく、したがって比較ゲノム学や系統学的なモデルは、生物学的な性差の概念化には不適切だと主張した。X染色体とY染色体の間の遺伝子的多様性を調べ、ゲノム全体での男性と女性の遺伝子発現のレベルを比較することは、性の間の表現型の差異に関与する遺伝子座位についての、正当で検証可能な機能的仮説を導く。しかしながら、この類の比較研究はまた、種や集団を見る時には系統発生学的距離や分岐を推測できるようにする一方で、性差の場合には同様の広範囲のゲノム全体の推測を可能にしない。ある種の生物についてゲノム学的に考えることは、それらが系統であるか自律的な遺伝子集団であることを意味する。これは、そこでは差異がより圧倒的な「分岐」や「距離」とされる、集団的および系統発生学的な考察を忍び寄らせる。性は動的対分類であり、この性差のモデルは歪んでいる。私は、このような方法で性差をゲノム化する強い実証的、説明的、社会的あるいは倫理的理由はないと考える。こうした理由により、「男性のゲノム」や「女性のゲノム」よりも「ヒトゲノムの性差」とした方がより賢明である。

性についてのゲノム学的考えは急速に発展している。『バイオテクニック・ウィークリー』のニュースレターは最近、ライデン大学におけるヒトの女性のＤＮＡ解読プロジェクトに言及しながら「オランダの科学者が女性のゲノムを解読」と、報じた。[52] この出来事を過大に喧伝するニュース報道も、他の科学者たちも、「女性のゲノム」という考え方の正当性に何ら疑問を呈することがなかった。これらの最近の主張が研究者たちから精査されてこなかったということは、遺伝学的研究におけるこの領域の批判性の欠如を表している。この本で示したように、性とジェンダーの違いについての前提について批判性を欠くことは、研究の偏りに貢献し、社会的に有害な帰結をもたらす。しかし、努力すれば、科学コミュニティーの中で、そうした批判性を育て発展させることも可能である。

第十章　ジェンダーとヒトゲノム

本書『性そのもの』は、性をヒトゲノムの中で究極的には生物学的に定められた二つの型とする、性についての特定の考え方の歴史を表している。この考え方は、X染色体とY染色体という明確な二つの型の枠の中に入り込んで、二〇世紀の間に性についての生物学的理解の基礎となった。XとYは性の科学においてジェンダー化される対象となる運命にあったのではない。XとYを表すのに「性染色体」という用語を一般的に用いることは、当たり前でもなければ不可欠でもなかった。それは、二〇世紀初期の遺伝学における主要な運動と性の科学の相互作用の偶然の産物だった。「性染色体」の構築によって、XとYは、卵子と精子やエストロゲンとアンドロゲンのようなジェンダー化された科学的関心として有名な対象と同類に位置付けられた。

このXとYの性化は、それに続く性とジェンダーの遺伝学的理論の発達に重要な帰結をもたらした。研究者たちはそれ以来、X染色体とY染色体の中に「性そのもの」を探し、そしてそれを目にした。性の二つの型を、X染色体とY染色体の中の「令状的分子（writ molecular）」として見る傾向は、Xを女性としYを男性とするジェンダー化に最もよく示されている。一九六〇年代から一九七〇年代にかけての、

XYY超雄理論の事例と正常および病理的な女性の生物学的性質についてのXモザイク理論の事例は、性染色体についてのこうした考え方が、それがなければ脆弱な科学的仮説をいかにまとめ、批判から守るかを示している。

XとYを「性そのもの」とする考え方は、二〇世紀末期のフェミニズムおよびポストフェミニズムがジェンダー・ポリティクスの領野を描きなおす中で、素晴らしく更新された。XとYは、そして遺伝学的性の理論はより広範囲に、女性性や男性性の概念の変化を示し始めた。男性の性決定遺伝子の探索についての事例とY染色体の退化をめぐる議論は、変動するジェンダー概念と科学における変化の関係性についての分析的に難しい研究を提供する。こうした事例は、「性そのもの」の再構成のはじまりとなる。しかし、性を二つの型とする考え方は強固に残ってもいる。ゲノム時代のはじまりにおいて性差の生物学を調べれば、二つの型としての性概念が「男性」と「女性」のゲノムの中で精巧に組み立てられ、再び花開き得ることが示唆される。

性染色体からの教訓

本書は、ヒト遺伝学におけるジェンダー概念の作用を可視化する。ジェンダー化された前提は、遺伝学者に標準的な方法論を省略させ、その他のモデルを無視させ、特定の研究課題を優先させ、証拠の解釈を曲げさせた。この歴史は、今日の遺伝学とゲノム学で進行中の実践にとっての教訓を含んでいる。

性についての遺伝学的モデルには、二つのパターンの伝統的なジェンダー化された考えが常に見られる。第一のパターンは、性とジェンダーについての遺伝学研究が性差についての問題を特別扱いし、二つの性の間の差異を記録し、モデル化し、説明する方向へ研究課題の枠組みとデータの解釈を向かわせる。見てきたように、二〇世紀を通して、そして二一世紀の現在も、遺伝学者たちは、男性と女性の間に新しい、追加の、あるいはかつて考えられたよりも「深い」差異があると主張し、停滞している性差についての理論を再生させ、はっきりと性差の正当性を確証あるいは定量化するために、性染色体の研究を利用してきた。たとえば九章で示したように、ゲノムの中に性差を位置付けようとする関心は、ヒトゲノムプロジェクトの人間主義的な誓約である「一つのゲノム」は存在せず、ゲノムは二つだとする主張をさえもたらした。男性と女性のゲノムにある「差異」を強調することは、遺伝学者に小さな違いを大きな違いとして誇張させ、性の遺伝学的モデルにおけるバイアスの元ともなり得る。

性染色体研究におけるジェンダー化された考えの第二のパターンは、XとYのジェンダー化である。研究者たちは、相変わらず、XとY染色体を女性的あるいは男性的な性質で表す。XとYのジェンダー化は、性染色体研究に偽の対称性（false symmetry）と硬直した二項化をもたらす。XとYは「彼女と彼」と見なされ、分子に書き込まれた性的な二項分類として概念化される。XとYに与えられた偽の対称性のために、性二元的で生殖に関連する形質の決定におけるそれぞれの重要性が誇張されたり、均等に捉えられ過ぎたりする。

歴史は、今日の遺伝学の研究者によって建設的に受け入れられ得る性染色体科学についての確かな洞察をもたらす。本書の分析からは三つの処方箋が生じる。まず一つ目は、男性と女性のゲノムは異なるという考え方を拒否し、ヒトゲノムの中に性差を概念化するための別の枠組みを形成すること。二つ目に、性差の遺伝学に対する性染色体中心主義的なアプローチを阻止すること、そして三つ目にXとYのために「性染色体」という専門用語に代わる、性中立的な用語を考えることだ。

性は動的対分類である

人は2に弱い。男性か女性か、犬か猫か、マッキントッシュかPCか。私たちは、2を二つの型へと秩序化しがちだ。もう一方に対して相補的としたり、対立させたり、あるいは格付けしたりする。こうした考え方が性の科学に持ち込まれると、私たちの論理立てを歪め性差を絶対的な性的二形態性に変えてしまう。ゲノムの中の性差を「男性ゲノム」と「女性ゲノム」として概念化すると、この罠にまんまと嵌まってしまう。歴史は、二項分類的考え方の罠を私たちに示してくれる。ゲノムの時代、私たちはもっとうまくできるはずだ。私たちは、性を明確に動的な対を成す生物学的差異の種類として認識する、ゲノム学的な性の二形態性を理解するための枠組みを求めるべきである。

言葉と用語法は重要だ。よく構築され、適切に名付けられた概念は一つの知識の領域の考え方を変化させ得る。現在、性を個と集団の相互作用的及び相互依存的な生物学的属性として適切に捉える存在論的な言葉はない。方向付けし直すための代替物が存在しない中では、私たちは「種」や「集団」といった生物学的な分類の概念に後退する。私は九章で、性を、明確に異なった二元的な「種」のような下位集団として考える代わりに、ゲノムの時代における性の生物学的モデルを方向づけるための創造的で生成的な構造物として、「動的対分類」としての性を提唱した。

価値は、実証的にも概念的にも、私たちが科学の中の存在論的な枠組み、モデル、説明的言語を選択する際に役割を担う。「ゲノム」という概念が、遺伝学的性差を理解するために適切で明確で建設的かどうかは、性の間の定量的な遺伝学的差異を測ることでは解決されない。むしろ私たちが選択する概念的枠組みは、私たちが、性差と「ゲノム」という概念の両方に、生物学的な説明と存在論において果たして欲しいと思う役割を反映しているはずだ。それはまた、私たちが、科学と社会において有害なジェンダー・イデオロギー的な考え方に対抗することに置く重要性を反映するべきだ。

たとえば今日、私たちは「ヒトゲノム」という概念で研究することを選択し、人種的及び大陸的祖先に関連したハプロタイプを「ゲノム」とは呼ばないことを選択している。人種についての遺伝学的研究を分析する研究者たちは、ヒトゲノム時代の幕開けの身振りとして、先入観に基づく社会的存在論を私たちのゲノムのモデルとDNAの解析データベースに刻むことで、データを人種によって体系化し格付けすべきではないと、熱心に主張している。私は、性差についても同じことを提言する。

性染色体中心主義

性染色体が実際に性差を司る遺伝子の座だとする仮説はしつこく残っている。遺伝学者たち、臨床家たち、そして科学ジャーナリストたちは、共に、性染色体上の遺伝子が、性的二形態性の遺伝子的基質を明らかにするだろうと断言する。この見方によれば、一次的及び二次的な性的特徴に関わる遺伝子あるいは遺伝子のプロセスは、性染色体上に位置しているか、集中しているはずだ。このアプローチは、性染色体の遺伝子型の二形態性が、私たちが観察する男性的あるいは女性的身体を持つ個人の間の表現型の二形態性の基質であるか、または制御しているという期待と、極めて重要な仮説を反映している。しかしこの仮説には根拠がない。

性染色体は、性決定メカニズムとして登場した。すなわち、それらは、性を決定する大きな遺伝子経路の中の重要なスイッチを持っている。しかし、ＸとＹが、種の特徴的な性の二形態性に関係する鍵となる遺伝子を持っているかどうかは疑わしい。私たちは、性特異的な適応効果を持つ遺伝子が性染色体上に局在している必要のないことを知っている。性決定と性分化にとって重要な常染色体遺伝子は多くある。子宮と精巣の分化を維持するのに不可欠な、ヒト染色体九番上のＤＭＲＴ１やヒト染色体三番上のＦＯＸＬ2のような遺伝子は、性染色体上には座していない[1]。これらの常染色体遺伝子のエラーは、染色体的には典型的なＸＸとＸＹの人で性の反転をもたらす。私たちはまた、性染色体を欠く多くの種で、極端な性二形態性が観察されることを知っている。したがって、性的二形態性は性染色体のような遺伝子型の二形態性なしに確実に伝達されるだろう。最後に、ほとんど同じ性染色体補完物を持つ哺乳類の間での性の二形態性の程度には、大きなばらつきがある。二つの性染色体の間にある遺伝子型の分化の程度は、表現型における性の二形態性の程度と相関しない。

　しかし、性染色体が存在する場合には、性の二形態性はＸとＹに関連する効果と関係しているだろうとする理論的な主張は存在する。フェアバーンとロフ（Fairbairn and Roff）は、最近この仮説を発展させ、ＸＸ／ＸＹ性分化システムを持つ生物の間では、雄性と雌性で分化的な適応効果を持つ遺伝子はＸ染色体上に蓄積していると考えられると主張した。著者たちは、「多因子の性質［性の二形態性］に寄与するほとんどの遺伝子は常染色体遺伝子である」としぶしぶ認める[2]。しかし彼らは、Ｘ染色体上の劣性形質として現れ、雄性に益するある特定の性特異的遺伝子は、Ｘ上に優先的に見つかるだろうと指摘した。重要なことに、この理論は、Ｘ連鎖が男性に限定した性二形態性の理解に最も貢献することを予言する。たしかに、男性における性と生殖のための遺伝子は、Ｘ染色体上に集中していることが示されてきた（六章で論じた、Ｘ染色体は「女性の染色体」だとする支配的な仮定とは対照的だ）。

フェアバーンとロフの分析は、性染色体上の遺伝子を性差全体の基盤とする前提にある限定的で仮説的な性質を明らかにする。精子形成に関わる遺伝子のような、雄性の適応力を高める遺伝子は、X染色体上に集中していると予想される一方で、男性と女性の性差に影響するほとんどの遺伝子が、鍵となる遺伝子も含めて、性染色体上に存在しているだろうと考える原則的な理由は何も存在しない。ゲノムの中の性染色体の二つの分類に注目することは、ゲノム全域に渡る、その他の性限定的な、あるいは性二分類的な発現パターンを除外することになる。ここには、遺伝子の動態、制御、そして修復に対する、母親由来と父親由来の刷り込み、及びその他の配列－非依存的な、遺伝的エピジェネティックな効果、さらに性ホルモンによる常染色体上の遺伝子発現の性特異的な制御が含まれる。

「性のための遺伝子」が性染色体上に存在するという仮説は魅惑的だ。XとYという、単純明解な遺伝子型の二つの分類は、明確で、固定された二分類としての性という支配的な見方と合う。そのため、たとえ研究者たちがしばしば性に関連する遺伝子はゲノム上のどこにでも存在するということを明示的に認めても、性染色体中心主義は、最近の性とジェンダーの遺伝学的研究の多くに染み渡っている。九章で論じたような、ヒトの男性と女性の遺伝子の違いを、XとY染色体を用いて予測し位置付けようとする企ては、性差についての遺伝学的論理立てにおけるこの共通した誤りを特に表す最近の事例を代表している。

性染色体はどこへ行くのか?

二〇世紀初頭の遺伝学者たちは、XとYを「性染色体」として特化させることは、ゲノムの構造、機能、そして進化についての理解を歪めると主張した。この懸念は今日にも同様に当てはまる。性染色体としてXとYは、性分化と生殖の生物学にとって不可欠なものとして、あるいはそれらを中心として体系化されるものとしてだけでなく、特定の構造、機能、そして進化的性質を溶融する、「常染色体ではない」特別な集合に属するものとして概念化される。しかし、たとえそれらが共に特別だとしても、ヒトのXとYは、それぞれに異なる仕方で特別である。男性と女性は共にX染色体を持っており、X染色体は、その他の常染色体と同程度に性特異的性質に関係しているにすぎない。対照的に、Y染色体は男性だけに存在し、X染色体の二〇分の一のコード遺伝子しか持っておらず、男性の精巣分化以外にはどのような生物学的に重要なプロセスにも関与していない。(すなわちヒトは、Y染色体がなくても、正常で健康な人生をおくることができる。)Y染色体は男性にクローン的に伝達される。したがって、Y染色体は、X染色体よりも女性のミトコンドリアDNAに似ていることになる。X染色体は、女性では二倍の量があるために、独特な量制御メカニズムを持っている。しかし六章で論じたように、このことはゲノム全体に渡るインプリンティング〔刷り込み〕と遺伝子制御メカニズムの特別な形として考えるのが最も理解しやすい。こうしたXとYにある特別で興味深い性質は、「性染色体」という用語では効果的に捉えられない。

私たちは、「性染色体」という用語が未だに適切なのかを検討するべきだ。「性染色体」という用語と対立する「性ホルモン」という用語との共通項を考えてみよう。科学者とジェンダー論者たちは共に、「性ホルモン」という用語を、性とジェンダーの違いについての生物学的理解を歪めるとして批判してきた。「性ホルモン」、「男性ホルモン」、「女性ホルモン」という用語は、性特異的且つ生殖に関連する以外の生化学プロセスにおけるこの階層のホルモンの役割を曖昧にすることで誤解を生じさせてきた。こうした批判の結果、内分泌学者たちはこうした用語から離れ、代わりに今ではこの階層の分子に「ステロイドホルモン」や「性腺ホルモン」といった用語を用いている。「性染色体」という用語は、ヒトゲノムにおける機能的機構についての私たちの理解に同じような歪みをもたらす。上で論じたように、XとYを性染色体として等しく揃った存在とみなすことは、性二型性と生殖関連性質にとってのそれらの重要性を過大評価させる一方で、それ以外の要素を過小評価させてきた。

XとYを「性染色体」と呼ぶことは、性差についての不明瞭な考え方をもたらし続けてきた。四章で私は、「性染色体」の代わりに、「修飾染色体（accessory chromosome）」や「特殊染色体（idiochromosomes）」「異形染色体（heterochromosomes）」のような、もっと性的に中立の用語が優勢になっていたら、ヒトゲノムと性及びジェンダーの遺伝学の体系についてのモデルはどのようなものに見えるだろうかという問いを投げかけた。XとYを常染色体から区別する極めて重要な性質は、それらが相同体を欠いていることと、独特な遺伝パターンを持つことだ。相同体と対を形成する常染色体とは異なり、XとYは不釣り合いな対だ。ゲノムのレベルではなく、配偶子の性として性に言及するときには、説明する力と描写の明確さは確かに失われないし、強められさえするだろう。すなわち、女性は同型配偶子であり、男性は異形配偶子であって、XとYは性染色体ではなく「修飾染色体」あるいは「異形染色体」である。遺伝学者たちは、XとYにとってのもっと正確で性中立的な用語の効用について考えるべきだ。「修飾染色体」や「異形染色体」からはじめるのが良いだろう。

ポストゲノム時代における性差研究の再生

「ポストゲノム時代」は、全ゲノム技術が多くの分野と社会的な場において、生物学研究の足場として共有された、ヒトゲノムの配列解読終了後の時代として定義されるだろう。この言葉は、現代のゲノム研究だけではなく、より広くは、主なゲノムプロジェクトの終了後の、ゲノム技術とゲノム科学の知識を採用して行われるあらゆる生物学研究を指す(3)。

ポストゲノム科学を特徴付ける中心的テーマがいくつかある。それらは以下を含む。現代の生命科学を特徴付ける、超領域性、速さ、そしてコンピューター技術の重要性、遺伝子の力についての未だに豊穣な言説と共存する遺伝子と遺伝子の活動に対する単純な見方の頑なな放棄、ヒトが生命科学における「モデル生物」となってきたこと、そしてゲノム科学と医療及び消費者が近づき、医療へのアクセスや遺伝子検査とエンハンスメント技術の倫理についての新しい不安を引き起こしていること。ヒトゲノム配列解読の完了は、ゲノム技術が人間社会に対して持つ意味について長く続いてきた、社会的、政治的、そして倫理的な問いを再燃させている。

「全ゲノム」技術には、ヒトゲノムデータベースとバイオバンクが含まれる。すなわち、ヒト組織の中の何十万もの遺伝子を一度にあるいは時間をかけて解析するマイクロアレイチップ、迅速で安価な次世代ゲノム解析技術、ゲノムワイド関連研究におけるバイオインフォマティクスとコンピューター技術の発展、そして大量の解読とゲノム解析を通信販売する敷居の低い施設だ。これらの技術は、基礎生命科学の中で広く用いられている。ゲノム解読の価格はこれからも急落していくだろう。全ゲノム技術の価格の下落とスピードの上昇は、今や人々の期待を上回り、多様な世界的規模の民間および公的なプロジェクトで膨大なゲノム情報のデータベースが生み出されている。

今日、生命医学の研究者たちは、商業的な製薬、バイオテクノロジー、そして消費者向けの遺伝子事業の関心と課題によって一部を形成された超領域的な研究環境で働く中で、疾患、法医学、祖先探索、あるいはエンハンスメントのためのバイオマーカーとして市場化され得るヒトゲノム内の多型を見つけるために、ヒトゲノムのデータと技術を熱心に利用している(4)。人種的あるいは生物地理的な祖先は、差異についてヒトゲノムを精査するための主要な道具のひとつだ(5)。ここで論じるように、性もまた、ゲノム分析のための際立った分類となりつつある。性は生物医学研究にとって身近な変数だ。遺伝子サンプルには通常、サンプル提供者の性別が貼られるので、データはすぐに手に入る。このため、もともとの目的ではなかったとしても、性差のための遺伝学的データを掘り起こすことは容易だ。こうして、ヒトゲノムのデータと技術は、生物学的な性差についての科学的主張を増大させるように整えられている。

　ゲノム学は、ますます性差についての科学の記述法になりつつある。この性への新しいゲノム学的アプローチは、単なる科学的発見の結果ではない。これは、生物科学全体に広がり、人の差異についての新しい情報の世界を生み出している、新しい記述的および分析的なゲノム技術の副産物である。これはまた、性差の研究へ導かれる、新しい二一世紀の女性の健康に関する課題によってもたらされた財源と研究機構の変化の結果でもある。投資と製薬開発を含む新しい社会技術的な領野に支えられて、こうした発展は性差についての無批判な理解の広まりに寄与するだろう。

「性に基づく生物学」

　一九九〇年代終わり、米国の幾人かの女性健康運動のリーダー達は、健康と疾患に関する性差についての基礎生物学的研究の源に集まり始めた。彼女達が「性に基づく生物学」と名付けた新しい課題は、予防医療や診断、そして治療に意味を持つ男性と女性の違いを同定するために、女性の生物学的特徴が男性のそれとどのように異なっているかを体系的に研究しようとするものだ。[6] 性に基づく生物学は、女性健康運動の伝統的な対象の変化を示す。一九九〇年代以前、米国の女性健康運動は、原則的に、たとえば日常的な婦人医学的ケア、避妊薬へのアクセス、そして合法的中絶といった生殖に関わる健康問題に注目してきた。[7] 性の基づく生物学の推進者たちは、「女性の健康」は生殖問題だけでなく、女性の健康の全ての側面を含むことを強調し、女性の生理学と健康について、臨床的事柄ではなく基礎研究を推進することに注目してきた。

ワシントンDCにある女性健康研究学会（The Society for Women's Health Research: SWHR）は、性に基づく生物学の発展を主導した。SWHRが知られるようになったのは、一九九〇年代のはじめ、米国国立衛生研究所（US National Institute of Health: NIH）の助成を受けた研究と、食品医薬品局（Food and Drug Administration: FDA）に提出される臨床薬物研究に女性を含めることを求める政策を導いた革新的な業績によってだ。[8] 一九七七年、FDAは、臨床試験への「妊娠の可能性のある」女性の参加を制限するガイドラインを制定した。FDAのガイドラインは拡大解釈され、薬物の臨床試験から女性を事実上排除することにつながった。SWHRは、女性の医師、科学者、女性の健康運動家、そして議会の政策立案者たちを主導して、この政策を覆すのに成功した。SWHRの運動の結果、一九九三年、FDAは一九七七年のガイドラインを撤回し、全ての薬物有効性試験に女性を含めることを義務付けた。一九九三年に法律が議会を通過すると、性差についての基礎研究を推進することはSWHRの取り組みの中心となった。SWHRの最近の優先課題には、自己免疫疾患、脳、癌、心疾患、糖尿病、麻薬／タバコ／アルコール、HIV／AIDS、精神保健、筋骨格の健康と肥満における性差の研究を推進することが含まれる。性に基づく生物学を研究領域として発展させるためのSWHRの取り組みは、驚くほど抜け目なかった。官民の出資者からの支援を受けて、SWHRは十年に渡って、性に基づく生物学の分野を生物医学研究の中に制度的に確立するための長期的な目標におけるいくつかの画期的な仕事を矢継ぎ早に達成してきた。その中には、この分野のための広く合意された以下の知的枠組みの発展が含まれる。すなわち、性差研究のための特別な公的助成金の設定、キャリアを向上させアイデアを交換するための会議、組織、褒賞制度、奨学金の設立、性差についての研究を取り上げる新しい学術誌の創刊、そして性に基づく生物学に取り組む大学研究機関の設立支援だ。

一九九六年、SWHRは性差とジェンダー差の生物学を理解するための委員会を創設し、医学知の状況についての潮流を形成する報告書を発表することで知られる、影響力のある研究母体である医学研究所（Institute of Medicine: IOM）に、人体全体の性差について詳説し、さらなる研究の必要性を後押しする報告書を作成するよう請願した。その後数年に渡る取り組みは、広く宣伝された二〇〇一年の報告書「ヒトの健康への生物学的貢献の探索——性は重要か？」に結実した。その中でIOMは「性は重要だ。それは、私たちが期待しなかった意味で重要なのだ。それはまた、間違いなく、私たちが想像もしてこなかった意味で重要だ」と結論した。[9] 高解像度のヒト性染色体を表紙にした二八八ページの報告書（図10・1参照）は、「いかなる細胞も性を持つ」と主張し、したがって性差は人体の全ての部分、全ての動物モデル、そして健康と疾患の全ての領域で「子宮（womb）から墓場（tomb）まで」研究されなければならないと論じた。[10]

IOMの報告書は、二〇〇〇年から二〇〇六年までSWHRが助成した一連の会議に推進力と知的基盤を提供した。その名が示すように、「性と遺伝子発現（Sex and Gene Expression: SAGE）」会議の年次大会は、特に遺伝子レベルでの性差に焦点を絞った。この大会には、基調講演とポスターセッション、そして若手及びシニアの研究者のための表彰制度があり、これが性差の研究者を名乗る研究者たちのコミュニティーを生み出し、この分野を前進させるのを助けた。会議の演題には、「染色体異常」、「性発生における遺伝子量」、「精巣及び卵巣発生における遺伝子」、「性染色体の量的効果」が含まれていた。以前は女性の健康研究に関する学術大会では特に取り上げられなかった、性についての基礎遺伝学研究に関するトピックは、SAGE大会で推進され、女性の健康の社会正義的な議題へとつなげられた。

この取り組みを成果として、SWHRは二〇〇八年に、性差研究協会（Organization for the Study of Sex

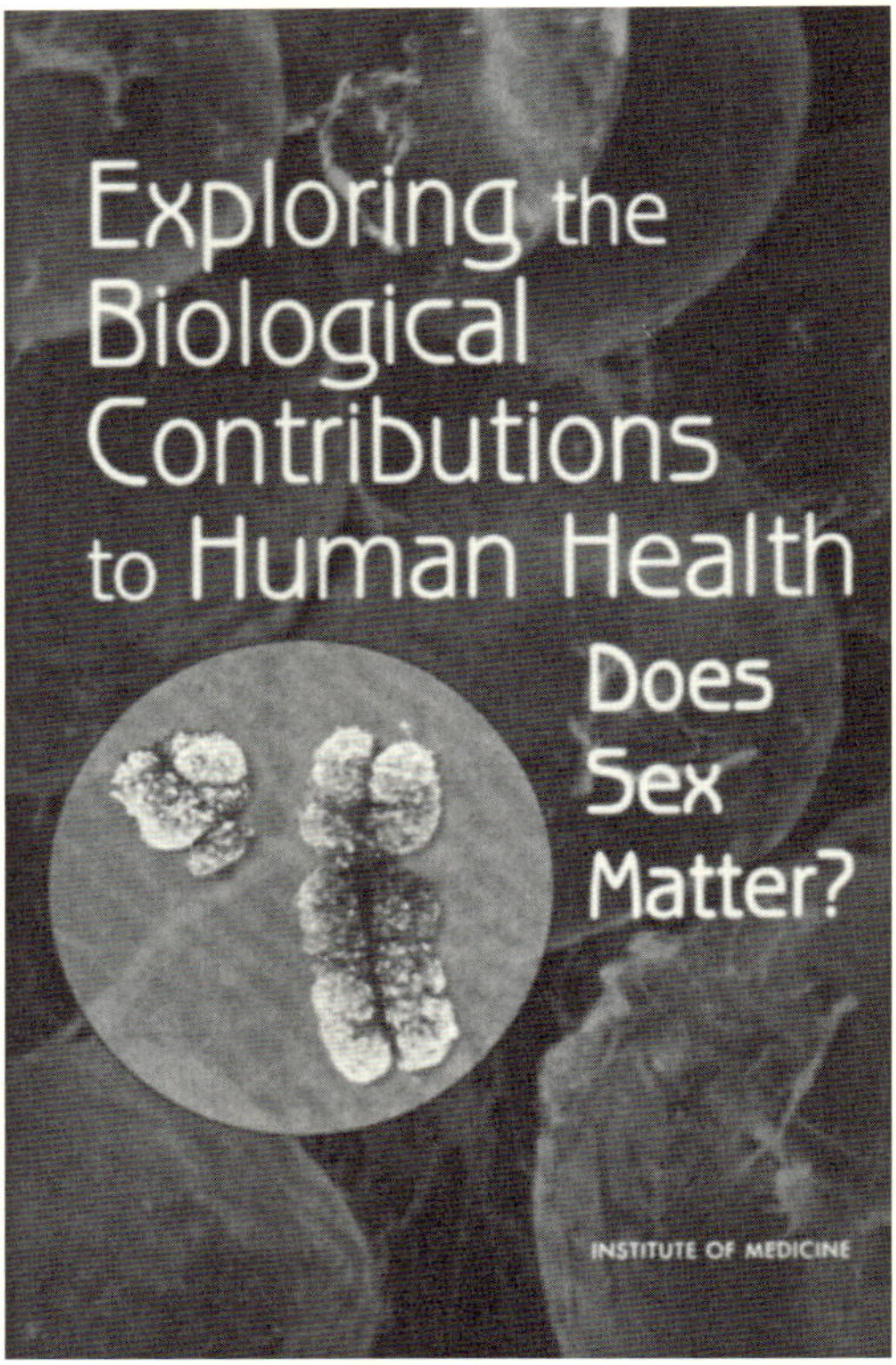

図 10.1. 2001 年 Institute of Medicine の報告「性は問題か？」の表紙。X と Y 染色体の高解像度イメージが使われている。National Academies Press の許可を得て再掲。© 2001, National Academy of Sciences.

Differences: OSSD）を設立し、二〇一〇年、『性差の生物学（*Biology of Sex Differences*）』と題した新しい学際的な学術誌を創刊した。学術誌の綱領は、性に基づく生物学を「それ自体が分野である」と規定し、生理学と疾患を研究するための「性に基づく概念的枠組み」を呼びかけている。

性は、生理と疾患の罹患率に大きな影響を持つ。細胞と臓器の機能は、ゲノムと生物学的及び社会的環境の間の相互作用によって決定されながら、その性に左右される。性差の研究は、組織全体に適用される独自の概念と方法を持つ独自の分野である。生物学的性質と疾患への性の影響を理解するためには、多様な性特異的因子群の相互作用を分子から生物系のレベルまでの全てのレベルで研究する、学際的なアプローチが必要である。疾患のための新しい治療法の発展には、性に基づく概念枠組みが必要である。[11]

遺伝学とゲノム学は、性に基づく生物学の展望の中核にある。雑誌『性差の生物学』は、最初の投稿募集で、三つの優先分野をあげ、一番を「ゲノムにおける性差」、次を「エピジェネティクス」とした。

性に基づく生物学の分野を確立するためのこれらの精励な取り組みは、大きな資金なしには成功しなかっただろう。広く記録されているように、最近の人種に基づく医療への関心の高まりは、部分的には、特定の人種やエスニックコミュニティーに販売され得る医薬品のためのサブグループデータを求める製薬業界が財源を開拓した結果である。[12] このような方法での特化した利用のための医薬品の認可によって、企業は特許期間を通常よりも伸ばすことができる。これには数百万、数十億ドルもの価値がある。同じことが、性に基づく生物学にも言えるように思える。ＮＩＨや国家科学財団（ＮＳＦ）のような公的な資金提供者に加えて、ＯＳＳＤとＳＷＨＲの資金的支援者にはほとんど全ての有名な製薬企業が含まれている。この中には、アムジェン、バイエル・ベーリンガー、ボストン・サイエンティフィック、イーライ・リリー、グラクソ＝スミスクライン、ジョンソン・アンド・ジョンソン、メルク、ノバルティス・ファイザー、そしてフィリップスといった主要な国際企業が含まれている。[13] 性差が、市場化可能な性に特化した治療法への方向性を示すだろうという見込みは、疑いなく、企業が性に基づく生物学の課題に参加する主な動機である。[14]

これら良い位置にある女性の健康の推進者たちによる、性差研究を推進するための確固たる取り組みは、女性の健康運動と分子学生命科学の基礎研究、特にゲノム学、との間に新しい同盟関係を促進した。脳科学、ゲノム学、そして内分泌科学からの性差の研究者たちは、女性の健康運動と同盟を結び、お互いにコミュニティーを見出し、研究のための資金基盤及び公的な場を形成した。ＩＯＭ報告書の表紙の輝かしいＸ染色体とＹ染色体から、最近のＳＷＨＲのロゴ「ｓｅＸＸは重要だから（Because seXX matter）」、あるいは新しい『性差の生物学』の中心的な目的、そして性と遺伝子発現についての学術大会から生まれたＯＳＳＤの成長まで、性差の生物学の視座は、性に基づく生物学の中のゲノム学の枠組みに根ざしている。

セクソーム

性に基づく生物学のための運動は、ヒトゲノムの性差についての新しい研究領域――最近ある著名な遺伝学者によって「セクソーム」と名付けられた研究対象――を作り出した。[15] 自閉症、統合失調症、そして大鬱病から心臓血管疾患、糖尿病に至る疾患の遺伝学的病因の理論は、今や、性偏向的遺伝子の発現あるいは性に依存する遺伝子経路についての知見をもたらしている。同様に、研究者たちは、心臓から脳や肝臓まで、身体のあらゆる組織における遺伝子発現の性差を定量的に特徴づけるためにゲノム技術を用いている。これらの探究は現在は三つの原則に沿って進行している。

1. 遺伝子発現研究は、特定の組織中での異なる遺伝子の蛋白生成活性のレベルの差異を測定する。
2. ゲノムワイド関連研究は、全ゲノムをスキャンして、特定の表現型の遺伝子により頻繁に現れる遺伝子多型変異を探索する。
3. 遺伝子連鎖および量的形質遺伝子座位研究は、既知のヒトゲノムの変異と遺伝形質との関連性を分析する。

これらの技術を用いて、遺伝学者たちは、ゲノムにおける性差について広範囲の問いを提起することができる。この萌芽期の分野における未定着の用語を用いると、それらの問いには以下が含まれる。

1. 性依存的遺伝子発現——ヒト組織の中の遺伝子発現において性差はあるのか?
2. 性偏向的遺伝子発現——遺伝子の発現レベルに性差はあるのか?
3. 性特異的遺伝子経路——男性と女性を比べた時に、正常および病理的な生理学的現象に関わる遺伝子経路に差異はあるのか?
4. 性特異的連鎖シグナル——遺伝する遺伝子座とヒトの形質の基盤「構造」に、性差はあるのか？

5. 性特異的遺伝性——性は、遺伝する形質の浸透度と発現率を変更するのか？

こうした分野それぞれで、科学者たちは、既知の性差を遺伝子レベルで記述し直したり、まだ分かっていない新しい性差を発見するために全ゲノム技術を適用したりしている。

遺伝学者たちは、次第に、遺伝子を前面に押し出した性についての説明を明確なものにしようとしている。X、Y、そして性については長い間多くの考察がなされてきたが、最近まで、遺伝子は典型的な性差の中で、主には胎児発生の初期に限定された性分化に限った役割を担わされてきた。二〇世紀のほとんどで、性ホルモン——アンドロゲンとエストロゲン——が、性、ジェンダー、及びセクシュアリティのグランドセオリーの要となってきた。科学者たちは、いわゆる性ホルモンを、生殖器の発生から二次性徴、ジェンダー・アイデンティティ、性的指向、そしてジェンダー化された行動、関心、そして職業選択に至るまで全ての分子因子として提示した。(16)

遺伝学者たちは今、この性差の図式に挑戦している。性差研究者のある著名なグループが二〇一二年に宣言したように、今は「これまでのホルモンの支配」を覆す時だ。(17)「長い間、重要な要素とされてこなかったが、遺伝子型の重要性が高まりつつある」と彼らは記した。(18)性分化と性差の生物学を理解するためのゲノム学に基づく新しい枠組みを知的に設計する主導的研究者たちの中に、カルフォルニア大学ロサンゼルス校の遺伝学者、アーサー・アーノルド（Arthur Arnold）と、メリーランド大学の神経内分泌学者マーガレット・マッカーシー（Margaret McCarthy）がいる。彼らは次のように記す。

二〇世紀に、性分化について支配的だったモデルは、遺伝子の性（XX対XY）が性腺の分化を引き起こし、性腺は、機能に性差をもたらすように直接的に組織に作用する性腺ホルモンを分泌するとしてきた。（…）しかしながら、最近の証拠は、この単線的なモデルは正しくなく、性差は、ゲノムにおける固有の差異を源とする多様な性特異的シグナルに応答して生じることを示している。[19]

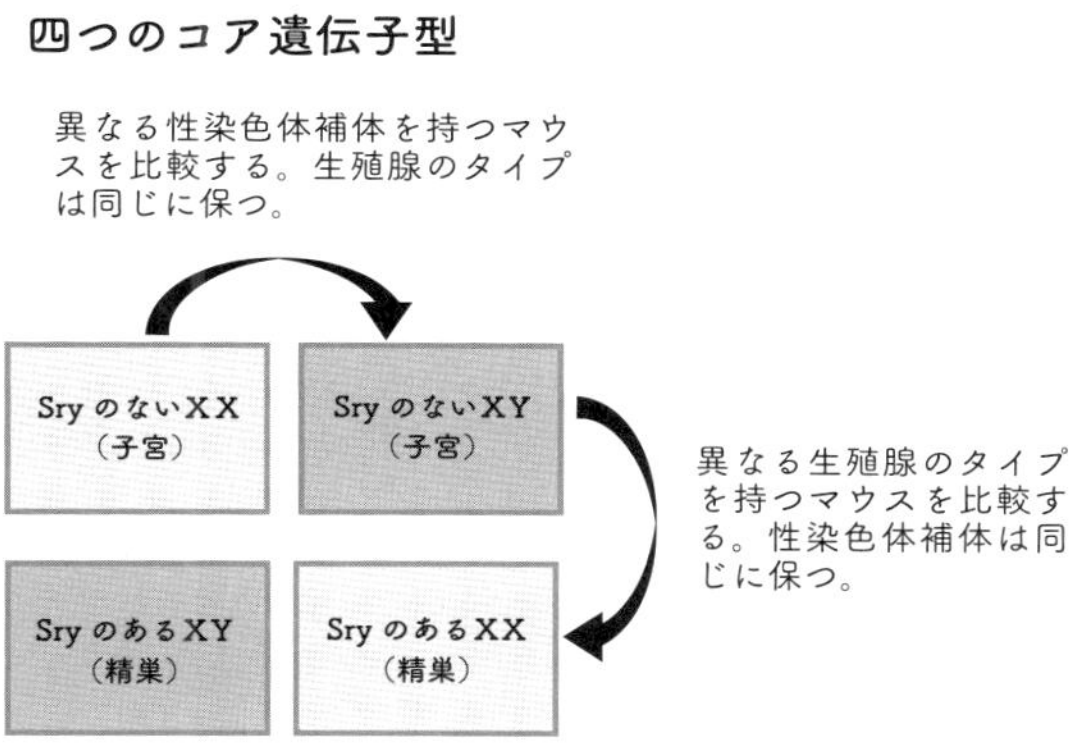

図 10.2. 性差への「性染色体の直接的影響」を評価するための四つのコア遺伝子型モデル。神経科学会（The Society for Neuroscience）の許可を得て、以下から転載した。Margaret M. McCarthy, Arthur P. Arnold, Gregory F. Ball, Jeffrey D Blaustein, and Geert J. De Vries, "Sex Differences in the Brain: The Not So Inconvenient Truth," *Journal of Neuro-science* 32, no. 7 (2012): 2241–47.〔本訳書ではさらにトレースした〕

マッカーシーとアーノルドは、性染色体遺伝子が、単なる生殖関連の差異をはるかに越えて「男性と女性の違い」に影響するように、「直接的に」且つホルモン非依存的に作用すると予測した。[20] 彼らは次のように記す。「全ての性差は、究極的には性染色体に書き込まれた固有の遺伝子の不均衡から生じているはずだ」。たとえば「男性の脳の中のすべての細胞は、性染色体補体の違いのために、女性のそれとは異なっている」[21]。マッカーシーとアーノルドは、ゲノムを、全ての分野におけるヒトの性差研究に関係する研究の最前線に位置付けた。いわゆる四つのコア遺伝子型モデル（図10・2参照）は性染色体補体のホルモン非依存的な直接的な作用を記録するという研究プログラムの要で且つ最も知られた視覚的シンボルだ。二〇〇二年にアーノルドと同僚らによって最初に発展された実験系では、雄性の性染色体補体を持つが雌性の性腺を持つ、あるいはその逆に遺伝子改変されたマウスを用いる。[22] これらの改変マウスの表現型を分析することで、研究者たちは、性の間のホルモンに基づく差異と染色体の基づく差異を識別することができる。

性の遺伝学が、かつては性染色体と性腺決定遺伝子に大きく限られていたのに対し、この新しい性の説明は、全ゲノムを、遺伝子発現における性特異的なプロセスと性分化における性差に染まっているものと見なす。ホルモンは、一生を通じて性を調節するとかつては見られていたが、遺伝学者たちは、特定の組織における遺伝子発現の経時的な変化を測る新しい技術で、このホルモン作用の図式を定式化し直そうとしている。ホルモンは重要であり続けるが、この新しい説明では、遺伝子は、性ホルモンの脇役ではなくて、性差において同等のあるいは、主要な役割をさえ演じるものとなっている。

遺伝学的性差の研究について批判的に考える

性差研究が、ゲノム学の意味を研究する者たちの間で、議論のより中心的な焦点でなかったことは興味深い。性差研究の方法論的な問題と、女性の機会を制限しようとする者による性差の主張の有害な誤用をめぐる十分裏付けされた歴史を踏まえれば、女性の健康運動家が、性に基づく生物学の性差についての広大な図式を、証拠のほとんどないままに推進していることは驚くべきことだ。社会学者のスティーブン・エプスタイン（Steven Epstein）は、「性に基づく生物学の運動の最も驚くべき点は、女性と男性の間の差異を徹底的に概念化することを恥じらいもせず受け入れているということだ」と述べている。[23] アン・ファウスト＝スターリングは、運動が生物学的な性差に注目したのは、政治とつながった、エリートで、専門職の女性の健康運動家が、フェミニストの草の根の活動や批判的な意見と密接な連携をとらなかったことが一因だろうと指摘している。彼女は、「医学的権威のフェミニストたち、すなわちＳＷＨＲの活動とプログラムを優れて有用であるとする研究者と臨床家たちは、ジェンダーの平等化をヘルスケア・システムにもたらすための新しい運動の先端に自分たちを位置付けている。これらのフェミニストたちは、知的環境の外で活動しているために生物学的用語による身体の支配だけでなく、生物学そのものの用語にも挑戦するという（…）より革命的な仕事が可能である」[24]。

ゲノム学が社会的関係を変容させているというのは、社会科学者たちの間で広く共有された合意である。ゲノム学は、「血縁」や人種あるいは地理的先祖、市民、主体といったアイデンティティの分類と共に、何が正常で健康か、プライバシーやヘルスケアについて私たちはどのような権利を持っているのか、そして私たちの健康についての情報を保持したり要求したりする他者に対して私たちがどの様な責任を負っているのかといった事柄についての考え方も作り直している[25]。私が深く関わってきた主題である、新たに出現した人種のゲノム学的概念についての研究は、ゲノム時代にジェンダーを研究するための助けとなる相似物を提供する。この研究は、ゲノム学の言葉の中に、誤りが既に暴かれている古い人種モデルが復活し、製薬ゲノム学、個別化医療、そして人種的民族的少数者のための健康運動のような動向が、しばしば人種特異的な遺伝子の研究への無批判な転換をどのように支えているを明確に示す。同じことが性とジェンダーの遺伝学研究にも言えるだろう。

もちろん、人種と性の社会史的および生物学的な構成には重要な違いがある。しかしながら、エプスタインが指摘するように、遺伝学研究の中で人種の違いを用いることに対して声高になされてきた議論と、性を用いることに対してなされる議論の間には、重なり合う領域が広く存在する。[26] すなわち、性に基づく生物学を建設する取り組みの動機が良いものであっても、その結果は問題となり得るということだ。人種や性を生物学的分析の第一の分類として用いることは、集団内の重要な違いを看過する原因となり得る。このことは、一般化された恩恵をサブグループにもたらさない治療の使用を導くかもしれない。同様に、人種そして性に基づく研究は、人種及び性とは何かということについての不正確で破壊的な考え方に貢献し得る。特に、人種と性における差異についての生物学的な側面に注目することは、そこで作用している社会的および文化的要素を曖昧にする。科学の認識論的地位の高さのために、生物学的な人種や性の差異についての主張は、しばしば人種や性は生物学的に異なっているという主張に基づいて人種的あるいは性的に劣っているという議論を展開する、有害な人種差別的及び性差別的なイデオロギーに正当性を与え得る。[27] これら全ての理由のために、私たちは常に、遺伝学的な性差の研究の利益とリスクを批判的に検討しなければならない。

遺伝学的性差研究に共通する諸問題

ゲノム学的性差研究には既に豊富な文献がある。多くの優れた、よく設計されたゲノム学的性差の研究は、特にヒト以外の動物モデルにおける基礎的生物学的システムで存在する。しかし全体としては、この研究は憂慮すべき方法論的な懸念を生じさせる。ここでは、私は、ゲノム学的性差研究における研究デザイン、結果の説明と解釈、そして性とジェンダーの間の相互関係性を概念化する枠組みに広く存在する問題を示す、私自身および他の人たちが見つけた知見をまとめる。

二〇〇七年、『米国医学会誌』に掲載された、パツオプロス、タチオニ、及びイオアニディス（Patsopoulos, Tatsioni, and Ionnidis）等の研究、「性差の主張——遺伝関連の実証的評価（Claims of Sex Differences: An Empirical Assessment in Genetic Association）」は出発点として有用だ。著名な生物統計学者である著者たちは、七七の最近出版された査読論文の中にある四三二の遺伝学的な性差の主張を分析した。彼らの発見は大変注目すべきものなので以下で少し詳しく概説する。彼らは、再分析が可能な生の研究データが存在する論文に発表された主張の五五・九％に、統計学的な有意性がなかったことを見出した。加えて、十二・七％を除く全ての論文で研究デザインに重大な欠陥が存在した。著者たちは、遺伝疫学における適切に記録された偽りのない遺伝子サブグループの相互関係を主張するための、三つの議論の余地のない基準を確立した。「最初に論文は、両方の性で同じ遺伝子対比に基づいた遺伝学的効果を扱わなければならない。第二に、論文は二つの性の中で異なるサブセットを比較しない（たとえば、高齢男性対若年女性）。第三に、性‐遺伝子の相互関係を調べた、（…）名目上、統計学的に有意な（…）実験を報告する必要がある」[28]。これらの基準を用いて、彼らは七四の主張は完全に疑わしいと結論した。四三二件中三七の主張のみで、「アプリオリな考察に依拠していることが述べられ、確かに名目上統計学的に有意であることを記録した、利用可能な生データがあり、全ての研究サンプルについて分析が行われた」[29]。最後に、パツオプロス等（Patsopoulos et al.）は、性差についての内的に理に適った知見のための彼らの基準を全て満たし、また別の研究によって少なくとも一度再現された主張を一つだけ発見した。

パツオプロス等は、最近のゲノム学における性差研究にみられる貧しい研究デザインの問題に照準を当てる。著者たちは、「遺伝的関連における性特異的効果の分析で、研究者たちは頻繁に古典的な罠にはまる」と書く[30]。彼らが明らかにした罠には、男性の事例を直接女性の事例と比較すること、コントロール群を無視すること、一つの所与の遺伝子型を持つ男性と女性の事例を比較し、その他の遺伝子型を無視すること、男性と女性の事例で異なる遺伝子グループを比較すること、一つの性をもう一つの性のサブグループと比較すること、がある。[31] これら全ての事例では、遺伝子型と表現型の両方に関して男性と女性で類似のサブグループを比較することができない研究デザインであったため、その結果は誤謬である。

著者たちが記すように、性に基づく分析は、性差についての知見を生み出し易い。しかし、それらの差異は、用いられた研究技術や研究集団の人為的産物で、単なる偶然であることが多い。純粋な遺伝子と性の関係を検出するには、サブグループの分析を適切に促進するための、規模の大きな調査が必要となる。彼らが調査した研究はどれも、これを可能にするのに十分な大きさではなかった。この問題のために、当初高らかに報告された遺伝子の関連性は日々覆されている。パツオプロス等が示すように、再現性の欠如は、遺伝学的性差についての文献に特有だ。[32] 彼らの分析の最終的結論は、遺伝子的性差は希少で、小さく、裏付けるのが難しそうだということだ。SWHRのような性に基づく生物学の推進者たちに触れて、彼らは、「特に性に関連する場合には、(…)サブグループ分析を行い開示する必要があると主張する論者もいたが、主張されたサブグループにあるほとんどの差異は偶然の知見のようだ」と述べた。[33] この研究から研究者たちが受け取るべき教訓は、十分に裏付けがあり、適切に推進された遺伝子と性の関係の研究においてさえも、研究者たちは、それらの妥当性を確認し、さらにはそれらが生物体系の中の生物学的機能に意味を持っていることを確定するためには、さらなる調査研究が必要であるということをはっきりと認識しなければならないということだ。

パツオプロス等の研究に追加して、私は、ヒトの組織と疾患における遺伝学的性差についての最近の研究をより質的にレビューし、調査の基本的な実証的及び方法論的側面と、性差についての知見を動機付け、解釈し、表現するための概念的な枠組みを考察した。私は、二〇〇〇年から二〇〇一年の間に発表された、ヒトの生理と疾患に関係する遺伝学的性差について報告する引用度の高い二〇の論文の内容を分析した。[34] 私の知見は、急速に変化する分野の一部を切り取って示すに過ぎない。けれども、それらはパッオプロス等によって示された図式をより豊かにする。総じて、性差の発見に焦点を絞っているが、それらの研究の概念的動機とより大きな文脈を反映していない研究を、私は多く発見した。以下が三つの主要な発見である。

1.「性」と「ジェンダー」という用語の誤用と性関連及びジェンダー関連要素の相互作用関係についての研究の欠如

「性」と「ジェンダー」の潜在的な相互関係は、遺伝学的性差研究の中で分析されていない。「性」と「ジェンダー」という用語は、その上、相互互換的に、定義されずに用いられている。論文の題名だけでも、この問題の証拠を十二分に示すことができる。「重度の鬱病におけるジェンダーの差異のゲノムワイド関連解析」、「脳由来の神経栄養因子遺伝子の注意欠陥／多動症とのジェンダー特異的関連」、「ヒト肝臓の遺伝子発現におけるジェンダー的差異のゲノムワイド評価」、「ヒトの死後脳におけるジェンダー特異的遺伝子発現」などだ。こうした題名からは、文化的なジェンダー役割及び規範と遺伝子発現の関連についての素晴らしい研究を期待するが、実際には、これらは全て遺伝子発現あるいは遺伝子関連における性差の一変数の研究だ。

私が調査した文献中では、性差を観察しながら、遺伝子と相互作用する関連因子としてジェンダーを真剣に検討していたのはたった一報だった。「骨粗鬆症のリスクへのジェンダー特異的な遺伝因子の寄与」と題された総説論文で、カラシクとフェラーリ（Karasik and Ferrari）は、「骨粗鬆症の遺伝疫学研究における染色体連鎖及び対立遺伝子相関の一貫した再現性の欠如」について記している。彼らは、この潜在的な原因は、「表現型と遺伝子型の間の関係性を評価する際に、その関係性にかなりのノイズをもたらし、これまでに文献の中で報告された矛盾する結論を部分的に説明するであろう、遺伝子－環境（遺伝子－ジェンダー）相互作用の効果を含めなかったことにある」と述べている。[35] カラシクとフェラーリは、骨折のリスクと骨粗鬆症の傾向は文化的に媒介されていることを示す広範にわたる証拠を挙げている。彼らは「同じ遺伝子の発現と浸透度は、性腺ステロイドへの暴露、身体活動における差異、そして筋肉の強さ、といったジェンダー特異的な環境によって調節される」と記している。[36] 彼らは、「将来、骨粗鬆症の病因についての関連研究を計画するときには、ジェンダー特異的な遺伝学的及び環境的要因を考慮する必要がある」と結論する。[37]

ジェンダーが性差の生物学的知見をもたらすということ――ファウスト＝スターリングが述べるように、「私たちの体は身体的に文化を吸収する」ということ――は、十分裏付けされている。[38] 以前は稀だった方法で立ち、動き、怪我を経験するアスリートのような女性の身体を新たにもたらす、米国におけるタイトルⅨ〔訳注：教育改正法第九編。連邦による財政支援を受けたあらゆる教育活動において、性別を理由とした活動参加への制限を禁止することを規定した基本法。これにより、特に女生徒、女学生のスポーツ活動への参加が促進された。〕の到来を考えてみよう。あるいは、特定の集団における避妊薬の使用の文化的受容と女性の健康の関係、あるいは、喫煙に関して異なるジェンダー規範があることによって、かつては女性の肺がんの罹患率が男性よりも極端に低かったこと、あるいは、二〇世紀中頃に、女性の美しさの理想が母性的な曲線から細身の思春期直前の男子のようなものへと変化したことを。

この問題についての二〇〇三年の古典的論文において、社会疫学者のナンシー・クリーガー（Nancy Krieger）は、ジェンダーの関係性と性に関連する生物学が広範囲に相互作用して健康の結果の差異を決定する事例をいくつか記している。一連の事例を通して、彼女は、「職場におけるジェンダーの隔離、給与におけるジェンダー差別、衛生についてのジェンダー規範、性的行為と妊娠についてのジェンダー的期待、疾患の症状へのジェンダー化された表現と反応、そしてジェンダーに基づく暴力といった社会的なジェンダー関係が、いかに私たちが性関連の生物学的差異と見なしている図式を変化させ得るかを示す。[39]クリーガーは、「男性のコンタクトレンズの細菌性結膜炎の罹患率が、女性のコンタクトレンズ着用者よりもずっと高い」、という単純な一事例を提示している。遺伝学的な差異によって、男性と女性の結膜炎への易罹患率が高くなったり低くなったりするというのはもっともらしいが、性よりもジェンダーの方がこの場合はより適切な変数だろう。クリーガーが記すように、男性は「女性ほど「レンズを」きちんと洗わなさそうだ[40]」から。

これらの事例の全てが、ジェンダーが、健康状態及び私たちが男性と女性の典型的な生物学的発達と理解しているものに影響する形で身体に確かに、書き込まれ得ることを示す。

2. 研究結果の記述、視覚表象、および解釈の違いへの過剰な注目

私が調査した論文では、ほとんど全ての研究が、性差を予測する仮説から始め、それらの発見を報告している。仮説が否定された結果を報告したのはわずかである。性差についての発見の視覚的表象は、しばしば、それぞれの性の中での変動と男性と女性の間での重なりの幅を示すエラーバーを欠いている。

ほとんどの研究は、男性の集団を女性の集団と比較しているが、集団内の分析解析を欠いている。したがって、これらの研究から、女性同士の間の、そして男性同士の間の遺伝子発現の差異は何であり、重なりの幅は、男性と女性の間でどれくらいなのかを知ることは、ほとんど常に不可能だ。結果として、両性間の差異は誇張されており、性の内の違いは全く曖昧である。危険なのは、性差が男女の重要な共通性を犠牲にして誇張され、それぞれの集団内の重要な違いが見過ごされることであり、それが女性と男性の両方の健康に意味を持つことだ。

差異の発見に照準を集中させた一例は、ヒト肝臓の遺伝学的性差を分析したチャン等（Zhang et al.）による二〇一一年の研究だ。マイクロアレイ遺伝子発現研究で差異を同定するための最低基準は二倍の変化だが、この研究では一・一五倍の変化という非常に低い閾値を用いた。[41] 論文の表で示された結果では、遺伝子は「女性偏向的」あるいは「男性偏向的」と名付けられ、それぞれの性内、及び性間の発現レベルの違いは全く示されていない。驚くことではないが、著者たちは肝臓に膨大な数の性差を発見したと報告している。曰く「一二〇〇以上の遺伝子が、発現において有意な性差を示している」[42]。著者たちはそこで、女性と男性の健康に対するこれらの潜在的差異の生理学的及び医学的意味について、広範囲に及ぶ結論を出した。「これらの知見は、薬物代謝や薬物動態のような過程にとって重要なヒト肝臓の性差について新しい洞察をもたらし、冠動脈疾患のリスクにある性差を説明する一助となるだろう」と彼らは書いている[43]。

この研究やその他の研究は、類似性よりも差異を定量化し説明することに著しく注目している。大量の遺伝学における性差研究は、実際には圧倒的な類似性を示しており、それは性の間の違いについてしばしばなされる大げさな主張を前提にした私たちの予想を越えている。先に記したように、男性と女性で異なって発現しているのは一握りの遺伝子にすぎず、発現レベルの違いは小さい。しかし、男性と女性の類似性は、文章で述べられたり図で示されたりはしていない。「ジェンダー類似性」仮説で知られる心理学者のジャネット・シブリー・ハイド（Janet Shibley Hyde）は、ジェンダーの差異についての一般的な考え方とは対称的に、男性と女性はほとんどの心理学的変数において似ていると主張する。ハイドは心理学的なジェンダー差について広範囲なメタ分析を行い、七八パーセントで、実際には差異が小さいか、あるいはゼロに近かったことを示した。(44) ハイドの研究は心理学的な性差の主張を扱っているが、差異よりも類似性に照準を当てる彼女の新しい視座は、遺伝学的な性差にも当てはまる。(45) なぜなら、これは、両性間の広範な遺伝学的類似性が、性差の発見と同じくらい刺激的な生物学的結果である領域のようだからだ。

3. 年齢、体重、およびホルモンのような遺伝子発現に影響することがわかっている関連相互作用変数の無視

調査した研究は全体として、性と関係する、年齢、体重、栄養、ストレス、ホルモン値、そして環境暴露といった、関連性のある生物学的変数を、研究デザインおよびデータ分析から除外しようとする。これらの変数の変動は、遺伝子発現に影響することが知られている。(46) 性の場合、ホルモン状態は特に重要だ。女性は、思春期以前か、生理周期が正常か、経口避妊薬を飲んでいるか、妊娠しているか、授乳しているか、更年期か、あるいは更年期以後かで、ホルモン状態が異なる。こうしたホルモン的な差異は、遺伝子発現の変動に寄与するかもしれない。私が調査した多くの遺伝学的な性差研究は、遺伝子とホルモンの相互作用を直接的に調べていたが、これらの相互作用を、複雑な生物学的環境下での遺伝子

発現の変化の機能的な重要性を反映する動的な生体システムの中で調べた研究は非常に少なかった。性差研究に通常含まれるホルモン以外の変数はほとんどなかった。

私が調べた中では、たった一つの研究のみが、純粋で機能的に関係のある遺伝学的性差を確証するのにどのような種類の相互作用変数が必要かについての包括的な視座を提供していた。アイゼンシー等(Isensee et al.)の二〇〇八年の論文、「マウスとヒトの心臓における性的二形性遺伝子発現(Sexually dimorphic gene expression in the heart of mice and men)」は、性と成長ステロイドに媒介される心臓の遺伝子発現を修飾する変数として、性と遺伝子の相互作用を調べた。この研究は、遺伝子発現の変化が、性と年齢の両方と相互関係にあることを発見した。ヒトでの性特異的な遺伝子発現パターンの分析の複雑さを強調して、著者たちは「将来の研究では、児童期、思春期、成人期、老年期で個々人を区別するために、より多くの時間点が考慮されるべきだだろう。(…)加えて、同時期の女性を用いることで、より多くのエストロゲン応答遺伝子を同定し、心臓血管システムにおける女性の性ホルモンの複雑な作用を解明することができるだろう。これは、ヒトではより困難な仕事となる。なぜなら、膨大な数の個人の分析を必要とするからだ」と結論した。[47] アイセンシー等の研究は、これらの相互作用する要素をコントロールしようとしない主な遺伝学的性差研究の中では極めて例外的だ。彼らのアプローチは、ヒトシステムにおける遺伝学的性差についての厳密な研究のためのモデルとして役立つかもしれない。

もちろん私はSWHRに同意する。性差は、医学研究者が標準的に考慮する対象であるべきだ。遺伝学的性差の研究は、女性の——そして男性の——健康についての重大な知見を明らかにするかもしれない。同時に遺伝学研究は、男性と女性の間にほんの小さな違いしか示しておらず、女性間および男性間に大きな多様性のあることを何度も示している。さらに、性差の誇張は、女性の健康を害する恐れがある。その極めて良い例は、パツオプロス等に引用された、アスピリンが男性では脳卒中の予防に効果的だが女性ではそうではないという長年の主張である。これは間違いということになった。女性もまたアスピリンから恩恵を受けている。[48] 最後に、性差について単一的に注目することは、性をまたぐ、他の医学的に関係する要素を目立たなくさせる。たとえば、薬物代謝と薬物作用は、身体の大きさによって大きな影響を受けるが、これは男女に関わらず非常に大柄あるいは非常に小柄な人にとっての関心事である。

　したがって、いくつかの事例では性は関連する要素である一方で、両性の間の差異の探索は、それ自体で終りにすべきではない。性差研究は、正当な医学研究の課題に基づき、合理的な生物学に動機づけられ、綿密にデザインされているべきだ。ゲノム時代に入るに際して、私たちは、遺伝学における正当な性差研究を行うための共通の基準が必要だ。記録によれば、最近の遺伝学的性差研究の多くは、よく整備されておらず、デザインも貧弱だ。気をつけなければ、遺伝学的性差の知見は、有害な医学的結果をもたらし、生物学的な性差についての問題のある考え方を強めてしまう。

　最近の遺伝学的性差研究の方法と、より大きな文脈についての上述の分析から、よりジェンダー批判的遺伝学のための具体的な方法論的指針が導かれる。ここでは、強調すべき二つの要点にのみ焦点を絞る。第一に、ヒトゲノムにおける男性と女性の性差の主張を実証するためには、綿密な研究計画が必要である。ゲノム学的性差研究はサブグループ分析の形をとることを認識することが重要だ。サブグループ分析には、いくつかの標準的な方法論的検討事項がある。それらには、サブグループの大きさがどれくらい適合され整備されているか、そしてデータセットが性差を研究することを考慮してデザインされたのか、あるいは異なる目的のために集められたデータを用いて過去に遡って分析がなされようとしているのか、といったことが含まれる。パツオプロス等が記すように、「理想的には性差は、事前に明確に定義され、適切に整備されたサブグループに基づいているべきだ（…）その時でも、結果は注意深く説明されなければならないし、遺伝子的あるいはその他のリスクに影響する要因を受け入れる前に、いくつかの他の研究によって再現されるべきだ」[49]。これらの研究設計の要素は疫学では基本的事柄だが、性差について研究する場合には、確実には観察されないようだ。このことは、性差を、――それぞれの性の分散ではなく、中間値や平均値という観点から――本質的で極めて二元的と捉える歴史的観念的な傾向と何らかの関係があるだろう。

第二に、遺伝学的な性差研究は、生物学的な性差についての知見を報告する時には、性関連的要素と、ジェンダー関連的要素を明確に区別しなければならない。性差についての遺伝学的研究では、男性と女性の行動、役割、そして期待の社会的文脈的な側面を示す「ジェンダー」という用語は、男性と女性の生物学に基づく特徴を示す「性」という用語の代わりとして、あるいは互換的に、ほとんど至るところで用いられている[50]。研究者たちは、性とジェンダーにある概念的区別を認識し、所定の研究においてそれぞれの用語をどのように用いているのかを定義すべきだ。研究者たちはまた、観測された生物学的な性差が生まれつきではなく、むしろジェンダー的要素との相互作用の結果である可能性を認識するべきだ。この相互作用は、私の調査したほとんど全ての最近の遺伝学的性差の研究において調査されていない。性－ジェンダーの相互作用を排除しない、あるいは積極的に記録するいかなるヒトの性差研究も、助成と出版の両方の段階で、厳格な批判がなされなければならない。

◇

ヒトの性差についての生物学的な概念は、支配的な生物学的研究プログラムの特権的な理論、方法そして関心を変化させながら、時代と共に変化してきた。生殖器、血の色や濃さ、頭蓋の形、脳の大きさや側性化、そしてホルモンは、それぞれヒトの性差の「本質」だと主張されてきた。二〇世紀のほとんどにおいて、遺伝子は性を決定する最初のスイッチとして、ホルモンは全ての性差の複雑さと豊かさの原因として、遺伝子とホルモンは親和関係を育んできた。今日、性とジェンダーの違いを説明し記述する言葉として、ゲノム学が徐々に好まれるようになってきた。

スティーヴン・ジェイ・グールド（Stepehen Jay Gould）の『人間の測りまちがい（*Mismeasure of Man*）』（一九九六）は、非白人が白人よりも知的ではないという主張するための生物学的な基盤を確立しようとする二世紀に渡る取り組みを追う。グールドは、そうした一つ一つの取り組みがいかに信頼性を失い、数年後には、新しい技術と新しい用語群とを備えた、新しい身体の物質における人種の違いを探索する別の研究プログラムによって置き換えられたかを示す。性差の生物学的本質と、女性が身体的且つ精神的に劣っていることを確定しようとする取り組みの歴史は、似た軌跡を辿っている。新しい研究プログラムが興る度に、遂には両性間の差異は、その場所が同定され、測定され、定量化されたと主張され、両性間の差異はこれまで想像されていたよりもずっと大きいという主張がなされた。(51)

「遺伝子化」は、過去十数年間に渡って多くの科学的探究の領域を変形させてきた。遺伝学の用語に翻訳され得る研究課題と説明的仮説は、現時点では、高度に認識論的な側面があり、生物学の多くの領域を作り直している。かつては、一義的には内分泌学の亜領域だった性差研究は、その理論を確認するために、ますますゲノム学に傾倒しつつある。ヒト遺伝学者たちは今や、性二形態性、生殖、ジェンダー・アイデンティティ、そして性的指向に貢献する遺伝子集団と遺伝子経路を熱心に探索している。性とジェンダーの違いについての伝統的な考えは、ゲノムデータの中に新たに再発見されるものと見なされている。四章で論じた、知性においては男性の方がより多様だとする性差についての理論のような、古い概念と理論は、遺伝学のデータと方法が信望を得ることで再検討され、遺伝学の用語によって書き直されている。性差の生物学的概念の遺伝子化は、しかしながら、科学の分析家たちにはほとんど気付かれずにいる。私たちは、人種とエスニシティーについての遺伝学研究の分野で、ある程度達成されてきたのと同じようなレベルの、遺伝学における性とジェンダーの差異の主張についての充分な認識、厳密なデータベース、そして批判力を発展させなければならない。このことは、現代のゲノム学において作動している性差の概念の経験的、モデル理論的、そして倫理的な基盤についての深い思考を必要とする。

本書は、ジェンダーと科学の研究者たちのために、科学におけるジェンダーの偏りの問題を含む、しかしそれに限らない、ジェンダー概念と科学の間の豊かで多価的な相互作用に照準を当てる科学のジェンダー分析のアプローチを提示する。私はこのアプローチを「科学におけるジェンダーのモデル化」と呼んできた。ジェンダーは、性染色体研究の理論、モデル、そして説明言語の背景にある規範と理念に偏在し、認識論的に関連した源として存在する。しかし、本書で考察された事例のそれぞれでジェンダーの働きは異なっていて、全ての事例は、主には侮蔑的な視座の有害な偏りとして理解されるバイアスの問題を超えている。科学におけるジェンダーのモデル化の視点からは、ジェンダーの概念を、実証的に検証可能な理論——たとえば、X染色体のモザイク性を女性の生物学の根本的な仲介役とする理論、男性のY染色体は攻撃性の遺伝子を持つものとする理論、あるいはSRYを性分化のマスター遺伝子とするような理論を発展させるための、建設的で統合的働きをする資源として見ることもできる。XとYを「性そのもの」とする考え方は、同様に、ゲノム解読プロジェクト到来前の、ホルモンの時代における性の遺伝学の研究の照準となる枠組みとして見られるかもしれない。総じて、時には、ジェンダー概念を「バイアス」と理解することが最も正確で便利なこともある。また時にはそれは、単に付加価値的に過ぎない。また、それが競合する科学的モデルを評価する上で建設的な、明確化さえする働きを持つものと見なすことが有用な時もある。科学に於いてジェンダーをモデル化する時には、文脈——特に、そうしたジェンダー概念がそれ自体可視的で、重要な議論に依存している程度——が問題となる。

バイアスの問題を中心から外して、科学におけるジェンダーをモデル化する計画は、科学におけるジェンダーを分析するためのより広い枠組みに向けられるだけでなく、科学における性差についての単純化した概念が無批判に使われていることに対処するための、より建設的なアプローチにも向けられる。過去三〇年に渡って、科学におけるジェンダーについての歴史学的哲学的研究を築いてきた研究者たちは、科学の中の性差別主義、男性中心主義、そして異性愛主義によって生み出された実にひどい科学的偏り偏見や誤りの事例を記録し分析することに主に集中してきた。それらの文献はしばしば、特定の処方箋を示唆しているものとして読まれてきた。すなわち、ジェンダー・バイアスの事例を見つけ、晒し、科学からバイアスを外科的に削除するというものだ。この見方に基づけば、科学におけるジェンダー分析の目的は、ジェンダー・イデオロギーにまみれていない科学でなければならない。

私が語ってきたように、性染色体科学におけるジェンダー概念の作用の物語は、偏りのない、価値中立的な科学の理想は誤解されていることを示唆している。本書における事例研究が示すように、ジェンダー信念は、遺伝科学における性とジェンダーの科学的モデルの重要な源泉だ。ジェンダー・イデオロギーは、性とジェンダーについての遺伝学とゲノム研究の中に、動的に、持続的に、常に存在している。これを科学から外科的に完全に切除することはできない。科学の中からジェンダーをどうにかして消し去ろうとするよりも、私たちは、特定の科学の分野におけるジェンダー仮説にあるいくつもの役割をモデル化して、科学に対するジェンダー批判的な方法とアプローチを発展させることに集中する方よいだろう。問題は、「どうすれば、遺伝学から全てのジェンダー・ポリティクスを追い出すことができるだろうか」ではなく、むしろ、「性の科学的理論の中心にあるジェンダーについての私たちの考え方を、どうすれば拡大し、批判的に研磨することができるか」だ。

本書の中での、私のよりジェンダー批判的な遺伝学の実践の執拗な要求は、この洞察から来ている。私たちは、科学者たちが性とジェンダーの差異をどのように概念化すべきかについての単純な処方箋を捜し求めるべきではない。その代わりに、私たちは、性とジェンダーの生物学についての研究を取り巻く、現在進行している批判的で自由な取り組み、内省、そして対話の様式を育むべきである。これが、私の希望するゲノム時代のジェンダーである。

謝辞

私がこの本を書き始めたのは、ヒト染色体の解読を伝える『ネイチャー』誌の表紙に目を奪われた二〇〇五年のことだ。この達成についての科学的説明や報道をざっと見ていた時、私は突然、性染色体の歴史がまだ書かれていないこと、そしてXとY染色体の科学には、ジェンダー化された言葉とイメージがとても豊富なことに気がついたのだった。

本書を書く間、私は多くの遺伝学者に助言を求め、インタビューしたり、研究室を訪ねたり、科学的な学術会議の場でコーヒーを飲みながら雑談したりした。それらのインタビューは、私が性染色体の科学の歴史について理解するのに欠かすことができなかったし、それらの科学者たちが示してくれた関心、支援、オープンな態度と寛容さにとても感謝している。特に、カリフォルニア大学ロサンゼルス校のアーサー・アーノルド（Arthur Arnold）とエリック・ヴィライン（Eric Vilain）、エジンバラ大学のデボラ・チャールスウォース（Deborah Charlesworth）、英国MRC社会遺伝学発生学研究センターのイアン・クレイグ（Ian Craig）、スタンフォード大学のマーク・フェルドマン（Mark Feldman）とジョアン・ラフガーデン（Joan Roughgarden）ラトローブ大学とオーストラリア国立大学のジェニー・グレイヴス（Jenny Graves）、モナーシュ大学のヴィンセント・ハーレイ（Vincent Hearley）、クイーンズ大学のピーター・クープマン（Peter Koopman）、MITホワイトヘッド研究所のデイヴィッド・ペイジ（David Page）、ジョンズ・ホプキンズ医科大学のバーバラ・ミジョン（Barbara Migeon）、ロンドン大学のウルスラ・ミットウォーク（Ursula Mittwoch）ケンブリッジのサンガー研究所のマーク・ロス（Mark Ross）、デューク大学ゲノム科学政策研究所のハンチントン・ウィラード（Huntington Willard）に感謝する。アート・アーノルド（Art Arnold）とピーター・クープマン（Peter Koopman）には、本書のイラストを確認してくれたことを、カリフォルニア大学サンフランシスコ校のジェーン・ギッチャー（Jane Gistchier）とジェニー・グレイヴスには、彼女たちの性染色体を描いたユーモラスな漫画に使用を許可してくれたことに、特別な謝辞を示したい。

この本を可能にしてくれた様々な形での支援にも深く感謝している。ヘレン・ロンジーノ（Helen Longino）、ロンダ・シービンガー（Londa Shiebinger）、ロバート・プロクター（Robert Proctor）として、マイケル・フリードマン（Michael Friedman）は、研究の初期における重要なメンターだった。数多くの同僚たちが原稿の断片に助言を与えてくれた。レン・アルメリング（Rene Almeling）、ルイーズ・アントニー（Louise Antony）、リンダ・カポラエル（Linnda Caporael）、ソラヤ・デ・チャラデレヴィアン（Soraya de Charaderevian）、シャリ・クロフ（Shari Clough）、アンジェラ・クリーガー（Angela Creager）、マイケル・ディートリッヒ（Michael Dietrich）、スコット・ギルバート（Scott Gilbert）、ネイサン・ヘイ（Nathan Ha）、ジェニファー・ハミルトン（Jennifer Hamilton）、ベッキー・ホームズ（Becky Holmes）、エヴリン・フォックス・ケラー（Evelyn Fox Keller）、バーバラ・クーニグ（Barbara Koenig）、リンダ・レイン（Linda Layne）、スーザン・リンディー（Susan Lindee）、エリザベス・ロイド（Elisabeth Lloyd）、エリカ・ミラム（Erika Milam）、アフサネー・ナイマバディ（Afsaneh Najmabadi）、アーロン・パノフスキー（Aaron Panofsky）、キャサリン・パーク（Katharine Park）、ジョアンナ・ラディン（Joanna Radin）、スヴァティ・シャー（Svati Shah）、シャウナ・シェームス（Shauna Shames）、バニュ・スブラマニアン（Banu Subramaniam）、そしてエヴィエイター・ゼルバヴェル（Eviatar

Serubavel）に。また、講演や講義で私の仕事を聞き、価値ある感想を返してくれた全ての聴衆に感謝する。

調査、編集、そして事務的な支援は、メレディス・バーチャー（Meredith Bircher）、ノーム・コーヘン（Norm Cohen）、ロリ・ケリー（Lori Kelly）、ウィル・マクギニス（Will McGinnis）、モニカ・ムーア（Monica Moore）、ジェナ・トン（Jenna Tonn）、ケイト・ウォマースリー（Kate Womersley）、および二〇一〇年にマサチューセッツ大学アムハースト校と五つのカレッジで行われた、ジェンダーとヒトゲノムの夏季学部研究プログラムの学生たちから提供された。スタンフォード大学、マサチューセッツ大学アムハースト校、カリフォルニア工科大学、そしてハーバード大学の司書たちも、重要な支援を提供してくれた。シカゴ大学出版のカレン・メリカンガス・ダーリング（Karen Mrikangas Darling）とアビー・コリアー（Abby Collier）にも感謝する。シアトルを拠点にするグラフィックアーティストのケンダル・タル・エスターブルック（Kendal Tull-Esterbrook）は、この本の素晴らしいイラストを作成してくれた。

本書につながる研究は、スタンフォード大学の現代思想文学プログラム、スタンフォード人文学センター、米国大学女性協会、メリー・アン・バウアー・ニンモ助成、クレイマンジェンダー研究所、そしてハーバード大学のジュニア・ファカルティー出版助成金の助成を受けた。*Signs, Biology and Philosophy, Synthesis* とスタンフォー大学出版は、本書に示したいくつかの記述の基礎を成す既存の原稿を用いることを許してくれた。

個人的には、アシュレイ・バルザック（Ashley Burczak）、ジュ・ヨン・キム（Ju Yon Kim）、ノラ・ニジルスキ（Nora Niedzielski Eichner）、カヤ・トレヤック（Kaja Tretjak）、そして私の家族、ダグラス、スザンヌ、そしてアレクサ・リチャードソン（Douglas, Suzanne, Alexa Richardson）の支援に感謝したい。本書は、リチャード・オルソン（Richard Olson）に、愛と感謝を込めて捧げる。

訳者あとがき

本書は、現在ハーバード大学科学史学科及び女性・ジェンダー・セクシュアリティ専攻の教授を務めるサラ・S・リチャードソンが、二〇一一年に発表した*Sex Itself*の全訳である。

リチャードソンは、コロンビア大学にて哲学を専攻し、二〇〇二年に学士号を授与された後、スタンフォード大学で現代思想を専攻して二〇〇九年に博士号を授与された。二〇一〇年にハーバード大学の教員職に就き、ジェンダー論に軸を据えて二〇世紀以降の生物学——特に人類遺伝学——の歴史を考察する領域でキャリアを積んできた。その初の単著である本書は、「性染色体」に焦点を絞り、大きさの順に名付けられている常染色体とは違い、性との強い結びつきを前提として名付けられたこの染色体をめぐる科学の歴史を考察し、性をめぐる科学とジェンダー規範の関係性を批判的に考察することで、ポストゲノム時代の「ジェンダー批判的遺伝学」の構築を模索することを目的としている。

こうした本書の問題関心は、一九九〇代初頭から発展してきた、「科学におけるジェンダー問題」を論じる潮流に連なる。「科学におけるジェンダー問題」は、この問いを最初に打ち立てたエヴリン・フォックス・ケラー、霊長類学にみられる科学における女性への視座を批判的に論じたダナ・ハラウェイ、生物学における卵子と精子をめぐるロマンティックな言説を分析したエミリー・マーチン、性差をめぐる科学的言説を批判したアン・ファウスト＝スターリング、性差が科学知にもたらす偏りを指摘した生物学者のルース・ハバード、科学の営みにおける女性とその成果物である科学知の中の女性の両方に光を当てたロンダ・シービンガー、女性を含めた「周辺」から科学知を問い直すことの科学知全体にとっての意義を論じ、「フェミニスト・スタンドポイント論」を提唱したサンドラ・ハーディング等を論者として発展してきた。これらの論者による研究は、科学がこれまで男性優位の世界であったという事実、その結果として科学知が男性の現実を反映するだけでなく、女性に対する男性の思い込みを反映してきたことを明らかにし、科学の世界がジェンダーに意識的となることで、より「強い客観性」を持つ科学を実現することができるという主張を導いてきた。そして、この流れの中から、「強い客観性」という理念的目標を言わば実現するための具体的企図として、二〇〇九年、シービンガーを代表として、スタンフォード大学で「科学、ヘルス、医学、工学、および環境における性差に基づくイノベーション・プロジェクト」が始動した。リチャードソンは、その立ち上げの現場で、研究者としての最初の一歩を踏み出した論者である。

「ジェンダーに基づくイノベーション・プロジェクト」

リチャードソンは、二〇〇八年に、シービンガーによる編著、『科学と工学におけるジェンダーに基づくイノベーション（*Gendered Innovations in Science and Engineering*）』（Stanford University Press, 2008. 未訳）の中で、「ジェンダー批判が標準的科学的実践となる時――性決定遺伝学の場合（When Gender Criticism Becomes Standard Scientific Practice）」を発表している。この論文から、本書の核の一つである「ジェンダー批判のノーマライゼーション」という概念が発展してきた。したがって、本書を「ジェンダーに基づくイノベーション・プロジェクト」の一環として読むこともできるだろう。

シービンガーは、二〇〇九年十一月に公開されたスタンフォード大学クレイマン・ジェンダー研究所のインタビューの中で、プロジェクトの目標は、科学におけるジェンダーへの関心を、ジェンダー・バイアスを非難することから、より生産的な批判的実践へと向けていくことにある、と述べている。「ジェンダーに基づくイノベーション・プロジェクト」はまた、科学への女性の参画というグローバルな実践的関心の中に位置付けられるものだ。プロジェクトがスタンフォード大学において形を成した翌年の、二〇一〇年三月から六月にかけて、ロンドン、ベルリン、パリの三都市で、「科学におけるジェンダー」と題したコンセンサス会議が開催され、ジェンダーの平等化を通して科学の発展に貢献することを確認する報告書、『ジェンダー平等化を通した科学の発展(*Advancing Excellence in Science through Gender Equality*)』がまとめられた。シービンガーも、本会議に「ジェンダー専門家」の一人として参加している。報告書によれば、ヨーロッパでは一九九〇年代後半から科学と研究への女性の平等な参画を促す政策が試みられてきたが、二〇一〇年時点でも、女性研究者は全体の三分の一、女性の教授は五分の一で、これは自然科学と技術系の領域ではさらに少なく、さらにヨーロッパの大学の総長の九割が男性、という状況であった。この人口比率の偏りが、科学の組織的な実践において女性の立場を脆弱にしていることも指摘された。すなわち、評価、機会獲得に分業における不平等、ハラスメントやいじめ、身体的暴力によって生じる組織のジェンダーの偏り、コミュニケーション方法におけるジェンダーの偏り、女性が無報酬で子育てに従事することを暗黙の了解とする異性愛的規範に基づく組織体系といった、社会のあらゆる組織にみられるジェンダーの偏りが、科学の世界にも存在することがあらためて確認されたのである。しかし同時に、この問題を解決する動きが活発となり、学術界と科学的組織において、ジェンダーの平等化がメインストリーム(主流)の取り組みとなりつつあることも報告された。そして、ジェンダーの問題に敏感であることが科学の水準を高めることにつながるという立場を表明し、そのために、科学の実践からジェンダーをめぐる偏見を廃し、適切な研究マネジメント、リーダーシップ、助成政策を求めていく必要性を訴えている。

る。ただし、この報告書と比べて、プロジェクトは、ジェンダーに敏感であることの科学の側にとってのメリットをより強調している。プロジェクトのウェブサイトで、既存のジェンダー規範に基づく思い込みによって方向性を間違えるよりは、はじめからジェンダーの問題に敏感である方がコストをずっと低く抑えられるということが、製薬の事例と共に最初に主張されていることは象徴的だ。この立場は、本書におけるリチャードソンの主張に引き継がれている。たとえばXY研究の末路の描写に、そのことは表れている。

したがって本書は科学とジェンダーの関係を問うフェミニスト科学論の流れの中から生じた、「ジェンダーに敏感であることは科学の発展に寄与する」という「ジェンダー批判的科学の推進」という立場に立って、「性染色体」をめぐる科学的実践に貢献すべく、その歴史を批判的に考察した成果であると言える。

リチャードソンの提案

「ジェンダー批判的科学」を推進するにあたってのリチャードソンの目標は、本書の七章で紹介される「ジェンダー批判のノーマライゼーション」という概念に象徴されている。この概念は、科学の一分野の内に生じる「静かで大抵は知られることのない変化」に光を当てると、リチャードソンは述べている。リチャードソンによれば、こうした変化は、「分野を取り巻く文化的変化」、分野における有力な科学者による「批判的実践」の採用、そしてより広い研究者コミュニティーのメンバーが「批判的実践」に科学的有効性を認めることの三つの段階を経て生じる。リチャードソンが、二章から九章を通して描く、性染色体研究の内に意図的ではなく生じてきた「静かな変化」の歴史は、「ジェンダー批判的科学」を推進する方法を検討するための一助を提供するだろう。

「性染色体」が「性染色体」と名付けられる場面にはじまるその歴史は、まず、対象を区別するための「言葉」に敏感であることの重要性を示す。「性染色体」は様々な可能性の中からたまたま選ばれたにすぎない。しかし、XYYの超雄仮説（五章）や、Xの「女性化」の事例（六章）を通してリチャードソンが示すように、この分類名によって研究者たちは、「性染色体」と性の関係性に抗いがたい過大な期待を抱くことになった。六章で紹介されるように、フォックス・ケラーは、生物学研究において採用される言葉が研究対象を「ジェンダー化」していく構造を、「提喩法的誤謬」という概念を用いて論じている。エミリー・マーチンが考察した「卵子と精子」をめぐる言説や、「性ホルモン」という用語、そしてそれをめぐる研究にも「提喩法的誤謬」はみられる。そしてリチャードソンは、こうした誤謬の一つに「性染色体」を含める。

リチャードソンは、この誤謬が、Yの消滅と男性の消滅を混同する誤った科学的言説に繋っていること（八章）、そして、「一つのゲノム」というゲノム学の基盤である価値観に反して、男性と女性を異なる種として扱おうとする科学的実践を導いていること（九章）を検証し、警鐘をならしている。そして、そうした事態を防ぐために、性を二元論的にではなく、相互に依存し合う「動的対分類」として捉え、科学からジェンダー概念を排除するのではなく、むしろ「ジェンダーをモデル化」することで科学の実践に生かしていくことを提案する。そのために、「科学のジェンダー批判」として、科学において「ジェンダー的概念を価値付ける内実と文脈を正確に位置付け再構築することと、関係する多様なアクターによる科学的研究におけるジェンダー概念の役割についての批判性の度合いを評価すること」（本書、二四九頁）を求める。「私たちの目的は、ジェンダーの概念がどのようにして科学的用語、理論、そしてモデルを価値付けるかについての議論が、正常な科学的実践の中で歓迎されるような、ジェンダー批判的科学の実践を構築することであるべきだろう」（本書、二五〇頁）と、リチャードソンは述べる。

そして最後に、リチャードソンはさらに大胆な提案をしている。それは、XとYという二つの染色体を「性染色体」と呼ぶという、一九六〇年に科学者達の合意を見直そうというものだ。しかし、リチャードソンの研究は、この一見無謀な提案を説得力のあるものにしている。「性染色体」という用語が誤謬の元だったのである。XとYにのみ性決定因子が存在するわけではないことが明らかとなった今、これを別の名で呼ぶ方が科学的に正しいと主張することには十分に妥当性があるように思われる。

「性染色体」という用語を見直そうというリチャードソンの提案は、XとYという二つの染色体を「性そのもの」とみなし、女性と男性を「異なる生物種」とみなす言説への危機感に基づくものでもある。ポストゲノム時代においては、この言説に「ゲノムの比較」を通してさらに強固な科学的裏付けを与えようとする動きがある。この動きに対するリチャードソンの危機感は、本書に至る研究の前に取り組んでいた「ポストゲノム時代における人種」をめぐる研究からも導かれている。本書の中でもリチャードソンは、人種間あるいは二つの性のゲノムを比較しその違いを強調する動きに、「人類のゲノムは一つである」というヒトゲノムプロジェクトの理念に基づいて抵抗することは、研究の社会的目的、研究者の価値観に関わる事柄であると述べている。科学における言葉の選択は、科学に通底する価値観を反映するだけでなく、形作るものである。本書において、性染色体科学を事例として示されるジェンダー批判的な科学の実践のあり方は、ポストゲノム時代の科学を、人間がどのような価値観の元に発展させていくのかを考察し論じるための一つの重要な道標となるはずだ。

我が国での展開

奇しくも、訳者がボストンで翻訳に取り組んでいた二〇一六年三月、東京にロンダ・シービンガー教授が招聘され、科学技術振興機構主催の「ダイバーシティ・セミナー」において「ジェンダー基づくイノベーション・プロジェクト」が紹介された(『性差に基づく新しいイノベーション論』と題されていたが、ここではリチャードソンの主張を踏まえ、「ジェンダーに基づく」とする)。さらに、今年二〇一八年三月には、《研究力強化に向けたジェンダー平等促進（Advancing Research Excellence through Gender Equality）》という、英語では先の報告書と同じ題を冠したシンポジウムが、行政官や各国の研究者を招いて東京で開催された。ジェンダーの視座の科学にとっての意義が、日本でも、実践的に論じられはじめている。シービンガーをはじめとするフェミニスト科学論の思想は、シービンガーの著作を紹介してきた小川眞里子先生等によってこれまでにも精力的に紹介され、研究されてきた。それらを「ジェンダーに基づくイノベーション」という、日本でも関心の高まりつつある実践へとつなげていく上で、フェミニスト科学論を発展的に継承し、科学の実践をジェンダー論の立場から丹念に批評することを通して科学の発展に貢献しようとするリチャードソンの研究が一助となれば、幸いである。そして、リチャードソンの目指すポストゲノム時代の「ジェンダー批判的科学の実践」が、日本においても活発に論じられ、実現されていくことを願っている。

おわりに

最後に、本書の翻訳を快諾下さり、産休から復帰した直後にも関わらず熱心な助言と励ましを与えて下さったサラにまず、心からお礼を申し上げたい。また、作業を進めるための足場を提供して下さった、ハーバード大学科学史学科のジャネット・ブラウン学科長（当時）、北里大学大学院医療系研究科の馬嶋正隆先生及び医学部附属医学教育研究開発センターの齋藤有紀子先生、東京大学大学院情報学環の佐倉統先生にもお礼申し上げます。そして本書を翻訳する機会を与えてくださり、翻訳の終了を辛抱強く待ってくださった法政大学出版局の前田晃一さんの忍耐力なくして、本書の翻訳は貫徹し得なかった。前田さんにも、心から感謝申し上げます。そして、ご本人の希望により名前を出すことはできないが、本書の翻訳作業の初期の段階は、退官した自然科学者に手伝って頂いたことを記しておきたい。科学は人の心を自由にする、ということを、幼い頃より日々教えてくれたこの人の支えに感謝の意を表して、「訳者あとがき」の終わりとしたい。

二〇一八年四月二六日

訳者

著　者

サラ・S・リチャードソン（Sarah S. Richardson）

スタンフォード大学現代思想・文学専攻で博士号を取得。専門は科学史・科学哲学。生命科学における人種とジェンダー及び、科学知の社会的側面を研究対象としている。現在、ハーバード大学科学史学科及び、女性・ジェンダー・セクシュアリティ専攻教授。共編著に、*Revisiting Race in a Genomic Age* (Rutgers University Press, 2008), *Postgenomics: Perspectives on Biology after the Genome* (Duke University Press, 2015) がある。

訳　者

渡部麻衣子（わたなべ・まいこ）

国際基督教大学卒業。英国ウォウイック大学大学院博士課程修了。博士（社会学）。現在、東京大学大学院情報学環客員研究員、北里大学医学部客員研究員、法政大学現代福祉学科非常勤講師。専門は科学技術社会論。共編著に『出生前診断とわたしたち「新型出生前診断」（NIPT）が問いかけるもの』（生活書院、2014 年）、共著に『遺伝子と医療』（「シリーズ生命倫理学」第 11 巻、丸善出版、2013 年）がある。

《叢書・ウニベルシタス　1084》
性そのもの
ヒトゲノムの中の男性と女性の探求

2018年9月28日　初版第1刷発行

サラ・S・リチャードソン
渡部麻衣子 訳
発行所　一般財団法人　法政大学出版局
〒102-0071 東京都千代田区富士見 2-17-1
電話03(5214)5540 振替00160-6-95814
組版：HUP　印刷：ディグテクノプリント　製本：積信堂

Printed in Japan

ISBN978-4-588-01084-2

索引

（図版のものは f、注のものは頁番号の前に *、n の後に注番号を示す）

ア行

カ行

サ行

タ行

ナ行

ハ行

マ行

ヤ行

ラ行

ワ行

参考文献

"*About Biology of Sex Differences*: Aims & Scope." Biology of Sex Differences. Accessed 10 February 2013. http://www.bsd-journal.com/about#aimsscope.

Accelerated Cure Project. "Analysis of Genetic Mutations or Alleles on the X or Y Chromosome as Possible Causes of Multiple Sclerosis." October 2006. http:// www.acceleratedcure.org/sites/default/files/curemap/phase2-genetics-xy -chromosomes.pdf.

Albury, W. R. "Politics and Rhetoric in the Sociobiology Debate." *Social Studies of Science* 10 (1980): 519–36.

Alien 3. Directed by David Fincher. Los Angeles: Twentieth Century Fox, 1992.〔『エイリアン 3』〕

Allen, Garland E. "The Historical Development of the 'Time Law of Intersexuality' and Its Philosophical Implications." In *Richard Goldschmidt: Controversial Geneticist and Creative Biologist: A Critical Review of His Contributions,* edited by Leonie K. Piternick, 41–48. Boston: Birkhauser, 1980.

———. "Thomas Hunt Morgan and the Problem of Sex Determination, 1903–1910." *Proceedings of the American Philosophical Society* 110, no. 1 (1966): 48–57.

Amos-Landgraf, J. M., et al. "X Chromosome-Inactivation Patterns of 1,005 Phenotypically Unaffected Females." *American Journal of Human Genetics* 79, no. 3 (2006): 493–99.

Angier, Natalie. "For Motherly X Chromosome, Gender Is Only the Beginning." *New York Times,* 1 May 2007, 1.

———. "Scientists Say Gene on Y Chromosome Makes a Man a Man." *New York Times,* 19 July 1990, 1.

———. *Woman: An Intimate Geography.* Boston: Houghton Mifflin, 1999.〔『Woman 女性のからだの不思議〈上〉〈下〉』中村桂子、桃井緑美子訳、集英社、2005 年〕

Annandale, E., and A. Hammarstrom. "Constructing the 'Gender-Specific Body': A Critical Discourse Analysis of Publications in the Field of Gender-Specific Medicine." *Health* (London) 15, no. 6 (2011): 571–87.

Antony, Louise M. "Quine as Feminist: The Radical Import of Naturalized Epistemology." In *A Mind of One's Own: Feminist Essays on Reason and Objectivity*, edited by Louise M. Antony and Charlotte Witt, 185–225. Boulder, CO: Westview Press, 1993.

Arnold, A. P., and A. J. Lusis. "Understanding the Sexome: Measuring and Reporting Sex Differences in Gene Systems." *Endocrinology* 153, no. 6 (2012): 2551–55.

Atkinson, Paul, Peter E. Glasner, and Margaret M. Lock. *Handbook of Genetics and Society: Mapping the New Genomic Era.* New York: Routledge, 2009.

Aumann, Kerstin, Ellen Galinsky, and Kenneth Matos. "The New Male Mystique." New York: Families and Work Institute, 2011.

Bachhuber, L. J. "The Behavior of the Accessory Chromosomes and of the Chromatoid Body in the Spermatogenesis of the Rabbit." *Biological Bulletin* 30, no. 4 (1916): 294–311.

Bagemihl, Bruce. *Biological Exuberance: Animal Homosexuality and Natural Diversity.* New York: St. Martin's Press, 1999.

Bainbridge, David. "He and She: What's the Real Difference? A New Study of the Y Chromosome Suggests that the Genetic Variation between Men and Women Is Greater than We Thought." *Boston Globe*, 6 July 2003, H1.

———. *The X in Sex: How the X Chromosome Controls Our Lives.* Cambridge, MA: Harvard University Press, 2003.

Barash, David P. *The Whisperings Within.* New York: Harper & Row, 1979.

Barnes, Barry, and John Dupré. *Genomes and What to Make of Them.* Chicago: University of Chicago Press, 2008.

Baron, Marcia. "Crime, Genes, and Responsibility." In *Genetics and Criminal Behavior,* edited by David T. Wasserman and Robert Samuel Wachbroit, 199–224. New York: Cambridge University Press, 2001.

Barr, Murray L. "Sex Chromatin and Phenotype in Man." *Science* 130, no. 3377 (1959): 679–85.

Barr, M. L., and E. G. Bertram. "A Morphological Distinction between Neurones of the Male and Female, and the Behaviour of the Nucleolar Satellite during Accelerated Nucleoprotein Synthesis." *Nature* 163, no. 4148 (1949): 676.

Bateson, William. "Hybridisation and Cross-Breeding as a Method of Scientific Investigation, a Report of a Lecture Given at the RHS Hybrid Conference in 1899." *Journal of the Royal Horticultural Society* 24 (1900): 59–66.

———. "Problems of Heredity as a Subject for Horticultural Investigation." *Journal of the Royal Horticultural Society* 25 (1900): 54–61.

Beale, Bob. "The Sexes: New Insights into the X and Y Chromosomes." *Scientist*, 23 July 2001, 18.

Bederman, Gail. *Manliness & Civilization: A Cultural History of Gender and Race in the United States, 1880–1917.* Chicago: University of Chicago Press, 1995.

Berman, Edgar. *The Compleat Chauvinist: A Survival Guide for the Bedeviled Male.* New

York: Macmillan, 1982.

Berman, Louis. *The Glands Regulating Personality: A Study of the Glands of Internal Secretion in Relation to the Types of Human Nature.* New York: Macmillan, 1921.

Bernard, Pascal, and Vincent R. Harley. "WNT4 Action in Gonadal Development and Sex Determination." *International Journal of Biochemistry & Cell Biology* 39, no. 1 (2007): 31–43.

Berta, P., et al. "Genetic Evidence Equating SRY and the Testis-Determining Factor." *Nature* 348, no. 6300 (1990): 448–50.

Blackwell, Antoinette Louisa Brown. *The Sexes Throughout Nature.* New York: G. P. Putnam, 1875.

Bleier, Ruth. *Science and Gender: A Critique of Biology and Its Theories on Women*. New York: Pergamon Press, 1984.

Bliss, Catherine. "Genome Sampling and the Biopolitics of Race." In *A Foucault for the 21st Century: Governmentality, Biopolitics and Discipline in the New Millennium*, edited by Sam Binkley and Jorge Capetillo, 322–39. Cambridge, MA: Cambridge Scholars, 2009.

Bock, Robert. "Understanding Klinefelter Syndrome: A Guide for XXY Males and Their Families" (Adolescence Section). NIH Pub. No. 93–3202. Office of Research Reporting. Washington, DC: National Institute of Child Health and Human Development, 1993. http://www.nichd.nih.gov/publications/pubs/klinefelter.cfm.

Bonthuis, Paul J., Kimberly H. Cox, and Emilie F. Rissman. "X-Chromosome Dosage Affects Male Sexual Behavior." *Hormones and Behavior* 61, no. 4 (2012): 565–72.

Bostanci, Adam. "Two Drafts, One Genome? Human Diversity and Human Genome Research." *Science as Culture* 15, no. 3 (2006): 183–98.

Boveri, T. "On Multiple Mitoses as a Means for the Analysis of the Cell Nucleus" (1902). In *The Chromosome Theory of Inheritance*, edited by Bruce R. Voeller, 87–94. New York: Appleton-Century-Crofts, 1968.

Bowler, Peter J. *The Mendelian Revolution: The Emergence of Hereditarian Concepts in Modern Science and Society.* Baltimore: Johns Hopkins University Press, 1989.

Boxer, Marilyn J. *When Women Ask the Questions: Creating Women's Studies in America.* Baltimore: Johns Hopkins University Press, 1998.

Bridges, Calvin B. "Direct Proof through Non-disjunction that the Sex-Linked Genes of Drosophila Are Borne by the X-Chromosome." *Science* 40, no. 1020 (1914): 107–9.

———. "Sex in Relation to Chromosomes and Genes." *American Naturalist* 59, no. 661 (1925): 127–37.

Brix, T. H., et al. "No Link between X Chromosome Inactivation Pattern and Simple Goiter in Females: Evidence from a Twin Study." *Thyroid* 19, no. 2 (2009): 165–69.

Brody, Jane. "If Her Chromosomes Add Up, a Woman Is Sure to Be a Woman." *New York Times,* 16 September 1967, 28.

Brown, Carolyn J., Laura Carrel, and Huntington F. Willard. "Expression of Genes from the Human Active and Inactive X Chromosomes." *American Journal of Human Genetics* 60, no. 6 (1997): 1333–43.

Brush, Stephen G. "Nettie M. Stevens and the Discovery of Sex Determination by Chromosomes." *Isis* 69, no. 2 (1978): 162–72.

Bullough, Vern L. *Science in the Bedroom: A History of Sex Research.* New York: Basic Books, 1994.

Burgoyne, P. S. "The Mammalian Y Chromosome: A New Perspective." *Bioessays* 20, no. 5 (1998): 363–66.

Butler, Judith. *Gender Trouble: Feminism and the Subversion of Identity.* New York: Routledge, 1990.〔『ジェンダー・トラブル――フェミニズムとアイデンティティの攪乱』竹村和子訳、青土社、1999 年〕

Cabe, Delia K. "An Unfinished Story about the Genesis of Maleness." *HHMI Bulletin,* September 2000, 20–25.

Capanna, Ernesto. "Chromosomes Yesterday: A Century of Chromosome Studies." *Chromosomes Today* 13 (2000).

Carlsen, E., et al. "Evidence for Decreasing Quality of Semen during Past 50 Years." *BMJ* 305, no. 6854 (1992): 609–13.

Carlson, Elof Axel. *Mendel's Legacy: The Origin of Classical Genetics.* Cold Spring Harbor, NY: Cold Spring Harbor Laboratory Press, 2004.

Carnes, Mark C., and Clyde Griffen. *Meanings for Manhood: Constructions of Masculinity in Victorian America.* Chicago: University of Chicago Press, 1990.

Carrel, L. "'X'-Rated Chromosomal Rendezvous." *Science* 311, no. 5764 (2006): 1107–9.

Carrel, L., and H. F. Willard. "X-Inactivation Profile Reveals Extensive Variability in X-Linked Gene Expression in Females." *Nature* 434, no. 7031 (2005): 400–404.

Castle, W. E. *Genetics and Eugenics.* Cambridge, MA: Harvard University Press, 1916.

———. "The Heredity of Sex." *Bulletin of the Museum of Comparative Zoology* 40, no. 4 (1903): 189–219.

———. "A Mendelian View of Sex-Heredity." *Science* 29, no. 740 (1909): 395–400.

Catalano, Ralph A., et al. "Temperature Oscillations May Shorten Male Lifespan via Natural Selection in Utero." *Climatic Change* (June 2011).

Cat People. Directed by Jacques Tourneur. Los Angeles: RKO, 1942.〔『キャット・ピープル』〕

Chadwick, Derek, et al. *The Genetics and Biology of Sex Determination.* New York: John Wiley, 2002.

Chitnis, S., et al. "The Role of X-Chromosome Inactivation in Female Predisposition to Autoimmunity." *Arthritis Research* 2, no. 5 (2000): 399–406.

Clarke, Adele. *Disciplining Reproduction: Modernity, American Life Sciences, and the Problems of Sex.* Berkeley: University of California Press, 1998.

Clarke, Adele E., et al. "Biomedicalizing Genetic Health, Diseases and Identities." In *Handbook of Genetics and Society: Mapping the New Genomic Era*, edited by Paul Atkinson, Peter Glasner, and Margaret Lock, 21–40. London: Routledge, 2009.

Cohn, Victor. "A Criminal by Heredity?" *Washington Post*, 7 August 1968, 1.

Colapinto, John. *As Nature Made Him: The Boy Who Was Raised as a Girl.* New York: Harper Collins, 2000.

Cooper, G. S., M. L. Bynum, and E. C. Somers. "Recent Insights in the Epidemiology of Autoimmune Diseases: Improved Prevalence Estimates and Understanding of Clustering of Diseases." *Journal of Autoimmunity* 33, no. 3–4 (2009): 197–207.

"Corporate Advisory Council." Society for Women's Health Research. Accessed 10 February 2013. http://www.womenshealthresearch.org/site/PageServer?pagename=about_partners_cac.

Cott, Nancy F. *No Small Courage: A History of Women in the United States.* New York: Oxford University Press, 2000.

Court Brown, William M. *Abnormalities of the Sex Chromosome Complement in Man.* London: H. M. Stationery Office, 1964.

———. *Human Population Cytogenetics*. Amsterdam: North-Holland, 1967.

Craig, I. W., et al. "Application of Microarrays to the Analysis of the Inactivation Status of Human X-Linked Genes Expressed in Lymphocytes." *European Journal of Human Genetics* 12, no. 8 (2004): 639–46.

Creager, Angela N. H., Elizabeth Lunbeck, and Londa L. Schiebinger. *Feminism in Twentieth-Century Science, Technology, and Medicine.* Chicago: University of Chicago Press, 2001.

Crew, F. A. E. *The Genetics of Sexuality in Animals.* Cambridge: Cambridge University Press, 1927.

Cunningham, J. T. *Hormones and Heredity.* London: Constable, 1921.

———. *Sexual Dimorphism in the Animal Kingdom: A Theory of the Evolution of Secondary Sexual Characters.* London: Black, 1900.

Darbishire, A. D. "Recent Advances in the Study of Heredity. Lecture VII. Cytological and Other Evidence Relating to the Inheritance of Sex." *New Phytologist* 9, no. ½ (1910): 1–10.

Darwin, Charles. *The Descent of Man and Selection in Relation to Sex.* 2nd ed. New York: D. Appleton, 1897. First published 1871 by D. Appleton.〔『人間の由来』〈上・下〉、

長谷川眞理子訳、講談社学術文庫、2016 年〕
———. *On the Origin of Species, 1859.* Washington Square, NY: New York University Press, 1988.〔『種の起原』〈上・下〉、八杉龍一訳、岩波文庫、1990 年〕
———. *Variation of Animals and Plants under Domestication.* The Works of Charles Darwin. New York: New York University Press, 1988. First published 1868 by J. Murray.〔『家畜・栽培植物の変異』〈上・下〉、永野為武、篠遠喜人訳、白楊社、ダーウィン全集 4、5、1938–1939 年〕
"David Page: The Evolution of Sex: Rethinking the Rotting Y Chromosome." In *MIT World.* Cambridge, MA: Whitehead Institute for Biomedical Research, 2003.
Davies, T. F. "Editorial: X versus X—The Fight for Function within the Female Cell and the Development of Autoimmune Thyroid Disease." *Journal of Clinical Endocrinology & Metabolism* 90, no. 11 (2005): 6332–33.
DC Comics Inc. *Y: The Last Man.* New York: DC Comics, 2002–.
de Chadarevian, Soraya. "Mice and the Reactor: The 'Genetics Experiment' in 1950s Britain." *Journal of the History of Biology* 39 (2006): 707–35.
Delbridge, M. L., and J. A. Graves. "Mammalian Y Chromosome Evolution and the Male-Specific Functions of Y Chromosome-Borne Genes." *Reviews of Reproduction* 4, no. 2 (1999): 101–9.
Delongchamp, R. R., et al. "Genome-wide Estimation of Gender Differences in the Gene Expression of Human Livers: Statistical Design and Analysis." *BMC Bioinformatics* 6 Suppl 2 (2005): S13.
de Queiroz, Kevin, and Michael J. Donogue. "Phylogenetic Systematics and the Species Problem" (1988). In *The Philosophy of Biology,* edited by David L. Hull and Michael Ruse, 319–47. New York: Oxford University Press, 1998.
De Vries, G. J., et al. "A Model System for Study of Sex Chromosome Effects on Sexually Dimorphic Neural and Behavioral Traits." *Journal of Neuroscience* 22, no. 20 (2002): 9005–14.
Dietrich, Michael R. "Richard Goldschmidt: Hopeful Monsters and Other 'Heresies.'" *Nature Reviews Genetics* 4, no. 1 (2003): 68–74.
Dingel, Molly J., and Joey Sprague. "Research and Reporting on the Development of Sex in Fetuses: Gendered from the Start." *Public Understanding of Science* 19, no. 2 (2010): 181–96.
"Doctorate Recipients from U.S. Universities: 2009." United States National Science Foundation. http://www.nsf.gov/statistics/doctorates.
Dowd, Maureen. "X-Celling over Men." *New York Times,* 20 March 2005.
Dreger, Alice Domurat. *Hermaphrodites and the Medical Invention of Sex.* Cambridge, MA: Harvard University Press, 1998.

———. *Intersex in the Age of Ethics.* Hagerstown, MD: University, 1999.

Dupré, John. *The Disorder of Things: Metaphysical Foundations of the Disunity of Science.* Cambridge, MA: Harvard University Press, 1993.

"Dutch Scientists Sequence Female Genome." *Biotechniques Weekly,* 29 May 2008.

Eaton, W. W., et al. "Epidemiology of Autoimmune Diseases in Denmark." *Journal of Autoimmunity* 29, no. 1 (2007): 1–9.

Ehrenreich, Barbara. *Bright-Sided: How the Relentless Promotion of Positive Thinking Has Undermined America*. New York: Metropolitan Books, 2009.

Ehrenreich, Barbara, and Deirdre English. *For Her Own Good: Two Centuries of the Experts' Advice to Women.* New York: Anchor Books, 2005.

Eicher, E. M., and L. L. Washburn. "Genetic Control of Primary Sex Determination in Mice." *Annual Review of Genetics* 20 (1986): 327–60.

Ellis, Havelock. *Man and Woman*. New York: Scribner, 1894.

Epstein, Steven. *Inclusion: The Politics of Difference in Medical Research.* Chicago: University of Chicago, 2007.

Fairbairn, D. J., and D. A. Roff. "The Quantitative Genetics of Sexual Dimorphism: Assessing the Importance of Sex-Linkage." *Heredity* 97, no. 5 (2006): 319–28.

Faludi, Susan. *Backlash: The Undeclared War against American Women*. New York: Crown, 1991.

Farley, John. *Gametes and Spores: Ideas about Sexual Reproduction, 1750–1914.* Baltimore: Johns Hopkins University Press, 1982.

Fausto-Sterling, Anne. "Bare Bones of Sex: Part I, Sex & Gender." *Signs* 30, no. 2 (2005): 1491–1528.

———. "Life in the XY Corral." *Women's Studies International Forum* 12, no. 3 (1989): 319–31.

———. *Myths of Gender: Biological Theories about Women and Men.* New York: Basic Books, 1985.〔『ジェンダーの神話――「性差の科学」の偏見とトリック』池上千寿子、根岸悦子訳、工作舎、1990 年〕

———. *Sexing the Body: Gender Politics and the Construction of Sexuality.* New York: Basic Books, 2000.

Findlay, Deborah. "Discovering Sex: Medical Science, Feminism and Intersexuality." *Canadian Review of Sociology and Anthropology* 32, no. 1 (1995): 25–52.

Fine, Cordelia. *Delusions of Gender: How Our Minds, Society, and Neurosexism Create Difference*. New York: W. W. Norton, 2010.

Fisher, R. A. "The Evolution of Dominance." *Biological Reviews* 6 (1931): 345–68.

Fleck, Ludwik. *Genesis and Development of a Scientific Fact.* Chicago: University of Chicago Press, 1979. First published 1935, *Entstehung und Entwicklung einer wissenschaftlichen*

Tatsache. Einführung in die Lehre vom Denkstil und Denkkollektiv. Basel: Schwabe und Co., Verlagsbuchhandlung.

Flemming, Walther. *Zellsubstanz, Kern Und Zelltheilung*. Leipzig: Vogel, 1882.

Fooden, Myra, Susan Gordon, and Betty Hughley. *The Second X and Women's Health.* New York: Gordian Press, 1983.

Ford, C. E. "A Sex Chromosome Anomaly in a Case of Gonadal Dysgenesis (Turner's Syndrome)." *Lancet* 273, no. 7075 (1959): 711–13.

Foster, J. W., et al. "Evolution of Sex Determination and the Y Chromosome: SRY-Related Sequences in Marsupials." *Nature* 359, no. 6395 (1992): 531–33.

Foster, J. W., and J. A. Graves. "An SRY-Related Sequence on the Marsupial X Chromosome: Implications for the Evolution of the Mammalian Testis-Determining Gene." *Proceedings of the National Academy of Sciences USA* 91, no. 5 (1994): 1927–31.

Franklin, Sarah, and Celia Roberts. *Born and Made: An Ethnography of Preimplantation Genetic Diagnosis*. Princeton, NJ: Princeton University Press, 2006.

Frickel, Scott, and Kelly Moore. *The New Political Sociology of Science: Institutions, Networks, and Power.* Madison: University of Wisconsin Press, 2006.

Fujimura, Joan. "'Sex Genes': A Critical Sociomaterial Approach to the Politics and Molecular Genetics of Sex Determination." *Signs* 32, no. 1 (2006): 49–82.

Fujimura, Joan H., Troy Duster, and Ramya Rajagopalan, eds. "Race, Genomics, and Biomedicine." Special issue, *Social Studies of Science* 38, no. 5 (2008): 643. doi: 10.1177/0306312708091926.

Fujimura, Joan H., and Ramya Rajagopalan. "Different Differences: The Use of 'Genetic Ancestry' Versus Race in Biomedical Human Genetic Research." *Social Studies of Science* 41, no. 1 (2011): 5–30.

Fuller, John L., and William Robert Thompson. *Behavior Genetics.* New York: Wiley, 1960.

Fullwiley, Duana. "The Molecularization of Race: U.S. Health Institutions, Pharmacogenetics Practice, and Public Science after the Genome." In *Revisiting Race in a Genomic Age*, edited by Barbara A. Koenig, Sandra Soo-Jin Lee and Sarah S. Richardson, 149–71. New Brunswick, NJ: Rutgers University Press, 2008.

Gamble, Eliza Burt. *The Evolution of Woman: An Inquiry into the Dogma of Her Inferiority to Man*. New York: G. P. Putnam's Sons, 1894.

———. *The Sexes in Science and History: An Inquiry into the Dogma of Woman's Inferiority to Man*. Westport, CT: Hyperion Press, 1976. First published 1916 by G. P. Putnam's Sons.

Geddes, Patrick, and John Arthur Thomson. *The Evolution of Sex.* London: Walter Scott, 1889.

———. *Sex*. London: Williams & Norgate, 1914.

Gero, Joan M., and Margaret Wright Conkey. *Engendering Archaeology: Women and Prehistory. Social Archaeology*. Cambridge, MA: Blackwell, 1991.

Gerrard, D. T., and D. A. Filatov. "Positive and Negative Selection on Mammalian Y Chromosomes." *Molecular Biology and Evolutio*n 22, no. 6 (2005): 1423–32.

Ghiselin, Michael J. "A Radical Solution to the Species Problem." *Systematic Zoology* 23, no. 4 (1974): 536–44.

Gilbert, Scott. "The Embryological Origins of the Gene Theory." *Journal of the History of Biology* 11, no. 2 (1978): 307–51.

Gilman, Charlotte Perkins, and Mary Armfield Hill. *The Man-Made World*. Amherst, NY: Humanity Books, 2001. First published 1911 by Charlton.

Gimelbrant, A., et al. "Widespread Monoallelic Expression on Human Autosomes." *Science* 318, no. 5853 (2007): 1136–40.

Goldberg, Steven. *The Inevitability of Patriarchy*. New York: Morrow, 1973.

Goldschmidt, Richard. "The Quantitative Theory of Sex." *Science* 64, no. 1656 (1926): 299–300.

Goodfellow, P. N. *The Mammalian Y Chromosome: Molecular Search for the Sex-Determining Factor*. Cambridge: Company of Biologists, 1987.

Gould, Stephen Jay. *The Mismeasure of Man*. Rev. and expanded ed. New York: Norton, 1996.〔『人間の測りまちがい——差別の科学史〈上〉〈下〉』鈴木善次、森脇靖子訳、河出文庫、2008 年〕

Gowaty, Patricia A. "Sexual Natures: How Feminism Changed Evolutionary Biology." *Signs* 28, no. 3 (2003): 901–21.

Graves, J. A. "The Degenerate Y Chromosome—Can Conversion Save It?" *Reproduction, Fertility, and Development* 16, no. 5 (2004): 527–34.

———. "The Evolution of Mammalian Sex Chromosomes and the Origin of Sex Determining Genes." *Philosophical Transactions of the Royal Society of London B: Biological Science*s 350, no. 1333 (1995): 305–11.

———. "Human Y Chromosome, Sex Determination, and Spermatogenesis—A Feminist View." *Biology of Reproduction* 63, no. 3 (2000): 667–76.

———. "Recycling the Y Chromosome." *Science* 307 (2005).

———. "The Rise and Fall of SRY." *Trends in Genetics* 18, no. 5 (2002): 259–64.

———. "Sex Chromosomes and Sex Determination in Weird Mammals." *Cytogenetics and Genome Research* 96 (2002): 161–68.

———. "Sex Chromosomes and the Future of Men." In *Gender and Genomics: Sex, Science and Society*. Los Angeles: UCLA Center for Society and Genetics, 2005.

———. "Sex Chromosomes and the Future of Men." In *National Science Week*. Canberra:

Australian National University College of Science, 2006.
———. "Sex Chromosome Specialization and Degeneration in Mammals." *Cell* 124 (2006): 901–14.
———. "Sex, Genes and Chromosomes: A Feminist View." *Women in Science Network Journal* 59 (2002): n.p.
Graves, J. A., and R. John Aitken. "The Future of Sex." *Nature* 415, no. 6875 (2002): 963.
Graves, J. A., and C. M. Disteche. "Does Gene Dosage Really Matter?" *Journal of Biology* 6, no. 1 (2007). http://jbiol.com/content/6/1/1.
Graves, J. A., J. Gecz, and H. Hameister. "Evolution of the Human X—A Smart and Sexy Chromosome that Controls Speciation and Development." *Cytogenetics and Genome Research* 99, no. 1–4 (2002): 141–45.
Graves, J. A., and S. Shetty. "Sex from W to Z: Evolution of Vertebrate Sex Chromosomes and Sex Determining Genes." *Journal of Experimental Zoology* 290 (2001): 449–62.
Graves, J. A., and R. V. Short. "Y or X—Which Determines Sex?" *Reproduction, Fertility and Development* 2, no. 6 (1990): 729–35.
Gravholt, C. H. "Epidemiological, Endocrine and Metabolic Features in Turner Syndrome." *European Journal of Endocrinology* 151, no. 6 (2004): 657–87.
Gray, John. *Men Are from Mars, Women Are from Venus: A Practical Guide for Improving Communication and Getting What You Want in Your Relationships.* New York: HarperCollins, 1992.〔『ベスト・パートナーになるために——男は火星から、女は金星からやってきた』大島渚訳、三笠書房（知的生きかた文庫）、2001 年〕
Green, Jeremy. "Media Sensationalization and Science: The Case of the Criminal Chromosome." In *Expository Science: Forms and Functions of Popularization*, edited by Terry Shinn and Richard Whitley, 139–61. Boston: D. Reidel, 1985.
Gregory, T. Ryan. "Genome Size Evolution in Animals." In *The Evolution of the Ge- nome,* edited by T. Ryan Gregory, 3–87. New York: Elsevier, 2005.
Grosz, E. A. *Volatile Bodies: Toward a Corporeal Feminism.* Bloomington: Indiana University Press, 1994.
Gunter, C. "She Moves in Mysterious Ways." *Nature* 434, no. 7031 (2005): 279–80.
Guterl, Fred. "The Truth about Gender." *Newsweek*, 28 March 2005, 42.
Guyer, Michael F. "Recent Progress in Some Lines of Cytology." *Transactions of the American Microscopical Society* 30, no. 2 (1911): 145–90.
Ha, Nathan Q. "The Riddle of Sex: Biological Theories of Sexual Difference in the Early Twentieth-Century." *Journal of the History of Biology* 44, no. 3 (2011): 505–46.
Haire, Norman, Eugen Steinach, and Serge Voronoff. *Rejuvenation, the Work of Steinach, Voronoff, and Others.* London: G. Allen & Unwin, 1924.
Hall, G. Stanley. "The Contents of Children's Minds on Entering School." *Pedagogical*

Seminary 1 (1891): 139–73.

Hammarström, Anne, and Ellen Annandale. "A Conceptual Muddle: An Empirical Analysis of the Use of 'Sex' and 'Gender' in 'Gender-Specific Medicine' Journals." *Plos One* 7, no. 4 (2012): e34193.

Haraway, Donna Jeanne. "The Biopolitics of Postmodern Bodies: Constitutions of Self in Immune System Discourse" (1981). In *Simians, Cyborgs, and Women: The Reinvention of Nature,* 203–30. New York: Routledge, 1991.〔「第 10 章　ポスト近代の身体／生体のバイオポリティクス——免疫系の言説における自己の構成」『猿とサイボーグと女』高橋さきの訳、青土社、2000 年〕

———. "In the Beginning Was the Word: The Genesis of Biological Theory" (1981). In *Simians, Cyborgs, and Women: The Reinvention of Nature*, 71–80. New York: Routledge, 1991.〔「第 4 章　はじめにことばありき——生物学理論のはじまり」『猿とサイボーグと女』高橋さきの訳、青土社、2000 年〕

———. *Primate Visions: Gender, Race, and Nature in the World of Modern Science*. New York: Routledge, 1989.

———. "Science, Technology, and Socialist-Feminism in the Late Twentieth Century" (1980). In *Simians, Cyborgs and Women: The Reinvention of Nature,* 149–81. New York: Routledge, 1991.〔「第 8 章　サイボーグ宣言——二〇世紀後半の科学、技術、社会主義フェミニズム」『猿とサイボーグと女』高橋さきの訳、青土社、2000 年〕

———. "Situated Knowledges: *The Science Question in Feminism* and the Privilege of Partial Perspective." In *Simians, Cyborgs and Women: The Reinvention of Nature,* 183–201. New York: Routledge, 1991 [1988].〔「第 9 章　状況に置かれた知——フェミニズムにおける科学という問題と、部分的視角が有する特権」『猿とサイボーグと女』〕

Harding, Sandra. "Rethinking Standpoint Epistemology: What Is 'Strong Objectivity'?" In *Feminist Epistemologies*, edited by Linda Alcoff and Elizabeth Potter,49–82. New York: Routledge, 1993.

Harper, Peter S. *First Years of Human Chromosomes: The Beginnings of Human Cytogenetics*. Bloxham: Scion, 2006.

Haseltine, Florence P., and Beverly Greenberg Jacobson. *Women's Health Research: A Medical and Policy Primer*. Washington DC: Health Press International, 1997.

Haslanger, Sally. "Gender and Race: (What) Are They? (What) Do We Want Them to Be?" *Nous* 34, no. 1 (2000): 31–55.

Hausman, Bernice L. "Demanding Subjectivity: Transsexualism, Medicine, and the Technologies of Gender." *Journal of the History of Sexuality* 3, no. 2 (1992): 270–302.

Hawley, R. Scott. "The Human Y Chromosome: Rumors of Its Death Have Been Greatly Exaggerated." *Cell* 113 (2003): 825–28.

Hay, D. A. "Y Chromosome and Aggression in Mice." *Nature* 255, no. 5510 (1975): 658.

Hayden, Thomas. "He Figured Out Y, but Not 'So What?'" *Washington Post*, 25 October 2007, C3.

Henking, H. "Uber Spermatogenese Und Deren Beziehung Zur Entwicklung Bei Pyrrhocoris Apterus L." *Zeitschriftffur wissenschaftliche Zoologie* 51 (1891): 685–736.

Herschberger, Ruth. *Adam's Rib*. New York: Pellegrini & Cudahy, 1948.

Holme, Ingrid. "Beyond XX and XY: Living Genomic Sex." In *Governing the Female Body: Gender, Health, and Networks of Power*, edited by Lori Stephens Reed and Paula Saukko, 271–94. Albany: State University of New York Press, 2010.

Hotz, Robert Lee. "Women Are Very Much Not Alike, Gene Study Finds." *Los Angeles Times*, 17 March 2005, 18.

Hrdy, Sarah Blaffer. *The Woman that Never Evolved*. Cambridge, MA: Harvard University Press, 1981.

Hsu, T. C. *Human and Mammalian Cytogenetics: An Historical Perspective*. New York: Springer-Verlag, 1979.

Hubbard, Ruth, and Marian Lowe. *Pitfalls in Research on Sex and Gender*. New York: Gordian Press, 1979.

Hull, David L. "A Matter of Individuality." *Philosophy of Science* 45, no. 3 (1978): 335–60.

Hunter, Anne E., Catherine M. Flamenbaum, and Suzanne R. Sunday. *On Peace, War, and Gender: A Challenge to Genetic Explanations*. New York: Feminist Press, 1991.

Hurst, L. D. "Embryonic Growth and the Evolution of the Mammalian Y Chromosome. I. The Y as an Attractor for Selfish Growth Factors." *Heredity* 73, pt. 3 (1994): 223–32.

———. "Embryonic Growth and the Evolution of the Mammalian Y Chromosome. II. Suppression of Selfish Y-Linked Growth Factors May Explain Escape from X-Inactivation and Rapid Evolution of SRY" *Heredity* 73, pt. 3 (1994): 233–43.

Hyde, Janet Shibley. "The Gender Similarities Hypothesis." *American Psychologist* 60, no. 6 (2005): 581–92.

Ingraham, Holly. "Expert Interview Transcript." In *Rediscovering Biology: Molecular to Global Perspectives*. Electronic media. Oregon Public Broadcasting and AnnenbergMediaLearner.org, 2004.

"Initial Sequence of the Chimpanzee Genome and Comparison with the Human Genome." *Nature* 437, no. 7055 (2005): 69–87.

"In Pursuit of the Y Chromosome." *Nature* 226, no. 5249 (1970): 897.

Invernizzi, P. "The X Chromosome in Female-Predominant Autoimmune Diseases." *Annals of the New York Academy of Sciences* 1110 (2007): 57–64.

Invernizzi, P., et al. "X Monosomy in Female Systemic Lupus Erythematosus." *Annals of the New York Academy of Sciences* 1110 (2007): 84–91.

Isensee, Joerg, et al. "Sexually Dimorphic Gene Expression in the Heart of Mice and Men." *Journal of Molecular Medicine* 86, no. 1 (2008): 61–74.

Jacobs, P. A. "Human Population Cytogenetics: The First Twenty-Five Years." *American Journal of Human Genetics* 34, no. 5 (1982): 689–98.

———. "XYY Genotype." *Science* 189, no. 4208 (1975): 1040.

Jacobs, P. A., et al. "Aggressive Behavior, Mental Sub-Normality and the XYY Male." *Nature* 208, no. 5017 (1965): 1351–52.

Jacobs, P. A., and J. A. Strong. "A Case of Human Intersexuality Having a Possible XXY Sex-Determining Mechanism." *Nature* 183, no. 4657 (1959): 302–3.

Jacobson, D. L., et al. "Epidemiology and Estimated Population Burden of Selected Autoimmune Diseases in the United States." *Clinical Immunology and Immunopathology* 84, no. 3 (1997): 223–43.

Jarvik, L. F., V. Klodin, and S. S. Matsuyama. "Human Aggression and the Extra Y Chromosome. Fact or Fantasy?" *American Psychology* 28, no. 8 (1973): 674–82.

Jay, Nancy. "Gender and Dichotomy." *Feminist Studies* 7, no. 1 (1981): 38–56.

Jeffrey, Edward C., and Edwin J. Haertl. "The Nature of Certain Supposed Sex Chromosomes." *American Naturalist* 72, no. 742 (1938): 473–76.

Jensen, Arthur R. "How Much Can We Boost IQ and Scholastic Achievement?" *Harvard Educational Review* 39 (1969): 1–123.

Jones, Gwyneth A. *Life: A Novel.* Seattle: Aqueduct Press, 2004.

Jones, Steve. *Y: The Descent of Men.* London: Little, Brown, 2002.〔『Yの真実——危うい男たちの進化論』岸本紀子、福岡伸一訳、化学同人、2004年〕

Jordan, H. E. "Recent Literature Touching the Question of Sex-Determination." *American Naturalist* 44, no. 520 (1910): 245–52.

Jordan-Young, Rebecca M. *Brain Storm: The Flaws in the Science of Sex Differences.* Cambridge, MA: Harvard University Press, 2010.

Jost, A., P. Gonse-Danysz, and R. Jacquot. "Studies on Physiology of Fetal Hypophysis in Rabbits and Its Relation to Testicular Function." *Journal of Physiology* (Paris) 45, no. 1 (1953): 134–36.

Jumonville, Neil. "The Cultural Politics of the Sociobiology Debate." *Journal of the History of Biology* 35 (2002): 569–93.

Just, W., et al. "Absence of SRY in Species of the Vole Ellobius." *Nature Genetics* 11,no. 2 (1995): 117–18.

Kahn, Jonathan. "Exploiting Race in Drug Development." *Social Studies of Science* 38, no. 5 (2008): 727–58.

———. "Patenting Race in a Genomic Age." In *Revisiting Race in a Genomic Age*, edited by Barbara A. Koenig, Sandra Soo-Jin Lee and Sarah S. Richardson, 129–48. New

Brunswick, NJ: Rutgers University Press, 2008.

Karasik, D., and S. L. Ferrari. “Contribution of Gender-Specific Genetic Factors to Osteoporosis Risk.” *Annals of Human Genetics* 72 (2008): 696–714.

Karkazis, Katrina Alicia. *Fixing Sex: Intersex, Medical Authority, and Lived Experience.* Durham, NC: Duke University Press, 2008.

Kast, R. E. “Predominance of Autoimmune and Rheumatic Diseases in Females.” *Journal of Rheumatology* 4, no. 3 (1977): 288–92.

Keating, Peter, and Alberto Cambrosio. “Too Many Numbers: Microarrays in Clinical Cancer Research.” *Studies in History and Philosophy of Science Part C Studies in History and Philosophy of Biological and Biomedical Sciences* 43, no. 1 (2012): 37–51.

Kehrer-Sawatzki, H., and D. N. Cooper. “Understanding the Recent Evolution of the Human Genome: Insights from Human-Chimpanzee Genome Comparisons.” *Human Mutations* 28, no. 2 (2007): 99–130.

Keller, Evelyn Fox. *The Century of the Gene.* Cambridge, MA: Harvard University Press, 2000.〔『遺伝子の新世紀』長野敬、赤松真紀訳、青土社、2001 年〕

———. “The Origin, History, and Politics of the Subject Called ‘Gender and Science.’” Chap. 4 in Handbook of Science and Technology Studies, rev. ed., edited by Sheila Jasanoff, Gerald E. Markle, James C. Petersen, and Trevor Pinch, 80–94. Thousand Oaks, CA: Sage, 1995.

———. Making Sense of Life: Explaining Biological Development with Models, Metaphors, and Machines. Cambridge, MA: Harvard University Press, 2002.〔『機械の身体』長野敬訳、青土社、1996 年〕

———. *Reflections on Gender and Science.* New Haven: Yale University Press, 1985.〔『ジェンダーと科学——プラトン、ベーコンからマクリントックへ』幾島幸子、川島慶子訳、工作舎、1993 年〕

———. *Secrets of Life, Secrets of Death: Essays on Language, Gender, and Science.* New York: Routledge, 1992.〔『生命とフェミニズム——言語・ジェンダー・科学』広井良典、勁草書房、1996 年〕

Kelly, Joan. Women, *History & Theory: The Essays of Joan Kelly.* Chicago: University of Chicago Press, 1984.

Kessler, S., and R. H. Moos. “XYY Chromosome: Premature Conclusions.” *Science* 165, no. 3892 (1969): 442.

Kessler, Suzanne J. *Lessons from the Intersexed.* New Brunswick, NJ: Rutgers University Press, 1998.

Kettlewell, Julianna. “Female Chromosome Has X Factor.” *BBCNEWS.com*, 16 March 2005. http://news.bbc.co.uk/2/hi/science/nature/4355355.stm.

Kevles, Daniel J. *In the Name of Eugenics: Genetics and the Uses of Human Heredity.* Cam-

bridge, MA: Harvard University Press, 1995.〔『優生学の名のもとに——「人類改良」の悪夢の百年』西俣総平訳、朝日新聞社、1993 年〕

Kimmel, Michael S. *The Gendered Society.* New York: Oxford University Press, 2000.

King, M. C., and A. C. Wilson. "Evolution at Two Levels in Humans and Chimpanzees." *Science* 188, no. 4184 (1975): 107–16.

King, Samantha. *Pink Ribbons, Inc.: Breast Cancer and the Politics of Philanthropy.* Minneapolis: University of Minnesota Press, 2006.

Kingsland, Sharon E. "Maintaining Continuity through a Scientific Revolution: A Rereading of E. B. Wilson and T. H. Morgan on Sex Determination and Mendelism." *Isis* 98, no. 3 (2007): 468–88.

Klinefelter, H. F., E. C. Reifenstein, and F. Albright. "Syndrome Characterized by Gynecomastia, Aspermatogenesis without Aleydigism, and Increased Excretion of Follicle Stimulating Hormone." *Journal of Clinical Endocrinology and Metabolism* 2 (1942): 615–27.

Knudsen, G. P. "Gender Bias in Autoimmune Diseases: X Chromosome Inactivation in Women with Multiple Sclerosis." *Journal of the Neurological Sciences* 286, no. 1–2 (2009): 43–46.

Knudsen, G. P., et al. "X Chromosome Inactivation in Females with Multiple Sclerosis." *European Journal of Neurology* 14, no. 12 (2007): 1392–96.

Koehler, Christopher. "The Sex Problem: Thomas Hunt Morgan, Richard Goldschmidt, and the Question of Sex and Gender in the Twentieth Century." PhD diss., University of Florida, 1998.

Koenig, Barbara A., Sandra Soo-Jin Lee, and Sarah S. Richardson. *Revisiting Race in a Genomic Age.* New Brunswick, NJ: Rutgers University Press, 2008.

Kohler, Robert E. *Partners in Science: Foundations and Natural Scientists, 1900–1945.* Chicago: University of Chicago Press, 1991.

Koopman, P., et al. "Male Development of Chromosomally Female Mice Transgenic for SRY." *Nature* 351, no. 6322 (1991): 117–21.

Kraus, Cynthia. "Naked Sex in Exile: On the Paradox of the 'Sex Question' in Feminism and in Science." *NWSA Journal* 12, no. 3 (2000): 151–77.

Krieger, Nancy. "Genders, Sexes, and Health: What Are the Connections—and Why Does It Matter?" *International Journal of Epidemiology* 32, no. 4 (2003): 652.

Kruszelnicki, Karl S. "Hybrid Auto-Immune Women 3." *ABC Science In Depth.* 12 February 2004. http://www.abc.net.au/science/articles/2004/02/12/1002754.htm.

Kuhn, Thomas S. *The Structure of Scientific Revolutions.* Chicago: University of Chicago Press, 1962.〔『科学革命の構造』中山茂訳、みすず書房、1971 年〕

Kumar, Seema. "Genes for Early Sperm Production Found to Reside on X Chromosome."

Press release, 4 April 2001. http://web.mit.edu/newsoffice/2001/sperm -0404.

Kunkel, L. M., K. D. Smith, and S. H. Boyer. "Human Y-Chromosome-Specific Reiterated DNA." *Science* 191, no. 4232 (1976): 1189–90.

Kuttner, Robert E. "Chromosomes and Intelligence." Mankind Quarterly 12 (1971): 6–11.

Lahn, B. T., and D. C. Page. "Functional Coherence of the Human Y Chromosome." *Science* 278, no. 5338 (1997): 675–80.

———. "Retroposition of Autosomal mRNA Yielded Testis-Specific Gene Family on Human Y Chromosome." *Nature Genetics* 21, no. 4 (1999): 429–33.

Laqueur, Thomas Walter. *Making Sex: Body and Gender from the Greeks to Freud.* Cambridge, MA: Harvard University Press, 1990.〔『セックスの発明——性差の観念史と解剖学のアポリア』高井宏子、細谷等訳、工作舎、1998年〕

Lederberg, Joshua. "Poets Knew It All Along: Science Finally Finds Out that Girls Are Chimerical; You Know, Xn/Xa." *Washington Post,* 18 December 1966, E7.

Lehrke, Robert Gordon. *Sex Linkage of Intelligence: The X-Factor.* Westport, CT: Praeger, 1997.

Levy, Ariel. *Female Chauvinist Pigs: Women and the Rise of Raunch Culture.* New York: Free Press, 2005.

Lewontin, Richard C., Steven P. R. Rose, and Leon J. Kamin. *Not in Our Genes: Biology, Ideology, and Human Nature.* New York: Pantheon Books, 1984.

Libert, Claude, Lien Dejager, and Iris Pinheiro. "The X Chromosome in Immune Functions: When a Chromosome Makes the Difference." *Nature Reviews Immunology* 10, no. 8 (2010): 594–604.

Lillie, Frank Rattray. "Free-martin: A Study of the Action of Sex Hormones in the Foetal Life of Cattle." *Journal of Experimental Biology* 23, no. 5 (1917): 371–452.

———. "Sex-Determination and Sex-Differentiation in Mammals." *Proceedings of the National Academy of Sciences* 3 (1917): 464–70.

———. "Suggestions for Organization and Conduct of Research on Problems of Sex." In *First Annual Report of the Committee for Research in Problems of Sex.* Washington, DC: National Academies Press, 1922.

———. "The Theory of the Free-martin." *Science* 43, no. 28 (1916): 611–13.

Lindee, M. Susan. *Moments of Truth in Genetic Medicine.* Baltimore: Johns Hopkins University Press, 2005.

Lloyd, Elisabeth Anne. *The Case of the Female Orgasm: Bias in the Science of Evolution.* Cambridge, MA: Harvard University Press, 2005.

Lockshin, M. D. "Nonhormonal Explanations for Sex Discrepancy in Human Illness." *Annals of the New York Academy of Sciences* 1193, no. 1 (2010): 22–24.

———. “Sex Differences in Autoimmune Disease.” Lupus 15, no. 11 (2006): 753–56.

Longino, Helen E. “Can There Be a Feminist Science?” *Hypatia* 2, no. 3 (1987): 51–64.

———. “Cognitive and Non-cognitive Values in Science: Rethinking the Dichotomy.” In *Feminism and Philosophy of Science*, edited by Jack Nelson and Lynn Hankinson Nelson, 39–58. Boston: Kluwer, 1996.

———. “Subjects, Power, Knowledge: Prescriptivism and Descriptivism in Feminist Philosophy of Science.” In *Feminist Epistemologies*, edited by Linda Alcoff and Elizabeth Potter, 385–404. New York: Routledge, 1992.

Longino, Helen E., and Ruth Doell. “Body, Bias and Behavior: A Comparative Analysis of Reasoning in Two Areas of Biological Science.” *Signs* 9, no. 2 (1983): 206–27.

Longino, Helen E., and Evelynn Hammonds. “Conflicts and Tensions in the Feminist Study of Gender and Science.” In *Conflicts in Feminism*, edited by Marianne Hirsch and Evelyn Fox Keller. New York: Routledge, 1990.

Lunbeck, Elizabeth. *The Psychiatric Persuasion: Knowledge, Gender, and Power in Modern America*. Princeton, NJ: Princeton University Press, 1994.

Lyon, Mary F. “Gene Action in the X-Chromosome of the Mouse.” *Nature* 190 (1961): 372–73.

———. “No Longer ‘All-or-None.’” *European Journal of Human Genetics* 13, no. 7 (2005): 796–97.

———. “Some Milestones in the History of X-Chromosome Inactivation.” *Annual Review of Genetics* 26 (1992): 17–28.

Lyons, Richard. “Genetic Abnormality Is Linked to Crime.” *New York Times,* 21 April 1968, 1.

M’Charek, Amade. “The Mitochondrial Eve of Modern Genetics: Of Peoples and Genomes, or the Routinization of Race.” *Science as Culture* 14, no. 2 (2005): 161–83.

Maclean, N., et al. “Sex-Chromosome Abnormalities in Newborn Babies.” *Lancet* 283, no. 7328 (1964): 286.

———. “Survey of Sex-Chromosome Abnormalities among 4514 Mental Defectives.” *Lancet* 279, no. 7224 (1962): 293–96.

Macleod, David I. *Building Character in the American Boy: The Boy Scouts, YMCA, and Their Forerunners, 1870–1920*. Madison: University of Wisconsin Press, 1983.

Mahowald, Mary Briody. *Genes, Women, Equality.* New York: Oxford University Press, 2000.

Maienschein, Jane. “What Determines Sex? A Study of Converging Approaches, 1880–1916.” *Isis* 75, no. 3 (1984): 456–80.

Maier, E. M., et al. “Disease Manifestations and X Inactivation in Heterozygous Females with Fabry Disease.” *Acta Paediatrica Supplement* 95, no. 451 (2006): 30–38.

Mangels, John. "Is Gene Pool Shrinking Men Out of Existence?" *Cleveland Plain Dealer,* 30 May 2004.

Mansbridge, Jane, and Shauna L. Shames. "Toward a Theory of Backlash: Dynamic Resistance and the Central Role of Power." *Politics & Gender* 4, no. 4 (2008): 623–34.

Marchetti, M., and T. Raudma, eds. *Stocktaking: 10 Years of "Women in Science" Policy by the European Commission, 1999–2009.* Luxembourg: Publications Office of the European Union, 2010.

Marks, Jonathan. *What It Means to Be 98% Chimpanzee: Apes, People, and Their Genes.* Berkeley: University of California Press, 2002.

Martin, Aryn. "Can't Any Body Count? Counting as an Epistemic Theme in the His-tory of Human Chromosomes." *Social Studies of Science* 34, no. 6 (2004): 923–48.

Martin, Emily. "The Egg and the Sperm: How Science Has Constructed a Romance Based on Stereotypical Male-Female Roles." *Signs* 16, no. 3 (1991): 485–501.

———. "The Woman in the Flexible Body." In *Revisioning Women, Health and Healing: Feminist, Cultural, and Technoscience Perspectives,* edited by Adele Clarke and Virginia L. Olesen, 97–115. New York: Routledge, 1999.

Matson, Clinton K., et al. "DMRT1 Prevents Female Reprogramming in the Postnatal Mammalian Testis." *Nature* 476, no. 7358 (2011): 101–4.

McAllister, Peter. *Manthropology: The Science of Why the Modern Male Is Not the Man He Used to Be.* New York: St. Martin's Press, 2010.

McCarthy, Margaret M., et al. "Sex Differences in the Brain: The Not So Inconvenient Truth." *Journal of Neuroscience* 32, no. 7 (2012): 2241–47.

McCarthy, R. M., and A. P. Arnold. "Reframing Sexual Differentiation of the Brain." *Nature Neuroscience* 14 (2011): 677–83.

McCaughey, Martha. *The Caveman Mystique: Pop-Darwinism and the Debates over Sex, Violence, and Science.* New York: Routledge, 2008.

McClung, C. E. "The Accessory Chromosome: Sex Determinant?" *Biological Bulletin* 3, no. 1/2 (1902): 43–84.

———. "Cytological Nomenclature." *Science* 37, no. 949 (1913): 369–70.

———. "A Peculiar Nuclear Element in the Male Reproductive Cells of Insects." *Zoological Bulletin* 2, no. 4 (1899): 187–97.

———. "Possible Action of the Sex-Determining Mechanism." *Proceedings of the National Academy of Sciences* 4, no. 6 (1918): 160–63.

McCombe, P. A., J. M. Greer, and I. R. Mackay. "Sexual Dimorphism in Autoimmune Disease." *Current Molecular Medicine* 9, no. 9 (2009): 1058–79.

McCoy, Krisha. "Women and Autoimmune Disorders." *Everydayhealth.com.* Last updated 20 December 2010. http://www.everydayhealth.com/autoimmune-disorders/understand-

ing/women-and-autoimmune-diseases.aspx.
McDonald, Kate. "ICHG: Jenny Graves Is Talking About Sex—Again." *Australian Biotechnology News,* 21 July 2006.
McDonnell, Tim. "Lost Boys: In a Warmer World, Will Males Die Sooner?" *Grist*, 30 June 2011. http://grist.org/climate-change/2011–06-30-lost-boys-warmer-world-males-die-sooner-global-warming/.
McElreavey, K., et al. "A Regulatory Cascade Hypothesis for Mammalian Sex Determination: SRY Represses a Negative Regulator of Male Development." *Proceedings of the National Academy of Sciences USA* 90, no. 8 (1993): 3368–72.
"Men and Women: The Differences Are in the Genes." *ScienceDaily,* 23 March 2005. http://www.sciencedaily.com/releases/2005/03/050323124659.htm.
Mendel, Gregor. *Versuche über Pflanzen-Hybriden, Vorgelegt in den Sitzungen vom 8. Februar und 8. März 1865*. Translated to English in 1866 as *Experiments on Plant Hybridization.*〔『雑種植物の研究』岩槻邦男、須原準平訳、岩波文庫、1999 年〕。
Metzl, Jonathan. *The Protest Psychosis: How Schizophrenia Became a Black Disease.* Boston: Beacon Press, 2009.
Meyerowitz, Joanne J. *How Sex Changed: A History of Transsexuality in the United States*. Cam-bridge, MA: Harvard University Press, 2002.
Migeon, Barbara R. *Females Are Mosaics: X Inactivation and Sex Differences in Disease.* New York: Oxford University Press, 2007.
———. "Non-random X Chromosome Inactivation in Mammalian Cells." *Cytogenetics and Cell Genetics* 80, no. 1–4 (1998): 142–48.
———. "The Role of X Inactivation and Cellular Mosaicism in Women's Health and Sex-Specific Diseases." *JAMA* 295, no. 12 (2006): 1428–33.
———. "X-Chromosome Inactivation: Molecular Mechanisms and Genetic Consequences." *Trends in Genetics* 10, no. 7 (1994): 230–35.
———. "X Inactivation, Female Mosaicism, and Sex Differences in Renal Diseases." *Journal of the American Society of Nephrology* 19, no. 11 (2008): 2052–59.
Miller, Fiona Alice. "Dermatoglyphics and the Persistence of 'Mongolism': Networks of Technology, Disease and Discipline." *Social Studies of Science* 33, no. 1 (2003): 75–94.
———. "'Your True and Proper Gender': The Barr Body as a Good Enough Science of Sex." *Studies in History and Philosophy of Biological and Biomedical Sciences* 37, no. 3 (2006): 459–83.
Mishler, Brent D., and Robert N. Brandon. "Individuality, Pluralism, and the Phylogenetic Species Concept (1987)." In *The Philosophy of Biology,* edited by David L. Hull and Michael Ruse, 300–318. New York: Oxford University Press, 1998.
Money, John, and Anke A. Ehrhardt. *Man & Woman, Boy & Girl: The Differentiation and*

Dimorphism of Gender Identity from Conception to Maturity. Baltimore: Johns Hopkins University Press, 1972.

Montagu, Ashley. *The Natural Superiority of Women*. New York: Macmillan, 1953.

Montgomery, Thomas H. "Are Particular Chromosomes Sex Determinants?" *Biological Bulletin* 19, no. 1 (1910): 1–17.

———. "The Morphological Superiority of the Female Sex." *Proceedings of the American Philosophical Society* 43, no. 178 (1904): 365–80.

———. "The Spermatogenesis in Pentatoma up to the Formation of the Spermatid." *Zoologische Jahrbucher* 12 (1898): 1–88.

———. "The Terminology of Aberrant Chromosomes and Their Behavior in Certain Hemiptera." *Science* 23, no. 575 (1906): 36–38.

Moore, Kelly. *Disrupting Science: Social Movements, American Scientists, and the Politics of the Military, 1945–1975*. Princeton, NJ: Princeton University Press, 2008.

Moore, Kelly, and Nicole Hala. "Organizing Identity: The Creation of Science for the People." *Research in the Sociology of Organizations* 19 (2002): 309–39.

Morgan, T. H. "A Biological and Cytological Study of Sex Determination in Phylloxerans and Aphids." *Journal of Experimental Zoology* 7, no. 2 (1909): 239–353.

———. "Chromosomes and Heredity." *American Naturalist* 44, no. 524 (1910): 449–96.

———. *The Genetic and the Operative Evidence Relating to Secondary Sexual Characters*. Washington, DC: Carnegie Institution, 1919.

———. *The Mechanism of Mendelian Heredity*. New York: Holt, 1915.

———. "Recent Results Relating to Chromosomes and Genetics." *Quarterly Review of Biology* 1, no. 2 (1926): 186–211.

———. "Recent Theories in Regard to the Determination of Sex." *Popular Science Monthly* 64 (1903): 97–116.

———. "The Scientific Work of Miss N. M. Stevens." *Science* 36, no. 928 (1912): 468–70.

———. "Sex-Limited and Sex-Linked Inheritance." *American Naturalist* 48, no. 574 (1914): 577–83.

———. "Sex Limited Inheritance in Drosophila." *Science* 32, no. 812 (1910): 120–22.

Morgan, Thomas Hunt, and Calvin B. Bridges. *Sex-Linked Inheritance in Drosophila*. Washington, DC: Carnegie Institution, 1916.

Morgen, Sandra. *Into Our Own Hands: The Women's Health Movement in the United States, 1969–1990*. New Brunswick, NJ: Rutgers University Press, 2002.

Morris, Desmond. *The Naked Ape*. New York: McGraw-Hill, 1967.〔『裸の猿——動物学的人間像』日高敏隆訳、角川書店、1999 年〕

Morton, Oliver. "A Life Decoded by J Craig Venter." *Sunday Times*, 21 October 2007.

Moss, Lenny. *What Genes Can't Do.* Cambridge, MA: MIT Press, 2002.

Nash, Catherine. "Genetic Kinship." *Cultural Studies* 18, no. 1 (2004): 1–34.

National Institutes of Mental Health and Saleem Alam Shah. *Report on the XYY Chromosomal Abnormality.* Chevy Chase, MD: U.S. Government Printing Office, 1970.

Nguyen, D. K., and C. M. Disteche. "Dosage Compensation of the Active X Chromosome in Mammals." *Nature Genetics* 38, no. 1 (2006): 47–53.

———. "High Expression of the Mammalian X Chromosome in Brain." *Brain Research* 1126, no. 1 (2006): 46–49.

Nielsen, J., and U. Friedrich. "Length of the Y Chromosome in Criminal Males." *Clinical Genetics* 3, no. 4 (1972): 281–85.

Nordlund, Christer. "Endocrinology and Expectations in 1930s America: Louis Berman's Ideas on New Creations in Human Beings." *British Journal for the History of Science* 40, no. 1 (2007): 83–104.

Novitski, Edward. *Human Genetics.* New York: Macmillan, 1977.

Ogilvie, Marilyn Bailey, and Clifford J. Choquette. "Nettie Maria Stevens (1861–1912): Her Life and Contributions to Cytogenetics." *Proceedings of the American Philosophical Society* 125, no. 4 (1981): 292–311.

Ohlsson, R. "Genetics: Widespread Monoallelic Expression." *Science* 318, no. 5853(2007): 1077–78.

Ohno, Susumu. *Major Sex-Determining Genes.* 1971; New York: Springer-Verlag, 1979.

———. *Sex Chromosomes and Sex-Linked Genes.* New York: Springer-Verlag, 1967.

Olby, Robert C. *Origins of Mendelism.* 2nd ed. Chicago: University of Chicago Press, 1985.

Oliver, J. E., and A. J. Silman. "Why Are Women Predisposed to Autoimmune Rheumatic Diseases?" *Arthritis Research & Therapy* 11, no. 5 (2009): 252.

Oudshoorn, Nelly. *Beyond the Natural Body: An Archaeology of Sex Hormones.* New York: Routledge, 1994.

Ozbalkan, Z., et al. "Skewed X Chromosome Inactivation in Blood Cells of Women with Scleroderma." *Arthritis & Rheumatism* 52, no. 5 (2005): 1564–70.

Ozcelik, T., et al. "Evidence from Autoimmune Thyroiditis of Skewed X-Chromosome Inactivation in Female Predisposition to Autoimmunity." *European Journal of Human Genetics* 14, no. 6 (2006): 791–97.

Page, D. C. "2003 Curt Stern Award Address: On Low Expectations Exceeded; or, the Genomic Salvation of the Y Chromosome." *American Journal of Human Genetics* 74, no. 3 (2004): 399–402.

———. "Expert Interview Transcript." In *Rediscovering Biology: Molecular to Global Perspectives.* Electronic media. Oregon Public Broadcasting and AnnenbergMediaLearner.org, 2004.

———. "Sexual Evolution: From X to Y." In *Sex Determination: Lecture Series*: Chevy Chase, MD: Howard Hughes Medical Institute, 2001.

———. "Save the Males!" *Nature Genetics* 17, no. 1 (1997): 3.

Page, D. C., et al. "Abundant Gene Conversion between Arms of Palindromes in Human and Ape Y Chromosomes." *Nature* 423, no. 6942 (2003): 873–76.

———. "Conservation of Y-Linked Genes during Human Evolution Revealed by Comparative Sequencing in Chimpanzee." *Nature* 437, no. 7055 (2005): 101–4.

———. "The Sex-Determining Region of the Human Y Chromosome Encodes a Finger Protein." *Cell* 51, no. 6 (1987): 1091–1104.

Pain, Elisabeth. "A Genetic Battle of the Sexes." *ScienceNOW Daily News*, 22 March 2007. http://news.sciencemag.org/sciencenow/2007/03/22–04.html.

Painter, Theophilus S. "The Sex Chromosomes of Man." *American Naturalist* 58, no. 659 (1924): 506–24.

Pasquier, E., et al. "Strong Evidence that Skewed X-Chromosome Inactivation Is Not Associated with Recurrent Pregnancy Loss: An Incident Paired Case Control Study." *Human Reproduction* 22, no. 11 (2007): 2829–33.

Patsopoulos, Nikolaos A., Athina Tatsioni, and John P. A. Ioannidis. "Claims of Sex Differences: An Empirical Assessment in Genetic Associations." *JAMA* 298, no. 8 (2007): 880–93.

Paul, Eden, and Norman Haire. *Rejuvenation: Steinach's Researches on the Sex-Glands.* Vol. 11, British Society for the Study of Sex Psychology. London: J. E. Francis, Athenaeum Press, 1923.

Paulmier, F. C. "The Spermatogenesis of Anasa tristis." *Journal of Morphology* 15 (1899): 224–71.

Payne, Fernandus. "On the Sexual Differences of the Chromosome Groups in Galgulus Oculatus." *Biological Bulletin* 14, no. 5 (1908): 297–303.

———. "Some New Types of Chromosome Distribution and Their Relation to Sex—Continued." *Biological Bulletin* 16, no. 4 (1909): 153–66.

Pendlebury, Richard. "Men Are Doomed." *London Daily Mail,* 18 August 2003.

Pennisi, Elizabeth. "Mutterings from the Silenced X Chromosome." *Science* 307, no. 5716 (2005): 1708.

Plomin, R., and R. Rende. "Human Behavioral Genetics." *Annual Review of Psychology* 42 (1991): 161–90.

Plotz, David. "The Male Malaise; Is the Y Chromosome Set to Self-Destruct?" *Washington Post,* 11 April 2004.

Podolsky, Scott H., and Alfred I. Tauber. *The Generation of Diversity: Clonal Selection Theory and the Rise of Molecular Immunology.* Cambridge, MA: Harvard University Press, 1997.

Polani, P. E. "Abnormal Sex Chromosomes and Mental Disorders." *Nature* 223, no. 5207 (1969): 680–86.

Porter, Roy, and Lesley A. Hall. *The Facts of Life: The Creation of Sexual Knowledge in Britain, 1650–1950.* New Haven, CT: Yale University Press, 1995.

"A Proposed Standard System on Nomenclature of Human Mitotic Chromosomes." *American Journal of Human Genetics* 12, no. 3 (1960): 384–88.

Puffer, James C. "Gender Verification of Female Olympic Athletes." *Medicine and Science in Sports and Exercise* 34, no. 10 (2002): 1543.

Quintero, Olga L., et al. "Autoimmune Disease and Gender: Plausible Mechanisms for the Female Predominance of Autoimmunity." Special issue, *Gender, Sex Hormones, Pregnancy and Autoimmunity* 38, no. 2–3 (2012): J109–19.

"A Randomized Trial of Aspirin and Sulfinpyrazone in Threatened Stroke. The Canadian Cooperative Study Group." *New England Journal of Medicine* 299, no. 2 (1978): 53–59.

Rapp, Rayna. *Testing Women, Testing the Fetus: The Social Impact of Amniocentesis in America.* New York: Routledge, 1999.

Rechter, Julia E. "'The Glands of Destiny': A History of Popular, Medical and Scientific Views of the Sex Hormones in 1920s America." PhD diss., University of California, 1997.

"Recruit and Advance: Women Students and Faculty in Science and Engineering." In *National Academies Press.* Washington, DC: National Academy of Sciences, 2006.

Reed, Ken, and Jennifer A. Marshall Graves. *Sex Chromosomes and Sex-Determining Genes.* Langhorne, PA: Harwood Academic, 1993.

Renieri, A., et al. "Rett Syndrome: The Complex Nature of a Monogenic Disease." *Journal of Molecular Medicine* 81, no. 6 (2003): 346–54.

"Research Makes It Official: Women Are Genetic Mosaics." *Time*, 4 January 1963.

Richardson, Sarah S. "Feminist Philosophy of Science: History, Contributions, and Challenges." *Synthese* 177, no. 3 (2010): 337–62.

———. "Gendering the Genome: Sex Chromosomes in Twentieth Century Genetics." PhD diss., Stanford University, 2009.

———. "Race and IQ in the Postgenomic Age: The Microcephaly Case." *BioSocieties* 6 (2011): 420–46.

———. "Sexes, Species, and Genomes: Why Males and Females Are Not Like Humans and Chimpanzees." *Biology and Philosophy* 25, no. 5 (2010): 823–41.

———. "Sexing the X: How the X Became the 'Female Chromosome.'" *Signs* 37, no. 4 (2012): 909–33.

———. "When Gender Criticism Becomes Standard Scientific Practice: The Case of Sex Determination Genetics." In *Gendered Innovations in Science and Engineering*, edited

by Londa Schiebinger, 22–42. Palo Alto, CA: Stanford University Press, 2008.

Ridley, Matt. *Genome: The Autobiography of a Species in 23 Chapters.* New York: HarperCollins, 1999.〔『ゲノムが語る 23 の物語』中村桂子、斉藤隆央訳、紀伊国屋書店、2000 年〕

Rinn, J. L., and M. Snyder. "Sexual Dimorphism in Mammalian Gene Expression." *Trends in Genetics 21*, no. 5 (2005): 298–305.

Roberts, Dorothy E. *Killing the Black Body: Race, Reproduction, and the Meaning of Liberty.* New York: Pantheon, 1997.

Robson, Catherine. *Men in Wonderland: The Lost Girlhood of the Victorian Gentleman.* Princeton, NJ: Princeton University Press, 2001.

Roiphe, Katie. "The Naked and the Conflicted." *New York Times*, 31 December 2009.

Rose, Nikolas. *The Politics of Life Itself: Biomedicine, Power, and Subjectivity in the Twenty-first Century*. Princeton, NJ: Princeton University Press, 2006.〔『生そのものの政治学——二十一世紀の生物医学、権力、主体性』檜垣立哉監訳、法政大学出版局、2014 年〕

Rosin, Hanna. "The End of Men." *Atlantic*, July/August 2010.

Ross, Mark T. "The DNA Sequence of the Human X Chromosome." *Nature* 434,no. 7031 (2005): 325–37.

Roughgarden, Joan. *Evolution's Rainbow: Diversity, Gender, and Sexuality in Nature and People*. Berkeley: University of California Press, 2004.

———. *The Genial Gene: Deconstructing Darwinian Selfishness.* Berkeley: University of California Press, 2009.

Rubin, Gayle. "The Traffic in Women: Notes on the 'Political Economy' of Sex." In *Toward an Anthropology of Women*, edited by Rayna Reiter, 157–210. New York: Monthly Review Press, 1975.

Russell, L. M., et al. "X Chromosome Loss and Ageing." *Cytogenetics and Genome Research* 116, no. 3 (2007): 181–85.

Russett, Cynthia Eagle. *Sexual Science: The Victorian Construction of Womanhood.* Cambridge, MA: Harvard University Press, 1989.〔『女性を捏造した男たち——ヴィクトリア時代の性差の科学』上野直子訳、工作舎、1994 年〕

Ruzek, Sheryl Burt. *The Women's Health Movement: Feminist Alternatives to Medical Control.* New York: Praeger, 1978.

Sarkar, Sohotra. "From Genes as Determinants to DNA as Resource: Historical Noteson Development and Genetics." In *Genes in Development: Re-reading the Molecular Paradigm,* edited by Eva Neumann-Held and Christoph Rehmann-Sutter, 77–97. Durham, NC: Duke University Press, 2006.

Satzinger, Helga. *Differenz Und Vererbung: Geschlechterordnungen in Der Genetik Und*

Hormonforschung 1890–1950 [Heredity and Difference: Gender Orders in Genetics and Hormone Research, 1890–1950]. Köln: Böhlau Verlag, 2009.

———. "Racial Purity, Stable Genes and Sex Difference: Gender in the Making of Genetic Concepts by Richard Goldschmidt and Fritz Lenz, 1916–1936." In *The Kaiser Wilhelm Society under National Socialism,* edited by Susanne Heim, Carola Sachse and Mark Walker, 145–70. New York: Cambridge University Press, 2009.

Saxena, R., et al. "The DAZ Gene Cluster on the Human Y Chromosome Arose from an Autosomal Gene that Was Transposed, Repeatedly Amplified and Pruned." *Nature Genetics* 14, no. 3 (1996): 292–99.

Schiebinger, Londa L. *Gendered Innovations in Science and Engineering*. Stanford, CA: Stanford University Press, 2008.

———. *Has Feminism Changed Science?* Cambridge, MA: Harvard University Press, 1999.〔『ジェンダーは科学を変える⁉——医学・霊長類学から物理学・数学まで』小川眞里子、外山浩明、東山佐枝美訳、工作舎、2002年〕

———. *Nature's Body: Gender in the Making of Modern Science*. Boston: Beacon Press, 1993.〔『女性を弄ぶ博物学——リンネはなぜ乳房にこだわったのか？』小川眞里子、財部香枝訳、工作舎、1996年〕

Scott, Joan W. *Gender and the Politics of History*. New York: Columbia University Press, 1988.

Seldin, M. F., et al. "The Genetics Revolution and the Assault on Rheumatoid Arthritis." *Arthritis & Rheumatism* 42, no. 6 (1999): 1071–79.

Selmanoff, M. K., et al. "Evidence for a Y Chromosomal Contribution to an Aggressive Pheno-type in Inbred Mice." *Nature* 253, no. 5492 (1975): 529–30.

Selmi, C. "The X in Sex: How Autoimmune Diseases Revolve around Sex Chromosomes." *Best Practice & Research: Clinical Rheumatology* 22, no. 5 (2008): 913–22.

Selmi, Carlo, et al. "The X Chromosome and the Sex Ratio of Autoimmunity." In "Gender, Sex Hormones, Pregnancy and Autoimmunity," edited by Yehuda Shoenfeld, Angela Tincani, and M. Eric Gershwin. Special issue, *Autoimmunity Reviews* 11, no. 67 (2012): A531–37.

Sengoopta, Chandak. *The Most Secret Quintessence of Life: Sex, Glands, and Hormones, 1850–1950.* Chicago: University of Chicago Press, 2006.

Serano, Julia. *Whipping Girl: A Transsexual Woman on Sexism and the Scapegoating of Femininity.* Emeryville, CA: Seal Press, 2007.

"Sex, Genes and Women's Health." *Nature Genetics* 25, no. 1 (2000): 1–2.

Shapiro, L. J., et al. "Non-inactivation of an X-Chromosome Locus in Man." *Science* 204, no. 4398 (1979): 1224–26.

Sharp, Andrew, David Robinson, and Patricia Jacobs. "Age- and Tissue-Specific Variation

of X Chromosome Inactivation Ratios in Normal Women." *Human Genetics* 107, no. 4 (2000): 343–49.

Shields, Stephanie A. "The Variability Hypothesis: The History of a Biological Model of Sex Differences in Intelligence." *Signs* 7, no. 4 (1982): 769–97.

Sinclair, A. H., et al. "Sequences Homologous to ZFY, a Candidate Human Sex-Determining Gene, Are Autosomal in Marsupials." *Nature* 336, no. 6201 (1988): 780–83.

Skakkebaek, N. E., E. Rajpert-De Meyts, and K. M. Main. "Testicular Dysgenesis Syndrome: An Increasingly Common Developmental Disorder with Environmental Aspects." *Human Reproduction* 16, no. 5 (2001): 972–78.

Skaletsky, H., et al. "The Male-Specific Region of the Human Y Chromosome Is a Mosaic of Discrete Sequence Classes." *Nature* 423, no. 6942 (2003): 825–37.

Slightom, J. L., et al. "Reexamination of the African Hominoid Trichotomy with Additional Sequences from the Primate Beta-Globin Gene Cluster." *Molecular Pharmocogenetics and Evolution* 1, no. 4 (1992): 97–135.

Snyderman, Mark, and Stanley Rothman. *The IQ Controversy, the Media and Public Policy.* New Brunswick, NJ: Transaction Books, 1988.

Spanier, Bonnie. *Im/Partial Science: Gender Ideology in Molecular Biology. Race, Gender, and Science.* Bloomington: Indiana University Press, 1995.

Spolarics, Z. "The X-Files of Inflammation: Cellular Mosaicism of X-Linked Polymorphic Genes and the Female Advantage in the Host Response to Injury and Infection." *Shock* 27, no. 6 (2007): 597–604.

Steinach, Eugen. "Willkürliche Umwandlung Von Säugetiermännchen in Tiere Mit Ausgeprägt Weiblichen Geschlechtscharacteren Und Weiblicher Psyche (Arbitrary Transformation of Male Mammals into Animals with Pronounced Female Sex Characters and Feminine Psyche)." *Pflügers Archiv* 144, no. 71 (1912).

Steinach, Eugen, and Josef Löbel. *Sex and Life: Forty Years of Biological and Medical Experiments.* New York: Viking Press, 1940.

Stepan, Nancy Leys. "Race and Gender: The Role of Analogy in Science." *Isis* 77, no. 2 (1986): 261–77.

Stevens, N. M. "The Chromosomes in Diabrotica Vittata, Diabrotica Soror and Diabrotica 12-Punctata: A Contribution to the Literature on Heterochromosomes and Sex Determination." *Journal of Experimental Zoology* 5, no. 4 (1908): 453–70.

———. "Color Inheritance and Sex Inheritance in Certain Aphids." *Science* 26, no. 659 (1907): 216–18.

———. "Further Observations on Supernumerary Chromosomes, and Sex Ratios in Diabrotica Soror." *Biological Bulletin* 22, no. 4 (1912): 231–38.

———. "A Note on Reduction in the Maturation of Male Eggs in Aphis." *Biological Bulletin*

18, no. 2 (1910): 72–75.
———. *Studies in Spermatogenesis: A Comparative Study of the Heterochromosomes in Certain Species of Coleoptera, Hemiptera and Lepidoptera, with Especial Reference to Sex Determination.* Vol. 36(2). Washington, DC: Carnegie Institution, 1906.
———. *Studies in Spermatogenesis with Especial Reference to the Accessory Chromosome.* Vol. 36(1). Washington, DC: Carnegie Institution, 1905.
———. "A Study of the Germ Cells of Aphis Rosae and Aphis Oenotherae." *Journal of Experimental Zoology* 2, no. 3 (1905): 313–33.
———. "A Study of the Germ Cells of Certain Diptera, with Reference to the Heterochromosomes and the Phenomena of Synapsis." *Journal of Experimental Zoology* 5, no. 3 (1908): 359–74.
———. "An Unpaired Heterochromosome in the Aphids." *Journal of Experimental Zoology* 6, no. 1 (1909): 115–23.
Stevenson, R. E., et al. "X-Linked Mental Retardation: The Early Era from 1943 to 1969." *American Journal of Medical Genetics* 51, no. 4 (1994): 538–41.
Stewart, J. J. "The Female X-Inactivation Mosaic in Systemic Lupus Erythematosus." *Immunology Today* 19, no. 8 (1998): 352–57.
Stix, Gary. "Geographer of the Male Genome." *Scientific American*, December 2004, 40–42.
Stock, Robert. "The XYY and the Criminal." *New York Times,* 20 October 1968, SM30.
"Stork to Take Orders for Boy or Girl Soon." *Chicago Daily Tribune*, 24 January 1922.
"Study: 'Male' Chromosome to Stick Around." *CNN.com*, 31 August 2005.
Sulik, Gayle A. *Pink Ribbon Blues: How Breast Cancer Culture Undermines Women's Health.* New York: Oxford University Press, 2011.
Sunday, Suzanne R., and Ethel Tobach. *Violence against Women: A Critique of the Sociobiology of Rape.* New York: Gordian Press, 1985.
Sutton, H. Eldon. *An Introduction to Human Genetics*. New York: Holt, 1965.
———. *An Introduction to Human Genetics.* 3rd ed. Philadelphia: Saunders College, 1980.
Sutton, Walter S. "The Chromosomes in Heredity." *Biological Bulletin* 4, no. 5 (1903): 231–51.
———. "On the Morphology of the Chromosome Group in Brachystola Magna." *Biological Bulletin* 4, no. 1 (1902): 24–39.
———. "The Spermatogonial Divisions in Brachystola Magna." *Bulletin of the University of Kansas*, Kansas University Quarterly 9, no. 2 (1900): 152–54.
Svyryd, Y., et al. "X Chromosome Monosomy in Primary and Overlapping Autoimmune Diseases." *Autoimmunity Reviews* 11, no. 5 (2012): 301–4.
Swingle, W. W. "The Accessory Chromosome in a Frog Possessing Marked Hermaphro-

ditic Tendencies." *Biological Bulletin* 33, no. 2 (1917): 70–86.

Sykes, Bryan. *Adam's Curse: A Future without Men*. New York: Bantam Press, 2003.〔『アダムの呪い』大野晶子訳、ソニーマガジンズ、2004 年〕

Takagi, N. "The Role of X-Chromosome Inactivation in the Manifestation of Rett Syndrome." *Brain Development* 23 Suppl 1 (2001): S182–85.

Talebizadeh, Z., S. D. Simon, and M. G. Butler. "X Chromosome Gene Expression in Human Tissues: Male and Female Comparisons." *Genomics* 88, no. 6 (2006): 675 – 81.

Tanner, Nancy, and Adrienne Zihlman. "Women in Evolution. Part I: Innovation and Selection in Human Origins." *Signs* 1, no. 3 (1976): 585–608.

Tarca, A. L., R. Romero, and S. Draghici. "Analysis of Microarray Experiments of Gene Expression Profiling." *American Journal of Obstetrics and Gynecology* 195, no. 2 (2006): 373–88.

Tasker, Yvonne, and Diane Negra. *Interrogating Postfeminism: Gender and the Politics of Popular Culture*. Durham, NC: Duke University Press, 2007.

te Velde, E., et al. "Is Human Fecundity Declining in Western Countries?" *Human Reproduction* 25, no. 6 (2010): 1348–53.

Thacker, Eugene. *The Global Genome: Biotechnology, Politics, and Culture*. Cambridge, MA: MIT Press, 2005.

Thompson, Charis. *Making Parents: The Ontological Choreography of Reproductive Technologies*. Cambridge, MA: MIT Press, 2005.

Thompson Woolley, Helen. "The Psychology of Sex." *Psychological Bulletin* 11, no. 10 (1914): 353–79.

———. "A Review of the Recent Literature on the Psychology of Sex." *Psychological Bulletin* 7 (1910): 335–42.

Tiger, Lionel, and Robin Fox. *The Imperial Animal*. New York: Holt, 1971.〔『帝王的動物』河野徹訳、思索社、1989 年〕

Tingen, Candace. "Science Mini-Lesson: X Chromosome Inactivation." *Institute for Women's Health Research* (blog). Northwestern University. 21 October 2009. http://blog.womenshealth.northwestern.edu/2009/10/science-mini-lesson-x -chromosome-inactivation/.

Tjio, J. H., and A. Levan. "The Chromosome Number of Man." *Hereditas* 42 (1956): 1–6.

Tobach, Ethel, and Betty Rosoff. *Challenging Racism and Sexism: Alternatives to Genetic Explanations*. New York: Feminist Press at the City University of New York, 1994.

———. *Genetic Determinism and Children*. New York: Gordian Press, 1980.

Turner, Angela K. "Genetic and Hormonal Influences on Male Violence." In *Male Violence*, edited by John Archer, 233–54. New York: Routledge, 1994.

Turner, H. H. "A Syndrome of Infantilism, Congenital Webbed Neck, and Cubitus

Valgus." *Endocrinology* 23 (1938): 566–74.

Uhlenhaut, N. Henriette, et al. "Somatic Sex Reprogramming of Adult Ovaries to Testes by FOX12 Ablation." *Cell* 139, no. 6 (2009): 1130–42.

Vallender, E. J., N. M. Pearson, and B. T. Lahn. "The X Chromosome: Not Just Her "Brother's Keeper." *Nature Genetics* 37, no. 4 (2005): 343–45.

"Variation in Women's X Chromosomes May Explain Difference among Individuals, between Sexes." Press release, 16 March 2005. http://www.genome.duke.edu/press/news/03–16-2005/.

Varki, Ajit, and Tasha K. Altheide. "Comparing the Human and Chimpanzee Genomes: Searching for Needles in a Haystack." In *Genomes: Perspectives from the 10th Anniversary Issue of Genome Research*, edited by Hillary E. Sussman and Maria A. Smit, 357–93. Cold Spring Harbor, NY: Cold Spring Harbor Laboratory Press, 2006.

Venter, J. Craig. *A Life Decoded: My Genome, My Life.* New York: Viking, 2007.〔『ヒトゲノムを解読した男——クレイグ・ベンター自伝』野中香方子訳、化学同人、2008年〕

Vilain, E. "Expert Interview Transcript." In *Rediscovering Biology: Molecular to Global Perspectives*. Electronic media. Oregon Public Broadcasting and AnnenbergMediaLearner.org, 2004.

Virchow, Rudolf. *Cellular Pathology: As Based upon Physiological and Pathological Histology. Twenty Lectures Delivered in the Pathological Institute of Berlin During the Months of February, March and April, 1858.* London, 1860.

Voeller, Bruce R. The Chromosome Theory of Inheritance: Classic Papers in Development and Heredity. New York: Appleton-Century-Crofts, 1968.

Vogel, Friedrich, and Arno G. Motulsky. *Human Genetics: Problems and Approaches.* New York: Springer-Verlag, 1979.

Vogt, Carl. *Lectures on Man: His Place in Creation, and in the History of the Earth*. London: Longman, Green, Longman, and Roberts, 1864.

Vollrath, D., et al. "The Human Y Chromosome: A 43-Interval Map Based on Naturally Occurring Deletions." *Science* 258, no. 5079 (1992): 52–59.

Voronoff, Serge, and George Gibier Rambaud. *The Conquest of Life.* New York: Brentano's, 1928.

Vroman, Georgine M., Dorothy Burnham, and Susan Gordon. *Women at Work: Socialization toward Inequality.* New York: Gordian Press, 1988.

Waldeyer, Heinrich. "Über Karyokinese Und Ihre Beziehungen Zu Den Befruchtungsvorgängen." *Archiv für mikroskopische Anatomie und Entwicklungsmechanik* 32 (1888): 1–122.

Walsh, S. J., and L. M. Rau. "Autoimmune Diseases: A Leading Cause of Death among

Young and Middle-Aged Women in the United States." *American Journal of Public Health* 90, no. 9 (2000): 1463–66.

Walzer, S., P. S. Gerald, and S. A. Shah. "The XYY Genotype." *Annual Review of Medicine* 29 (1978): 568–570.

Wang, P. J., et al. "An Abundance of X-Linked Genes Expressed in Spermatogonia." *Nature Genetics* 27, no. 4 (2001): 422–26.

Wasserman, David T., and Robert Samuel Wachbroit. "Genetics and Criminal Behavior." In *Cambridge Studies in Philosophy and Public Policy.* New York: Cambridge University Press, 2001.

Watson, James D. *Recombinant DNA.* 2nd ed. New York: Scientific American Books,1992.

Weasel, Lisa H. "Dismantling the Self/Other Dichotomy in Science: Towards a Feminist Model of the Immune System." *Hypatia* 16, no. 1 (2001): 27–44.

Weismann, August. *Das Keimplasma; Eine Theorie Der Vererbung.* Jena: Fischer, 1892.

Weyl, Nathaniel. "Genetics, Brain Damage and Crime." *Mankind Quarterly* 10 (1969): 100–109.

Whitacre, C. C. "Sex Differences in Autoimmune Disease." *Nature Immunology* 2, no. 9 (2001): 777–80.

White, Rosemary. "Professor Jennifer A.M. Graves, FAA." *Women in Science Network Journal* 58 (2001).

Whitlock, Kelli. "The 'Y' Files." *Paradigm*, Fall 2003, 24–29. http://wi.mit.edu/news/paradigm/archives.

Whitmarsh, Ian, and David S. Jones. *What's the Use of Race? Modern Governance and the Biology of Difference.* Cambridge, MA: MIT Press, 2010.

Wilkie, Tom. "At the Flick of a Genetic Switch." *London Independent*, 13 May 1991, 18.

Williams, Nigel. "So That's What Little Boys Are Made Of." *Guardian*, 20 July 1990.

Wilson, Elizabeth A. Neural Geographies: Feminism and the Microstructure of Cognition. New York: Routledge, 1998.

Wilson, Edmund B. *The Cell in Development and Heredity.* 3rd ed. New York: Macmillan, 1925.

———. *The Cell in Development and Inheritance.* 2nd ed. New York: Macmillan, 1906. First published 1896 by Macmillan.

———. "A Chromatoid Body Simulating an Accessory Chromosome in Pentatoma." *Biological Bulletin* 24, no. 6 (1913): 392–410.

———. "The Chromosomes in Relation to the Determination of Sex in Insects." *Science* 22, no. 564 (1905): 500–502.

———. "Croonian Lecture: The Bearing of Cytological Research on Heredity." *Proceedings of the Royal Society of London. Series B, Containing Papers of a Biological Character*

88, no. 603 (1914): 333–52.

———. "Notes on the Chromosome-Groups of Metapodius and Banasa." *Biological Bulletin* 12, no. 5 (1907): 303–13.

———. "Secondary Chromosome-Couplings and the Sexual Relations in Abraxas." *Science* 29, no. 748 (1909): 704–6.

———. "Selective Fertilization and the Relation of the Chromosomes to Sex-Production." *Science* 32, no. 816 (1910): 242–44.

———. "Sex Determination in Relation to Fertilization and Parthenogenesis." *Science* 25, no. 636 (1907): 376–79.

———. "Studies on Chromosomes I. The Behavior of the Idiochromosomes in Hemiptera." *Journal of Experimental Zoology* 2, no. 3 (1905): 371–405.

———. "Studies on Chromosomes II. The Paired Microchromosomes, Idiochromosomes and Heterotropic Chromosomes in Hemiptera." *Journal of Experimental Zoology* 2, no. 4 (1905): 507–45.

———. "Studies on Chromosomes III. The Sexual Differences of the Chromosome-Groups in Hemiptera, with Some Considerations on the Determination and Inheritance of Sex." *Journal of Experimental Zoology* 3, no. 1 (1906): 1–40.

Wilson, Edward O. *On Human Nature.* Cambridge: Harvard University Press, 1978.〔『人間の本性について』岸由二訳、1997 年〕

———. *Sociobiology: The New Synthesis.* Cambridge, MA: Belknap Press of Harvard University Press, 1975.〔『社会生物学　合本版』坂上昭一他訳、新思索社、1999 年〕

Witkin, H. A., et al. "Criminality in XYY and XXY Men." *Science* 193, no. 4253 (1976): 547–55.

Witkin, H. A., D. R. Goodenough, and K. Hirschhorn. "XYY Men: Are They Criminally Aggressive?" *Sciences* (New York) 17, no. 6 (1977): 10–13.

Wizemann, Theresa M., and Mary-Lou Pardue, eds. *Exploring the Biological Contributions to Human Health: Does Sex Matter?* Washington, DC: National Academy Press, 2001.

The XX Factor: What Women Really Think. Slate (blog), 2007–9.

"The XYY Controversy: Researching Violence and Genetics." *Hastings Center Report* 10, no. 4 (1980): Suppl 1–32.

Yedell, Michael, and Rob Desalle. "Sociobiology: Twenty-five Years Later." *Journal of the History of Biology* 33, no. 3 (2000): 577–84.

Young, Iris Marion. "Pregnant Embodiment: Subjectivity and Alienation." In *Throwing Like a Girl and Other Essays in Feminist Philosophy and Social Theory,* 160–74. Bloomington: Indiana University Press, 1990.

Zenaty, D., et al. "Le Syndrome De Turner: Quoi De Neuf Dans La Prise En Charge?"

Archives de Pediatrie 18, no. 12 (2011): 1338–42.

Zhang, Y. J., et al. "Transcriptional Profiling of Human Liver Identifies Sex-Biased Genes Associated with Polygenic Dyslipidemia and Coronary Artery Disease." *Plos One* 6, no. 8 (2011): e23506.

Zihlman, Adrienne. "Women in Evolution, Part II: Subsistence and Social Organization among Early Hominids." *Signs* 4, no. 1 (1978): 4–20.

Zlotogora, Joel. "Germ Line Mosaicism." *Human Genetics* 102, no. 4 (1998): 381–86.

注

第一章

1. Thomas Hunt Morgan and Calvin B. Bridges, *Sex-Linked Inheritance in Drosophila* (Washington, DC: Carnegie Institution of Washington, 1916).「性そのもの（sex itself）」という言葉は、20 世紀の生命科学の中に長く豊かな歴史を持つと共に、最近、社会科学者らが、21 世紀の生物医学における新しい知の生産と消費の体制について述べるために再び使いはじめた。たとえば、Nikolas Rose, *The Politics of Life Itself: Biomedicine, Power, and Subjectivity in the Twenty-first Century* (Princeton, NJ: Princeton University Press, 2006).〔ニコラス・ローズ『生そのものの政治学——二十一世紀の生物医学、権力、主体性』檜垣立哉監訳、法政大学出版局、2014 年〕。「生そのもの（life itself）」という言葉と、非常によく似ている。しかし、私はここではこのフレーズを、完全に、本書の問題関心についてのモーガンによる要約へのオマージュとして使うのであって、ローズやその他の著者らが発展させてきた、「生そのもの」についてのより大きな理論的枠組みを取り入れることは意図していない。

2. Elizabeth Pennisi, "*Mutterings from the Silenced X Chromosome,*" *Science* 307, no. 5716 (2005).

3. Patrick Geddes and J. Arthur Thomson, *The Evolution of Sex* (London: Walter Scott, 1889); Patrick Geddes and J. Arthur Thomson, *Sex* (London: Williams & Norgate, 1914); Cynthia Eagle Russett, *Sexual Science: The Victorian Construction of Womanhood* (Cambridge, MA: Harvard University Press, 1989).

4. Nelly Oudshoorn, *Beyond the Natural Body: An Archaeology of Sex Hormones* (New York: Routledge, 1994); Chandak Sengoopta, *The Most Secret Quintessence of Life: Sex, Glands, and Hormones, 1850–1950* (Chicago: University of Chicago Press, 2006); Adele Clarke, *Disciplining Reproduction: Modernity, American Life Sciences, and the Problems of Sex* (Berkeley: University of California Press, 1998); Anne Fausto-Sterling, *Sexing the Body: Gender Politics and the Construction of Sexuality* (New York: Basic Books, 2000); Rebecca M. Jordan-Young, *Brain Storm: The Flaws in the Science of Sex Differences* (Cambridge, MA: Harvard University Press, 2010); Alice Domurat Dreger, *Hermaphrodites and the Medical Invention of Sex* (Cambridge, MA: Harvard University Press, 1998).

5. E. J. Vallender, N. M. Pearson, and B. T. Lahn, "The X Chromosome: Not Just Her Brother's Keeper," *Nature Genetics* 37, no. 4 (2005): 343; J. A. Graves, J. Gecz, and H. Hameister, "Evolution of the Human X—A Smart and Sexy Chromosome that Controls Speciation and Development," *Cytogenetic & Genome Research* 99, no. 1–4 (2002).

6. C. Gunter, "She Moves in Mysterious Ways," *Nature* 434, no. 7031 (2005): 279.

7. David Bainbridge, *The X in Sex: How the X Chromosome Controls Our Lives* (Cambridge, MA: Harvard University Press, 2003)〔デイヴィッド・ベインブリッジ『X染色体——男と女を決めるもの』長野敬、小野木明恵訳、青土社、2004 年〕; Natalie Angier, *Woman: An Intimate Geography* (Boston: Houghton Mifflin, 1999)〔ナタリー・アンジェ『Woman 女性のからだの不思議〈上〉〈下〉』中村桂子、桃井緑美子訳、集英社、2005 年〕; Natalie Angier, "For Motherly X Chromosome, Gender Is Only the Beginning," *New York Times*, 1 May 2007.

8. たとえば以下も参照。P. S. Burgoyne, "The Mammalian Y Chromosome: A New Perspective," *Bioessays* 20, no. 5 (1998); Angier, *Woman: An Intimate Geography*〔ナタリー・アンジェ『Woman 女性のからだの不思議〈上〉〈下〉〕; Angier, "Motherly X Chromosome"; J. A. Graves, "Human Y Chromosome, Sex Determination, and Spermatogenesis—A Feminist View," *Biology of Reproduction* 63, no. 3 (2000); Bainbridge, *The X in Sex.*

9. 以下で引用されているペイジの言葉。Maureen Dowd, "X-Celling over Men," *New York Times*, 20 March 2005.

10. Bainbridge, *The X in Sex*, 56, 58, 145.

11. Bryan Sykes, *Adam's Curse: A Future without Men* (New York: Bantam Press, 2003), 283–84, 242–43, 244.〔ブライアン・サイクス『アダムの呪い』大野晶子訳、ソニーマガジンズ、2004 年〕。

12. L. Carrel, "'X'-Rated Chromosomal Rendezvous," *Science* 311, no. 5764 (2006).

13. Matt Ridley, *Genome: The Autobiography of a Species in 23 Chapters* (New York: HarperCollins, 1999), 107.〔マット・リドレー『ゲノムが語る 23 の物語』中村桂子、斉藤隆央訳、紀伊国屋書店、2000 年〕。以下も参照。John Gray, *Men Are from Mars, Women Are from Venus: A Practical Guide for Improving Communication and Getting What You Want in Your Relationships* (New York: HarperCollins, 1992).〔ジョン・グレイ『ベスト・パートナーになるために——男は火星から、女は金星からやってきた』大島渚訳、三笠書房（知的生きかた文庫）、2001 年〕。

14. Elisabeth Pain, "A Genetic Battle of the Sexes," *ScienceNOW Daily News,* 22 March 2007, http://news.sciencemag.org/sciencenow/2007/03/22-04.html; Bainbridge, *The X in Sex,* 83.

15. Angier, *Woman: An Intimate Geography,* 26.〔ナタリー・アンジェ『Woman 女性のからだの不思議〈上〉』〕。

16. *The XX Factor: What Women Really Think* (blog), Slate, http://www.slate.com/blogs/xx_factor.html.

17. What a Difference an X Makes! (Society for Women's Health Research, 2008), http://www.womenshealthresearch.org/.

18. たとえば以下を参照。Joan H. Fujimura, Troy Duster, and Ramya Rajagopalan, eds., "Race, Genomics, and Biomedicine," special issue, *Social Studies of Science* 38, no. 5 (2008): 643; Barbara A. Koenig, Sandra Soo-Jin Lee, and Sarah S. Richardson, *Revisiting Race in a Genomic Age* (New Brunswick, NJ: Rutgers University Press, 2008); Ian Whitmarsh and David S. Jones, *What's the Use of Race? Modern Governance and the Biology of Difference* (Cambridge, MA: MIT Press, 2010). 特定の関心を持つ論文としては以下がある。Duana Fullwiley, "The Molecularization of Race: U.S. Health Institutions, Pharmacogenetics Practice, and Public Science after the Genome," in *Revisiting Race in a Genomic Age*, ed. Barbara A. Koenig, Sandra Soo-Jin Lee, and Sarah S. Richardson (New Brunswick, NJ: Rutgers University Press, 2008); Joan H. Fujimura and Ramya Rajagopalan, "Different Differences: The Use of 'Genetic Ancestry' versus Race in Biomedical Human Genetic Research," *Social Studies of Science* 41, no. 1 (2011); Jonathan Kahn, "Exploiting Race in Drug Development," *Social Studies of Science* 38, no. 5 (2008); Catherine Bliss, "Genome Sampling and the Biopolitics of Race," in *A Foucault for the 21st Century: Governmentality, Biopolitics and Discipline in the New Millennium*, ed. Sam Binkley and Jorge Capetillo (Cambridge, MA: Cambridge Scholars, 2009); Jonathan Kahn, "Patenting Race in a Genomic Age," in *Revisiting Race in a Genomic Age*, ed. Barbara A. Koenig, Sandra Soo-Jin Lee, and Sarah S. Richardson (New Brunswick, NJ: Rutgers University Press, 2008); Adele E. Clarke et al., "Biomedicalizing Genetic Health, Diseases and Identities," in *Handbook of Genetics and Society: Mapping the New Genomic Era*, ed. Paul Atkinson, Peter Glasner, and Margaret Lock (London: Routledge, 2009).

19. Russett, *Sexual Science*; Anne Fausto-Sterling, *Myths of Gender: Biological Theories about Women and Men* (New York: Basic Books, 1985)〔アン・ファウスト＝スターリング『ジェンダーの神話——「性差の科学」の偏見とトリック』池上千寿子、根岸悦子訳、工作舎、1990 年〕; Barbara Ehrenreich and Deirdre English, *For Her Own Good: Two Centuries of the Experts' Advice to Women* (New York: Anchor Books, 2005); Londa L. Schiebinger, *Nature's Body: Gender in the Making of Modern Science* (Boston: Beacon Press, 1993).〔ロンダ・シービンガー『女性を弄ぶ博物学——リンネはなぜ乳房にこだわったのか？』小川眞里子、財部香枝訳、工作舎、1996 年〕。

20. Pascal Bernard and Vincent R. Harley, "Wnt4 Action in Gonadal Development and Sex Determination," *International Journal of Biochemistry & Cell Biology* 39, no. 1 (2007).

21. John Money and Anke A. Ehrhardt, *Man & Woman, Boy & Girl: The Differentia-*

tion and Dimorphism of Gender Identity from Conception to Maturity (Baltimore: Johns Hopkins University Press, 1972). マネー（Money）とジョンズホプキンズ病院の議論については以下を参照。Dreger, *Hermaphrodites*; Katrina Alicia Karkazis, *Fixing Sex: Intersex, Medical Authority, and Lived Experience* (Durham, NC: Duke University Press, 2008); Jordan-Young, *Brain Storm*; Fausto-Sterling, *Sexing the Body*; Suzanne J. Kessler, *Lessons from the Intersexed* (New Brunswick, NJ: Rutgers University Press, 1998).

22. マネーは特に、インターセックスや移行期にあるトランスジェンダーの人が違う性を生きたいと欲する事例においては、個人のジェンダー・アイデンティティがまず考慮されるべきであり、したがって生物学は、人のジェンダーの表現にできるだけ沿うための治療へと導かれていなければならないと強調した。有名なジョン／ジョアンの事例において極端に示されたこのプロトコルは、今日では議論の対象とされている（John Colapinto, *As Nature Made Him: The Boy Who Was Raised as a Girl* [New York: Harper-Collins, 2000]〔ジョン・コラピント『ブレンダと呼ばれた少年——ジョンズ・ホプキンス病院で何が起きたのか』村井智之訳、無名舎、2000 年〕を参照)。しかし、研究者たちは、未だに、ジェンダー・アイデンティティや性分化の疾患事例において、人のジェンダー・アイデンティティへの治療的介入と協調する重要性があると認識している。以下を参照。Bernice L. Hausman, “Demanding Subjectivity: Transsexualism, Medicine, and the Technologies of Gender,” *Journal of the History of Sexuality* 3, no. 2 (1992): 289.

23. Gayle Rubin, “The Traffic in Women: Notes on the ‘Political Economy’ of Sex,” in *Toward an Anthropology of Women*, ed. Rayna Reiter (New York: Monthly Review Press, 1975).

24. 文化から生物学を分けることを難しくした、性／ジェンダーの区別の皮肉や役割についてのこの点は以下で指摘されている。Anne Fausto-Sterling, *Sexing the Body*; E. A. Grosz, *Volatile Bodies: Toward a Corporeal Feminism* (Bloomington: Indiana University Press, 1994); Elizabeth A. Wilson, *Neural Geographies: Feminism and the Microstructure of Cognition* (New York: Routledge, 1998), 他。

25. Hausman, “Demanding Subjectivity”; Joanne J. Meyerowitz, *How Sex Changed: A History of Transsexuality in the United States* (Cambridge, MA: Harvard University Press, 2002); Dreger, *Hermaphrodites*; Alice Domurat Dreger, *Intersex in the Age of Ethics* (Hagerstown, MD: University Publishing Group, 1999).

26. たとえば、トランジェンダーの人たちのジェンダーの変化についての個人的語りでは、しばしば、彼らの染色体を完全には変えることができないということをなじられる、痛々しい経験が語られる。ベルニース・ハウスマン（Bernice Hausman）が記すように、「トランスセクシュアルの人は、異なる性の効果的な代表者になれる一方で、性的記号との相反は、彼／彼女の境界を思い出させ続ける。遺伝子的性は変えることができない。その他の二次的性的性質

は残る」(Hausman, "Demanding Subjectivity," 301)。私は、「トランスジェンダー」という言葉を、生まれた性とは異なる性に変化するトランス・セクシャルと共に、薬や外科的手術による性転換を含んでいたりいなかったりする様々な形で、ジェンダーが流動的な人も含めて言及するために用いる。以下を参照。Julia Serano, *Whipping Girl: A Transsexual Woman on Sexism and the Scapegoating of Femininity* (Emeryville, CA: Seal Press, 2007).

27. Cynthia Kraus, "Naked Sex in Exile: On the Paradox of the 'Sex Question' in Feminism and in Science," *NWSA Journal* 12, no. 3 (2000): 151, 157.

28. 遺伝学とゲノム学におけるジェンダーについての最近の重要な文献には以下がある。Fiona Alice Miller, "'Your True and Proper Gender': The Barr Body as a Good Enough Science of Sex," *Studies in History and Philosophy of Biological and Biomedical Sciences* 37, no. 3 (2006); Joan Fujimura, "'Sex Genes': A Critical Sociomaterial Approach to the Politics and Molecular Genetics of Sex Determination," *Signs* 32, no. 1 (2006); Nathan Q. Ha, "The Riddle of Sex: Biological Theories of Sexual Difference in the Early Twentieth Century," *Journal of the History of Biology* 44, no. 3 (2011); Catherine Nash, "Genetic Kinship," *Cultural Studies* 18, no. 1 (2004); Amade M'Charek, "The Mitochondrial Eve of Modern Genetics: Of Peoples and Genomes, or the Routinization of Race," *Science as Culture* 14, no. 2 (2005); Sarah S. Richardson, "When Gender Criticism Becomes Standard Scientific Practice: The Case of Sex Determination Genetics," in *Gendered Innovations in Science and Engineering*, ed. Londa Schiebinger (Palo Alto, CA: Stanford University Press, 2008); Sarah S. Richardson, "Sexes, Species, and Genomes: Why Males and Females Are Not Like Humans and Chimpanzees," *Biology and Philosophy* 25, no. 5 (2010); Sarah S. Richardson, "Sexing the X: How the X Became the 'Female Chromosome,'" *Signs* 37, no. 4 (2012); Sarah Richardson, "Gendering the Genome: Sex Chromosomes in Twentieth Century Genetics" (PhD diss., Stanford University, 2009). 以下も参照。Anne Fausto-Sterling, "Life in the XY Corral," *Women's Studies International Forum* 12, no. 3 (1989); Christopher Koehler, "The Sex Problem: Thomas Hunt Morgan, Richard Goldschmidt, and the Question of Sex and Gender in the Twentieth Century" (PhD diss., University of Florida, 1998); Bonnie Spanier, *Im/partial Science: Gender Ideology in Molecular Biology, Race, Gender, and Science* (Bloomington: Indiana University Press, 1995); Ingrid Holme, "Beyond XX and XY: Living Genomic Sex," in *Governing the Female Body: Gender, Health, and Networks of Power,* ed. Lori Stephens Reed and Paula Saukko (Albany: State University of New York Press, 2010); Helga Satzinger, *Differenz und Vererbung: Geschlechterordnungen in der Genetik und Hormon- forschung 1890–1950 [Heredity and Difference: Gender Orders in Genetics and Hormone Research, 1890–1950]* (Köln: Wien Böhlau Verlag, 2009); Kraus, "Naked Sex in Exile."

29. この「固定され不変」の遺伝子と「ダイナミックで流動的」な内分泌

物という仮定的比較は、ホルムスによっても指摘されている。“Beyond XX and XY,” 276.

30. Eugene Thacker, *The Global Genome: Biotechnology, Politics, and Culture* (Cambridge, MA: MIT Press, 2005); Barry Barnes and John Dupré, *Genomes and What to Make of Them* (Chicago: University of Chicago Press, 2008).

31. Helen Thompson Woolley, “A Review of the Recent Literature on the Psychology of Sex,” *Psychological Bulletin* (1910); Helen Thompson Woolley, “The Psychology of Sex,” *Psychological Bulletin* 11, no. 10 (1914); Charlotte Perkins Gilman and Mary Armfield Hill, *The Man-Made World* (1911; Amherst, NY: Humanity Books, 2001); Ruth Herschberger, *Adam's Rib* (New York: Pellegrini & Cudahy, 1948); Eliza Burt Gamble, *The Sexes in Science and History: An Inquiry into the Dogma of Woman's Inferiority to Man* (1916; Westport, CT: Hyperion Press, 1976); Eliza Burt Gamble, *The Evolution of Woman; An Inquiry into the Dogma of Her Inferiority to Man* (New York: G. P. Putnam's Sons, 1894); Antoinette Louisa Brown Blackwell, *The Sexes throughout Nature* (New York: G. P. Putnam, 1875).

32. Steven Goldberg, *The Inevitability of Patriarchy* (New York: Morrow, 1973). 以下も参照のこと。 David P. Barash, *The Whisperings Within* (New York: Harper & Row, 1979).

33. “Genes and Gender” シンポジウム議事次第。 Series I, Folder 1.1. Conference I, 1976–77. Archive of the Genes and Gender Collective, Schlesinger Library, Radcliffe Institute for Advanced Study, Cambridge, MA.

34. シンポジウム参加登録票。Series I, Folder 1.1. Conference I, 1976–77. Archive of the Genes and Gender Collective.

35. 以下の一連の寄稿者を含む。Myra Fooden, Susan Gordon, and Betty Hughley, *The Second X and Women's Health* (New York: Gordian Press, 1983); Ruth Hubbard and Marian Lowe, *Pitfalls in Research on Sex and Gender* (New York: Gordian Press, 1979); Anne E. Hunter, Catherine M. Flamenbaum, and Suzanne R. Sunday, *On Peace, War, and Gender: A Challenge to Genetic Explanations* (New York: Feminist Press, 1991); Suzanne R. Sunday and Ethel Tobach, *Violence against Women: A Critique of the Sociobiology of Rape* (New York: Gordian Press, 1985); Ethel Tobach and Betty Rosoff, *Genetic Determinism and Children* (New York: Gordian Press, 1980); Ethel Tobach and Betty Rosoff, *Challenging Racism and Sexism: Alternatives to Genetic Explanations* (New York: Feminist Press at the City University of New York, 1994); Georgine M. Vroman, Dorothy Burnham, and Susan Gordon, *Women at Work: Socialization toward Inequality* (New York: Gordian Press, 1983).

36. Ethel Tobach, “Famous People Letter,” 21 August 1978. Series II, Folder 2.4. Genes and Gender I, 1978–81. Archive of the Genes and Gender Collective.

37. E.g., Dorothy E. Roberts, *Killing the Black Body: Race, Reproduction, and the Meaning of Liberty* (New York: Pantheon Books, 1997); Rayna Rapp, *Testing Women, Testing the Fetus: The Social Impact of Amniocentesis in America* (New York: Routledge, 1999); Charis Thompson, *Making Parents: The Ontological Choreography of Reproductive Technologies,* Inside Technology (Cambridge, MA: MIT Press, 2005); Sarah Franklin and Celia Roberts, *Born and Made: An Ethnography of Preimplantation Genetic Diagnosis* (Princeton, NJ: Princeton University Press, 2006); Mary Briody Mahowald, *Genes, Women, Equality* (New York: Oxford University Press, 2000).

38. 本書では、私は「性染色体」と「遺伝子型の性」という言葉を、染色体的表現型（e.g., XX/XY）を指して用いる。「遺伝子的性」は、特定の遺伝子と遺伝子配列に基づく性差についての説明とヒトゲノムプロジェクト以前における性の遺伝学的基礎の研究に言及する際に用いる。「ゲノム学的性」は、性差の全ゲノム的な性差の概念とヒトゲノムプロジェクト以降のヒトの遺伝子的性差の研究に言及する際に用いる。

39. Michael S. Kimmel, *The Gendered Society* (New York: Oxford University Press, 2000), 1.

40. たとえば以下を参照。Evelyn Fox Keller, *Secrets of Life, Secrets of Death: Essays on Language, Gender, and Science* (New York: Routledge, 1992)〔エヴリン・F・ケラー『生命とフェミニズム――言語・ジェンダー・科学』広井良典訳、勁草書房、1996年〕; Evelyn Fox Keller, "The Origin, History, and Politics of the Subject Called 'Gender and Science,'" chap. 4 in *Handbook of Science and Technology Studies*, rev. ed., ed. Sheila Jasanoff, Gerald E. Markle, James C. Petersen, Trevor Pinch (Thousand Oaks, CA: Sage, 1995); Evelyn Fox Keller, *Reflections on Gender and Science* (New Haven, CT: Yale University Press, 1985).〔エヴリン・フォックス・ケラー『ジェンダーと科学――プラトン、ベーコンからマクリントックへ』幾島幸子、川島慶子訳、勁草書房、1993年〕。

41. Keller, *Secrets of Life*, 17.〔ケラー『生命とフェミニズム』、21頁〕。

42. Ibid., 18.

43. この領域を探索したフェミニストの研究者には、ロレイン・ダストン（Lorraine Daston）、エリザベス・グロシュ（Elisabeth Grosz）、ダナ・ハラウェイ（Donna Haraway）、サンドラ・ハーディング（Sandra Harding）、ラドミラ・ジョーダノヴァ（Ludmilla Jordanova）、ジェネヴィヴ・ロイド（Genevieve Lloyd）、エミリー・マーチン（Emily Martin）、キャロライン・マーシャント（Carolyn Merchant）、ロンダ・シービンガー（Londa Schiebinger）、エリザベス・ウィルソン（Elisabeth Wilson）がいる。

44. Fausto-Sterling, *Sexing the Body.*

45. Elisabeth Anne Lloyd, *The Case of the Female Orgasm: Bias in the Science of Evolu-*

tion (Cambridge, MA: Harvard University Press, 2005).

46. Joan Roughgarden, *Evolution's Rainbow: Diversity, Gender, and Sexuality in Nature and People* (Berkeley: University of California Press, 2004); Joan Roughgarden, *The Genial Gene: Deconstructing Darwinian Selfishness* (Berkeley: University of California Press, 2009).

47. Jordan-Young, *Brain Storm*; Cordelia Fine, *Delusions of Gender: How Our Minds, Society, and Neurosexism Create Difference* (New York: W. W. Norton, 2010).

48. M. Marchetti and T. Raudma, eds., *Stocktaking: 10 Years of "Women in Science" Policy by the European Commission, 1999–2009* (Luxembourg: Publications Office of the European Union, 2010); "Recruit and Advance: Women Students and Faculty in Science and Engineering," in *National Academies Press* (Washington, DC: National Academy of Sciences, 2006).

49. たとえば以下を参照。"Doctorate Recipients from U.S. Universities: 2009," US National Science Foundation, http://www.nsf.gov/statistics/doctorates/.

50. Thomas S. Kuhn, *The Structure of Scientific Revolutions* (Chicago: University of Chicago Press, 1962)〔トマス・S・クーン『科学革命の構造』中山茂訳、みすず書房、1971 年〕; Ludwik Fleck, *Genesis and Development of a Scientific Fact* (1935; Chicago: University of Chicago Press, 1979).

51.「科学におけるジェンダーのモデル化」は以下において最初に発展された。Sarah S. Richardson, "Feminist Philosophy of Science: History, Contributions, and Challenges," *Synthese* 177, no. 3 (2010). フェミニスト科学論の研究者たちは、バイアスの問題を越える科学分析を発展させる重要性を強調してきた。特に下記を参照のこと。Deborah Findlay, "Discovering Sex: Medical Science, Feminism and Intersexuality," *Canadian Review of Sociology and Anthropology* 32, no. 1 (1995); Kraus, "Naked Sex in Exile"; Helen E. Longino and Ruth Doell, "Body, Bias and Behavior: A Comparative Analysis of Reasoning in Two Areas of Biological Science," *Signs* 9, no. 2 (1983); Louise M. Antony, "Quine as Feminist: The Radical Import of Naturalized Epistemology," in *A Mind of One's Own: Feminist Essays on Reason and Objectivity*, ed. Louise M. Antony and Charlotte Witt (Boulder, CO: Westview Press, 1993).

52. 遺伝の染色体理論の発展における性染色体の役割についての理解に価値ある貢献をした歴史家には以下がいる。Elof Axel Carlson, *Mendel's Legacy: The Origin of Classical Genetics* (Cold Spring Harbor, NY: Cold Spring Harbor Laboratory Press, 2004); Sharon E. Kingsland, "Maintaining Continuity through a Scientific Revolution: A Rereading of E. B. Wilson and T. H. Morgan on Sex Determination and Mendelism," *Isis* 98, no. 3 (2007); Garland E. Allen, "Thomas Hunt Morgan and the Problem of Sex Determination, 1903–1910," *Proceedings of the American Philosophical Society* 110, no. 1 (1966); Scott Gilbert, "The Embryological Origins of the Gene Theory," *Journal of the History of Biology* 11, no. 2 (1978).

53. Peter S. Harper, *First Years of Human Chromosomes: The Beginnings of Human Cytogenetics* (Bloxham: Scion, 2006); M. Susan Lindee, *Moments of Truth in Genetic Medicine* (Baltimore: Johns Hopkins University Press, 2005).

54. H. A. Witkin, D. R. Goodenough, and K. Hirschhorn, "XYY Men: Are They Criminally Aggressive?," *Sciences* (New York) 17, no. 6 (1977).

55. Z. Spolarics, "The X-Files of Inflammation: Cellular Mosaicism of X-Linked Polymorphic Genes and the Female Advantage in the Host Response to Injury and Infection," *Shock* 27, no. 6 (2007); Barbara R. Migeon, *Females Are Mosaics: X Inactivation and Sex Differences in Disease* (Oxford: Oxford University Press, 2007); C. Selmi, "The X in Sex: How Autoimmune Diseases Revolve around Sex Chromosomes," *Best Practice & Research: Clinical Rheumatology* 22, no. 5 (2008).

56. ハラウェイによるフェミニスト霊長類学についての 1970 年代の論文は、以下に収められている。Donna Jeanne Haraway, *Primate Visions: Gender, Race, and Nature in the World of Modern Science* (New York: Routledge, 1989).

57. Londa L. Schiebinger, *Has Feminism Changed Science?* (Cambridge, MA: Harvard University Press, 1999).〔ロンダ・シービンガー『ジェンダーは科学を変える⁉――医学・霊長類学から物理学・数学まで』小川眞里子、外山浩明、東山佐枝美訳、工作舎、2002 年〕。

58. A. Jost, P. Gonse-Danysz, and R. Jacquot, "Studies on Physiology of Fetal Hypophysis in Rabbits and Its Relation to Testicular Function," *Journal of Physiology* (Paris) 45, no. 1 (1953).

59. P. Berta et al., "Genetic Evidence Equating SRY and the Testis-Determining Factor," *Nature* 348, no. 6300 (1990); P. Koopman et al., "Male Development of Chromosomally Female Mice Transgenic for SRY," *Nature* 351, no. 6322 (1991).

60. K. McElreavey et al., "A Regulatory Cascade Hypothesis for Mammalian Sex Determination: SRY Represses a Negative Regulator of Male Development," *Proceedings of the National Academy of Sciences USA* 90, no. 8 (1993); J. A. Graves, "The Evolution of Mammalian Sex Chromosomes and the Origin of Sex Determining Genes," *Philosophical Transactions of the Royal Society of London B: Biological Sciences* 350, no. 1333 (1995); W. Just et al., "Absence of SRY in Species of the Vole Ellobius," *Nature Genetics* 11, no. 2 (1995).

61. D. C. Page, "Save the Males!," *Nature Genetics* 17, no. 1 (1997); D. C. Page, "2003 Curt Stern Award Address: On Low Expectations Exceeded; or, The Genomic Salvation of the Y Chromosome," *American Journal of Medical Genetics* 74, no. 3 (2004); D. C. Page et al., "Abundant Gene Conversion Between Arms of Palindromes in Human and Ape Y Chromosomes," *Nature* 423, no. 6942 (2003); J. A. Graves, "The Degenerate Y Chromosome—Can Conversion Save It?," *Reproduction, Fertility, and Development* 16, no. 5 (2004); J. A. Graves, "Recycling the Y Chromosome," *Science* 307 (2005); J. A. Graves,

"Sex Chromosome Specialization and Degeneration in Mammals," *Cell* 124 (2006); J. A. Graves and R. John Aitken, "The Future of Sex," *Nature* 415, no. 6875 (2002).

62. Sykes, *Adam's Curse*〔ブライアン・サイクス『アダムの呪い』〕; Steve Jones, *Y: The Descent of Men* (London: Little, Brown, 2002).

63. Steven Epstein, *Inclusion: The Politics of Difference in Medical Research* (Chicago: University of Chicago, 2007).

64. A. P. Arnold and A. J. Lusis, "Understanding the Sexome: Measuring and Reporting Sex Differences in Gene Systems," *Endocrinology* 153, no. 6 (2012).

65. 多くの学者たちが、ヒトゲノム解読プロジェクトの後に人の差異の探索がはじまったことについて述べてきた。たとえば以下を参照。Adam Bostanci, "Two Drafts, One Genome? Human Diversity and Human Genome Research," *Science as Culture* 15, no. 3 (2006).

第二章

1. Edmund B. Wilson, "Studies on Chromosomes III. The Sexual Differences of the Chromosome-Groups in Hemiptera, with some Considerations on the Determination and Inheritance of Sex," *Journal of Experimental Zoology* 3, no. 1 (1906): 28.

2. Robert E. Kohler, *Partners in Science: Foundations and Natural Scientists, 1900–1945* (Chicago: University of Chicago Press, 1991).

3. 20世紀初頭の遺伝学における「性の問題」という曖昧で不確かな概念についての良い議論については以下を参照。Christopher Koehler, "The Sex Problem: Thomas Hunt Morgan, Richard Goldschmidt, and the Question of Sex and Gender in the Twentieth Century" (PhD diss., University of Florida, 1998).

4. 今日でも、「性」の研究は、生殖や繁殖、性決定や性分化、ジェンダー・アイデンティティやセクシュアル・アイデンティティ、セクシュアリティを含む、幅広い生物学的な課題や現象を同時に見る傾向にある。科学的な性の研究における「性」と「ジェンダー」の混同は、未だに、科学的な研究における大きな問題だ（十章参照）。

5. ここで私は、1890年から1910年の間によく用いられていた性決定についての三つの主な見方を示す、ジェーン・メインシェン（Jane Maienschein）による次の言葉に従う。すなわち、（1）性を生物の発達過程に作用する外在的条件とする、外在主義。（2）性が細胞質や核の中で環境や母体、あるいは遺伝的要素によって決定されるとする、内在主義。そして（3）性は核の遺伝的決定因子のみによって生じるとする、遺伝主義。以下を参照。Jane Maienschein, "What Determines Sex? A Study of Converging Approaches, 1880– 1916," *Isis* 75, no. 3 (1984).

6. John Farley, *Gametes and Spores: Ideas about Sexual Reproduction, 1750–1914* (Bal-

timore: Johns Hopkins University Press, 1982), 218.

7. たとえば以下を参照。H. E. Jordan, “Recent Literature Touching the Question of Sex-Determination,” *American Naturalist* 44, no. 520 (1910).

8. Roy Porter and Lesley A. Hall, *The Facts of Life: The Creation of Sexual Knowledge in Britain, 1650–1950* (New Haven, CT: Yale University Press, 1995), 157.

9. Patrick Geddes and John Arthur Thomson, *The Evolution of Sex* (London: Walter Scott, 1889), 39.

10. Ibid., 47, 50–51.

11. Rudolf Virchow, *Cellular Pathology: As Based upon Physiological and Pathological Histology. Twenty lectures delivered in the Pathological institute of Berlin during the months of February, March and April, 1858* (London, 1860).

12. Charles Darwin, *On the Origin of Species, 1859* (Washington Square: New York University Press, 1988).〔チャールズ・ダーウィン『種の起原』〕。

13. Walther Flemming, *Zellsubstanz, Kern und Zelltheilung* (Leipzig: Vogel, 1882).

14. Aryn Martin,“Can't Any Body Count? Counting as an Epistemic Theme in the History of Human Chromosomes,” *Social Studies of Science* 34, no. 6 (2004): 925; Heinrich Waldeyer, “Über Karyokinese und ihre Beziehungen zu den Befruchtungsvorgängen,” *Archiv für mikroskopische Anatomie und Entwicklungsmechanik* 32 (1888).

15. August Weismann, *Das Keimplasma; eine Theorie der Vererbung* (Jena: Fischer, 1892).

16. 暫定的なパンゲネシス仮説は、まず 1968 年の『家畜・栽培植物の変異』で展開され、1871 年、『人間の由来』においてさらに深められた。Charles Darwin, *Variation of Animals and Plants under Domestication, The Works of Charles Darwin* (1868; New York: New York University Press, 1988)〔チャールズ・ダーウィン『家畜・栽培植物の変異〈上〉〈下〉』永野為武、篠遠嘉人訳、ダーウィン全集 4、5、白揚社、1938 年、1939 年〕; Charles Darwin, *The Descent of Man and Selection in Relation to Sex*, 2nd ed. (1871; New York: D. Appleton, 1897)〔チャールズ・ダーウィン『人間の由来』〈上・下〉、長谷川眞理子訳、講談社学術文庫、2016 年〕。

17. Ernesto Capanna, “Chromosomes Yesterday: A Century of Chromosome Studies,” *Chromosomes Today* 13 (2000): 6.

18. H. Henking, “Uber Spermatogenese und deren Beziehung zur Entwicklung bei Pyrrhocoris apterus L.,” *Zeitschriftffur wissenschaftliche Zoologie* 51 (1891).

19. Thomas H. Montgomery, “The Spermatogenesis in Pentatoma Up to the Formation of the Spermatid,” *Zoologische Jahrbucher* (1898). モンゴメリーは以下で引用されている。C. E. McClung, “The Accessory Chromosome: Sex Determinant?,” *Biological Bulletin* 3, no. 1/2 (1902).

20. Ibid.

21. C. E. McClung, "A Peculiar Nuclear Element in the Male Reproductive Cells of Insects," *Zoological Bulletin* 2, no. 4 (1899): 187.

22. McClung, "Accessory Chromosome," 63.

23. Ibid., 74–75.

24. Ibid.

25. Edmund B. Wilson, *The Cell in Development and Inheritance*, 2d ed. (1896; New York: Macmillan, 1906).

26. Marilyn Bailey Ogilvie and Clifford J. Choquette, "Nettie Maria Stevens (1861–1912): Her Life and Contributions to Cytogenetics," *Proceedings of the American Philosophical Society* 125, no. 4 (1981): 309.

27. Ibid., 300.

28. Ibid.

29. N. M. Stevens,"A Study of the Germ Cells of Certain Diptera, with Reference to the Heterochromosomes and the Phenomena of Synapsis," *Journal of Experimental Zoology* 5, no. 3 (1908): 370.

30. N. M. Stevens, *Studies in Spermatogenesis with Especial Reference to the Accessory Chromosome*, vol. 36(1) (Washington, DC: Carnegie Institution, 1905), 13.

31. Stephen G. Brush, "Nettie M. Stevens and the Discovery of Sex Determination by Chromosomes," *Isis* 69, no. 2 (1978): 167.

32. Edmund B. Wilson, "Studies on Chromosomes II. The Paired Microchromosomes, Idiochromosomes and Heterotropic Chromosomes in Hemiptera," *Journal of Experimental Zoology* 2, no. 4 (1905): 539.

33. Wilson, "Studies on Chromosomes III," 2.

34. 以下参照。Sharon E. Kingsland, "Maintaining Continuity through a Scientific Revolution: A Rereading of E. B. Wilson and T. H. Morgan on Sex Determination and Mendelism," *Isis* 98, no. 3 (2007); Scott Gilbert, "The Embryological Origins of the Gene Theory," *Journal of the History of Biology* 11, no. 2 (1978).

35. N. M. Stevens, *Studies in Spermatogenesis: A Comparative Study of the Heterochromosomes in Certain Species of Coleoptera, Hemiptera and Lepidoptera, with Especial Reference to Sex Determination*, vol. 36(2) (Washington, DC: Carnegie Institution, 1906), 56.

36. Ibid.

37. 1970年代後期まで、スティーブンズはほぼ忘れられており、賛辞を贈っているのは、モーガンによる1912年の追悼文と『重要なアメリカの女性（*Notable American Women*）』の小さな文（Ogilvie and Choquette, "Nettie Maria Stevens"）のみだ。以下も参照。Brush,"Nettie M. Stevens."

38. Garland E. Allen, "Thomas Hunt Morgan and the Problem of Sex Determination, 1903–1910," *Proceedings of the American Philosophical Society* 110, no. 1 (1966): 50.

39. Peter J. Bowler, *The Mendelian Revolution: The Emergence of Hereditarian Concepts in Modern Science and Society* (Baltimore: Johns Hopkins University Press, 1989), 132. 強調は著者による。

40. Elof Axel Carlson, *Mendel's Legacy: The Origin of Classical Genetics* (Cold Spring Harbor, NY: Cold Spring Harbor Laboratory Press, 2004), 91, 95, 96.

41. Ibid., 91, 94.

42. Farley, *Gametes and Spores*, 287n265.

43. 細胞遺伝学者は1960年代まで、XとYをヒトの細胞の中の似た大きさの染色体と確実に区別することができなかった。

44. T. H. Morgan, "The Scientific Work of Miss N. M. Stevens," *Science* 36, no. 928 (1912): 469.

45. Edmund B. Wilson,"A Chromatoid Body Simulating an Accessory Chromosome in Pentatoma," *Biological Bulletin* 24, no. 6 (1913): 402–3.

46. 以下を参照。Wilson, "Studies on Chromosomes II," 521.

47. Ibid., 522.

48. 以下を参照。N. M. Stevens, "A Study of the Germ Cells of Aphis Rosae and Aphis Oenotherae," *Journal of Experimental Zoology* 2, no. 3 (1905); N. M. Stevens, "Color Inheritance and Sex Inheritance in Certain Aphids," *Science* 26, no. 659 (1907); NM Stevens, "An unpaired heterochromosome in the aphids," *Journal of Experimental Zoology* 6, no. 1 (1909); N. M. Stevens, "A Note on Reduction in the Maturation of Male Eggs in Aphis," *Biological Bulletin* 18, no. 2 (1910).

49. Edmund B. Wilson, "Croonian Lecture: The Bearing of Cytological Research on Heredity," *Proceedings of the Royal Society of London. Series B, Containing Papers of a Biological Character* 88, no. 603 (1914): 341.

50. T. H. Morgan, "A Biological and Cytological Study of Sex Determination in Phylloxerans and Aphids," *Journal of Experimental Zoology* 7, no. 2 (1909): 347.

51. McClung, "Accessory Chromosome," 74–75.

52. Ibid., 73, 75, 77, 80.

53. Edmund B. Wilson, "The Chromosomes in Relation to the Determination of Sex in Insects," *Science* 22, no. 564 (1905): 501, 502.

54. Edmund B. Wilson, "Selective Fertilization and the Relation of the Chromosomes to Sex-Production," *Science* 32, no. 816 (1910): 242–43.

55. Wilson, *Cell in Development,* 109.

56. Wilson, "Studies on Chromosomes III," 36, 35.

57. Ibid., 33, 38.

58. Wilson, *Cell in Development*, 145.

59. Wilson, "Studies on Chromosomes III," 36.

60. Ibid., 37n31, quoting Geddes and Thomson 1889 [1901 ed.].

61. Ibid., 36–37.

62. Geddes and Thomson, *Evolution of Sex,* 50, 33. ネイサン・ヘイ（Nathan Ha）は最近、米国の生物学者、オスカー・リドル（Oscar Riddle）の性決定の遺伝学理論にとっていかに代謝理論が根本的に重要であったかを示した。Nathan Q. Ha, "The Riddle of Sex: Biological Theories of Sexual Difference in the Early Twentieth-Century," *Journal of the History of Biology* 44, no. 3 (2011).

63. Patrick Geddes and J. Arthur Thomson, *Sex* (London: Williams & Norgate, 1914), 110. 以下も参照。T. H. Morgan, "Chromosomes and Heredity," *American Naturalist* 44, no. 524 (1910); Thomas Hunt Morgan, *The Mechanism of Mendelian Heredity* (New York: Holt, 1915); Thomas Hunt Morgan and Calvin B. Bridges, *Sex-Linked Inheritance in Drosophila* (Washington, DC: Carnegie Institution, 1916); McClung, "Accessory Chromosome"; Edmund B. Wilson, "Studies on Chromosomes I. The Behavior of the Idiochromosomes in Hemiptera," *Journal of Experimental Zoology* 2, no. 3 (1905); Wilson, "Studies on Chromosomes II"; Wilson, "Studies on Chromosomes III"; A. D. Darbishire, "Recent Advances in the Study of Heredity. Lecture VII. Cytological and Other Evidence Relating to the Inheritance of Sex," *New Phytologist* 9, no. 1/2 (1910); J. T. Cunningham, *Sexual Dimorphism in the Animal Kingdom: A Theory of the Evolution of Secondary Sexual Characters* (London: Black, 1900); J. T. Cunningham, *Hormones and Heredity* (London: Constable, 1921); F. A. E. Crew, The Genetics of Sexuality in Animals (Cambridge: Cambridge University Press, 1927).

64. Michael F. Guyer, "Recent Progress in Some Lines of Cytology," *Transactions of the American Microscopical Society* 30, no. 2 (1911): 184, 強調は原文による。

第三章

1. 以下を参照。"A Proposed Standard System on Nomenclature of Human Mitotic Chromosomes," *American Journal of Human Genetics* 12, no. 3 (1960). この会議については さらに、次も参照。M. Susan Lindee, *Moments of Truth in Genetic Medicine* (Baltimore: Johns Hopkins University Press, 2005).

2. Thomas H. Montgomery, "Are Particular Chromosomes Sex Determinants?," *Biological Bulletin* 19, no. 1 (1910): 1. モンゴメリーは1910年にXとYのために一般的に用いられた以下の名称を並べている。「修飾（accessory）、特別（special）、遅い（lagging）、ヘテロトロピック（heterotropic）、性染色体（sex chromosomes）、異形染色体（idiochromosomes）、微染色体（microchromosomes）、双心子（diplosomes）、性腺染色体（gonochromosomes）、クロマチン核小体（chromatin nucleoli）」（ibid.）。

3 C. E. McClung, "A Peculiar Nuclear Element in the Male Reproductive Cells of

Insects," *Zoological Bulletin* 2, no. 4 (1899); Thomas H. Montgomery, "The Morphological Superiority of the Female Sex," *Proceedings of the American Philosophical Society* 43, no. 178 (1904); Edmund B. Wilson, "Studies on Chromosomes I. The Behavior of the Idiochromosomes in Hemiptera," *Journal of Experimental Zoology* 2, no. 3 (1905); Edmund B. Wilson, "Studies on Chromosomes II. The Paired Microchromosomes, Idiochromosomes and Heterotropic Chromosomes in Hemiptera," *Journal of Experimental Zoology* 2, no. 4 (1905); Thomas H. Montgomery, "The Terminology of Aberrant Chromosomes and Their Behavior in Certain Hemiptera," *Science* 23, no. 575 (1906); Edmund B. Wilson, "Studies on Chromosomes III. The Sexual Differences of the Chromosome-Groups in Hemiptera, with some Considerations on the Determination and Inheritance of Sex," *Journal of Experimental Zoology* 3, no. 1 (1906); Fernandus Payne, "On the Sexual Differences of the Chromosome Groups in Galgulus Oculatus," *Biological Bulletin* 14, no. 5 (1908).

4. 以下を参照。 F. C. Paulmier, "The Spermatogenesis of Anasa tristis," *Journal of Morphology* 15 (1899); Michael F. Guyer, "Recent Progress in Some Lines of Cytology," *Transactions of the American Microscopical Society* 30, no. 2 (1911); Wilson, "Studies on Chromosomes III"; Fernandus Payne, "Some New Types of Chromosome Distribution and Their Relation to Sex—Continued," *Biological Bulletin* 16, no. 4 (1909).

5. L. J. Bachhuber, "The Behavior of the Accessory Chromosomes and of the Chromatoid Body in the Spermatogenesis of the Rabbit," *Biological Bulletin* 30, no. 4 (1916).

6. C. E. McClung, "The Accessory Chromosome: Sex Determinant?," *Biological Bulletin* 3, no. 1/2 (1902).

7. Montgomery, "Terminology of Aberrant Chromosomes," 38.

8. N. M. Stevens, *Studies in Spermatogenesis with Especial Reference to the Accessory Chromosome*, vol. 36(1) (Washington, DC: Carnegie Institution, 1905), 13, 強調著者。

9. 以下を参照。N. M. Stevens, "The Chromosomes in Diabrotica Vittata, Diabrotica Soror and Diabrotica 12-Punctata: A Contribution to the Literature on Heterochromosomes and Sex Determination," *Journal of Experimental Zoology* 5, no. 4 (1908): 453, 457–58.

10. Wilson, "Studies on Chromosomes II," 508n501, 強調原文。

11. Wilson, "Studies on Chromosomes I," 385.

12. Ibid., 375, 強調著者。

13. Ibid., 383, 強調原文。

14. 以下を参照。Montgomery, "Terminology of Aberrant Chromosomes," 36.

15. C. E. McClung, "Cytological Nomenclature," *Science* 37, no. 949 (1913).

16. Wilson, "Studies on Chromosomes III," 28. 1930 年代後期には、研究者たちは、「いわゆる」「あるいは性染色体と思われるもの」に頻繁に言及していた。以下を参照。Edmund B. Wilson, "Sex Determination in Relation to Fertilization and Parthe-

nogenesis," *Science* 25, no. 636 (1907): 378; W. W. Swingle, "The Accessory Chromosome in a Frog Possessing Marked Hermaphroditic Tendencies," *Biological Bulletin* 33, no. 2 (1917): 70; Edward C. Jeffrey and Edwin J. Haertl, "The Nature of Certain Supposed Sex Chromosomes," *American Naturalist* 72, no. 742 (1938).

17. Gregor von Mendel, *Versuche über Pflanzen-Hybriden, Vorgelegt in den Sitzungen vom 8. Februar und 8. März 1865,* 英訳版 (1866): *Experiments on Plant Hybridization.* 〔グレゴール・メンデル『雑種植物の研究』岩槻邦男、須原準平訳、岩波文庫、1999年〕。この再発見は特にヒューゴ・デ・ブリ、カール・コーレン、エーリッヒ・フォン・チェルマックの功績とされる。以下を参照。Robert C. Olby, *Origins of Mendelism*, 2nd ed. (Chicago: University of Chicago Press, 1985).

18. T. Boveri, "On Multiple Mitoses as a Means for the Analysis of the Cell Nucleus," in *The Chromosome Theory of Inheritance*, ed. Bruce R. Voeller (1902; New York: Appleton-Century-Crofts, 1968).

19. William Bateson, "Hybridisation and Cross-Breeding as a Method of Scientific Investigation, a Report of a Lecture Given at the RHS Hybrid Conference in 1899," *Journal of the Royal Horticultural Society* 24 (1900); William Bateson, "Problems of Heredity as a Subject for Horticultural Investigation," *Journal of the Royal Horticultural Society* 25 (1900).

20. Elof Axel Carlson, *Mendel's Legacy: The Origin of Classical Genetics* (Cold Spring Harbor, NY: Cold Spring Harbor Laboratory Press, 2004), 156.

21. W. E. Castle, "The Heredity of Sex," *Bulletin of the Museum of Comparative Zoology* 40, no. 4 (1903).

22. Montgomery, "Are Particular Chromosomes Sex Determinants?," 13.

23. Ibid., 14.

24. Ibid.

25. Ibid., 12.

26. Ibid., 15, 14.

27. Ibid., 13.

28. Ibid., 10.

29. T. H. Morgan, "Chromosomes and Heredity," *American Naturalist* 44, no. 524 (1910): 451–52.

30. Garland E. Allen, "Thomas Hunt Morgan and the Problem of Sex Determination, 1903–1910," *Proceedings of the American Philosophical Society* 110, no. 1 (1966): 51.

31. Carlson, *Mendel's Legacy*, 167; T. H. Morgan, "Recent Theories in Regard to the Determination of Sex," *Popular Science Monthly* 64 (1903): 116.

32. T. H. Morgan, "A Biological and Cytological Study of Sex Determination in Phylloxerans and Aphids," *Journal of Experimental Zoology* 7, no. 2 (1909): 339, 強調原文。

33. Thomas Hunt Morgan, *The Mechanism of Mendelian Heredity* (New York: Holt, 1915), 94.

34. Morgan, "Chromosomes and Heredity," 495, 強調原文。

35. Morgan, *Mechanism of Mendelian Heredity*, 133, 強調原文。

36. Ibid., 107, 強調著者。

37. T. H. Morgan, "Sex-Limited and Sex-Linked Inheritance," *American Naturalist* 48, no. 574 (1914): 583.

38. Ibid.

39. Walter S. Sutton, "The Chromosomes in Heredity," *Biological Bulletin* 4, no. 5 (1903); Boveri,"On Multiple Mitoses."

40. 「修飾染色体」が性決定における果たす可能性のある役割についてのマクラングの 1899 年の論文は、また、歴史家のエロフ・カールソンが記すように、「特定の染色体が特定の性質と関係しているかもしれない」ということを最初に示すものだった。Carlson, *Mendel's Legacy*, 82.

41. Walter S. Sutton, "The Spermatogonial Divisions in Brachystola Magna,"*Bulletin of the University of Kansas, Kansas University Quarterly* 9, no. 2 (1900), 強調原文。

42. Walter S. Sutton, "On the Morphology of the Chromosome Group in Brachystola Magna," *Biological Bulletin* 4, no. 1 (1902): 37–38.

43. Ibid.

44. Wilson, "Studies on Chromosomes II," 510–41.

45. Edmund B. Wilson, "Croonian Lecture: The Bearing of Cytological Research on Heredity," *Proceedings of the Royal Society of London. Series B, Containing Papers of a Biological Character* 88, no. 603 (1914): 351.

46. Ibid., 337.

47. Ibid., 339, 強調著者。

48. Ibid., 342.

49. T. H. Morgan, "Sex Limited Inheritance in Drosophila," *Science* 32, no. 812 (1910).

50. Allen, "Thomas Hunt Morgan," 53, 54.

51. Sharon E. Kingsland, "Maintaining Continuity through a Scientific Revolu-tion: A Rereading of E. B. Wilson and T. H. Morgan on Sex Determination and Mendelism," *Isis* 98, no. 3 (2007): 481.

52. Morgan, *Mechanism of Mendelian Keredity,* viii–ix.

53. Thomas Hunt Morgan and Calvin B. Bridges, *Sex-Linked Inheritance in Drosophila* (Washington, DC: Carnegie Institution, 1916), 8.

54. Edmund B. Wilson, *The Cell in Development and Heredity*, 3rd ed. (1925; New York: Macmillan, 1928), 745.

55. F. A. E. Crew, *The Genetics of Sexuality in Animals* (Cambridge: Cambridge University Press, 1927), 7.

56. Morgan and Bridges, *Sex-Linked Inheritance in Drosophila*, 7.

第四章

1. この資料の存在について知らせてくれたマイケル・ディートリッヒ（Michael Dietrich）に感謝する。これは、http://archive.org/details/ mechanismofmende00morgiala. にある、Mechanism のコピーのカリフォルニア大学の Archive.org 版のスキャンの巻頭で見つけることができる。

2. Thomas Walter Laqueur, *Making Sex: Body and Gender from the Greeks to Freud* (Cambridge, MA: Harvard University Press, 1990)〔トマス・ラカー『セックスの発明——性差の観念史と解剖学のアポリア』高井宏子、細谷等訳、工作舎、1998年〕; Londa L. Schiebinger, *Nature's Body: Gender in the Making of Modern Science* (Boston: Beacon Press, 1993)〔ロンダ・シービンガー『女性を弄ぶ博物学——リンネはなぜ乳房にこだわったのか？』小川眞里子、財部香枝訳、工作舎、1996年〕; Cynthia Eagle Russett, *Sexual Science: The Victorian Construction of Womanhood* (Cambridge, MA: Harvard University Press, 1989).〔シンシア・イーグル・ラセット『女性を捏造した男たち——ヴィクトリア時代の性差の科学』上野直子訳、工作舎、1994年〕。

3. たとえば以下を参照。Adele Clarke, *Disciplining Reproduction: Modernity, American Life Sciences, and the Problems of Sex* (Berkeley: University of California Press, 1998); Vern L. Bullough, *Science in the Bedroom: A History of Sex Research* (New York: Basic Books, 1994); Nelly Oudshoorn, *Beyond the Natural Body: An Archaeology of Sex Hormones* (New York: Routledge, 1994); Chandak Sengoopta, *The Most Secret Quintessence of Life: Sex, Glands, and Hormones, 1850–1950* (Chicago: University of Chicago Press, 2006).

4. たとえば以下を参照。*Eugen Steinach and Josef Löbel, Sex and Life: Forty Years of Biological and Medical Experiments* (New York: Viking Press, 1940). 図 4.1 で示したシュタイナハの実験は、以下で詳説されている。Eugen Steinach, "Willkürliche Umwandlung von Säugetiermännchen in Tiere mit ausgeprägt weiblichen Geschlechtscharacteren und weiblicher Psyche [Arbitrary Transformation of Male Mammals into Animals with Pronounced Female Sex Characters and Feminine Psyche]," *Pflügers Archiv* 144, no. 71 (1912).

5. Frank Rattray Lillie, "The Theory of the Free-martin," *Science* 43, no. 28 (1916); Frank Rattray Lillie, "Free-martin: A Study of the Action of Sex Hormones in the Foetal Life of Cattle," *Journal of Experimental Biology* 23, no. 5 (1917); Frank Rattray Lillie, "Sex-Determination and Sex-Differentiation in Mammals," *Proceedings of the National Academy*

of Sciences 3 (1917).

6. Christer Nordlund, "Endocrinology and Expectations in 1930s America: Louis Berman's Ideas on New Creations in Human Beings," *British Journal of History of Science* 40, no. 1 (2007): 89.

7. Ibid., 90.

8. Sengoopta, *Most Secret Quintessence of Life*, 2.

9. Julia E. Rechter, "'The Glands of Destiny': A History of Popular, Medical and Scientific Views of the Sex Hormones in 1920s America" (PhD diss., University of California, 1997), xvi.

10. Serge Voronoff and George Gibier Rambaud, *The Conquest of Life* (New York: Brentano's, 1928); Eden Paul and Norman Haire, *Rejuvenation: Steinach's Researches on the Sex-Glands*, vol. 11, British Society for the Study of Sex Psychology (London: J. E. Francis, Athenaeum Press, 1923); Norman Haire, Eugen Steinach, and Serge Voronoff, *Rejuvenation, the Work of Steinach, Voronoff, and Others* (London: G. Allen & Unwin, 1924).

11. Sengoopta, *Most Secret Quintessence of Life*, 87.

12. Anne Fausto-Sterling, *Sexing the Body: Gender Politics and the Construction of Sexuality* (New York: Basic Books, 2000), 171.

13. Bullough, *Science in the Bedroom*, 122.

14. Clarke, *Disciplining Reproduction*, 63.

15. Frank Rattray Lillie, "Suggestions for Organization and Conduct of Research on Problems of Sex," in *First Annual Report of the Committee for Research on Problems of Sex* (Washington, DC: CRPS, 1922), 1.

16. Lillie, "Theory of the Free-martin," 611.

17. Lillie, "Sex-Determination and Sex-Differentiation," 466.

18. Ibid., 465.

19. Lillie, "Theory of the Free-martin," 613.

20. Rechter, "'The Glands of Destiny,'" 109–10.

21. Lillie, "Theory of the Free-martin."

22. Lillie, "Sex-Determination and Sex-Differentiation," 465.

23. T. H. Morgan, "Sex-Limited and Sex-Linked Inheritance," *American Naturalist* 48, no. 574 (1914): 582.

24. Thomas Hunt Morgan, *The Mechanism of Mendelian Heredity* (New York: Holt,1915).

25. T. H. Morgan, *The Genetic and the Operative Evidence Relating to Secondary Sexual Characters* (Washington, DC: Carnegie Institution, 1919), 62.

26. ゴルトシュミットについては以下を参照。Garland E. Allen, "The Historical Development of the'Time Law of Intersexuality' and Its Philosophical Implications,"

in *Richard Goldschmidt: Controversial Geneticist and Creative Biologist: A Critical Review of his Contributions*, ed. Leonie K. Piternick (Boston: Birkhauser, 1980); Helga Satzinger, "Racial Purity, Stable Genes and Sex Difference: Gender in the Making of Genetic Concepts by Richard Goldschmidt and Fritz Lenz, 1916–1936," in *The Kaiser Wilhelm Society under National Socialism*, ed. Susanne Heim, Carola Sachse, and Mark Walker (New York: Cambridge University Press, 2009); Michael R. Dietrich, "Richard Goldschmidt: Hopeful Monsters and Other 'Heresies,'" *Nature Reviews: Genetics* 4, no. 1 (2003).

27. 性発生についてのホルモン的及び遺伝子的要因についてのモーガンとゴルトシュミットの論文には、発生においてどのように遺伝子が作動するかについての初期の理論をみることができる。これは、エヴリン・フォックス・ケラーが「遺伝子作動言説」と呼ぶものだ。以下を参照。Evelyn Fox Keller, *The Century of the Gene* (Cambridge, MA: Harvard University Press, 2000)〔エヴリン・フォックス・ケラー『遺伝子の新世紀』長野敬、赤松真紀訳、青土社、2001 年〕; Evelyn Fox Keller,"Genes, Gene Action, and Genetic Programs," chap. 4 in *Making Sense of Life: Explaining Biological Development with Models, Metaphors, and Machines* (Cambridge, MA: Harvard University Press, 2002). 以下も参照。Lenny Moss, *What Genes Can't Do* (Cambridge, MA: MIT Press, 2002).

28. M. Susan Lindee, *Moments of Truth in Genetic Medicine* (Baltimore: Johns Hopkins University Press, 2005), 1.

29. Daniel J. Kevles, *In the Name of Eugenics: Genetics and the Uses of Human Heredity* (Cambridge, MA: Harvard University Press, 1995).〔ダニエル・J・ケヴルズ『優生学の名のもとに――「人類改良」の悪夢の百年』西俣総平訳、朝日新聞社、1993 年〕。

30. 以下を参照。Theophilus S. Painter, "The Sex Chromosomes of Man," *American Naturalist* 58, no. 659 (1924).

31. Thomas Hunt Morgan and Calvin B. Bridges, *Sex-Linked Inheritance in Drosophila* (Washington, DC: Carnegie Institution, 1916), 10; Edmund B. Wilson, "Notes on the Chromosome-Groups of Metapodius and Banasa," *Biological Bulletin* 12, no. 5 (1907): 304; Michael F. Guyer, "Recent Progress in Some Lines of Cytology," *Transactions of the American Microscopical Society* 30, no. 2 (1911): 182; N. M. Stevens, "Further Observations on Supernumerary Chromosomes, and Sex Ratios in Diabrotica Soror," *Biological Bulletin* 22, no. 4 (1912): 234.

32. Calvin B. Bridges, "Direct Proof through Non-disjunction That the Sex-Linked Genes of Drosophila Are Borne by the X-Chromosome," *Science* 40, no. 1020 (1914); Calvin B. Bridges, "Sex in Relation to Chromosomes and Genes," *American Naturalist* 59, no. 651 (1925).

33 F. A. E. Crew, *The Genetics of Sexuality in Animals* (Cambridge: Cambridge Univer-

sity Press, 1927), 25.

34. W. E. Castle, “A Mendelian View of Sex-Heredity,” *Science* 29, no. 740 (1909): 398, 399.

35. Edmund B. Wilson, “Secondary Chromosome-Couplings and the Sexual Relations in Abraxas,” *Science* 29, no. 748 (1909): 706.

36. T. H. Morgan, “Chromosomes and Heredity,” *American Naturalist* 44, no. 524 (1910): 495.

37. T. H. Morgan, “Recent Results Relating to Chromosomes and Genetics,” *Quarterly Review of Biology* 1, no. 2 (1926): 205.

38. Louis Berman, *The Glands Regulating Personality: A Study of the Glands of Internal Secretion in Relation to the Types of Human Nature* (New York: Macmillan, 1921), 135–36, 強調著者。以下も参照。Bridges, “Sex in Relation to Chromosomes and Genes”; Richard Goldschmidt, “The Quantitative Theory of Sex,” *Science* 64, no. 1656 (1926).

39. “Stork to Take Orders for Boy or Girl Soon,” *Chicago Daily Tribune*, 24 January 1922.

40. Charles Darwin, *The Descent of Man and Selection in Relation to Sex*, 2nd ed. (1871; New York: D. Appleton, 1897), 108.〔チャールズ・ダーウィン『人間の由来』〈上・下〉、長谷川眞理子訳、講談社学術文庫、2016 年〕。

41. 以下の章を参照。“The Variational Tendency of Men” in Havelock Ellis, *Man and Woman* (New York: Scribner, 1894). 以下も参照。G. Stanley Hall, “The Contents of Children's Minds on Entering School,” *Pedagogical Seminary* 1 (1891).

42. C. E. McClung, “A Peculiar Nuclear Element in the Male Reproductive Cells of Insects,” *Zoological Bulletin* 2, no. 4 (1899); C. E. McClung, “The Accessory Chromosome: Sex Determinant?,” *Biological Bulletin* 3, no. 1/2 (1902).

43. C. E. McClung, “Possible Action of the Sex-Determining Mechanism,” *Proceedings of the National Academy of Sciences* 4, no. 6 (1918): 162.

44. R. E. Stevenson et al., “X-Linked Mental Retardation: The Early Era from 1943 to 1969,” *American Journal of Medicine and Genetics* 51, no. 4 (1994): 838.

45. Stephanie A. Shields, “The Variability Hypothesis: The History of a Biological Model of Sex Differences in Intelligence,” *Signs* 7, no. 4 (1982); Robert Gordon Lehrke, *Sex Linkage of Intelligence: The X-Factor* (Westport, CT: Praeger, 1997).

46. Helen Thompson Woolley, “The Psychology of Sex,” *Psychological Bulletin* 11, no. 10 (1914): 354.

47. Berman, *Glands Regulating Personality*, 136.

48. Ashley Montagu, *The Natural Superiority of Women* (New York: Macmillan, 1953), 74.

49. Ibid., 76, 81.

50. Lindee, *Moments of Truth*, 10–11.

51. Ibid., 2.

52. Soraya de Chadarevian, “Mice and the Reactor: The ‘Genetics Experiment’ in 1950s Britain,” *Journal of the History of Biology* 39 (2006).

53. Lindee, *Moments of Truth*, 1.

54. 研究者たちは、ヒトの染色体数が 46 本であると改定されるまでの半世紀の間、ヒトには 48 本の染色体があるということを信じ、繰り返していた。しかし、多くの場合、当時も、細胞遺伝学者が 46 本の染色体を持つ細胞を明確に見ていたということが、多く報告されている。ロボット的な道具と自動計算の道具に頼る今日の生物学とは異なり、細胞生物学は観察に基づく分野であり、研究者の訓練された目と技能を持つ手に強く依存していた。顕微鏡下の細胞の核の中に観察される、ぼんやりと染まった染色体のねじれた塊では、見たいものを見ることは非常に簡単だ。X と Y についての誤った解釈も、こうした数え間違いが続いた原因だろうと指摘する人もいる。以下を参照。Peter S. Harper, *First Years of Human Chromosomes: The Beginnings of Human Cytogenetics* (Bloxham: Scion, 2006); Aryn Martin, “Can't Any Body Count? Counting as an Epistemic Theme in the History of Human Chromosomes,” *Social Studies of Science* 34, no. 6 (2004); T. C. Hsu, *Human and Mammalian Cytogenetics: An Historical Perspective* (New York: Springer-Verlag, 1979); J. H. Tjio and A. Levan, “The Chromosome Number of Man,” *Hereditas* 42 (1956).

55. M. L. Barr and E. G. Bertram, “A Morphological Distinction between Neurones of the Male and Female, and the Behaviour of the Nucleolar Satellite during Accelerated Nucleoprotein Synthesis,” *Nature* 163, no. 4148 (1949).

56. Murray L. Barr, “Sex Chromatin and Phenotype in Man,” *Science* 130, no. 3377 (1959): 681–82.

57. C. E. Ford, “A Sex Chromosome Anomaly in a Case of Gonadal Dysgenesis (Turner's Syndrome),” *Lancet* 273, no. 7075 (1959); P. A. Jacobs and J. A. Strong, “A Case of Human Intersexuality Having a Possible XXY Sex-Determining Mechanism,” *Nature* 183, no. 4657 (1959).

58. 以下を参照。de Chadarevian, “Mice and the Reactor”; Harper, *First Years of Human Chromosomes.*

第五章

1. Bryan Sykes, *Adam's Curse: A Future without Men* (New York: Bantam Press, 2003, 19, 29–30.〔ブライアン・サイクス『アダムの呪い』大野晶子訳、ソニーマガジンズ、2004 年〕。

2. Y染色体の祖先検査についての文化的記号的ナラトロジーについての繊細な研究は、以下を参照のこと。Catherine Nash, "Genetic Kinship," *Cultural Studies* 18, no. 1 (2004).

3. Sykes, *Adam's Curse*, 187.〔ブライアン・サイクス『アダムの呪い』〕。

4. Ibid., 237.

5. Steve Jones, *Y: The Descent of Men* (London: Little, Brown, 2002), x, 4.〔スティーブ・ジョーンズ『Yの真実――危うい男たちの進化論』岸本紀子、福岡伸一訳、化学同人、2004年〕。

6. Ibid., 194.

7. J. Craig Venter, *A Life Decoded: My Genome, My Life* (New York: Viking, 2007).〔クレイグ・ベンター『ヒトゲノムを解読した男――クレイグ・ベンター自伝』野中香方子訳、化学同人、2008年〕。以下も参照。Thomas Hayden, "He Figured Out Y, but Not 'So What?,'" *Washington Post*, 25 October 2007; Oliver Morton, "A Life Decoded by J. Craig Venter," *Sunday Times*, 21 October 2007.

8. もちろん、Yを持たない男性もいる。ここには、《SRY遺伝子》がどちらかのX染色体に移動したXXの人や、XXであるが、男性の性腺と二次的性的性質が発達する先天性の先天性副腎皮質過形成症の人のように、性的発達に障害のある人、また、女性的身体から男性へと転換したトランスジェンダーの人が含まれる。

9. C. E. Ford, "A Sex Chromosome Anomaly in a Case of Gonadal Dysgenesis (Turner's Syndrome)," *Lancet* 273, no. 7075 (1959).

10. P. A. Jacobs and J. A. Strong, "A Case of Human Intersexuality Having a Possible XXY Sex-Determining Mechanism," *Nature* 183, no. 4657 (1959); N. Maclean et al., "Sex-Chromosome Abnormalities in Newborn Babies," *Lancet* 283, no. 7328 (1964); N. Maclean et al., "Survey of Sex-Chromosome Abnormalities among 4514 Mental Defectives," *Lancet* 279, no. 7224 (1962); W. M. Court Brown, *Abnormalities of the Sex Chromosome Complement in Man* (London: H. M. Stationery Office, 1964).

11. P. A. Jacobs et al., "Aggressive Behavior, Mental Sub-normality and the XYY Male," *Nature* 208, no. 5017 (1965).

12. Ibid., 1351.

13. Peter S. Harper, *First Years of Human Chromosomes: The Beginnings of Human Cytogenetics* (Bloxham: Scion, 2006), 89.

14. National Institutes of Health and Saleem Alam Shah, *Report on the XYY Chromosomal Abnormality* (Chevy Chase, MD: US GPO, 1970).

15. これらの統計を得るために、私は、「XXY」と「Y chromosome」を検索単語として、PubMedで検索された、1960年から1985年の間に発表された文献から、ヒトを対象とした研究に限定し、重複や研究論文でないものを省いた、

1656件を分析した。題名や抄録で示された通りの研究成果を正確に代表するものであることを確かめるために、論文は全文で抽出検査を行った。医学と生物科学の文献に集中している PubMed のデータベースを用いているために、これらの統計は、社会科学や行動科学の分野における XYY についての文献を完全には代表していないだろう。包括的な PubMed アーカイブの包括性についての情報は、以下を参照。National Institutes of Health, "PMC FAQs," last updated 31 October 2012, http:// www.ncbi.nlm.nih.gov/pmc/about/faq/.

16. Jeremy Green, "Media Sensationalization and Science: The Case of the Criminal Chromosome," in *Expository Science: Forms and Functions of Popularization*, ed. Terry Shinn and Richard Whitley, *Sociology of the Sciences* (Boston: D. Reidel, 1985), 144. より最近のサイエンス・フィクションでは、Y 染色体は男らしさを測り、生物学と性役割の間の関係についての異なる考え方を探索し、異なる種類の性——ジェンダーのシステムを想像するための比喩である。それらのフィクションには、以下がある。Gwyneth A. Jones, *Life: A Novel* (Seattle: Aqueduct Press, 2004); *Alien 3,* directed by David Fincher (Los Angeles: Twentieth Century Fox, 1992)〔デヴィッド・フィンチャー監督『エイリアン 3』〕; DC Comics Inc., *Y: The Last Man* (New York: DC Comics, 2002–).

17. Edgar Berman, *The Compleat Chauvinist: A Survival Guide for the Bedeviled Male* (New York: Macmillan, 1982).

18. H. A. Witkin, D. R. Goodenough, and K. Hirschhorn, "XYY Men: Are They Criminally Aggressive?," *Sciences* (New York) 17, no. 6 (1977); H. A. Witkin et al., "Criminality in XYY and XXY Men," *Science* 193, no. 4253 (1976).

19. 1970年の NIMH の報告書が記すように、「精神疾患や犯罪的または暴力的行為のために施設に収容されている背の高い男性における XYY の異常の頻度を研究して同定することができるのは、明らかに、背の高い、精神疾患を患っているか犯罪的あるいは暴力的な施設収容者の男性におけるその異常の頻度だけだ」。NIMH and Shah, *Report*, 20.

20. David T. Wasserman and Robert Samuel Wachbroit, *Genetics and Criminal Behavior, Cambridge Studies in Philosophy and Public Policy* (New York: Cambridge University Press, 2001), 9, 強調著者。

21. "The XYY Controversy: Researching Violence and Genetics," *Hastings Center Report* 10, no. 4 (1980): 6.

22. Ibid., 19.

23. Marcia Baron, "Crime, Genes, and Responsibility," in *Genetics and Criminal Behavior*, ed. David T. Wasserman and Robert Samuel Wachbroit (New York: Cambridge University Press, 2001), 218.

24. Wasserman and Wachbroit, *Genetics and Criminal Behavior,* 9.

25. James D. Watson, *Recombinant DNA*, 2nd ed. (New York: Scientific American Books, 1992), 559.

26. Green,"Media Sensationalization and Science," 155.

27. Ibid., 147.

28. Ibid., 153.

29. John L. Fuller and William Robert Thompson, *Behavior Genetics* (New York: Wiley, 1960).

30. Arthur R. Jensen, "How Much Can We Boost IQ and Scholastic Achievement?," *Harvard Educational Review* 39 (1969). 人種と IQ データベースと XYY 研究の関係については以下を参照。Nathaniel Weyl, "Genetics, Brain Damage and Crime," *Mankind Quarterly* 10 (1969); Robert E. Kuttner, "Chromosomes and Intelligence," *Mankind Quarterly* 12 (1971). 行動遺伝学の分野へのジェンセン論争の副産物についての議論は以下を参照。Mark Snyderman and Stanley Rothman, *The IQ Controversy, the Media and Public Policy* (New Brunswick, NJ: Transaction Books, 1988).

31. 1960 年代と 1970 年代における精神疾患についての脳科学的及び遺伝科学的理論の登場については広く報告されている。最近の例としては以下がある。Jonathan Metzl, *The Protest Psychosis: How Schizophrenia Became a Black Disease* (Boston: Beacon Press, 2009).

32. 行動遺伝学者のロバート・プローニンは、1980 年代まで、行動遺伝学が一部の臨床家のグループを超えて主流から受け入れられることはなかったと主張している。以下を参照。R. Plomin and R. Rende, "Human Behavioral Genetics," *Annual Review of Psychology* 42 (1991).

33. Angela K. Turner, "Genetic and Hormonal Influences on Male Violence," in *Male Violence*, ed. John Archer (New York: Routledge, 1994).

34. たとえば以下を参照。S. Kessler and R. H. Moos, "XYY Chromosome: Premature Conclusions," *Science* 165, no. 3892 (1969).

35. この時期細胞遺伝学の代表的な目標や対象、機運については、以下を参照。Court Brown, *Abnormalities of the Sex Chromosome Complement*, vii. 最近の、20 世紀半ばにおけるヒト細胞遺伝学についての最近のオーラル・ヒストリーは以下を参照。Harper, *First Years of Human Chromosomes.*

36. Richard C. Lewontin, Steven P. R. Rose, and Leon J. Kamin, *Not in Our Genes: Biology, Ideology, and Human Nature* (New York: Pantheon Books, 1984), 157, 237.

37. Ibid., 135.

38. Desmond Morris, *The Naked Ape* (New York: McGraw-Hill, 1967)〔デズモンド・モリス『裸の猿——動物学的人間像』日高敏隆訳、角川書店、1999 年〕; Lionel Tiger and Robin Fox, *The Imperial Animal* (New York: Holt, 1971)〔ライオネル・タイガー、ロビン・フォックス『帝王的動物』河野徹訳、思索社、1989 年〕;

Edward O. Wilson, *On Human Nature* (Cambridge, MA: Harvard University Press, 1978)〔エドワード・O・ウィルソン『人間の本性について』岸由二訳、1997年〕; Edward O. Wilson, *Sociobiology: The New Synthesis* (Cambridge, MA: Belknap Press of Harvard University Press, 1975)〔エドワード・O・ウィルソン『社会生物学　合本版』坂上昭一他訳、新思索社、1999年〕; David P. Barash, *The Whisperings Within* (New York: Harper & Row, 1979).

39. この点は、ダナ・J・ハラウェイの次の著作で雄弁に発展された。"In the Beginning Was The Word: The Genetics of Biological Theory,"in *Simians, Cyborgs, and Women: The Reinvention of Nature* (New York: Routledge, 1991), 73.〔「第4章　はじめにことばありき――生物学理論のはじまり」、ダナ・J・ハラウェイ『猿と女とサイボーグ――自然の再発明』高橋さきの訳、青土社、2000年〕。

40. Richard Lyons, "Genetic Abnormality Is Linked to Crime," *New York Times*, 21 April 1968における引用。

41. Robert Stock, "The XYY and the Criminal," *New York Times*, 20 October 1968における引用。

42. L. F. Jarvik, V. Klodin, and S. S. Matsuyama, "Human Aggression and the Extra Y Chromosome: Fact or Fantasy?," *American Psychology* 28, no. 8 (1973): 680.

43. Harper, *First Years of Human Chromosomes*, 90.

44. Friedrich Vogel and Arno G. Motulsky, *Human Genetics: Problems and Approaches* (New York: Springer-Verlag, 1979), 502.

45. Victor Cohn,"A Criminal by Heredity?," *Washington Post*, 7 August 1968; Lyons, "Genetic Abnormality Is Linked to Crime."

46. H. Eldon Sutton, *An Introduction to Human Genetics* (New York: Holt, 1965), 41.

47. Jarvik, Klodin, and Matsuyama, "Human Aggression and the Extra Y Chromosome," 678.

48. P. A. Jacobs, "XYY Genotype," *Science* 189, no. 4208 (1975): 1044.

49. Witkin et al., "Criminality in XYY and XXY Men," 554.

50. 本書では「ジェンダー化された図式（gendered Schema)」を、科学者がXを女性性の染色体と、Yを男性性の染色体と考えたことのみを指して用いる。「ジェンダー・スキーマ理論（gender schema theory)」を意味してはいない。

51. W. M. Court Brown, *Human Population Cytogenetics* (Amsterdam: North-Holland, 1967), 42.

52. Ibid., 68, 71.

53. Edward Novitski, *Human Genetics* (New York: Macmillan, 1977), 287.

54. Ibid., 286.

55. H. Eldon Sutton, *An Introduction to Human Genetics*, 3rd ed. (Philadelphia: Saunders College, 1980), 397, 513.

56. P. A. Jacobs, “Human Population Cytogenetics: The First Twenty-five Years,” *American Journal of Human Genetics* 34, no. 5 (1982): 694, 689.

57. Ibid., 695. ジェイコブスは後に英国に戻り、現在彼女はサウザンプトン大学の人類遺伝学部の名誉教授だ。

58. Witkin, Goodenough, and Hirschhorn, “XYY Men”; Witkin et al., “Criminality in XYY and XXY Men.”

59. Witkin et al., “Criminality in XYY and XXY Men,” 549.

60. Ibid., 554.

61. “The XYY Controversy,” 8.

62. Ibid., 18 における引用。

63. 20 世紀中期から後期にかけての生物学的決定論をめぐる科学運動と論争のより広い文脈における「市民のための科学」の仕事についての議論については、以下を参照。Scott Frickel and Kelly Moore, *The New Political Sociology of Science: Institutions, Networks, and Power* (Madison: University of Wisconsin Press, 2006); Kelly Moore, *Disrupting Science: Social Movements, American Scientists, and the Politics of the Military, 1945–1975* (Princeton, NJ: Princeton University Press, 2008); W. R. Albury, “Politics and Rhetoric in the Sociobiology Debate,” *Social Studies of Science* 10 (1980); Neil Jumonville, “The Cultural Politics of the Sociobiology Debate,” *Journal of the History of Biology* 35 (2002); Michael Yedell and Rob Desalle, “Sociobiology: Twenty-five Years Later,” *Journal of the History of Biology* 33, no. 3 (2000).

64. Kelly Moore and Nicole Hala, “Organizing Identity: The Creation of Science for the People,” *Research in the Sociology of Organizations* 19 (2002).

65. Jacobs, “Human Population Cytogenetics,” 693.

66. Harper, *First Years of Human Chromosomes*, 90.

67. S. Walzer, P. S. Gerald, and S. A. Shah, “The XYY Genotype,” *Annual Review of Medicine* 29 (1978): 568.

68. Ibid.

69. “The XYY Controversy,” 10.

70. Ibid., 20 における引用。

71. H. Skaletsky et al., “The Male-Specific Region of the Human Y Chromosome Is a Mosaic of Discrete Sequence Classes,” *Nature* 423, no. 6942 (2003).

72. Ibid., 825, 強調原文。

73. D. A. Hay, “Y Chromosome and Aggression in Mice,” *Nature* 255, no. 5510 (1975); M. K. Selmanoff et al., “Evidence for a Y Chromosomal Contribution to an Aggressive Phenotype in Inbred Mice,” *Nature* 253, no. 5492 (1975).

74. L. M. Kunkel, K. D. Smith, and S. H. Boyer, “Human Y-Chromosome-Specific Reiterated DNA,” *Science* 191, no. 4232 (1976).

75. Ibid., 1190.

76. "In Pursuit of the Y Chromosome," *Nature* 226, no. 5249 (1970).

77. "The XYY Controversy," 26 における引用。

第六章

1. Natalie Angier, "For Motherly X Chromosome, Gender Is Only the Beginning," *New York Times*, 1 May 2007.

2. Natalie Angier, *Woman: An Intimate Geography* (Boston: Houghton Mifflin, 1999), 25.〔ナタリー・アンジェ『Woman 女性のからだの不思議〈上〉』中村桂子、桃井緑美子訳、集英社、2005 年、35–36 頁〕。

3. David Bainbridge, *The X in Sex: How the X Chromosome Controls Our Lives* (Cambridge, MA: Harvard University Press, 2003), 127–29.〔デイヴィッド・ベインブリッジ『X 染色体——男と女を決めるもの』長野敬、小野木明恵訳、青土社、2004 年〕。

4. Ibid., 130, 強調著者。

5. Ibid., 151.

6. 以下を参照。Bruce R. Voeller, ed., *The Chromosome Theory of Inheritance: Classic Papers in Development and Heredity* (New York: Appleton-Century-Crofts, 1968), 78–80.

7. Thomas Hunt Morgan, *The Mechanism of Mendelian Heredity* (New York: Holt, 1915), 7; Edmund B. Wilson, *The Cell in Development and Heredity*, 3rd ed. (1925; New York: Macmillan, 1928).

8. Morgan, *Mechanism of Mendelian Heredity*, 78–79.

9. Theophilus S. Painter, "The Sex Chromosomes of Man," *American Naturalist* 58, no. 659 (1924): 509, 522.

10. Fiona Alice Miller, "Dermatoglyphics and the Persistence of 'Mongolism': Networks of Technology, Disease and Discipline," *Social Studies of Science* 33, no. 1 (2003): 76.

11. H. H. Turner, "A Syndrome of Infantilism, Congenital Webbed Neck, and Cubitus Valgus," *Endocrinology* 23 (1938).

12. H. F. Klinefelter, E. C. Reifenstein, and F. Albright, "Syndrome Characterized by Gynecomastia, Aspermatogenesis without Aleydigism, and Increased Excretion of Follicle Stimulating Hormone," *Journal of Clinical Endocrinology and Metabolism* 2 (1942).

13. Fiona Alice Miller, "'Your True and Proper Gender': The Barr Body as a Good Enough Science of Sex," *Studies in History and Philosophy of Biological and Biomedical Sciences* 37, no. 3 (2006).

14. Peter S. Harper, *First Years of Human Chromosomes: The Beginnings of Human Cyto-*

genetics (Bloxham: Scion, 2006), 79.

15. H. Eldon Sutton, *An Introduction to Human Genetics* (New York: Holt, 1965), 44.

16. Friedrich Vogel and Arno G. Motulsky, *Human Genetics: Problems and Approaches* (New York: Springer-Verlag, 1979), 500.

17. P. A. Jacobs and J. A. Strong, "A Case of Human Intersexuality Having a Possible XXY Sex-Determining Mechanism," *Nature* 183, no. 4657 (1959): 302.

18. Ibid.

19. Jane Brody, "If Her Chromosomes Add Up, A Woman Is Sure to Be a Woman," *New York Times*, 16 September 1967, 28.

20. Alice Domurat Dreger, *Hermaphrodites and the Medical Invention of Sex* (Cambridge, MA: Harvard University Press, 1998); Alice Domurat Dreger, *Intersex in the Age of Ethics* (Hagerstown, MD: University, 1999).

21. Robert Bock, "Understanding Klinefelter Syndrome: A Guide for XXY Males and Their Families" (Adolescence Section), NIH Pub. No. 93-3202, Office of Research Reporting (Washington, DC: NICHD, 1993).

22. D. Zenaty et al., "Le Syndrome De Turner: Quoi De Neuf Dans La Prise En Charge?," *Archives de Pediatrie* 18, no. 12 (2011); C. H. Gravholt, "Epidemiological, Endocrine and Metabolic Features in Turner Syndrome," *European Journal of Endocrinology* 151, no. 6 (2004).

23. Mary F. Lyon, "Some Milestones in the History of X-Chromosome Inactivation," *Annual Review of Genetics* 26 (1992); Mary F. Lyon, "Gene Action in the X-Chromosome of the Mouse," Nature 190 (1961).

24. 生物学では、遺伝子モザイクは遺伝子キメラとは区別される。モザイクは二つの異なるタイプの細胞を持つが、キメラは二つの個体あるいは種の細胞を混ぜて造られる。女性のXモザイクについての文献では、モザイクとキメラはこれら二つの意味を混在させて、区別なく用いられている。

25. Joshua Lederberg, "Poets Knew It All Along: Science Finally Finds Out That Girls Are Chimerical; You Know, Xn/Xa," *Washington Post*, 18 December 1966. しかし、レダーバーグはまた、XXYの男性は「キメラは女らしいという神話を混乱させる」とも記した。

26. "Research Makes It Official: Women Are Genetic Mosaics," *Time*, 4 January 1963.

27. ウェイドの引用。Maureen Dowd, "X-Celling over Men," *New York Times*, 20 March 2005.

28. "Men and Women: The Differences Are in the Genes," *ScienceDaily* (2005), http://www.sciencedaily.com/releases/2005/03/050323124659.htm.

29. Dowd, "X-Celling over Men."

30. Julianna Kettlewell, "Female Chromosome Has X Factor," *BBCNEWS.com*, 16

March 2005, http://news.bbc.co.uk/2/hi/science/nature/4355355.stm.

31. E. A. Grosz, *Volatile Bodies: Toward a Corporeal Feminism* (Bloomington: Indi- ana University Press, 1994).

32. *Cat People*, directed by Jacques Tourneur (Los Angeles: RKO, 1942).〔ジャック・ターナー監督『キャット・ピープル』〕。これは、男性が可変的に描かれたことが一度もないと言っているのではない——ともかく、狼男（the werewolf）や吸血鬼（the vampire）、ジギル氏とハイド氏（Dr. Kekyll and Mr. Hyde）がいる。

33. W. E. Castle, *Genetics and Eugenics* (Cambridge, MA: Harvard University Press, 1916), 176, 強調原文。

34. Iris Marion Young, "Pregnant Embodiment: Subjectivity and Alienation," in *Throwing Like a Girl and Other Essays in Feminist Philosophy and Social Theory* (Bloomington: Indiana University Press, 1990), 160–61.

35. 以下を参照。Elizabeth Lunbeck, *The Psychiatric Persuasion: Knowledge, Gender, and Power in Modern America* (Princeton, NJ: Princeton University Press, 1994).

36. Louis Berman, *The Glands Regulating Personality: A Study of the Glands of Internal Secretion in Relation to the Types of Human Nature* (New York: Macmillan, 1921), 142.

37. Anne Fausto-Sterling, *Myths of Gender: Biological Theories about Women and Men* (New York: Basic Books, 1985), 91.

38. 男性と女性の自己免疫疾患の発生率と有病率の疫学統計については以下を参照。M. D. Lockshin, "Sex Differences in Autoimmune Disease," *Lupus* 15, no. 11 (2006); P. A. McCombe, J. M. Greer, and I. R. Mackay, "Sexual Dimorphism in Autoimmune Disease," *Current Molecular Medicine* 9, no. 9 (2009); G. S. Cooper, M. L. Bynum, and E. C. Somers, "Recent Insights in the Epidemiology of Autoimmune Diseases: Improved Prevalence Estimates and Understanding of Clustering of Diseases," *Journal of Autoimmunity* 33, no. 3–4 (2009); D. L. Jacobson et al., "Epidemiology and Estimated Population Burden of Selected Autoimmune Diseases in the United States," *Clinical Immunology and Immunopathology* 84, no. 3 (1997); W. W. Eaton et al., "Epidemiology of Autoimmune Diseases in Denmark," *Journal of Autoimmunity* 29, no. 1 (2007).

39. S. J. Walsh and L. M. Rau, "Autoimmune Diseases: A Leading Cause of Death among Young and Middle-Aged Women in the United States," *American Journal of Public Health* 90, no. 9 (2000): 1464.

40. R. E. Kast, "Predominance of Autoimmune and Rheumatic Diseases in Females," *Journal of Rheumatology* 4, no. 3 (1977); J. J. Stewart, "The Female X-Inactivation Mosaic in Systemic Lupus Erythematosus," *Immunology Today* 19, no. 8 (1998).

41. J. E. Oliver and A. J. Silman, "Why Are Women Predisposed to Autoimmune Rheumatic Diseases?," *Arthritis Research & Therapy* 11, no. 5 (2009); C. C. Whitacre, "Sex Differences in Autoimmune Disease," *Nature Immunology* 2, no. 9 (2001); McCombe,

Greer, and Mackay, "Sexual Dimorphism in Autoimmune Disease."

42. Carlo Selmi et al., "The X Chromosome and the Sex Ratio of Autoimmunity," in "Gender, Sex Hormones, Pregnancy and Autoimmunity," ed. Yehuda Shoenfeld, Angela Tincani, and M. Eric Gershwin, special issue, *Autoimmunity Reviews* 11, no. 6–7 (2012); Claude Libert, Lien Dejager, and Iris Pinheiro, "The X Chromosome in Immune Functions: When a Chromosome Makes the Difference," *Nature Reviews Immunology* 10, no. 8 (2010).

43. T. F. Davies, "Editorial: X versus X—The Fight for Function within the Female Cell and the Development of Autoimmune Thyroid Disease," *Journal of Clinical Endocrinology and Metabolism* 90, no. 11 (2005): 6332.

44. "Sex, Genes and Women's Health," *Nature Genetics* 25, no. 1 (2000): 1, 2.

45. Krisha McCoy, "Women and Autoimmune Disorders," Everydayhealth.com, last updated 20 December 2010, http://www.everydayhealth.com/autoimmune-disorders/ understanding/women-and-autoimmune-diseases.aspx.

46. Candace Tingen, "Science Mini-Lesson: X Chromosome Inactivation," *Women's Health Research Institute* (blog), Northwestern University, 21 October 2009, http://blog.womenshealth.northwestern.edu/2009/10/science-mini-lesson-x-chromosome-inactivation/.

47. Karl S. Kruszelnicki, "Hybrid Auto-Immune Women 3," *ABC Science In Depth*, 12 February 2004, http://www.abc.net.au/science/articles/2004/02/12/1002754.htm.

48. Donna Jeanne Haraway, "The Biopolitics of Postmodern Bodies: Constitutions of Self in Immune System Discourse," in *Simians, Cyborgs, and Women: The Reinvention of Nature* (New York: Routledge, 1991)〔「第 10 章　ポスト近代の身体／生体のバイオポリティクス――免疫系の言説における自己の構成」、ダナ・J・ハラウェイ『猿と女とサイボーグ――自然の再発明』（高橋さきの訳、青土社、2000 年）〕; Emily Martin, "The Egg and the Sperm: How Science Has Constructed a Romance Based on Stereotypical Male-Female Roles," *Signs* 16, no. 3 (1991); Lisa H. Weasel, "Dismantling the Self/Other Dichotomy in Science: Towards a Feminist Model of the Immune System," *Hypatia* 16, no. 1 (2001).

49. Haraway, "Biopolitics of Postmodern Bodies," 204, 223.

50. Emily Martin, "The Woman in the Flexible Body," in *Revisioning Women, Health and Healing: Feminist, Cultural, and Technoscience Perspectives*, ed. Adele Clarke and Virginia L. Olesen (New York: Routledge, 1999), 101.

51. Ibid., 101, 103, 102.

52. Weasel, "Dismantling the Self/Other Dichotomy," 30, 35.

53. Kast, "Predominance of Autoimmune and Rheumatic Diseases"; Stewart, "Female X-Inactivation Mosaic."

54. Z. Ozbalkan et al., "Skewed X Chromosome Inactivation in Blood Cells of Women with Scleroderma," *Arthritis & Rheumatism* 52, no. 5 (2005); T. Ozcelik et al., "Evidence from Autoimmune Thyroiditis of Skewed X-Chromosome Inactivation in Female Predisposition to Autoimmunity," *European Journal of Human Genetics* 14, no. 6 (2006).

55. P. Invernizzi et al., "X Monosomy in Female Systemic Lupus Erythematosus," *Annals of the New York Academy of Sciences* 1110 (2007); Accelerated Cure Project, "Analysis of Genetic Mutations or Alleles on the X or Y Chromosome as Possible Causes of Multiple Sclerosis," http://www.acceleratedcure.org/sites/default/ files/curemap/phase2-genetics-xy-chromosomes.pdf (October 2006); G. P. Knudsen, "Gender Bias in Autoimmune Diseases: X Chromosome Inactivation in Women with Multiple Sclerosis," *Journal of the Neurological Sciences* 286, no. 1–2 (2009); G. P. Knudsen et al., "X Chromosome Inactivation in Females with Multiple Sclerosis," *European Journal of Neurology* 14, no. 12 (2007); S. Chitnis et al., "The Role of X-Chromosome Inactivation in Female Predisposition to Autoimmunity," *Arthritis Research* 2, no. 5 (2000); M. F. Seldin et al., "The Genetics Revolution and the Assault on Rheumatoid Arthritis," *Arthritis & Rheumatism* 42, no. 6 (1999); T. H. Brix et al., "No Link between X Chromosome Inactivation Pattern and Simple Goiter in Females: Evidence from a Twin Study," *Thyroid* 19, no. 2 (2009); E. Pasquier et al., "Strong Evidence that Skewed X-Chromosome Inactivation Is Not Associated with Recurrent Pregnancy Loss: An Incident Paired Case Control Study," *Human Reproduction* 22, no. 11 (2007).

56. P. Invernizzi, "The X Chromosome in Female-Predominant Autoimmune Diseases," *Annals of the New York Academy of Sciences* 1110 (2007); Y. Svyryd et al., "X Chromosome Monosomy in Primary and Overlapping Autoimmune Diseases," *Autoimmunity Reviews* 11, no. 5 (2012).

57. L. M. Russell et al., "X Chromosome Loss and Ageing," *Cytogenetics and Genome Research* 116, no. 3 (2007). J. M. Amos-Landgraf et al., "X Chromosome-Inactivation Patterns of 1,005 Phenotypically Unaffected Females," *American Journal of Human Genetics* 79, no. 3 (2006): 497. 以下も参照。Andrew Sharp, David Robinson, and Patricia Jacobs, "Age- and Tissue-Specific Variation of X Chromosome Inactivation Ratios in Normal Women," *Human Genetics* 107, no. 4 (2000).

58. 以下も参照。Lockshin, "Sex Differences in Autoimmune Disease"; M. D. Lockshin, "Nonhormonal Explanations for Sex Discrepancy in Human Illness," *Annals of the New York Academy of Sciences* 1193, no. 1 (2010); Oliver and Silman, "Why Are Women Predisposed."

59. たとえば、クアイテロ等は、「いくつかの報告には、患者とコントロール群を比較した時に、おそらく病因や病理、あるいはX染色体不活化の歪みが女性に偏った自己免疫に影響するまだわかっていないメカニズムのために生

じる不活化パターンの大きな違いを示すことができないという矛盾がみられる。また、年齢の差、サンプルの大きさ、X 不活化の偏りのためのカットオフポイント（閾値）の定義にある違いも、この不一致の原因だろう。また、X 染色体不活化の偏りのパターンにある重要な違いを発見するために、血液よりも適切な組織のある可能性についても検討されるべきだ」と記した。Olga L. Quintero et al., “Autoimmune Disease and Gender: Plausible Mechanisms for the Female Predominance of Autoimmunity,” in “Gender, Sex Hormones, Pregnancy and Autoimmunity,” ed. Yehuda Shoenfeld, Angela Tincani, and M. Eric Gershwin, special issue, *Journal of Autoimmunity* 38,no. 2–3 (2012): J113.

60. C. Selmi, “The X in Sex: How Autoimmune Diseases Revolve around Sex Chromosomes,” *Best Practice & Research: Clinical Rheumatology* 22, no. 5 (2008): 913; Z. Spolarics, “The X-Files of Inflammation: Cellular Mosaicism of X-Linked Polymorphic Genes and the Female Advantage in the Host Response to Injury and Infection,” *Shock* 27, no. 6 (2007): 599–98.

61. Barbara R. Migeon, *Females Are Mosaics: X Inactivation and Sex Differences in Disease* (New York: Oxford University Press, 2007), 208.

62. Ibid., 211.

63. Ibid., 18.

64. Ibid., 44; Barbara R. Migeon, “X-Chromosome Inactivation: Molecular Mechanisms and Genetic Consequences,” *Trends in Genetics* 10, no. 7 (1994): 230.

65. Barbara R. Migeon, “The Role of X Inactivation and Cellular Mosaicism in Women's Health and Sex-Specific Diseases,” *JAMA* 295, no. 12 (2006): 1429.

66. Migeon, *Females Are Mosaics,* 208.

67. Barbara R. Migeon, “Non-random X Chromosome Inactivation in Mammalian Cells,” *Cytogenetics and Cell Genetics* 80, no. 1–4 (1998): 147.

68. Migeon, *Females Are Mosaics,* 209; Migeon, “Role of X Inactivation and Cellular Mosaicism,” 1432–33.

69. Migeon, “Role of X Inactivation and Cellular Mosaicism,” 1432–33.

70. Migeon, *Females Are Mosaics,* 211.

71. Ibid., 17, 188.

72. N. Takagi, “The Role of X-Chromosome Inactivation in the Manifestation of Rett Syndrome,” *Brain Development* 23 Suppl 1 (2001): S182.

73. A. Renieri et al., “Rett Syndrome: The Complex Nature of a Monogenic Disease,” *Journal of Molecular Medicine* 81, no. 6 (2003). しかしミジョンは、X 不活化の偏りは MECP2 の変異と関係して、女性のレット症候群の表現型を媒介すると主張した。

74. E. M. Maier et al., “Disease Manifestations and X Inactivation in Heterozygous

Females with Fabry Disease," *Acta Paediatrica Supplement* 95, no. 451 (2006).

75. Migeon, "X-Chromosome Inactivation," 230.

76. Migeon, *Females Are Mosaics*, 211.

77. Ibid., 207; Migeon, "X-Chromosome Inactivation," 230.

78. Joel Zlotogora, "Germ Line Mosaicism," *Human Genetics* 102, no. 4 (1998).

79. A. Gimelbrant et al., "Widespread Monoallelic Expression on Human Autosomes," *Science* 318, no. 5853 (2007): 1139.

80. R. Ohlsson, "Genetics: Widespread Monoallelic Expression," *Science* 318,no. 5853 (2007): 1077.

81. Ibid.

82. Paul J. Bonthuis, Kimberly H. Cox, and Emilie F. Rissman, "X-Chromosome Dosage Affects Male Sexual Behavior," *Hormones and Behavior* 61, no. 4 (2012): 565, 強調著者。

83. Ibid., 571, 強調著者。

84. P. J. Wang et al., "An Abundance of X-Linked Genes Expressed in Spermatogonia," *Nature Genetics* 27, no. 4 (2001): 423, my emphasis; Seema Kumar, "Genes for Early Sperm Production Found to Reside on X Chromosome," press release, 4 April 2001, http://web.mit.edu/newsoffice/2001/sperm-0404.

85. Martin, "Egg and the Sperm."

86. ネリー・オウドショーン（Nellie Oudshoorn）とアン・ファウスト＝スターリング（Anne Fausto-Sterling）は、性ステロイドであるエストロゲンとテストステロンについて同様の研究をした。Nelly Oudshoorn, *Beyond the Natural Body: An Archaeology of Sex Hormones* (New York: Routledge, 1994); Anne Fausto-Sterling, *Sexing the Body: Gender Politics and the Construction of Sexuality* (New York: Basic Books, 2000).

87. Evelyn Fox Keller, "The Origin, History, and Politics of the Subject Called 'Gender and Science,'" in *Handbook of Science and Technology Studies*, ed. Sheila Jasanoff et al. (Thousand Oaks, CA: Sage, 1995), 87.

第七章

1. 女性の歴史には、大きく方法論的に多様な文献がある。その方法と成果への導入としては、ナンシー・コット（Nancy Cott）の業績、特に以下を参照のこと。Nancy F. Cott, *No Small Courage: A History of Women in the United States* (New York: Oxford University Press, 2000). 以下も参照のこと。Joan Kelly, Women, *History & Theory: The Essays of Joan Kelly* (Chicago: University of Chicago Press, 1984); Joan W. Scott, *Gender and the Politics of History* (New York: Columbia University Press, 1988).

2. Steven Epstein, *Inclusion: The Politics of Difference in Medical Research* (Chicago: University of Chicago Press, 2007); Sandra Morgen, *Into Our Own Hands: The Women's Health Movement in the United States, 1969–1990* (New Brunswick, NJ: Rutgers University Press, 2002); Florence P. Haseltine and Beverly Greenberg Jacobson, *Women's Health Research: A Medical and Policy Primer* (Washington, DC: Health Press International, 1997).

3. 以下も参照のこと。Patricia A. Gowaty, "Sexual Natures: How Feminism Changed Evolutionary Biology," *Signs* 28, no. 3 (2003); Angela N. H. Creager, Elizabeth Lunbeck, and Londa L. Schiebinger, *Feminism in Twentieth-Century Science, Technology, and Medicine* (Chicago: University of Chicago Press, 2001); Londa L. Schiebinger, *Gendered Innovations in Science and Engineering* (Stanford, CA: Stanford University Press, 2008); Joan M. Gero and Margaret Wright Conkey, *Engendering Archaeology: Women and Prehistory* (Cambridge, MA: Blackwell, 1991); Donna Jeanne Haraway, *Primate Visions: Gender, Race, and Nature in the World of Modern Science* (New York: Routledge, 1989); Nancy Tanner and Adrienne Zihlman, "Women in Evolution, Part I: Innovation and Selection in Human Origins," *Signs* 1, no. 3 (1976); Adrienne Zihlman, "Women in Evolution, Part II: Subsistence and Social Organization among Early Hominids " *Signs* 4, no. 1 (1978); Sarah Blaffer Hrdy, *The Woman that Never Evolved* (Cambridge, MA: Harvard University Press, 1981).

4. 学術的なジェンダー論の歴史については以下を参照。Marilyn J. Boxer, *When Women Ask the Questions: Creating Women's Studies in America* (Baltimore: Johns Hopkins University Press, 1998).

5. Helen E. Longino. "Can There Be a Feminist Science?," *Hypatia* 2, no. 3 (1987); Helen E. Longino. "Cognitive and Non-cognitive Values in Science: Rethinking the Dichotomy," in *Feminism and Philosophy of Science*, ed. Jack Nelson and Lynn Hankinson Nelson (Boston: Kluwer, 1996), 50.

6. フェミニスト科学論における科学のジェンダー分析をめぐる理論的議論については、以下を参照。Sandra Harding, "Rethinking Standpoint Epistemology: What Is 'Strong Objectivity'?," in *Feminist Epistemologies,* ed. Linda Alcoff and Elizabeth Potter (New York: Routledge, 1993); Evelyn Fox Keller, "The Origin, History, and Politics of the Subject Called 'Gender and Science,'" in *Handbook of Science and Technology Studies,* rev. ed., ed. Sheila Jasanoff, Gerald E. Markle, James C. Petersen, and Trevor Pinch (Thousand Oaks, CA: Sage, 1995); Longino. "Can There Be a Feminist Science?"; Helen Longino. "Subjects, Power, Knowledge: Prescriptivism and Descriptivism in Feminist Philosophy of Science," in *Feminist Epistemologies*, ed. Linda Alcoff and Elizabeth Potter (New York: Routledge, 1992); Helen E. Longino and Evelynn Hammonds, "Conflicts and Tensions in the Feminist Study of Gender and Science," in *Conflicts in Feminism,* ed. Marianne Hirsch and Evelyn Fox Keller (New York: Routledge, 1990); Donna Jeanne Haraway, "Situated

Knowledges: The Science Question in Feminism and the Privilege of Partial Perspective," in *Simians, Cyborgs, and Women: The Reinvention of Nature* (New York: Routledge, 1991).〔「第 9 章　状況に置かれた知――フェミニズムにおける科学という問題と、部分的視角が有する特権」、ダナ・J・ハラウェイ『猿と女とサイボーグ――自然の再発明』高橋さきの訳、青土社、2000 年〕。

7. P. N. Goodfellow, *The Mammalian Y Chromosome: Molecular Search for the Sex-Determining Factor* (Cambridge: Company of Biologists, 1987) に引用されたサザン。

8. Ibid., 1.

9. 以下を参照。Bryan Sykes, *Adam's Curse: A Future without Men* (New York: Bantam Press, 2003) 60–66.〔ブライアン・サイクス『アダムの呪い』大野晶子訳、ソニーマガジンズ、2004 年〕。

10. Tom Wilkie, "At the Flick of a Genetic Switch," *London Independent*, 13 May 1991.

11. 以下を参照。Sykes, *Adam's Curse*, 60–66.〔ブライアン・サイクス『アダムの呪い』〕。

12. Ibid., 71.

13. D. C. Page et al., "The Sex-Determining Region of the Human Y Chromosome Encodes a Finger Protein," *Cell* 51, no. 6 (1987); P. Berta et al., "Genetic Evidence Equating SRY and the Testis-Determining Factor," *Nature* 348, no. 6300 (1990); P. Koopman et al., "Male Development of Chromosomally Female Mice Transgenic for SRY," *Nature* 351, no. 6322 (1991); D. Vollrath et al., "The Human Y Chromosome: A 43-Interval Map Based on Naturally Occurring Deletions," *Science* 258, no. 5079 (1992).

14. Natalie Angier, "Scientists Say Gene on Y Chromosome Makes a Man a Man," *New York Times,* 19 July 1990; Nigel Williams,"So That's What Little Boys Are Made Of," *Guardian*, 20 July 1990.

15. Williams, "So That's What Little Boys Are Made Of."《SRY》発見についてのルポルタージュのサイエンス・コミュニケーション分析は以下を参照。Molly J. Dingel and Joey Sprague, "Research and Reporting on the Development of Sex in Fetuses: Gendered from the Start," *Public Understanding of Science* 19, no. 2 (2010).

16. A. Jost, P. Gonse-Danysz, and R. Jacquot, "Studies on Physiology of Fetal Hypophysis in Rabbits and Its Relation to Testicular Function," *Journal of Physiology* (Paris) 45, no. 1 (1953).

17. C. E. Ford, "A Sex Chromosome Anomaly in a Case of Gonadal Dysgenesis (Turner's Syndrome)," *Lancet* 273, no. 7075 (1959).

18. 以下も参照。Anne Fausto-Sterling, *Sexing the Body: Gender Politics and the Construction of Sexuality* (New York: Basic Books, 2000), 199–205.

19. Goodfellow, *Mammalian Y Chromosome*, 1.

20. Ibid.

21. ジョアン・フジムラ（Joan Fujimura）も、より社会学的アプローチを用いて同様の主張をしている。Joan Fujimura, "'Sex Genes': A Critical Sociomaterial Approach to the Politics and Molecular Genetics of Sex Determination," *Signs* 32, no. 1 (2006).

22.「メインストリーム化」は一般には、雇用とダイバーシティーの実践や、カリキュラムあるいは分野において一流とみなされる種類の研究への変化など、ジェンダーが分析のための分類として体系的に認識されている社会的制度的実践の中の明確な変化を指す。

23. James C. Puffer, "Gender Verification of Female Olympic Athletes," *Medicine and Science in Sports and Exercise* 34, no. 10 (2002).

24. Alice Domurat Dreger, *Hermaphrodites and the Medical Invention of Sex* (Cambridge, MA: Harvard University Press, 1998); Alice Domurat Dreger, *Intersex in the Age of Ethics* (Hagerstown, MD: University, 1999).

25. たとえば次を参照。Joan Roughgarden, *Evolution's Rainbow: Diversity, Gender, and Sexuality in Nature and People* (Berkeley: University of California Press, 2004); Bruce Bagemihl, *Biological Exuberance: Animal Homosexuality and Natural Diversity* (New York: St. Martin's Press, 1999).

26. Anne Fausto-Sterling, "Life in the XY Corral," *Women's Studies International Forum* 12, no. 3 (1989): 326–27, 330.

27. Ibid., 329; E. M. Eicher and L. L. Washburn, "Genetic Control of Primary Sex Determination in Mice," *Annual Review of Genetics* 20 (1986).

28. Judith Butler, *Gender Trouble: Feminism and the Subversion of Identity* (New York: Routledge, 1990).〔ジュディス・バトラー『ジェンダー・トラブル―フェミニズムとアイデンティティの攪乱』竹村和子訳、青土社、1999年〕。

29. J. A. Graves and R. V. Short, "Y or X—Which Determines Sex?," Reproduction, *Fertility, and Development* 2, no. 6 (1990): 731.

30. Ken Reed and Jennifer A. Marshall Graves, *Sex Chromosomes and Sex-Determining Genes* (Langhorne, PA: Harwood, 1993), x, 強調著者。

31. Ibid., 375, 強調原文。座長は不詳。

32. Ibid., 384.

33. K. McElreavey et al., "A Regulatory Cascade Hypothesis for Mammalian Sex Determination: SRY Represses a Negative Regulator of Male Development," *Proceedings of the National Academy of Sciences USA* 90, no. 8 (1993).

34. Scott H. Podolsky and Alfred I. Tauber, *The Generation of Diversity: Clonal Selection Theory and the Rise of Molecular Immunology* (Cambridge, MA: Harvard University Press, 1997);（Evelyn Fox Keller, The Century of the Gene (Cambridge, MA: Harvard

University Press, 2000)〔エヴリン・フォックス・ケラー『遺伝子の新世紀』長野敬、赤松真紀訳、青土社、2001 年〕; Sohotra Sarkar, "From Genes as Determinants to DNA as Resource: Historical Notes on Development and Genetics," in *Genes in Development: Re-reading the Molecular Paradigm*, ed. Eva Neumann-Held and Christoph Rehmann-Sutter (Durham, NC: Duke University Press, 2006).

35. W. Just et al., "Absence of SRY in Species of the Vole Ellobius," *Nature Genetics* 11, no. 2 (1995).

36. Rosemary White, "Professor Jennifer A.M. Graves, FAA," *Women in Science Network Journal* 58 (2001).

37. A. H. Sinclair et al., "Sequences Homologous to ZFY, a Candidate Human Sex-Determining Gene, Are Autosomal in Marsupials," *Nature* 336, no. 6201 (1988); Steve Jones, *Y: The Descent of Men* (London: Little, Brown, 2002); Sykes, *Adam's Curse*〔サイクス『アダムの呪い』〕; White, "Professor Jennifer A.M. Graves, FAA."

38. White, "Professor Jennifer A.M. Graves."

39. J. A. Graves, "Human Y Chromosome, Sex Determination, and Spermatogenesis—A Feminist View," *Biology of Reproduction* 63, no. 3 (2000): 667–68, 673.

40. Ibid., 674.

41. Ibid., 669.

42. Ibid.

43. Ibid., 667.

44. Derek Chadwick et al., *The Genetics and Biology of Sex Determination* (New York: John Wiley, 2002).

45. Ibid., 15.

46. Ibid., 247.

47. Ibid., 47, 49.

48. Ibid., 99.

49. Ibid., 40.

50. Ibid., 36, 12.

51. Ibid., 51.

52. Ibid., 253.

53. Ibid., 55.

54. E. Vilain, "Expert Interview Transcript," in *Rediscovering Biology: Molecular to Global Perspectives,* electronic media (Oregon Public Broadcasting and Annenberg-Media-Learner.org, 2004); D. C. Page, "Expert Interview Transcript," in *Rediscovering Biology.*

55. Vilain, "Expert Interview Transcript"; Holly Ingraham, "Expert Interview Transcript," in *Rediscovering Biology*; Page, "Expert Interview Transcript."

56. Vilain, "Expert Interview Transcript."

57. Page, "Expert Interview Transcript."

58. Vilain, "Expert Interview Transcript"; Ingraham, "Expert Interview Transcript"; Page, "Expert Interview Transcript."

59. Bob Beale, "The Sexes: New Insights into the X and Y Chromosomes," *Scientist*, 23 July 2001.

第八章

1. D. C. Page, "Sexual Evolution: From X to Y," in *Sex Determination: Lecture Series* (Chevy Chase, MD: Howard Hughes Medical Institute, 2001).

2. Kate McDonald, "ICHG: Jenny Graves Is Talking About Sex—Again," *Australian Biotechnology News*, 21 July 2006.

3. 以下を参照。D. Haraway, "Situated Knowledges: The Science Question in Feminism and the Privilege of Partial Perspective," *Feminist Studies* 14, no. 3 (1988).

4. J. A. Graves and R. John Aitken, "The Future of Sex," *Nature* 415, no. 6875 (2002): 963.

5. J. A. Graves, "The Degenerate Y Chromosome—Can Conversion Save It?," *Reproduction, Fertility, and Development* 16, no. 5 (2004): 532.

6. J. A. Graves, "The Rise and Fall of SRY," *Trends in Genetics* 18, no. 5 (2002).

7. John Mangels, "Is the Gene Pool Shrinking Men Out of Existence?," *Cleveland Plain Dealer,* 30 May 2004; David Plotz, "The Male Malaise; Is the Y Chromosome Set to Self-Destruct?," *Washington Post,* 11 April 2004; Richard Pendlebury, "Men Are Doomed," *London Daily Mail,* 18 August 2003; e.g., "Study: 'Male' Chromosome to Stick Around," *CNN.com,* 31 August 2005.

8. Peter McAllister, *Manthropology: The Science of Why the Modern Male Is Not the Man He Used to Be* (New York: St. Martin's Press, 2010), 4.

9. Steve Jones, *Y: The Descent of Men* (London: Little, Brown, 2002), 257–58.

10. Bryan Sykes, *Adam's Curse: A Future without Men* (New York: Bantam Press, 2003), 277, 289, 292–93.〔ブライアン・サイクス『アダムの呪い』大野晶子訳、ソニーマガジンズ、2004年〕。

11. Ibid., 297, 302.

12. Gail Bederman, *Manliness & Civilization: A Cultural History of Gender and Race in the United States, 1880–1917* (Chicago: University of Chicago Press, 1995); David I. Macleod, *Building Character in the American Boy: The Boy Scouts, YMCA, and Their Forerunners, 1870–1920* (Madison: University of Wisconsin Press, 1983); Mark C. Carnes and Clyde Griffen, *Meanings for Manhood: Constructions of Masculinity in Victorian America* (Chicago: University of Chicago Press, 1990); Catherine Robson, *Men in Wonderland: The*

Lost Girlhood of the Victorian Gentleman (Princeton, NJ: Princeton University Press, 2001).

13. Jane Mansbridge and Shauna L. Shames, "Toward a Theory of Backlash: Dynamic Resistance and the Central Role of Power," *Politics & Gender* 4, no. 4 (2008).

14. Susan Faludi, *Backlash: The Undeclared War against American Women* (New York: Crown, 1991); Ariel Levy, *Female Chauvinist Pigs: Women and the Rise of Raunch Culture* (New York: Free Press, 2005).

15. Yvonne Tasker and Diane Negra, *Interrogating Postfeminism: Gender and the Politics of Popular Culture* (Durham, NC: Duke University Press, 2007), 3.

16. Katie Roiphe, "The Naked and the Conflicted," *New York Times,* 31 December 2009.

17. Kerstin Aumann, Ellen Galinsky, and Kenneth Matos, "The New Male Mystique" (New York: Families and Work Institute, 2011).

18. 男性の精子の質が低下していることへの関心を引き起こした論文は以下のものである。E. Carlsen et al., "Evidence for Decreasing Quality of Semen During Past 50 Years," *BMJ* 305, no. 6854 (1992). これらの主張は最近では以下で、広く論じられた。E. te Velde et al., "Is Human Fecundity Declining in Western Countries?," *Human Reproduction* 25, no. 6 (2010).

19. Ralph A. Catalano et al., "Temperature Oscillations May Shorten Male Lifespan via Natural Selection in Utero," *Climatic Change* (June 2011); Tim McDonnell, "Lost Boys: In a Warmer World, Will Males Die Sooner?," *Grist*, 30 June 2011, http://grist.org/climate-change/2011-06-30-lost-boys-warmer-world-males-die-sooner-global-warming/.

20. N. E. Skakkebaek, E. Rajpert-De Meyts, and K. M. Main, "Testicular Dysgenesis Syndrome: An Increasingly Common Developmental Disorder with Environmental Aspects," *Human Reproduction* 16, no. 5 (2001).

21. Hanna Rosin, "The End of Men," *Atlantic*, July/August 2010.

22. Ibid.

23. Martha McCaughey, *The Caveman Mystique: Pop-Darwinism and the Debates over Sex, Violence, and Science* (New York: Routledge, 2008), 18.

24. Michael S. Kimmel, *The Gendered Society* (New York: Oxford University Press, 2000), 146.

25. こうした理由で、マウスとチンパンジーの解読プロジェクトではYが除外された。

26. H. Skaletsky et al., "The Male-Specific Region of the Human Y Chromosome Is a Mosaic of Discrete Sequence Classes," *Nature* 423, no. 6942 (2003).

27. Susumu Ohno, *Sex Chromosomes and Sex-Linked Genes* (New York: Springer-Verlag, 1967); Susumu Ohno, *Major Sex-Determining Genes* (1971; New York: Springer-Verlag, 1979).

28. Maureen Dowd, "X-Celling over Men," *New York Times*, 20 March 2005 でのページの引用。

29. Gary Stix, "Geographer of the Male Genome," *Scientific American,* December 2004.

30. "David Page: The Evolution of Sex: Rethinking the Rotting Y Chromosome," in *MIT World* (Cambridge, MA: Whitehead Institute for Biomedical Research, 2003).

31. Kelli Whitlock, "The 'Y' Files," *Paradigm*, Fall 2003.

32. D. C. Page, "Save the Males!," *Nature Genetics* 17, no. 1 (1997); "David Page: The Evolution of Sex"; D. C. Page, "2003 Curt Stern Award Address: On Low Expectations Exceeded; or, The Genomic Salvation of the Y Chromosome," *American Journal of Human Genetics* 74, no. 3 (2004); Delia K. Cabe, "An Unfinished Story about the Genesis of Maleness," *HHMI Bulletin*, September 2000, 25.

33. Dowd, "X-Celling over Men."

34. Skaletsky et al., "Male-Specific Region of the Human Y Chromosome."

35. "David Page: The Evolution of Sex."

36. R. A. Fisher, "The Evolution of Dominance," *Biological Reviews* 6 (1931).

37. L. D. Hurst, "Embryonic Growth and the Evolution of the Mammalian Y Chromosome. I. The Y as an Attractor for Selfish Growth Factors," *Heredity* 73,pt. 3 (1994); L. D. Hurst, "Embryonic Growth and the Evolution of the Mammalian Y Chromosome. II. Suppression of Selfish Y-Linked Growth Factors May Explain Escape from X-Inactivation and Rapid Evolution of SRY," *Heredity* 73, pt. 3 (1994).

38. B. T. Lahn and D. C. Page, "Functional Coherence of the Human Y Chromosome," *Science* 278, no. 5338 (1997): 363; P. S. Burgoyne, "The Mammalian Y Chromosome: A New Perspective," *Bioessays* 20, no. 5 (1998).

39. Lahn and Page, "Functional Coherence of the Human Y Chromosome," 675, 679.

40. Ibid., 678.

41. R. Saxena et al., "The DAZ Gene Cluster on the Human Y Chromosome Arose from an Autosomal Gene that Was Transposed, Repeatedly Amplified and Pruned," *Nature* Genetics 14, no. 3 (1996): 297.

42. Ibid., 298.

43. Ibid., 292.

44. Ibid., 298.

45. B. T. Lahn and D. C. Page, "Retroposition of Autosomal mRNA Yielded Testis-Specific Gene Family on Human Y Chromosome," *Nature Genetics* 21, no. 4 (1999): 432.

46. Ibid., 429, 432.

47. Skaletsky et al., "Male-Specific Region of the Human Y Chromosome."

48. Ibid., 825; regarded as "anecdotal," Lahn and Page, "Functional Coherence of the

Human Y Chromosome."

49. Skaletsky et al., "Male-Specific Region of the Human Y Chromosome," 835.

50. Ibid., 834.

51. R. Scott Hawley, "The Human Y Chromosome: Rumors of Its Death Have Been Greatly Exaggerated," *Cell* 113 (2003).

52. Page, "2003 Curt Stern Award Address."

53. Dowd, "X-Celling over Men"; Page, "Sexual Evolution: From X to Y"; "David Page: The Evolution of Sex."

54. Skaletsky et al., "Male-Specific Region of the Human Y Chromosome," 836. 55. Burgoyne, "Mammalian Y Chromosome," 365.

56. J. W. Foster et al., "Evolution of Sex Determination and the Y Chromosome: SRY-Related Sequences in Marsupials," *Nature* 359, no. 6395 (1992); J. W. Foster and J. A. Graves, "An SRY-Related Sequence on the Marsupial X Chromosome: Implications for the Evolution of the Mammalian Testis-Determining Gene," *Proceedings of the National Academy of Sciences USA* 91, no. 5 (1994).

57. J. A. Graves, "Sex Chromosomes and Sex Determination in Weird Mammals," *Cytogenetics and Genome Research* 96 (2002): 165.

58. Foster and Graves, "SRY-Related Sequence," 1927.

59. Graves, "Rise and Fall of SRY," 262.

60. W. Just et al., "Absence of SRY in Species of the Vole Ellobius," *Nature Genetics* 11, no. 2 (1995).

61. J. A. Graves, "The Evolution of Mammalian Sex Chromosomes and the Origin of Sex Determining Genes," *Philosophical Transactions of the Royal Society of London B: Biological Sciences* 350, no. 1333 (1995): 306.

62 Ibid.

63. Ibid., 306, 307.

64. 「ジャンク DNA」は、グレイヴスの用語である。グレイヴスはこの用語を、偽遺伝子あるいはその他の不活性の遺伝子産物一般を指して用いていたようだ。いわゆるジャンク DNA が、蛋白のためのコードを作らないために、遺伝子の作動に何の役割も担っていないという見方は、ノンコーディング DNA に位置するモジュールが、遺伝子制御、保存、修復において中心的な役割を果たすという証拠と矛盾する」。

65. Graves, "Evolution of Mammalian Sex Chromosomes," 310.

66. M. L. Delbridge and J. A. Graves, "Mammalian Y Chromosome Evolution and the Male-Specific Functions of Y Chromosome-Borne Genes," *Reviews of Reproduction* 4, no. 2 (1999): 101.

67. J. A. Graves, "Human Y Chromosome, Sex Determination, and Spermatogenesis—

A Feminist View," *Biology of Reproduction* 63, no. 3 (2000) として発表された。

68. Y染色体遺伝子の源についての性矛盾的なモデルを表現するのに「利己的」という言葉を用いる元となったのは、このモデルを最初の発展させたハーストである。以下を参照。Hurst, "Embryonic Growth and the Evolution of the Mammalian Y Chromosome. I. The Y as an Attractor for Selfish Growth Factors"; J. A. Graves and S. Shetty, "Sex from W to Z: Evolution of Vertebrate Sex Chromosomes and Sex Determining Genes," *Journal of Experimental Zoology* 290 (2001); Lahn and Page, "Functional Coherence of the Human Y Chromosome"; J. A. Graves, "Sex Chromosomes and the Future of Men," in *National Science Week* (Canberra: Australian National University College of Science, 2006).

69. Graves, "Human Y Chromosome, Sex Determination, and Spermatogenesis," 673.

70. Ibid., 674.

71. Ibid., 675.

72. J. A. Graves, "Sex, Genes and Chromosomes: A Feminist View," *Women in Science Network Journal* 59 (2002); Graves and Shetty, "Sex from W to Z," 454.

73. McDonald, "ICHG: Jenny Graves Is Talking About Sex—Again."

74. Graves, "Sex Chromosomes and Sex Determination in Weird Mammals."

75. Graves, "Evolution of Mammalian Sex Chromosomes," 312; J. A. Graves, "Sex Chromosomes and the Future of Men," in *Gender and Genomics: Sex, Science and Society* (Los Angeles: UCLA Center for Society and Genetics, 2005); J. A. Graves, "Sex Chromosome Specialization and Degeneration in Mammals," *Cell* 124 (2006): 906.

76. Graves, "Human Y Chromosome, Sex Determination, and Spermatogenesis," 668, 674.

77. D. C. Page et al., "Abundant Gene Conversion Between Arms of Palindromes in Human and Ape Y Chromosomes," *Nature* 423, no. 6942 (2003): 875.

78. Page, "2003 Curt Stern Award Address," 400.

79. E.g., David Bainbridge, "He and She: What's the Real Difference? A New Study of the Y Chromosome Suggests that the Genetic Variation Between Men and Women Is Greater than We Thought," *Boston Globe*, 6 July 2003.

80. Elizabeth Pennisi, "Mutterings from the Silenced X Chromosome," *Science* 307, no. 5716 (2005).

81. Hawley, "Human Y Chromosome," 825, 827.

82. D. C. Page et al., "Conservation of Y-Linked Genes during Human Evolution Revealed by Comparative Sequencing in Chimpanzee," *Nature* 437, no. 7055 (2005): 101, 103.

83. Ibid., 102.

84. "Study: 'Male' Chromosome to Stick Around."

85. Graves, "Degenerate Y Chromosome," 532.

86. Ibid.

87. Ibid., 531.

88. "David Page: The Evolution of Sex."

89. Graves, "Sex Chromosome Specialization," 910. 以下も参照。D. T. Gerrard and D. A. Filatov, "Positive and Negative Selection on Mammalian Y Chromosomes," *Molecular Biology and Evolution* 22, no. 6 (2005); Page et al., "Conservation of Y-Linked Genes."

90. Graves, "Sex Chromosome Specialization," 911.

91. Stix, "Geographer of the Male Genome"; Dowd, "X-Celling over Men."

92. このエピソードと、男性の攻撃性についての XYY 理論や女性の生物学的性質についての X モザイク性理論のような事例が区別されるのは、フェミニストやアンチフェミニストの視座があるかないかではない、ということには注意されたい。それよりも重要だったのは、ライバル関係にある科学的モデルの発展において、対立するジェンダーの考え方が果たした、批判的でオープンで再帰的な役割だ。これは重要な点だ。批判的でオープンな議論の一部として、フェミニストの視座は、性とジェンダーについての私たちの思索に価値ある貢献をし、科学にバイアスをもたらす前提の存在を明らかにするだろう。しかし、科学の中にフェミニストの視座が存在することは、それ自体が、科学をバイアスのないものにするのではない。フェミニストの見方が科学でオープンに実践される時には、「バイアス」が存在しているだろうし、フェミニストの視座が歓迎されていないからといって、必ずしも悪いバイアスのある科学に帰結するわけでもない。

第九章

1. L. Carrel and H. F. Willard, "X-Inactivation Profile Reveals Extensive Variability in X-Linked Gene Expression in Females," *Nature* 434, no. 7031 (2005). ヒトゲノムの暫定版は 2001 年に発表されたが、一般的に知られているのとは対照的に、これはゲノムの「完全な」配列ではなかった。それぞれの染色体の解読合同委員会が続く数年をかけて「完全な」配列を発表した。X 染色体合同委員会は結果を 2005 年 3 月に発表した。以下も参照。Mark T. Ross, "The DNA Sequence of the Human X Chromosome," *Nature* 434, no. 7031 (2005).

2. 以下を参照。"Variation in Women's X Chromosomes May Explain Difference among Individuals, between Sexes," press release, 16 March 2005, http://www.genome.duke .edu/press/news/03–16-2005/; Fred Guterl, "The Truth about Gender," *Newsweek*, 28 March 2005.

3. Robert Lee Hotz, "Women Are Very Much Not Alike, Gene Study Finds," *Los An-*

geles Times, 17 March 2005; Maureen Dowd, "X-Celling over Men," *New York Times*, 20 March 2005.

4. Elizabeth Pennisi, "Mutterings from the Silenced X Chromosome," *Science* 307, no. 5716 (2005): 1708.

5. H. Skaletsky et al., "The Male-Specific Region of the Human Y Chromosome Is a Mosaic of Discrete Sequence Classes," *Nature* 423, no. 6942 (2003): 836.

6. Ibid.

7. David Bainbridge, "He and She: What's the Real Difference? A New Study of the Y Chromosome Suggests that the Genetic Variation Between Men and Women Is Greater than We Thought," *Boston Globe*, 6 July 2003.

8. L. J. Shapiro et al., "Non-inactivation of an X-Chromosome Locus in Man," *Science* 204, no. 4398 (1979); Carolyn J. Brown, Laura Carrel, and Huntington F. Willard, "Expression of Genes from the Human Active and Inactive X Chromosomes," *American Journal of Human Genetics* 60, no. 6 (1997).

9. Carrel and Willard, "X-Inactivation Profile," 403.

10. Ibid.

11. Jonathan Marks, *What It Means to Be 98% Chimpanzee: Apes, People, and Their Genes* (Berkeley: University of California Press, 2002). 12. Ibid., 70.

13. Londa L. Schiebinger, *Nature's Body: Gender in the Making of Modern Science* (Boston: Beacon Press, 1993), 97–98.〔ロンダ・シービンガー『女性を弄ぶ博物学——リンネはなぜ乳房にこだわったのか?』小川眞里子、財部香枝訳、工作舎、1996年〕。

14. Stephen Jay Gould, *The Mismeasure of Man*, rev. and expanded ed. (New York: Norton, 1996), 104〔スティーブン・ジェイ・グールド『人間の測りまちがい——差別の科学史〈上〉〈下〉』鈴木善次、森脇靖子訳、河出文庫、2008年〕; Schiebinger, *Nature's Body*, 158.〔ロンダ・シービンガー『女性を弄ぶ博物学——リンネはなぜ乳房にこだわったのか?』〕。

15. Carl Vogt, *Lectures on Man: His Place in Creation, and in the History of the Earth* (London: Longman, Green, Longman, and Roberts, 1864), 191–92.

16. Cynthia Eagle Russett, *Sexual Science: The Victorian Construction of Womanhood* (Cambridge, MA: Harvard University Press, 1989), 56–57.〔シンシア・イーグル・ラセット『女性を捏造した男たち——ヴィクトリア時代の性差の科学』上野直子訳、工作舎、1994年〕。

17. M. C. King and A. C. Wilson, "Evolution at Two Levels in Humans and Chimpanzees," *Science* 188, no. 4184 (1975); Marks, *What It Means*.

18. J. L. Slightom et al., "Reexamination of the African Hominoid Trichotomy with Additional Sequences from the Primate Beta-Globin Gene Cluster," *Molecular Pharmo-*

cogenetics and Evolution 1, no. 4 (1992); Marks, *What It Means*; "Initial Sequence of the Chimpanzee Genome and Comparison with the Human Genome," *Nature* 437, no. 7055 (2005): 69; T. Ryan Gregory, "Genome Size Evolution in Animals," in *The Evolution of the Genome*, ed. T. Ryan Gregory (New York: Elsevier, 2005).

19. Ajit Varki and Tasha K. Altheide, "Comparing the Human and Chimpanzee Genomes: Searching for Needles in a Haystack," in *Genomes: Perspectives from the 10th Anniversary Issue of Genome Research*, ed. Hillary E. Sussman and Maria A. Smit (Cold Spring Harbor, NY: Cold Spring Harbor Laboratory Press, 2006), 364; H. Kehrer-Sawatzki and D. N. Cooper, "Understanding the Recent Evolution of the Human Genome: Insights from Human-Chimpanzee Genome Comparisons," *Human Mutations* 28, no. 2 (2007): 126. 以下も参照。"Initial Sequence of the Chimpanzee Genome"; Gregory, "Genome Size Evolution in Animals."

20. Kehrer-Sawatzki and Cooper, "Understanding the Recent Evolution"; Marks, *What It Means.*

21. "Initial Sequence of the Chimpanzee Genome"; Kehrer-Sawatzki and Cooper, "Understanding the Recent Evolution." コピーナンバー多型や逆位、転座などのゲノムの中の構造的多型のヒトゲノム解析への重要性が増していることについては、以下で論じられている。Adam Bostanci, "Two Drafts, One Genome? Human Diversity and Human Genome Research," *Science as Culture* 15, no. 3 (2006): 195.

22. 遺伝子発現マイクロアレイ技術の長所と短所に関する議論は、以下を参照。Peter Keating and Alberto Cambrosio, "Too Many Numbers: Microarrays in Clinical Cancer Research," *Studies in History and Philosophy of Science Part C Studies in History and Philosophy of Biological and Biomedical Sciences* 43, no. 1 (2012).

23. 染色体上の遺伝子の数の精確な見積もり推測についてはもちろん懐疑的に見られなければならない。それらの見積もり推測は常に変化しており、何が遺伝子とされるのかという具体的な定義に依拠している。蛋白質をコーディングしている個別の解読枠組みとしての遺伝子という伝統的な理解は、ここ何十年かの間に、遺伝子制御や転写についての新しい発見によって弱められてきた。たとえば以下を参照。Barry Barnes and John Dupré, *Genomes and What to Make of Them* (Chicago: University of Chicago Press, 2008); Evelyn Fox Keller, *The Century of the Gene* (Cambridge, MA: Harvard University Press, 2000).〔エヴリン・フォックス・ケラー『遺伝子の新世紀』長野敬、赤松眞紀訳、青土社、2001 年〕。

24.「機能的相同体」は、おそらく X 染色体上のパートナー、あるいは発現される構造的相同体遺伝子と完全に同一で同量だが、異なる遺伝子産物を持つ。

25. Ross, "DNA Sequence," 330–31.

26. Z. Talebizadeh, S. D. Simon, and M. G. Butler, "X Chromosome Gene Expression in Human Tissues: Male and Female Comparisons," *Genomics* 88, no. 6 (2006): 680; D.

K. Nguyen and C. M. Disteche, "Dosage Compensation of the Active X Chromosome in Mammals," *Nature Genetics* 38, no. 1 (2006): 48–49, 51.

27. I. W. Craig et al., "Application of Microarrays to the Analysis of the Inactivation Status of Human X-Linked Genes Expressed in Lymphocytes," *European Journal of Human Genetics* 12, no. 8 (2004); Talebizadeh, Simon, and Butler, "X Chromosome Gene Expression."

28. Mary F. Lyon, "No Longer 'All-or-None,'" *European Journal of Human Genetics* 13, no. 7 (2005).

29. Talebizadeh, Simon, and Butler, "X Chromosome Gene Expression," 680.

30. Nguyen and Disteche, "Dosage Compensation."

31. Talebizadeh, Simon, and Butler, "X Chromosome Gene Expression."

32. R. R. Delongchamp et al., "Genome-wide Estimation of Gender Differences in the Gene Expression of Human Livers: Statistical Design and Analysis," *BMC Bioinformatics* 6 Suppl 2 (2005): S13.

33. J. A. Graves and C. M. Disteche, "Does Gene Dosage Really Matter?," *Journal of Biology* 6, no. 1 (2007), http://jbiol.com/content/6/1/1 .

34. Ibid.

35. Rinn and Snyder, "Sexual Dimorphism," 300, 301.

36. この「ヒトゲノム」の概念は、また完全に構築されたものであり、理想化されてすらいる。しかし、これは適切な理想化であり、歪曲をもたらしたり、遺伝学的存在論にとって重要な事柄を取りこぼしたりすることなく、遺伝学の分析と理解を整備している。以下を参照。Bostanci, "Two Drafts, One Genome?"

37. Ibid., 185.

38. Delongchamp et al., "Genome-wide Estimation"; Rinn and Snyder, "Sexual Dimorphism"; Talebizadeh, Simon, and Butler, "X Chromosome Gene Expression"; D. K. Nguyen and C. M. Disteche, "High Expression of the Mammalian X Chromosome in Brain," *Brain Research* 1126, no. 1 (2006).

39. Gregory, "Genome Size Evolution in Animals," 3.

40. John Dupré, *The Disorder of Things: Metaphysical Foundations of the Disunity of Science* (Cambridge, MA: Harvard University Press, 1993); Brent D. Mishler and Robert N. Brandon, "Individuality, Pluralism, and the Phylogenetic Species Concept," in *The Philosophy of Biology,* ed. David L. Hull and Michael Ruse (1987; New York: Oxford University Press, 1998); Kevin de Queiroz and Michael J. Donogue, "Phylogenetic Systematics and the Species Problem," in Hull and Ruse, *Philosophy of Biology.*

41. Dupré, Disorder of Things.

42. Ibid., 79, 80, 72, 73.

43. Evelyn Fox Keller, *Secrets of Life, Secrets of Death: Essays on Language, Gender, and*

Science (New York: Routledge, 1992), 138.〔エヴリン・F・ケラー『生命とフェミニズム——言語・ジェンダー・科学』広井良典、勁草書房、1996年。ただしこの箇所を含む章は原著者の許可を得て邦訳版では割愛されている。注46と47も同様〕。

44. Joan Roughgarden, *Evolution's Rainbow: Diversity, Gender, and Sexuality in Nature and People* (Berkeley: University of California Press, 2004); Joan Roughgarden, *The Genial Gene: Deconstructing Darwinian Selfishness* (Berkeley: University of California Press, 2009).

45.「生殖における自律性の言説」への批判を発展させる上でのケラーの問題関心は私のものとは異なっていた。ケラーは、いわゆる選択をめぐる一群の議論に介入していた。彼女の関心は、生殖を非性的個人に位置付けて、性と生殖を不可視化し、自然選択による進化についての優勢な遺伝学的選択論者の見方をあいまいにすることで、ヒトの進化論的生物学と集団遺伝学モデルが性差についての問題関心を避けるのかというところにあった。

46. Keller, *Secrets of Life,* 130, 142.

47. Ibid., 140. 以下を参照。Sarah S. Richardson, "Sexes, Species, and Genomes: Why Males and Females Are Not Like Humans and Chimpanzees," *Biology and Philosophy* 25, no. 5 (2010).

48. 種は「分類」とみなされるのが一番よいのか、「個人なのか」についての議論は、生物学の哲学においては決着しているとは言えないが、実質的に種が個人のような場合についてのフルとギゼリンの仕事は、私がここで描こうとしている区別を支えるには十分だ。以下を参照。David L. Hull, "A Matter of Individuality," *Philosophy of Science* 45, no. 3 (1978); Michael J. Ghiselin, "A Radical Solution to the Species Problem," *Systematic Zoology* 23, no. 4 (1974).

49. Ghiselin, "Radical Solution"; Hull, "Matter of Individuality"; Mishler and Brandon, "Individuality, Pluralism, and the Phylogenetic Species Concept."

50. Nikolaos A. Patsopoulos, Athina Tatsioni, and John P. A. Ioannidis, "Claims of Sex Differences: An Empirical Assessment in Genetic Associations," *JAMA* 298, no. 8 (2007): 887–88.

51. Nancy Jay, "Gender and Dichotomy," *Feminist Studies* 7, no. 1 (1981); Ruth Bleier, *Science and Gender: A Critique of Biology and Its Theories on Women* (New York: Pergamon Press, 1984); Anne Fausto-Sterling, *Myths of Gender: Biological Theories about Women and Men* (New York: Basic Books, 1985); Donna Jeanne Haraway, "Science, Technology, and Socialist-Feminism in the Late Twentieth Century," in *Simians, Cyborgs and Women: The Reinvention of Nature* (1980; New York: Routledge, 1991)〔ダナ・J・ハラウェイ「第8章　サイボーグ宣言——二〇世紀後半の科学、技術、社会主義フェミニズム」、『猿と女とサイボーグ——自然の再発明』高橋さきの訳、青土社、2000年〕; Anne Fausto-Sterling, *Sexing the Body: Gender Politics and the Construction of Sexual-*

ity (New York: Basic Books, 2000).

52. "Dutch Scientists Sequence Female Genome," *Biotechniques Weekly,* 29 May 2008.

第十章

1. N. Henriette Uhlenhaut et al., "Somatic Sex Reprogramming of Adult Ovaries to Testes by FOXL2 Ablation," *Cell* 139, no. 6 (2009); Clinton K. Matson et al., "DMRT1 Prevents Female Reprogramming in the Postnatal Mammalian Testis," *Nature* 476, no. 7358 (2011).

2. D. J. Fairbairn and D. A. Roff, "The Quantitative Genetics of Sexual Dimorphism: Assessing the Importance of Sex-Linkage," *Heredity* 97, no. 5 (2006): 320–21.

3. このポストゲノム学の概念は以下で最初に発展させた。Sarah S. Richardson, "Race and IQ in the Postgenomic Age: The Microcephaly Case," *BioSocieties* 6 (2011).

4. Jonathan Kahn, "Exploiting Race in Drug Development," *Social Studies of Science* 38, no. 5 (2008); Adele E. Clarke et al., "Biomedicalizing Genetic Health, Diseases and Identities," in *Handbook of Genetics and Society: Mapping the New Genomic Era,* ed. Paul Atkinson, Peter Glasner, and Margaret Lock (London: Routledge, 2009).

5. Jonathan Kahn, "Patenting Race in a Genomic Age," in *Revisiting Race in a Genomic Age,* ed. Barbara A. Koenig, Sandra Soo-Jin Lee, and Sarah S. Richardson (New Brunswick, NJ: Rutgers University Press, 2008); Catherine Bliss, "Genome Sampling and the Biopolitics of Race," in *A Foucault for the 21st Century: Governmentality, Biopolitics and Discipline in the New Millennium*, ed. Sam Binkley and Jorge Capetillo (Cambridge, MA: Cambridge Scholars, 2009); Duana Fullwiley, "The Molecularization of Race: U.S. Health Institutions, Pharmacogenetics Practice, and Public Science after the Genome," in *Revisiting Race in a Genomic Age*, ed. Barbara A. Koenig, Sandra Soo-Jin Lee, and Sarah S. Richardson (New Brunswick, NJ: Rutgers University Press, 2008); Joan H. Fujimura, Troy Duster, and Ramya Rajagopalan, eds., "Race, Genomics, and Biomedicine," special issue, *Social Studies of Science* 38, no. 5 (2008).

6. この変化を開始する上でのSWRHの目的の一部は、女性の健康運動に、妊娠した女性だけではない全ての女性を含んで、運動の領野を拡大することだった。しかし、同じく作動していたのは、閉経のような、生殖の権利が歴史的にそうであったようには高度に政治的ではない、SWHR創設者であるフローレンス・P・ヘイゼルタイン（Florence P. Haseltine）が「安全」な問題と呼んだものを見つけようとする戦略的欲求だった。以下を参照。Florence P. Haseltine and Beverly Greenberg Jacobson, *Women's Health Research: A Medical and Policy Primer* (Washington, DC: Health Press International, 1997).

7. Sheryl Burt Ruzek, *The Women's Health Movement: Feminist Alternatives to Medical*

Control (New York: Praeger, 1978); Sandra Morgen, *Into Our Own Hands: The Women's Health Movement in the United States, 1969–1990* (New Brunswick, NJ: Rutgers University Press, 2002).

8. 以下を参照。Steven Epstein, *Inclusion: The Politics of Difference in Medical Research* (Chicago: University of Chicago Press, 2007). SWHR は、かつては Society for the Advancement of Women's Health Research（女性健康研究発展協会）として知られていた。

9. Theresa M. Wizemann and Mary-Lou Pardue, eds., *Exploring the Biological Contributions to Human Health: Does Sex Matter?* (Washington, DC: National Academy Press, 2001).

10. 10 年後の 2011 年、IOM は 10 周年記念報告を発表し、報告の最初の結論を更新し、その目的を再修正した。

11. "About *Biology of Sex Differences*: Aims & Scope," Biology of Sex Differences, http://www.bsd-journal.com/about#aimsscope (accessed 10 February 2013).

12. Kahn, "Patenting Race in a Genomic Age"; Kahn, "Exploiting Race in Drug Development."

13. "Corporate Advisory Council," Society for Women's Health Research, http:// www.womenshealthresearch.org/site/PageServer?pagename=about_partners_cac (accessed 10 February 2013).

14. こうした企業が、SWHR の取り組みに助成することで、企業名を「女性の健康」の俗称にくっつけたいと思っているということもあり得る。助成の健康問題への助成をと押した企業による「ピンク浄化（pinkwashing)」現象は、最近では米国における乳がん運動との関係で論じられてきた。以下を参照。Barbara Ehrenreich, *Bright-Sided: How the Relentless Promotion of Positive Thinking Has Undermined America* (New York: Metropolitan Books, 2009); Samantha King, *Pink Ribbons, Inc.: Breast Cancer and the Politics of Philanthropy* (Minneapolis: University of Minnesota Press, 2006); Gayle A. Sulik, *Pink Ribbon Blues: How Breast Cancer Culture Undermines Women's Health* (New York: Oxford University Press, 2011).

15. A. P. Arnold and A. J. Lusis, "Understanding the Sexome: Measuring and Reporting Sex Differences in Gene Systems," *Endocrinology* 153, no. 6 (2012).

16. 性、ジェンダー、セクシュアリティについてのホルモン科学の登場については以下を参照。Rebecca M. Jordan-Young, *Brain Storm: The Flaws in the Science of Sex Differences* (Cambridge, MA: Harvard University Press, 2010).

17 Margaret M. McCarthy et al., "Sex Differences in the Brain: The Not So Inconvenient Truth," *Journal of Neuroscience* 32, no. 7 (2012): 2246.

18. Ibid., 2243.

19. R. M. McCarthy and A. P. Arnold, "Reframing Sexual Differentiation of the

Brain," *Nature Neuroscience* 14 (2011): 677.

20. Ibid., 682, 679.

21. Ibid., 678, 679.

22. G. J. De Vries et al., "A Model System for Study of Sex Chromosome Effects on Sexually Dimorphic Neural and Behavioral Traits," *Journal of Neuroscience* 22, no. 20 (2002); featured image is from McCarthy et al., "Sex Differences in the Brain."

23. Epstein, *Inclusion*, 243.

24. Anne Fausto-Sterling, "Bare Bones of Sex: Part I, Sex & Gender," *Signs* 30, no. 2 (2005): 1498. 性に基づく生物学と密接に関係する、新しい「ジェンダーに特化した医療」の分野における性差への注目についての批判的な議論は、以下を参照。 E. Annandale and A. Hammarstrom, "Constructing the 'Gender-Specific Body': A Critical Discourse Analysis of Publications in the Field of Gender-Specific Medicine," *Health* (London) 15, no. 6 (2011).

25. たとえば、以下を参照。Paul Atkinson, Peter E. Glasner, and Margaret M. Lock, *Handbook of Genetics and Society: Mapping the New Genomic Era* (New York: Routledge, 2009).

26. 生物医学研究の要素としての人種と性の相似性は、エプスタインがSWHR の仕事についての彼の議論の中で詳細に扱っている。以下を参照。Epstein, *Inclusion*. その限界も含めた人種と性のアナロジーについてはさらに以下を参照。Nancy Leys Stepan, "Race and Gender: The Role of Analogy in Science," *Isis* 77, no. 2 (1986); Sally Haslanger, "Gender and Race: (What) Are They? (What) Do We Want Them to Be?," *Nous* 34, no. 1 (2000).

27. Epstein, *Inclusion*. 以下も参照。 Nancy Krieger, "Genders, Sexes, and Health: What Are the Connections—and Why Does It Matter?," *International Journal of Epidemiology* 32, no. 4 (2003).

28. Nikolaos A. Patsopoulos, Athina Tatsioni, and John P. A. Ioannidis, "Claims of Sex Differences: An Empirical Assessment in Genetic Associations," *JAMA* 298, no. 8 (2007): 881.

29. Ibid., 888.

30. Ibid., 890.

31. Ibid., 887, table 883.

32. 再現性の欠如は、ここではさらなる研究において結果を確証することができなかったことと定義される。しかし、助成団体が同じ研究に二度も助成をしたがらないために、研究が一度も繰り返されないことがよくあるということも記しておくべきだ。競争的な研究助成環境では、現在その他の研究グループが助成を受けている研究や終わった研究を行なうために助成を受けることは難しいことが多い。

33. Patsopoulos, Tatsioni, and Ioannidis, "Claims of Sex Differences," 889.

34. 代表として挙げると、Thomson Reuters ISI Web of Science database.

35. D. Karasik and S. L. Ferrari, "Contribution of Gender-Specific Genetic Factors to Osteoporosis Risk," *Annals of Human Genetics* 72 (2008): 696.

36. Ibid., 698.

37. Ibid., 696.

38. Fausto-Sterling, "Bare Bones of Sex," 1495.

39. Krieger, "Genders, Sexes, and Health," 653.

40. Ibid., 654.

41. 性差を同定するための遺伝子発現プロファイルの利用をめぐる議論については以下を参照。A. L. Tarca, R. Romero, and S. Draghici, "Analysis of Microarray Experiments of Gene Expression Profiling," *American Journal of Obstetrics and Gynecology* 195, no. 2 (2006).

42. Y. J. Zhang et al., "Transcriptional Profiling of Human Liver Identifies Sex-Biased Genes Associated with Polygenic Dyslipidemia and Coronary Artery Disease," *Plos One* 6, no. 8 (2011): 13.

43. Ibid., 11.

44. Janet Shibley Hyde, "The Gender Similarities Hypothesis," *American Psychologist* 60, no. 6 (2005).

45. この点はマーガレット・マッカーシーによって以下で強調されている。McCarthy et al., "Sex Differences in the Brain."

46. Ibid.

47. Joerg Isensee et al., "Sexually Dimorphic Gene Expression in the Heart of Mice and Men," *Journal of Molecular Medicine* 86, no. 1 (2008): 72–73.

48. Patsopoulos, Tatsioni, and Ioannidis, "Claims of Sex Differences," 880. パツオプロス等は "A Randomized Trial of Aspirin and Sulfinpyrazone in Threatened Stroke. The Canadian Cooperative Study Group," *New England Journal of Medicine* 299, no. 2 (1978) を引用している。

49. Patsopoulos, Tatsioni, and Ioannidis, "Claims of Sex Differences," 891.

50. この点については以下も参照。Anne Hammarstrom and Ellen Annandale, "A Conceptual Muddle: An Empirical Analysis of the Use of 'Sex' and 'Gender' in 'Gender-Specific Medicine' Journals," *Plos One* 7, no. 4 (2012).

51 Stephen Jay Gould, *The Mismeasure of Man,* rev. and expanded ed. (New York: Norton, 1996).〔スティーブン・ジェイ・グールド『人間の測りまちがい――差別の科学史〈上〉〈下〉』鈴木善次、森脇靖子訳、河出文庫、2008 年〕。以下も参照。Cynthia Eagle Russett, *Sexual Science: The Victorian Construction of Womanhood* (Cambridge, MA: Harvard University Press, 1989)〔シンシア・イーグル・ラセット『女

性を捏造した男たち——ヴィクトリア時代の性差の科学』上野直子訳、工作舎、1994 年〕; Londa L. Schiebinger, *Nature's Body: Gender in the Making of Modern Science* (Boston: Beacon Press, 1993)〔ロンダ・シービンガー『女性を弄ぶ博物学——リンネはなぜ乳房にこだわったのか?』小川眞里子、財部香枝訳、工作舎、1996 年〕。